"十二五"普通高等教育本科国家级规划教材

普通高等教育"十一五"国家级规划教材

包装测试技术

郭彦峰　许文才　付云岗　等 编著

化学工业出版社
·北京·

内容简介

《包装测试技术（第四版）》内容共分7章，系统地介绍包装材料、包装容器和运输包装件的测试技术，力求反映国内外在包装测试技术领域的理论、方法和测试仪器。第1章概要介绍包装测试技术。第2章介绍纸与纸板性能测试。第3章介绍塑料薄膜性能测试。第4章介绍包装容器性能测试。第5章介绍缓冲包装材料性能测试。第6章介绍运输包装件性能测试以及包装试验研制法。第7章介绍包装材料安全性能测试。

本书为“普通高等教育‘十一五’国家级规划教材”“‘十二五’普通高等教育本科国家级规划教材”。

本书既可供大专院校包装工程专业包装测试技术课程作教材使用，也可供从事包装、食品、轻工、外贸的科研人员、设计人员、质量检测人员及高等院校其他相关专业的师生参考。

图书在版编目（CIP）数据

包装测试技术 / 郭彦峰等编著. --4版. --北京：化学工业出版社，2023.12（2025.7重印）
“十二五”普通高等教育本科国家级规划教材 普通高等教育“十一五”国家级规划教材
ISBN 978-7-122-44740-1

Ⅰ.①包… Ⅱ.①郭… Ⅲ.①包装技术-检测-高等学校-教材 Ⅳ.①TB487

中国国家版本馆CIP数据核字（2023）第253958号

责任编辑：李玉晖 杨 菁　　装帧设计：张 辉
责任校对：田睿涵

出版发行：化学工业出版社
（北京市东城区青年湖南街13号 邮政编码100011）
印 装：北京科印技术咨询服务有限公司数码印刷分部
787mm×1092mm 1/16 印张19¼ 字数490千字
2025年7月北京第4版第2次印刷

购书咨询：010-64518888　　售后服务：010-64518899
网 址：http://www.cip.com.cn
凡购买本书，如有缺损质量问题，本社销售中心负责调换。

定 价：59.00元　版权所有 违者必究

前言

包装测试技术是研究包装材料、包装容器和包装件性能测试与分析的一门科学技术。对包装材料、包装容器和包装件进行必要的测试分析，可以优化包装设计，提高包装质量，扩大产品影响，对提高企业的经济效益具有十分重要的意义。例如，在采用复合塑料防潮包装、保鲜包装中，需要对复合薄膜的透气性、透湿性、粘合强度、热封强度、抗针孔强度等进行测试分析。在运输包装系统设计中，需要对缓冲材料或结构的特性如静态压缩特性、动态缓冲特性、蠕变与回复特性、振动传递特性，包装容器承载能力，以及包装件的抗压、抗冲击、抗振动性能等进行测试分析。

高等学校教材《包装测试技术》2006年出版后，历经多次修订再版，先后列入“普通高等教育‘十一五’国家级规划教材”“‘十二五’普通高等教育本科国家级规划教材”，2016年获陕西省普通高等学校优秀教材一等奖，在高等教育包装工程专业本科教学中通过多轮教学实践，不断更新提高。

本书内容共分7章，系统地介绍包装材料、包装容器和运输包装件的测试技术，力求反映国内外在包装测试技术领域的理论、方法和测试仪器。第1章概要介绍包装测试技术。第2章介绍纸与纸板性能测试，包括纸与纸板的基本性能、表面性能、光学性能、结构性能、强度性能的测试以及纸箱性能的测试。第3章介绍塑料薄膜性能测试，包括鉴别方法和透气性能、透湿性能、耐药性能、强度性能的测试。第4章介绍包装容器性能测试，包括玻璃包装容器、塑料包装容器、金属包装容器、钙塑瓦楞箱、软包装袋、周转箱和托盘、集装箱和集装袋等集装器具的性能测试。第5章介绍缓冲包装材料性能测试，包括静态压缩特性、动态缓冲特性、蠕变与回复特性、振动传递特性测试。第6章介绍运输包装件性能测试，包括一般运输包装件、大型包装件和危险货物包装件的性能测试，军用装备的运输包装件性能测试，以及包装试验研制法、基于适度包装评价体系的缓冲包装设计方法和ISTA运输包装性能测试技术。第7章介绍针对食品/药品的包装材料安全性能测试，包括纸包装、塑料包装的化学残留物检测方法以及包装安全迁移试验。附录中提供了我国、ISO、ASTM、DIN包装标准试验方法目录，以及食品包装材料及容器卫生标准分析方法目录、药品包装材料试验标准目录。

本书的内容体系由郭彦峰和许文才确定，编写人员是郭彦峰、许文才、付云岗、李小丽、张伟、王玉珍、杨斌、都学飞、王思宇。西安理工大学郭彦峰编写第1章，第6章，第5章的5.2、5.4节和附录6；北京印刷学院许文才编写第3章；西安理工大学付云岗编写第2章，第5章的5.1、5.3节和附录5；西安工业大学李小丽编写第4章的4.1、4.2、4.6节；西安理工大学张伟编写第4章的4.3、4.4、4.5节；西安理工大学王玉珍编写第7章；西安理工大学杨斌编写第4章的4.7节；九江学院都学飞编写第4章的4.8节；陕西省产品质量监督检验研究院王思宇编写附录1~附录4。郭彦峰、付云岗、杨斌编写本书的教学指南和学习指南。 全书由郭彦峰统稿并主编。

感谢化学工业出版社对本书出版给予的支持！

感谢西安理工大学包装工程系潘松年教授提供的宝贵意见和建议！

本书编著过程中参考了公开发表的文献资料、著作以及相关企业和检测机构的资料。在此，谨向本书所引用或参考的所有文献作者表示敬意和谢意！

由于作者水平有限，书中难免有所疏漏，不足之处恳请读者批评指正。

郭彦峰

目录

教学指南

包装测试技术是包装设计中的一个最基本的、不可忽视的内容。一个优良的包装试验方案将预示着包装产品在流通过程中可能出现的结果，不仅能给包装设计提供基本理论依据，还能降低包装成本。另外，产品质量管理与控制也要求对产品的包装工艺参数和过程进行检测和评价，这也需要包装测试技术。本书内容共分 7 章，系统地介绍包装材料、包装容器、运输包装件、材料安全性能的测试技术，力求反映国内外在包装测试技术领域的理论、方法和测试仪器。

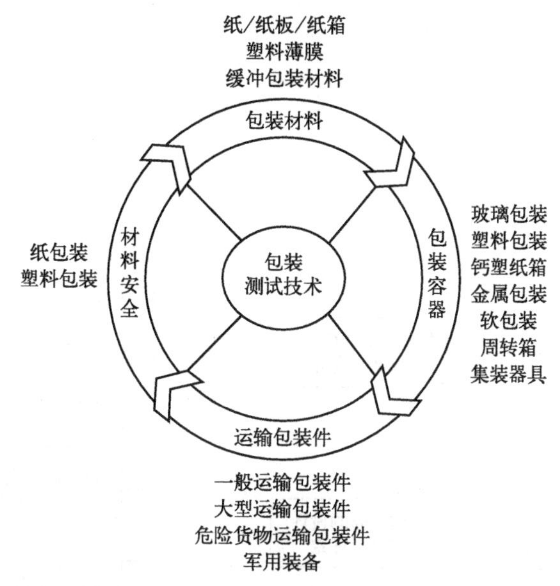

本书突出专业教材的知识体系对青年人才培养的思政功能，立足于包装工程专业的教学目标，并结合本专业的教学特点，梳理和总结各个章节的理论知识点和实践环节，从政治认同、爱国情怀、文化自信、科学精神、法治意识、职业素养等多个维度提炼出本书各章节所蕴含的思政元素，提高学生的家国情怀和科学精神，提升学生的法治意识和职业素养，加强学生的文化自信、科技担当和国际化视野。

第1章 概述

学习指南

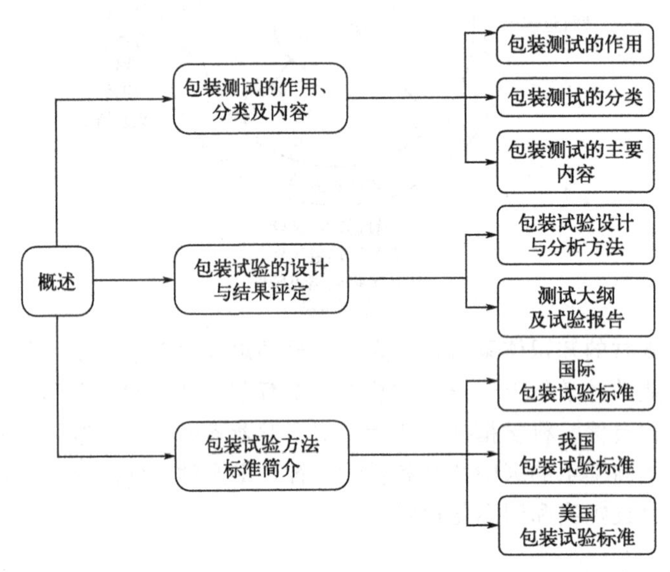

本章主要介绍包装测试技术的作用、分类及内容，包装试验的设计与结果评定以及国内外包装试验方法标准简介。

本章内容的重点为包装测试的作用、分类、内容，包装试验的设计与分析方法，包装测试试验大纲与试验报告，国内包装试验方法标准。

本章内容的难点为包装测试技术的分类、内容，包装试验的设计与分析方法。

包装代表了一个国家生产消费水平，也是国家综合国力及科技水平的一个体现。包装已成为经济社会发展、生活方式改变、文化传播交流的重要推动引擎。我国包装工业已形成了包括纸包装制品、塑料包装制品、金属包装制品、玻璃包装制品、木包装制品、陶瓷包装制品、包装印刷、包装机械、包装设计等门类齐全的现代工业体系，从传统认识上的“配套产业”发展为对国民经济各产业部门的生产、流通、消费和出口具有重要支撑与促进作用的支柱产业之一。

在发展循环经济和建设资源节约型、环境友好型社会的进程中，包装工业也占有特殊重

要的地位。包装工业大力推进节能、减材、循环利用等科技创新，为我国工业发展探索出了一种创新进展、绿色进展、循环进展和可复制进展的新模式。我国包装行业所取得的新变化、新进步、新成就、新进展，是我国坚持建设现代化产业体系的结果，是全行业共同创业创新的结果，为我国工业系统全面推进节省资源、爱护环境、可持续发展道路做出了突出的贡献。

包装工业特点是范围广、产业链复杂、对国民经济发展影响大。改革开放以来，我国包装工业迅速发展，改变了过去“一等产品、二等包装、三等价格”的状况，已经成为我国制造领域的重要组成部分，中国成为仅次于美国的全球第二包装大国。坚持创新驱动发展，通过补短板、强优势，积极参与国际竞争，包装行业各细分领域未来还将具有更加广阔的市场发展空间。中国包装联合会印发的《中国包装工业发展规划（2021—2025年）》显示，“十四五”期间，我国包装行业要实现在现代化、数字化、安全、质量、绿色发展等多方面的全面升级目标，推动我国包装工业从传统制造到先进制造转型。包装行业保持了稳定发展的态势，开拓了创新调整的新局面。

我国包装工业与科技的发展历程、经验、成就告诉我们，要深入贯彻新发展理念，着力推进高质量发展，推动构建新发展格局，自信自强、守正创新、踔厉奋发、勇毅前行，强化中国式现代化，全面建成社会主义现代化强国，实现包装强国梦。

测试技术是人类对客观世界认识和改造活动的基础，是科学研究的基本方法。通过测试技术，可以获得客观对象的状态、特征和内在规律以及有用信息。对包装材料、包装容器和包装件进行必要的性能测试与分析，可以优化包装设计，提高包装质量，扩大产品影响，对提高企业的经济效益具有十分重要的意义。包装测试是包装设计中的最基本的、不可忽视的内容之一。一个优良的包装试验方案将预示着包装件在流通过程中可能出现的结果，不仅能给包装设计提供基本理论依据，还能降低包装成本。另外，产品质量管理与控制也要求对产品的包装工艺参数和过程进行检测和评价，这也需要包装测试技术。

本章主要介绍包装测试技术的作用、分类及内容，包装试验的设计与结果评定以及国内外包装试验方法标准简介。

1.1 包装测试的作用、分类及内容

1.1.1 包装测试的作用

包装测试技术是研究包装材料、包装容器和包装件的性能测试与分析的一门科学技术，用于检验包装材料、包装容器的性能，评定包装件在流通过程中的性能。它既包括对包装材料、包装容器和包装件的性能测试与分析，还包括各种包装试验方法。

包装测试的目的是评定包装的好坏程度及结果，即在一定的流通条件下，检验包装件的防护性能是否良好；考察包装件可能发生的损坏，以及研究其损坏原因和预防措施；比较不同包装的优劣；检查包装件以及所使用的包装材料、包装容器的性能是否符合有关标准、规定和法令。包装测试的主要作用可概括为三个方面。

（1）预测包装性能，评价包装功能

通过相应的包装试验，预测包装件的性能，评定包装材料、包装容器对内装物的防护能力。例如，在采用复合塑料防潮包装、保鲜包装中，需要对复合薄膜的透气性、透湿性、粘合强度、热封强度、抗针孔强度等进行测试分析。在运输包装系统设计中，需要对缓冲材料或结构的静态压缩特性、动态缓冲特性、蠕变与回复特性、振动传递特性，包装容器承载能力以及包装件的抗压、抗冲击、抗振动性能等进行测试分析。

再如，在奶制品包装材料与结构研制过程中，需要对包装材料的渗透性、拉伸性能、耐破度、撕裂度、戳穿强度、卫生性、耐压强度、热封强度测试分析，而且还需要对包装结构（如包装袋、利乐包）的密封性能、抗压性能、跌落冲击/振动性能进行测试分析。

（2）控制包装制品和产品包装质量

预测包装性能可以使得设计或改进的包装达到规定的性能要求，但这还不是包装质量控制的全部，只有控制每一批或每一件出厂交货的包装产品的质量，才能保证所生产的包装符合有关标准或规范的要求。例如，在啤酒灌装工艺过程中，对气体压力、液体流量、灭菌温度等物理参数的检测和控制，是保证啤酒包装质量的重要条件。一般情况下，在控制包装质量中所需采用的包装测试项目较少，试验方法也比较简单，但是要求试验速度快、结果明显，一般只要判定合格或不合格。有时也要求得到一个定量的结果。

（3）获得包装改进信息

随着流通环境、装卸机械或包装产品本身性能的改变，原先的包装可能不再适用于新的使用要求，这就要求对包装进行改进。改进包装包含两个方面，一是增强包装的防护功能，

减少流通过程中的包装破损；二是减少某些不必要的包装功能，消除过包装或夸大包装，降低包装成本。这两种情况下都应进行严格的包装试验，分析包装可能发生的损坏，研究其原因，并采取相应的预防措施。

例如，在第二次世界大战之后，美国采用沥青纸筒包装弹药，取得了良好效果。但在越南战争中，沥青纸筒出现了问题。由于越南丛林地带高湿高温，沥青纸筒受潮膨胀，不仅纸筒打不开，而且弹药受潮变质。为此，美军做了大量试验，先后采用了纸筒中夹铝箔层、纸筒内弹药外套防潮袋、纸筒外套防潮袋等多种改进方案进行试验研究，最终解决了沥青纸筒对弹药的防潮问题，并修订了军用标准。

又如，我国的照相机包装原先都采用木箱，运输过程中被盗现象很严重。后来改用集装箱运输，解决了被盗问题。但是，采用集装箱运输后木箱搬运的次数少了，照相机在流通过程中受冲击、振动的影响也小了，此时仍采用木箱包装显得不必要，出现了过分包装。通过试验，证明用瓦楞纸箱完全能够满足要求。这不仅使包装更加美观大方，而且降低了包装费用。

1.1.2 包装测试的分类

(1) 按试验目的分类

按照试验目的分类，包装试验分为对比试验、评价试验和探索试验三种类型。

① 对比试验　把新设计的包装与原包装进行对比试验，这是一种最简单的试验方法。通过对比试验不仅能判断出新设计的包装是否比原包装的性能优良，还能给出它们之间的差别程度。

② 评价试验　模拟包装件、包装容器或材料的流通过程和使用条件，根据试验结果评价包装件、包装容器或材料在流通过程及实际使用中可能发生的情况。

③ 探索试验　收集一些现有的包装材料或包装结构，进行某些试验，找出性能最佳者用于包装设计。探索试验还可用于某些基础研究中，如对某些包装材料或容器进行规定的性能试验，然后将测试结果汇编成册或输入数据库，供包装工作者查阅。

(2) 按试验形式分类

该种分类法主要适用于包装容器和包装件。

① 单项试验　只进行一系列试验中的某一项试验，但可以用相同的试样和试验强度重复进行多次；也可以对相同的试样采用逐步提高试验强度的方法进行多次试验。单项试验一般用于检验、评价包装件对某一特定危害因素的防护能力，通常用于科学研究或对某包装件破损事故的原因分析。对于单项试验，在测试之前应进行温湿度预处理。

② 多项试验　是对于一系列试验中的若干项（包括综合试验）或全部试验所进行的顺序试验。多项试验一般用于检验、评价包装件在整个流通过程中的防护能力。对于多项试验，首先应根据流通过程中各环节所遇到的危害因素的实际情况，确定试验项目；再根据危害出现的先后顺序，合理安排试验。

③ 综合试验　有两种或两种以上的危害因素同时作用于包装件上的试验属于综合试验。它一般用于检验、评价包装件在两种或两种以上的危害因素同时作用情况下的综合防护能力，如包装件的高温堆码试验、堆码振动试验、低温垂直冲击跌落试验等。

(3) 按试验对象分类

① 纸与纸板试验方法

② 塑料薄膜试验方法

③ 包装容器试验方法

④ 缓冲包装材料试验方法

⑤ 一般运输包装件试验方法

⑥ 大型运输包装件试验方法

⑦ 危险货物包装件试验方法

⑧ 托盘试验方法

⑨ 集装箱试验方法

1.1.3 包装测试的主要内容

(1) 包装材料性能测试

主要涉及纸、纸板、塑料、玻璃、金属等性能测试。

① 纸与纸板性能测试项目

a. 基本性能　如定量、紧度、松厚度、尺寸稳定性、均匀性等。

b. 表面性能　如粗糙度、平滑度、摩擦系数等。

c. 光学性能　如白度、颜色、光泽度、透明度、不透明度等。

d. 结构性能　如透气性、透湿性、施胶度等。

e. 强度性能　如拉伸性能、抗压强度、耐破度、戳穿强度、挺度、耐折度、撕裂度、粘合强度等。

f. 其他性能　如印刷适性、隔热性能、绝缘性能、介电性能、击穿性能等。

② 塑料薄膜性能测试项目

a. 外观性能　如光泽度、透明度、色调、挺度、耐划伤性等。

b. 强度性能　如拉伸强度、撕裂强度、黏结性能、抗针孔性、抗冲击性等。

c. 物理、化学性能　如透气性、透湿性、热封性、热收缩性、易燃性、耐药性、热传导性、导电性等。

③ 缓冲材料性能测试项目

a. 静态压缩与缓冲性能

b. 动态压缩与缓冲性能

c. 蠕变与回复特性

d. 振动传递特性与防振性能

(2) 包装容器性能测试

主要包括纸袋、纸盒、纸箱、塑料袋、复合袋、塑料瓶、玻璃瓶罐、金属容器和其他容器性能测试。

① 软包装容器性能测试项目

a. 耐压强度测试

b. 热封强度测试

c. 密封性能测试

d. 透湿性能测试

e. 包装袋跌落性能测试

f. 包装袋牢固度测试

g. 包装袋适用温度测试

② 硬包装容器性能测试项目

a. 纸箱、瓦楞纸箱性能测试

b. 钙塑瓦楞箱性能测试

c. 塑料容器性能测试

d. 玻璃容器性测试

e. 金属容器性能测试

(3) 运输包装件性能测试

① 试验强度 一般用量值表示，运输包装件的各项试验需要确定相应的量值。

a. 温湿度调节处理需要确定温度、相对湿度、时间、预先干燥条件等。

b. 堆码试验需要确定负载及其持续时间、温度、相对湿度、试样数量和状态。

c. 垂直冲击跌落试验需要确定跌落高度、冲击次数、温度、相对湿度、试样数量和状态。

d. 水平冲击试验需要确定水平加速度、冲击次数、冲击面、附加的障碍物、吊摆质量、温度、相对湿度、试样数量和状态。

e. 正弦（定频、变频）振动试验需要确定频率、加速度、位移幅值、试验持续时间、附加负载、温度、相对湿度、试样数量和状态。

f. 压力试验需要确定最大负载（预定值）、压板移动速度、温度、相对湿度、试样数量和状态。

g. 低气压试验需要确定气压及其持续时间、温度、试样数量和状态。

h. 喷淋试验需要确定喷水量及其持续时间、试样数量和状态。

i. 滚动试验需要确定滚动次数、试样数量和状态。

② 静态性能测试项目 如堆码试验、压力试验、低气压试验、喷淋试验等。

③ 动态性能测试项目 如冲击试验、振动试验、滚动试验、产品易损性等。

④ 其他性能试验项目 如防霉试验、防潮试验、防腐试验、防锈试验等。

试验项目的选择，应主要依据流通过程中各个环节可能出现的危害因素，并根据不同的试验目的，适当考虑试验设备条件、试验时间、试样数量、试验费用等因素。

另外，包装内装物的测试项目包括温度、湿度、气体成分、物理化学性能等，但内装物性能测试不属于包装测试技术的研究范畴，在包装件性能测试时，一般情况下对内装物只做外观检查，必要时可考虑做功能试验。需要注意的是，在电子类、机电类产品的运输包装性能测试分析与优化设计过程中，产品易损性是一类重要的测试项目。

1.2 包装试验的设计与结果评定

1.2.1 包装试验设计与分析方法

(1) 包装试验设计

包装试验设计是检验包装材料、包装容器和包装件性能的关键环节之一，要求设计人员掌握包装件在流通过程中存在哪些危害因素以及这些危害因素对包装件的危害程度。任何实验室试验方法都必须将这些因素转化为一种简单的形式，而这种形式又必须与复杂的实际情况对包装件的影响尽可能地相一致。

包装试验设计包括确定试验方法和确定试验强度两个部分。

① 确定试验方法　根据包装件在装卸、运输、储存等流通环节中实际可能遇到的危害因素及典型的包装破损情况，设计出与实际流通过程相一致的包装件的试验方法。因此，设计人员必须对包装件的流通过程的各个环节进行分析研究，否则是不可能采用实验室试验方法测试出流通过程中的各种危害因素对包装件所造成的破坏程度。

② 确定试验强度　试验强度一般用量值表示。合理选用量值首先取决于危害因素、危害程度和所选试验项目模拟或重现这些危害的能力。其次，还应考虑所要求的包装件应具有的安全可靠程度。试验强度的基本值是基于标准化、系列化的目的，并以一般流通过程和典型重量及尺寸的包装件为基础而确定的。这些基本值是由有关标准或专业标准给出的。当已经确定流通过程中各个环节的实际情况后，在包装试验设计时，可以根据包装容器和产品的实际特性，对试验强度基本值进行必要的修正，确定所设计的试验量值。

（2）试验结果评定

包装试验结果评定包括对包装材料、包装容器和包装件的试验结果评定。对包装材料及包装容器的试验结果评定通常采用定性和定量两种方法，评定的内容包括以下几点。

① 定量评定　用于评定包装材料或容器的实际强度，如抗压强度、耐破度、透气性、透湿度、耐折次数等。

② 定性评定　就是把试验强度控制在某一量值，若在达到这一量值之前，包装材料或容器破损，判断为不合格；反之则为合格。

对包装件的试验结果评定大多采用定性评定方法，评定的内容包括：外包装的破损情况，是否会在以后的流通过程和使用中造成危害或潜在的危害；内包装的破损情况，包括密封包装是否仍保持密封性，缓冲材料是否有破损，定位件是否有破损、移位而失去定位作用等；产品的破损情况，一般只做外观检查，必要时应做功能试验。

1.2.2　测试大纲及试验报告

（1）测试大纲的编制

由于产品使用地点和流通过程不尽相同，即使同一产品也不可能由产品标准具体规定所测试的项目。因此应根据实际流通过程中可能出现的危害因素以及测试目的，对不同情况的包装件编制不同的测试大纲。

包装测试大纲是进行包装材料、包装容器和包装件性能测试所依据的技术文件，其内容包括试验项目、温湿度预处理、试验强度、试验顺序、试验结果以及评定标准等。包装测试大纲应符合产品标准以及相关的规范和法令。

包装测试大纲的编制程序包括以下内容。

① 查明流通过程中的每个环节。

② 查明每个环节所包含的危害因素及其程度，以及发生的可能性。

③ 确定测试项目。

④ 确定试验强度基本值。

⑤ 确定试验顺序。

⑥ 确定主要测试仪器、仪表及连接方法。

⑦ 评定测试结果。

（2）试验报告

按照包装测试大纲的规定完成所有试验之后，需要编写试验报告。试验报告的主要内容包括试样数量和分组，包装及内装物的详细记录，测试仪器型号规格，温湿度预处理条件、测试现场的环境条件，测试量值、测试操作记录、测试结果分析及影响因素，测试日期、工作人员签名，试验原理和参考文献等。

1.3 包装试验方法标准简介

包装试验方法标准化是包装材料、包装容器、运输包装件性能测试分析与优化设计的基本依据，是包装试验项目的指导性技术文件，各个国家对此都很重视。

1.3.1 国际包装试验标准

国际标准是指国际标准化组织（ISO）和国际电工委员会（IEC）所制定的标准，以及国际标准化组织公布的其他国际组织所规定的某些标准。包装国际标准主要是 ISO 标准和《国际海运危险货物规则》（简称《IMG 规则》）。《IMG 规则》是由国际海事组织（IMO）发布的。

ISO 成立于 1947 年 2 月，ISO/TC 122（国际标准化组织包装技术委员会）是在 1966 年成立的，其主要任务是制定包装国际标准，协调世界范围内的包装标准化工作，与其他国际性组织合作研究有关包装标准化问题。与包装及包装试验有密切联系的技术组织有 ISO/TC 6（纸浆、纸与纸板技术委员会）、ISO/TC 51（托盘技术委员会）、ISO/TC 52（金属容器技术委员会）、ISO/TC 63（玻璃容器技术委员会）和 ISO/TC 104（集装箱技术委员会）。ISO 标准中所包括的包装试验方法标准有包装基础标准、包装材料标准及试验方法标准、包装容器标准及其试验方法标准、托盘与集装箱标准等。

在《IMG 规则》中，对每种危险货物的特性、注意事项、包装、标志和堆码要求都作了规定，还给出了危险货物的垂直冲击跌落试验、防渗漏试验、液压试验、堆码试验、制桶试验等五项试验方法。

1.3.2 我国包装试验标准

（1）国家标准

国家标准简称国标，国家标准分为强制性标准（GB）和推荐性标准（GB/T）。强制性标准必须执行。国家鼓励采用推荐性标准。我国的包装试验国家标准包括包装综合基础标准、包装专业基础标准和产品包装标准。包装综合基础标准包括包装导则、包装术语、包装标志、包装尺寸、运输包装件基本试验方法、包装管理等。包装专业基础标准包括包装技术和包装方法、包装机械、包装印刷、包装容器及试验方法、包装材料及试验方法、试验设备等。产品包装标准包括产品包装、标志、运输与储存等。

（2）国家军用标准

国家军用标准简称国军标（GJB），属于军工产品标准。军工产品的包装要求比民用产品高，国军标所规定的指标一般都比国标高，试验条件更严酷。国军标包装试验方法很多，如《常规兵器弹药包装定型试验规程》《防护包装规范》《军用装备实验室环境试验方法》《军用通信设备通用技术条件　包装、运输和贮存要求》《炮兵光学仪器环境试验方法》《战略导弹仪器包装》《控制微电机　包装》等。在 GJB 367.5《军用通信设备通用技术条件　包装、运输和贮存要求》中，规定了包装件的恒定湿热试验、起吊试验、堆垛试验、振动试验、公路运输试验、淋雨试验、自由跌落试验、支棱支角跌落试验、滚动试验、斜面冲击试验和吊摆冲击试验 11 项试验方法。

(3) 专业（部）标准

除国家标准和国家军用标准外，专业（部）标准中也有一些包装试验方法标准。如兵器工业系统的《军用包装试验方法》；航空、航天、核工业、电子工业等相关部委制定的《战略导弹仪器包装通用规范》《静电屏蔽包装袋要求及检测方法》《放射性物质运输包装质量保证》《水产品航空运输包装通用要求》《活体动物航空运输包装通用要求》《出口商品运输包装》《出口危险货物包装检验规程》《大型运输包装件试验方法》；原轻工部制定的《塑料薄膜包装袋热合强度测定方法》《聚苯乙烯泡沫塑料包装材料》《纸和纸板　油墨吸收性的测定法》等。

1.3.3　美国包装试验标准

在包装试验方法标准方面，我国参考较多的是 ASTM 标准、FED 标准和 MIL 标准。

(1) ASTM 标准

ASTM 即美国材料与试验协会。ASTM 的包装试验方法标准主要收集在 15.09 卷“纸、包装、软质阻隔材料、办公复制品”中。包装材料的试验方法标准分散在不同卷内，如 03.01 卷“金属—机械试验、高温及低温试验”，03.02 卷“金属腐蚀及侵蚀”；08.01 卷“塑料（Ⅰ）”，08.02 卷“塑料（Ⅱ）”，08.03 卷“塑料（Ⅲ）”；09.01 卷“天然橡胶和合成橡胶——般试验方法”“炭黑—工业用橡胶制品—规格及有关试验方法”“垫片、轮胎”；15.02 卷“玻璃、卫生陶瓷”；15.06 卷“黏结剂”。

(2) FED 标准

FED 即美国联邦标准。FED-STD-101《包装材料试验方法》是由美国军方提出由政府发布的较完整的包装试验方法标准，如 MIL-P-116《封存包装方法》中所要求的包装件的性能试验，全部按照 FED-STD-101 中的试验方法进行。FED 标准包括材料的强度及弹性试验方法、材料对环境的阻抗性试验方法、材料的一般物理性能试验方法以及容器、包装件及包装材料的性能试验方法和化学分析等。

(3) MIL 标准

MIL 标准即美国军用标准。MIL 标准中有关包装的试验方法如 MIL-STD-202《电气元件和电子元件试验方法》、MIL-STD-810《环境试验方法和工作导则》、MIL-HDBK-138《商用和军用集装箱检验手册（干货型）》中的试验方法等。在 MIL-STD-794《设备和零件的包装和装箱》、MIL-HDBK-304《缓冲包装设计》、MIL-HDBK-776《包装工程设计手册》和 MIL-B-131《可热焊封的软质防潮包装材料》、MIL-B-81705《可热焊封的防潮防静电材料》、MIL-B-46506《弹药包装丝捆木箱》、MIL-C-2139《弹药包装用螺旋缠绕沥青纸筒》、MIL-E-6060《防潮包装封套》、MIL-P-116《封存包装方法》、MIL-P-14232《军用零件、设备和工具的包装》等标准中都有相应的包装试验方法。

思考题

1. 简述包装试验设计包括哪些内容。
2. 简述包装试验结果的评价方法与内容。
3. 编制包装测试大纲有哪些步骤？
4. 我国的包装试验国家标准有哪些？
5. 美国包装试验标准有哪些？

第2章 纸包装性能测试

学习指南

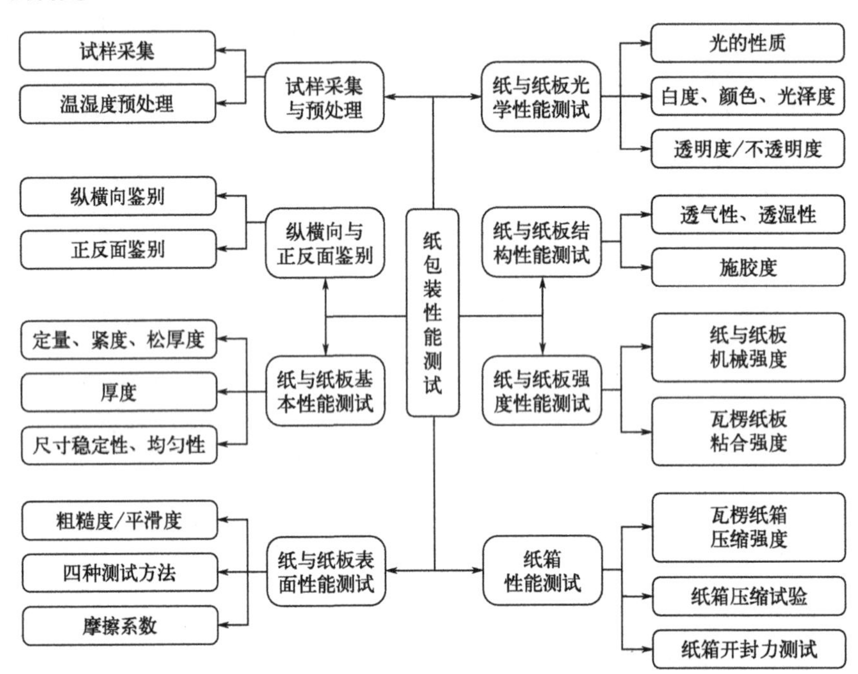

本章主要介绍纸、纸板和纸箱的性能测试，包括纸与纸板纵横向、正反面鉴别方法，纸与纸板的基本性能、表面性能、光学性能、结构性能、强度性能测试以及纸箱性能测试等内容。

本章内容的重点为纸与纸板纵横向、正反面鉴别方法，纸与纸板的基本性能、表面性能、光学性能、结构性能、强度性能测试以及纸箱性能测试等内容。

本章内容的难点为纸与纸板纵横向、正反面鉴别方法，定量、紧度、松厚度、粗糙度/平滑度、白度、透明度/不透明度、透气性、透湿性、施胶度性能测试；强度性能测试以及纸箱性能测试等内容。

纸是中国古代劳动人民发挥聪明才智和实践经验积累的结晶，是人类文明史上的一项杰

出的发明创造。作为文明信息的重要载体，公元 7 世纪造纸术传入日本，公元 8 世纪造纸术传到欧洲各国。造纸术的广泛传播，对人类文化事业的发展起到重大作用。造纸术的发明和推广，对于世界科学、文化的传播产生深刻的影响，对于社会的进步和发展起着重大的作用。1990 年 8 月 18 日至 22 日，在比利时马尔梅迪举行的国际造纸历史协会第 20 届代表大会上专家一致认定，蔡伦是造纸术的发明者，中国是造纸的发明国。

随着文化传承传播的发展，纸张的制造工艺、使用原料、性能、功能、用途等各方面也不断地得到发展。以包装材料划分，纸类包装在包装行业中一直占据主要地位，整体生产量持续上升。目前我国积极稳妥推进碳达峰碳中和，推动能源清洁低碳高效利用，绿色化、低碳化、可持续发展是国民经济各行业的发展新引擎，纸类包装可以满足市场对高可回收性的需求，大幅度减少环境污染，因此，预测未来全球纸制品包装将有望成为包装工业的主流发展趋势，市场生产量将实现稳步增长。

科技仪器研发水平是创新实力的体现，也在很大程度上决定着基础研究和新技术、新产品开发的广度和深度。我国相关部门不断加大支持力度，促进试验与检测仪器产业的发展，使其逐步成为极具发展潜力的产业。随着我国对包装安全的高度重视，相关部门进一步加大了对包装质量控制与监督的力度，法令法规陆续颁布，已将包装材料的检测与质量控制纳入产品质量控制的重要项目之一。这要求包装行业秉承开放创新理念，追求精而专的发展战略，基于扎实的测试能力和丰富的仪器资源，依据包装材料与产品标准及相关质量性能检测方法标准，推动包装检测方法理论、标准和规范建设，促进行业数据体系的统一。通过纸包装性能测试与分析，培养学生扎实的实践技能和严谨的科学态度，培养运用包装试验标准及试验设计方法的创新能力，提升测试分析的创新意识。

纸、纸板和纸包装容器是一类重要的绿色包装材料和容器，特别是纸盒、纸箱，在包装工业中的应用越来越广泛，在销售包装和运输包装中所占的比例也越来越大。本章主要介绍纸、纸板和纸箱的性能测试，包括纸与纸板纵横向、正反面鉴别方法，纸与纸板的基本性能、表面性能、光学性能、结构性能、强度性能测试以及纸箱性能测试等内容。

2.1 试样采集与预处理

本节介绍纸和纸板的试样采集以及温湿度预处理。

2.1.1 试样采集

由于纸与纸板结构的不均匀性，其性能因部位不同、纵横向不同、正反面不同而有所差异。因此，试样采集的基本要求是以尽可能少的试样，最大程度地代表整批产品特征。纸和纸板试样的采集过程是：首先从一批纸或纸板中选取若干单元，再从单元中抽取若干纸样，纸样再进一步细分和组合成供各种试验用的试样。国家标准 GB/T 450《纸和纸板　试样的采取及试样纵横向、正反面的测定》规定了纸和纸板试样采集的方法和数量，如表 2-1 和表 2-2 所列关系。在单元选取时，若 $n/20$ 不是整数，则余数忽略，n 是一批纸或纸板的单元数。取样单元应完整无损，外观良好。

表 2-1　单元选取

每批单元数	选取单元	选取方法
1～5	全部	—
6～99	5	随机
100～399	$n/20$	随机
≥400	20	随机

表 2-2　纸样选取

每批单元的纸张数	最少抽样数
≤1000	10
1001～4999	15
≥5000	20

从每批单元中随机抽取的纸样数量应符合表 2-2 的要求，还要满足试验的需要。按照给定尺寸（如 450mm×300mm）从样品上切取纸样，切取纸样时应使其长边和纸的纵向相同。每张纸样的切取部位应不同。纸样应保持平整，不折不皱，避免日光直照，防止湿度波动以及其他有害影响。手摸纸样要小心，不能影响纸样的化学、物理、光学、纸表面以及其他特性。每件试样应做上标记，标记要清楚，应准确地标明纸的纵横向和正反面。按照具体试验要求的试样尺寸和数量，由纸样切取试样。试样有时也可以是纸样本身。

2.1.2 温湿度预处理

空气温度和湿度的变化会影响纸、纸板的水分含量，也使得它们的物理性能和机械强度发生不同程度的变化。因此，在纸与纸板的性能测试之前，应将试样置于恒温恒湿条件下进行温湿度预处理，并尽可能在标准条件下进行测试。

(1) 预处理条件

纸和纸板的温湿度预处理条件有两类，一类是相对湿度 65%±2%、温度 (20±1)℃，属于常温常湿条件，我国广泛采用。另一类是相对湿度 50%±2%、温度 (23±1)℃，属于

国际标准规定的标准大气温湿度条件。

(2) 处理方法

按照国家标准 GB/T 10739《纸、纸板和纸浆 试样处理和试验的标准大气条件》进行纸、纸板试样温湿度预处理。具体处理步骤如下。

① 预处理 在进行温湿度处理之前，应将试样先放入空气温度低于 40℃、相对湿度不大于 35%的环境中预处理 24h。如果试样水分含量低，需经吸湿达到平衡，则可以省去预处理。

② 温湿度处理 将裁切好的试样悬挂起来，以便于恒温恒湿的气流能自由接触到试样表面，直到水分平衡。当相隔 1h 以上的前后两次连续称重结果相差不超过总重量的 0.25%时，可认为达到平衡。在大气循环良好的条件下，一般纸的处理时间是 4h，定量较小的纸板至少是 5～8h，定量大的纸板需 48h 或更长时间。

2.2 纵横向与正反面鉴别

本节介绍纸和纸板的纵横向鉴别方法以及正反面鉴别方法。

2.2.1 纵横向鉴别

由于造纸机成型的纸和纸板都有一定的方向性，与造纸机运行方向平行的方向为纵向，与造纸机运行方向垂直的方向为横向。纸与纸板的许多物理性能都具有显著的方向性，如抗张强度和耐折度，纵向大于横向；撕裂度则是横向大于纵向。另外，由于纤维体膨胀大于线膨胀，所以纸张横向变形大于纵向变形，很容易造成纸张翘曲而影响正常使用。因此，在测定物理性能时，必须考虑纸与纸板的纵横向。

对于未起皱处理的纸与纸板，可采用卷曲法、条纹法、撕裂法、抗张强度法、翘曲法等进行纵横向鉴别。

① 卷曲法 将试样切成 50mm×50mm 的正方形，放在水面上，注意卷曲方向，与卷曲轴平行的方向为纵向。

② 条纹法 将纸条试样拿起，对着强光从纸的另一面观察，纵向条纹和纤维的丝绺均匀分布，而横向没有条纹。

③ 撕裂法 用手撕试样，比较平直地撕开的方向为纵向，而撕偏斜度过大的则为横向。

④ 抗张强度法 按照纸与纸板纵横向抗张强度的区别而辨认纸与纸板的纵横向，一般情况是纵向抗张强度大于横向抗张强度。

⑤ 翘曲法 沿试样的边平行切取两条相互垂直的长约 20mm、宽约 15mm 的纸条，并做记号，将它们重叠，用手指捏住一端，另一端自由地向下弯曲。若两纸条分开，表明下面的纸条弯曲大，为横向；反之，若两张纸条重合不分开，上面的纸条压在下面的纸条上，则上面纸条为横向。

对于经过起皱处理的纸张，如卫生纸、面巾纸、弹性包装纸等，一般是沿着纵向起皱，所以与皱纹平行的方向为横向。但是，对于由侧流式上浆纸机所生产的纸，应根据情况仔细识别，这种纸张的横向抗张强度可能大于纵向抗张强度。

2.2.2 正反面鉴别

纸张有两个表面，紧贴表面机铜网的一面为反面（或网面）；另一面为正面（或毛毯面）。纸张的反面由于有铜网纹，比较粗糙，也较疏松，而正面较平滑紧密。纸张的平滑度是正面大于反面，而白度是反面大于正面。

在测试纸与纸板物理性能时，习惯对正反两面都进行试验。如果只检测一面，在试验报告中应说明。在使用时，也应考虑纸与纸板的正反面。一般来讲，纸的正反面用肉眼可以辨别，但如果经加工处理（如涂覆涂料等），就不易分辨。

纸与纸板正反面鉴别方法包括直观法、湿润法、碳素纸压痕法、卷曲法、平滑度法。若采用直观法、湿润法、碳素纸压痕法、卷曲识别法还不能准确判别时，应采用平滑度法。

① 直观法　将纸页折叠观察两边的表面形状或结构，网印清晰的一面为反面。如用肉眼看不清，可借助放大镜辨认。

② 湿润法　用水或稀氢氧化钠溶液浸渍纸张表面，将多余液排掉，放置几分钟后，观察两面，如有网印即为反面。也可将纸放在水里，由于纸页正、反面收缩性不同，向上卷曲时，接触水的一面为反面。

③ 碳素纸压痕法　在纸上做记号后，将碳素纸压在纸面上，使碳素纸的痕迹压在纸上，可划出宽约13mm、长51～76mm的一条黑色痕迹。观察时可放在一个平滑的表面上，如平板玻璃上。然后按照观察法鉴别纸或纸板的正反面。

④ 卷曲法　把试样放在烘箱中干燥，注意观察发生卷曲的方向，一般卷曲的内面是正面。

⑤ 平滑度法　通过测定纸或纸板的平滑度来判断其正反面，正面平滑度大于反面平滑度。

2.3 纸与纸板基本性能测试

本节介绍纸与纸板基本性能测试，包括定量、紧度、松厚度、厚度、尺寸稳定性和均匀性等测试内容。

2.3.1 定量、紧度、松厚度

纸与纸板的定量是指每平方米的纸与纸板的质量，以 g/m^2 为单位。每一种纸与纸板都有一定的定量标准。纸与纸板的物理性能，如抗张强度、耐破度、撕裂强度等都与定量有关。

(1) 测试仪器

定量的测试仪器包括灵敏度为0.01g的电子天平和象限秤。测试之前，需要对所用仪器进行校准，检查砝码标准值与仪器读数之间的误差，其差值应在±0.5%以内，当质量变化0.2%时，电子天平应有反应。

(2) 测试方法

测试之前，应按国家标准GB/T 450取样，并按GB/T 10739的要求对试样进行温湿度预处理。按照国家标准GB/T 451.2《纸和纸板定量的测定》进行测试。从纸样上切取100mm×

100mm 试样，尺寸精度是 0.1mm。也可以切取 250mm×200mm 试样，尺寸精度是 0.5mm。计算出试样面积，并抽取试样进行称重。如果纸样是宽度 100mm 以下的盘纸，则应按卷盘全宽切取 5 条长 300mm 的试样一并称重，同时还要测量试样的长边与短边，长边精度是 0.5mm、短边精度 0.1mm，然后计算面积。

(3) 计算

① 纸与纸板的定量

$$G=\frac{M}{A}=\frac{M}{na} \tag{2-1}$$

式中 G——定量，g/m^2；

M——试样叠的质量，g；

A——试样叠的面积，m^2；

a——每一张试样的面积，m^2；

n——每一叠试样的层数。

② 纸幅定量偏差

$$S_1=\frac{G_{max}-G_{min}}{\overline{G}}\times 100\% \tag{2-2}$$

或

$$S_2=G_{max}-G_{min} \tag{2-3}$$

或

$$C_v=\frac{S}{\overline{G}} \tag{2-4}$$

式中 S_1——纸幅定量的偏差，%；

S_2——纸幅定量的绝对偏差，g/m^2；

C_v——纸幅定量的变异系数，%；

G_{max}——试样定量的最大值，g/m^2；

G_{min}——试样定量的最小值，g/m^2；

$\overline{G}$——试样定量的平均值，g/m^2。

(4) 紧度和松厚度

紧度是指单位体积的纸或纸板质量，单位是 g/cm^3。紧度由纸或纸板的定量及厚度计算而得，即：

$$D=\frac{G}{100d} \tag{2-5}$$

式中 D——紧度，g/cm^3；

d——试样厚度，mm；

G——定量，g/m^2。

松厚度是紧度的倒数，即$\frac{1}{D}$。

紧度与耐破度、抗张强度成正比，与撕裂度、透气度成反比。

2.3.2 厚度

厚度是对纸与纸板厚薄的度量，它是指在一定的单位面积压力下，纸或纸板两个表面之间的垂直距离。厚度直接影响纸、纸板的物理和光学性能，而且对强度、阻隔性也有影响。

2.3.2.1 纸与纸板厚度测试

(1) YQ-Z-11 型电动式厚度仪

① 结构及工作原理　纸与纸板厚度的测量仪器是厚度仪，也称为测微仪或测微计。图 2-1 是 YQ-Z-11 型电动式厚度仪原理，它由标准测量头和能完成测量动作的机架组成，适用于测定纸、纸板以及其他板、片状材料的厚度。在机架内装有电动机、凸轮及杠杆。电动机运转后凸轮的运动使重铊产生测量接触压力，经上下运动可完成测量厚度的动作，测量结果在表头上显示。

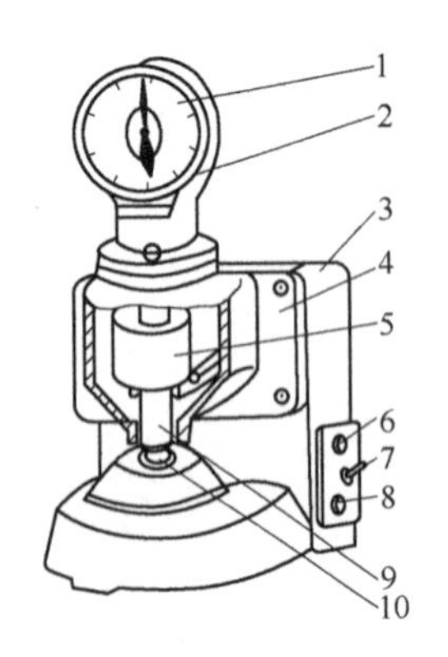

图 2-1　YQ-Z-11 型电动式厚度仪原理

1—表头；2—表架；3—机架；4—机壳；5—重铊；6—指示灯；7，8—开关；9，10—测量头

② 主要技术参数

a. 测量范围：0～3mm。

b. 测量精度：由表头的精度来确定。

c. 接触压力：(1±0.1)kgf/cm^2 (1kgf/cm^2＝98kPa)。

d. 接触面积：(2±0.05)cm^2。

e. 升降速度：8 次/min，上升速度 2mm/s，下降速度 1mm/s。

③ 校准程序　开动电机，使测量头处于最低位置，观察千分表指针，并旋转表盘使指针指零，然后按下按钮，使测量头重复升降几次，直至指针稳定指示零位为止。

(2) 测试方法

按照国家标准 GB/T 451.3《纸和纸板厚度的测定》进行测试。试验仪器选用如图 2-1 所示的电动式厚度仪。具体测试步骤如下所述。

① 按 GB/T 450 取样，切取 100mm×100mm (或 200mm×250mm) 的试样 20 片，并按 GB/T 10739 的要求对试样进行温湿度预处理。

② 根据被测试样的厚度范围以及要求的测量精度，选择、安装千分尺，并使指针对零。

③ 开动仪器，使测量头升起，将试样夹在上、下两个测量面之间，下降测量头进行测量，待指针停稳后 2～5s 内读取测量数值。测量头下降时避免产生任何冲击作用。

④ 升起测量头，移动被测试样，做第二次测量。对单层试样，测量点应在距离试样任何边缘不小于 20mm 或在试样中间点选取。对于多层试样，按图 2-2 所示的 5 个指定点进行，测量点应距离试样某一边 40～80mm，然后沿两边横跨试样分配测量点。

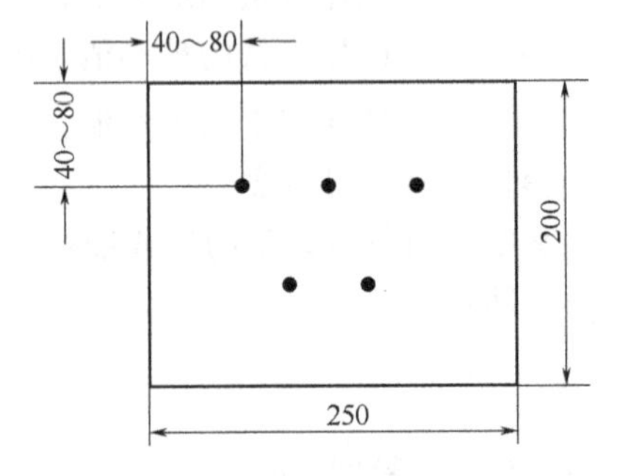

图 2-2　多层试样的测量点分布（单位：mm）

测试结果以全部测量数据的平均值作为纸或纸板厚度，单位是微米，取三位有效数字。

2.3.2.2 瓦楞纸板厚度测试

(1) D20/C 厚度仪

① 结构及工作原理　D20/C 厚度仪由英国制造的厚度测量指示器 2501 和瑞典 L& W 公司制造的主机 D20/C 组成，适用于测定瓦楞纸板厚度，如图 2-3 所示。机架内装有电动机、提升绞盘、提升绳、杠杆和上、下限位开关等。测量压力是由重铊产生。电动机运转后绞盘

转动，缠绕在绞盘上的提升绳将杠杆一端向下拉，而另一端提升重铊和测量板的心轴，这样就可以在测量板之间进行测量。测量结果在显示器上显示。

② 主要技术参数

a. 测量范围：0～20mm。

b. 测量精度：当测量范围为0～1mm时，测量精度小于或等于±0.01mm；当测量范围为1～20mm时，测量精度小于或等于±0.2mm。

c. 接触压力：(20±0.2)kPa。

d. 接触面积：(10±0.1)cm^2。

③ 校准程序　当上测量板在最低位置时，用显示器上的“ON”按钮清零。然后打开电源按钮，使上测量板重复上下运动几次，观察上测量板在最低位置时，显示器上的数字是否每次都能回到“0.00”。若每次显示“0.00”，说明已校对准确。该仪器配有输出接口BCD，可以连接打印机或计算机，打印测量结果或进行数据处理。

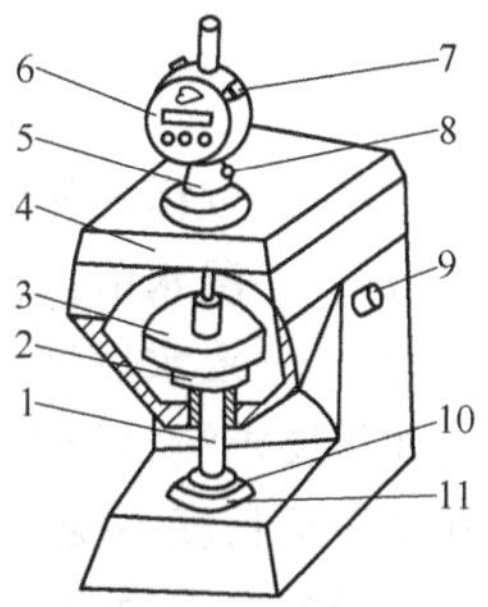

图2-3　D20/C厚度仪
1—测量心轴；2—前支套；3—重铊；4—机架；5—固定套；6—显示器；7—输入/输出接口；8—固定螺丝；9—启动按钮；10—上测量板；11—下测量板

(2) 测试方法

按照国家标准GB/T 6547《瓦楞纸板厚度的测定法》进行测试。试验仪器选用如图2-3所示的D20/C厚度仪。按GB/T 450取样，切取200mm×250mm试样，试样上不得有损坏或其他缺陷，并按GB/T 10739的要求对试样进行温湿度预处理。具体测试方法是：将试样水平放在测厚仪的两个平面之间，试样边缘与圆形盘边缘之间的最小距离不小于50mm。测量时应轻轻地将活动平面压在试样上，保持试样表面与厚度计平面平行。当指针停止摆动时，进行读数。读数时，不允许将手压在仪器或试样上。测试结果以全部测量数据的平均值作为瓦楞纸板厚度，以毫米为单位，精确到0.05mm。

2.3.3 尺寸稳定性

纸张是一种纤维组织材料，在一定温、湿度条件下，会产生尺寸变化，即存在尺寸稳定性问题。由于纸张类型有差别以及纤维构成不同，纸张伸缩率的大小也有一定差别。纸张发生伸缩的主要原因有两个方面，一是纤维相互交织，二是单根纤维发生收缩或膨胀。印刷用纸张要求有一定的尺寸稳定性，使纸张在印刷过程中不致产生大的变形，造成套印不准等质量问题。在实际印刷过程中，首先将纸张进行温湿度预处理，使其尺寸变化达到稳定后再进行印刷。

(1) 测试方法

测量纸张伸缩率的方法有游标卡尺测量法、专用长度刻度板测量法以及劳海利伸缩测定仪法。我国标准采用游标卡尺测量法。具体测试步骤包括以下几点。

① 按GB/T 450取样，沿纸幅横向均匀切取220mm×220mm试样两片，并按GB/T 10739的要求对试样进行温湿度预处理。

② 通过试样中心划两条平行于试样边，且相互垂直的直线。在直线两端距试样各边缘10mm处做一标记，用游标卡尺测量两标记间距离是200mm。

③ 将试样浸泡于与周围大气温度相同的水中，使试样充分润胀。

④ 到达规定时间（一般是2h）后，取出试样，平铺于玻璃板上，用游标卡尺测量两标记间的距离，并计算纸张的伸缩率。

纸张的伸缩率为：

$$\varepsilon=\frac{l_1-l_0}{l_0}\times100\% \tag{2-6}$$

式中　ε——试样的伸缩率，%；

l_0——浸水前试样两标记间的距离，mm；

l_1——浸水后试样两标记间的距离，mm。

如果要求测试浸湿并干燥后纸张的伸缩率，则将浸水后的试样平放在滤纸上，在空气中使其风干至长度不变为止，然后用游标卡尺测量标记间的距离，并计算伸缩率。

经浸湿、干燥后，纸张的伸缩率为：

$$\varepsilon=\frac{l_2-l_0}{l_0}\times100\% \tag{2-7}$$

式中　ε——试样的伸缩率，%；

l_2——浸水干燥后两标记之间的距离，mm。

若计算结果为正，则表示伸长；结果为负，则表示收缩。试验报告中应说明纵横向。

在用专用仪器测量纸张在不同湿度时的收缩率时，应将试样在规定的温湿度环境条件下处理后，放在相对湿度33%的调温调湿箱内，并增加相对湿度到75%，再测量相同温度下因湿度变化而使长度增加的变化。试样长度的相对增加量为：

$$\varepsilon=\frac{\Delta l}{l_0}\times100\% \tag{2-8}$$

式中　ε——试样长度的相对增加量，%；

l_0——恒温、湿条件下试样长度，mm；

Δl——试样所增加的长度，mm。

(2) 主要影响因素

① 紧度　结构疏松的纸张达到吸水饱和时，其吸水量较大，因此会导致紧度低的纸张的伸缩大于紧度高的纸张的伸缩，且伸缩也较快。

② 干燥次数　纸张经过润湿干燥后，可产生一定收缩。一般情况下，湿后再干伸缩率比湿后不干伸缩率要小一点。如果重复湿润、干燥，纸张产生进一步收缩，但每次循环所产生的伸缩量逐步减小。

③ 放、吸湿平衡　纸张经放湿过程达到平衡时水分含量较高，致使纸张伸缩比原来状态时较小。而吸湿过程则不同，由于纸张的初始含水分量低，达到平衡时，纸张伸缩率相应大些。因此，放湿过程中纸张变形要比吸湿过程中小。

2.3.4 均匀性

纸张的均匀性是指在一定面积上纤维和填料的分布均匀程度，主要表现为定量、厚度在纸幅上的变化情况。对于印刷用纸，不但要求纤维分布均匀、厚度一致、定量差别小，还要求整个纸幅平整，平滑度波动小。例如，水泥袋在充填和运输过程中受到各个方向的外力作用，这就要求水泥袋用纸在受到外力时，能够均匀地分担外力。如果这种纸张的纤维分布不均匀，在水泥袋的充填和运输过程中会出现破裂现象。

(1) 测试原理

评价纸张均匀性的指标是匀度。纸张匀度的测试原理是利用透光率来评价，即用一定光强和光点的光束扫描给定面积的被测纸面，逐点接受透射纸面的光强变化，求得平均透光率和偏差值，再乘以适当的加权系数，即：

$$F=\frac{Aq}{\sigma} \tag{2-9}$$

$$q=0.693/(\ln T_2/\ln T_1) \tag{2-10}$$

式中　F——被测试样的匀度指数；

A——被测试样的平均透光率值；

σ——平均透光率的标准偏差；

q——加权系数；

T_2——多层试样的透光率；

T_1——单层试样的透光率。

（2）测试仪器

纸张匀度的测试仪器有美国 m/k 匀度测试系统和上海造纸所的匀度仪。美国 m/k 匀度测试系统由探测头、数据处理和输出等组成。图 2-4 是美国 m/k 匀度测试系统光路，将试样安装在一个硼硅酸玻璃旋转筒上，圆筒的轴心上安装一个灯泡，在试样外边与灯泡垂直的位置安装光电池，这两部分随圆筒的旋转而沿轴线做平行于轴线的直线运动，试样接触的扫描线在试样上呈螺旋状。光自灯泡发出后，经透镜转变为平行光，然后平行照射到试样上，其光斑直径约 7mm。光垂直穿过试样后被透镜聚焦，通过一个直径 1mm 的光栅（光栅距试样 7cm）后，被光电池接收，由光电池转换为电信号，经放大器、A/D 转换和计算，最后显示出匀度指数。

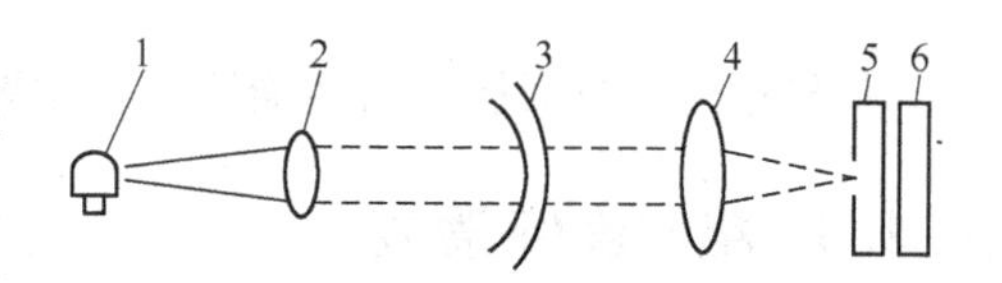

图 2-4　美国 m/k 匀度测试系统光路

1—光源；2，4—透镜；3—试样；5—光栅；6—光电池

上海造纸所研制的匀度仪由试样台、激光源、光电扫描系统、微型计算机、打印机、绘图仪等分立单元组成。它采用激光进行定点扫描，步进电机同步驱动工作台，光电池收到透光率变化后将其送至信号放大器，然后经 A/D 转换送入微型计算机进行数据处理，并打印测试结果，同时还可以连接记录仪，记录纸张匀度变化曲线。

（3）匀度测试方法

现以美国 m/k 匀度测试系统为例，说明纸张匀度的测试方法。具体测试步骤如下所述。

① 试样采集与处理。按 GB/T 450 取样，切取 280mm×220mm 试样 5 个，并按 GB/T 10739 的要求对试样进行温湿度预处理。

② 连接打印机，接通电源，打开主开关，使仪器预热一段时间。

③ 选择安装好接收光栅，大多数纸用 A 光栅，不均匀的纸用 C 光栅，玻璃纸用 B 光栅测量。如果是本色纸或定量较高的纸板不用光栅。

④ 根据纸张类型选择控制开关，1# 挡适用于一般的纸和纸板，2# 挡和 3# 挡适用于薄纸。控制开关的使用规则是：开始使用最低一挡，要求匀度 F 值大于 2，若 F 值小于或等于 2，则用下一个较高的挡。

⑤ 将标准试样置于测试仪的转鼓上，测出其匀度指数，检查其结果是否与标准值一致。标准试样应是由不含磨木浆的纸与随机所带的暗色塑料板构成。

⑥ 将试样置于测试仪的转鼓上，用四个胶辊固定好。试样应贴紧玻璃筒，灯泡和光电池应放在玻璃筒右端。

⑦ 选择长（或短）的测量覆盖距离，压下开始按钮，玻璃筒随之开始旋转，灯泡和光电池沿圆筒轴线做直线运动。到达设定的距离后，电机自动停止。

⑧ 玻璃筒停止转动1s后，仪器显示出匀度指数 F，同时打印出试样号和匀度指数。如果需要，可压下示踪分配器开关，显示光密度变化最高点频率和平均光密度值，并打印出频率分布数据。

⑨ 取下已测试样，准备进行下一次试验。

试验结果以所有测定值的平均匀度指数来表示，匀度指数越大，则表明纸张的匀度越好。当 $F\leqslant5$ 时，重现性为±0.5；如果 F 值在5～10之间，则重现性为±1。由此表明，重现性随匀度指数增高而降低。

2.4 纸与纸板表面性能测试

本节介绍纸与纸板表面性能测试，主要包括粗糙度、平滑度和摩擦系数等测试内容。

2.4.1 粗糙度/平滑度

粗糙度/平滑度是衡量纸与纸板表面凹凸、平整程度的一个重要物理量。采用表面较平滑的纸张进行印刷时，能以最大的接触面积与印版或橡皮布的图文接触，实现油墨较均匀、完整地转移，保证纸类印刷品图文清晰、色彩饱满，获得令人满意的复制效果。另外，对于由网点来表达层次色调的纸类印刷品，只有非常平滑、无凹凸的纸张才能较好地反映原稿中的色调层次和网点状态，从而使得印刷品色调层次丰富柔和、网点清晰。对于书写纸，也必须达到足够的平滑度，才能保证书写流利。

粗糙度是指在一定压力下试样与平面金属环接触，金属环内通入一定压力的空气，从试样面和金属环面之间流出的空气量，单位是mL/min。平滑度是指在一定真空度下，一定容积的空气通过在一定压力下、一定面积的试样面与玻璃面之间的间隙所需的时间，单位是s。

测定平滑度的方法很多，如空气泄漏法、光学接触法、针描法、印刷试验法、电容法、摩擦法以及液体挤压法等，其中空气泄漏法用得最多。

2.4.2 空气泄漏法

纸张平滑度的测试仪器有Bekk平滑度仪、Gurley三用仪和Bendtsen测定仪，它们的测试原理都是空气泄漏法。Bekk平滑度仪型号较多，有普通型、165型、131ED型、ZPD-10B型等，但它们的测试原理基本相同。

2.4.2.1 Bekk测试法

(1) 测试原理

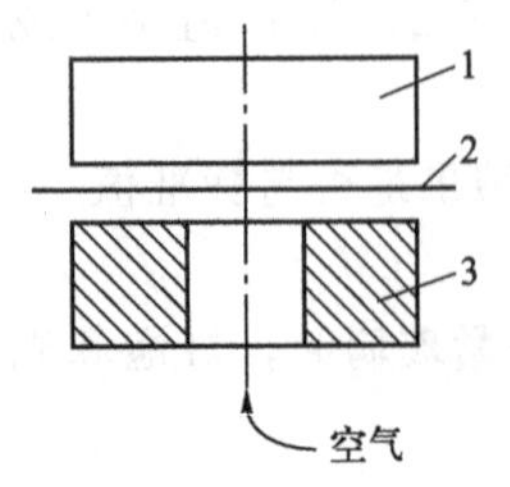

图2-5 空气泄漏法原理

1—压盖；2—试样；3—玻璃砧

Bekk测试法的试验原理如图2-5所示，将试样置于环形玻璃砧上，并在试样上施加一定的压力。由环形玻璃砧的中心孔通入一定容积的空气，测定空气通过试样与玻璃砧之间所需的时间来表示纸张的平滑度。对于表面粗糙不平的纸张，它与玻璃表面接触时的间隙较大，空气容易从纸张表面的低凹部分通过。因此，通过一定容积的空气所需的时间越短，表明纸张表面的平滑度

越低。

国家标准 GB/T 456《纸和纸板平滑度的测定（别克法）》，适用于绝大多数纸和纸板，而不适用于测定厚度在 0.5mm 以上或透气度较大的纸张。

（2）普通型 Bekk 平滑度仪测试法

① 结构及工作原理 普通型 Bekk 平滑度仪由加压部分、密闭系统和测试部分等组成，如图 2-6 所示。三通阀指着“P”时，两只空气圆筒都与真空泵相连接；指着“P_0”时，只有小圆筒连接真空泵，抽出圆筒中的空气，玻璃管中的水银柱随即上升，高度由刻度标尺指示。试验时，首先使水银柱升高到规定的高度，然后旋转三通阀到“M”，外界空气通过试样与玻璃接触面之间的间隙进入小圆筒中或同时进入两个圆筒中，水银柱随之下降。试样愈光滑，它与玻璃表面的接触就愈紧密，空气进入圆筒愈慢，水银柱下降得愈慢，下落时间就愈长，则表示平滑度愈大，反之则平滑度就愈小。

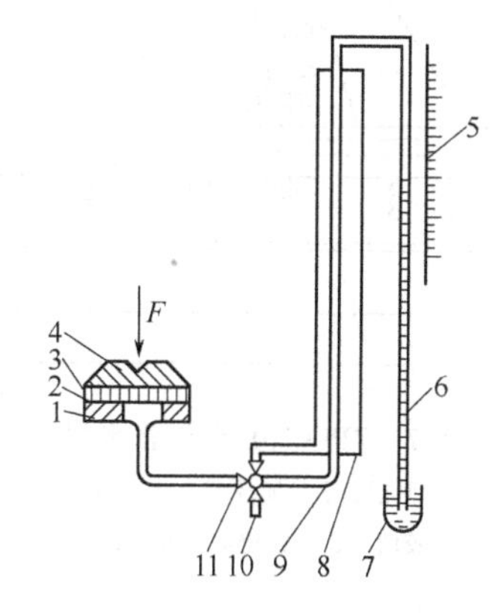

图 2-6 普通型 Bekk 平滑度仪

1—玻璃；2—试样；3—橡胶片；4—压盖；5—刻度标尺；6—玻璃管；7—水银；8—大圆筒；9—小圆筒；10—真空泵接口；11—三通阀

② 校准程序

a. 检查三通阀的密封性。

b. 校对水银柱面的高度，应在（380±0.5）mm 范围内。

c. 校对大小管的容积。

d. 校对试验面积。先用游标卡尺测量试验面的外圆直径［应在（37.4±0.05）mm 范围内］和内圆直径［应在（11.3±0.05）mm 范围内］，再计算其试验面积［应在（10±0.05）cm^2 范围内］。

e. 检查试验面上所受的压力。

f. 检查真空泵的密封。

③ 测试方法

a. 试样采集与处理。按 GB/T 450 取样，沿纸幅横向切取 50mm×50mm 试样，正、反面各 10 片，保证试样面上无皱折裂纹或其他缺陷。按 GB/T 10739 的要求对试样进行温湿度预处理。

b. 取出试样并置于玻璃上，被测面紧贴玻璃砧，将胶膜和金属盖板盖好。

c. 调节加压装置，给试样施加一定压力。

d. 将仪器上的阀门开到指定位置，利用真空泵或抽气筒将容器内空气抽出，使水银柱上升到高于 380mm 为止。然后停止抽气，并迅速拧紧有关阀门。

e. 在上述真空度下，外界空气将沿试样表面和玻璃砧表面之间进入容器，使水银柱下降。当水银柱下降到 380mm 时，开动秒表计时，直至水银柱下降到 360mm 时停止秒表计时，秒表读数即为试样的平滑度值。如果利用小管测量，秒表读数再乘以 10 表示试样的平滑度值。

大小管的使用原则是：平滑度值小于 300s 的试样用大管，否则用小管。如果平滑度值小于 15s，应使用大管，测量水银柱从 482mm 下降到 282mm 所需时间，然后用秒表读数除以 10 表示该试样的平滑度值。

试验结果以所测试样正、反面平滑度的算术平均值、最大值、最小值，以及正、反面平滑度之差表示。

165 型 Bekk 平滑度仪的测试方法与普通型 Bekk 平滑度仪相同。

(3) ZPD-10B 型平滑度仪测试法

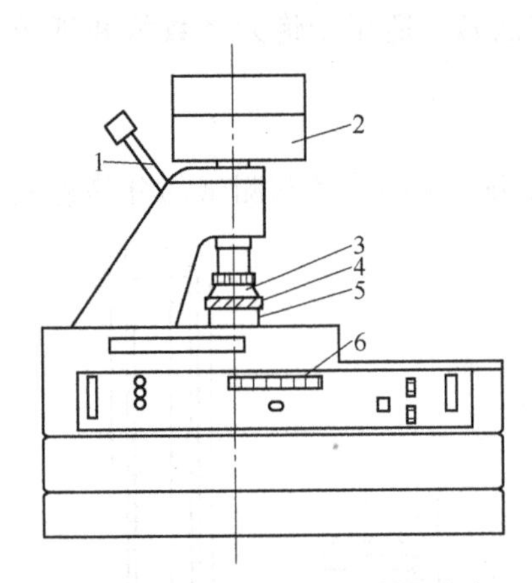

图 2-7　ZPD-10B 型纸张平滑度仪
1—手把；2—加压铊；3—测量头；
4—胶膜；5—玻璃砧；6—数字显示

① 结构及工作原理　ZPD-10B 型纸张平滑度仪由加压、容积和电子控制部分等组成，如图 2-7 所示，它无汞污染、结构紧凑、操作方便，结构参数与普通型 Bekk 平滑度仪相同。

② 主要技术参数

a. 最大真空度：500mmHg。

b. 真空度工作区域：360～380mmHg。

c. 最大量程：A 挡 9999.99s，B 挡 99999.9s。

d. 计时精度：±3s/天。

③ 校准程序

a. 检查仪器的密封性。

b. 校对仪器压力。

c. 校对水银柱面的高度，应在（380±0.5)mm 范围内。

d. 校对大小管的容积。

e. 校对试验面积。先用游标卡尺测量试验面的外圆直径［应在（37.4±0.05)mm 范围内］和内圆直径［应在（11.3±0.05)mm 范围内］，再计算其试验面积［应在（10±0.05)cm^2 范围内］。

f. 检查试验面上所作的压力。

g. 检查真空泵的密封。

④ 测试方法

a. 试样采集与处理。按 GB/T 450 取样，沿纸幅横向切取 50mm×50mm 的试样，正、反面各 10 片，保证试样面上无皱折裂纹或其他缺陷。按 GB/T 10739 的要求对试样进行温湿度预处理。

b. 接通电源，使仪器预热 30min，如采用气动加压式仪器，还应接通气泵，将气压升到一定压力。

c. 根据试样平滑度的大小，将容器选择开关拨到“×1”（大管）或“×10”（小管）的位置。

d. 取出试样并置于玻璃上，放上胶膜压上压盖，被测面紧贴玻璃，放松加压手柄（或气动开关），将试样压在玻璃上，压下操作按钮，显示器自动清零，真空泵开始操作。

e. 当真空度到达 400mmHg 时，真空泵停止工作，真空度指示灯亮。片刻之后灯灭，随之真空度逐渐降到 380mmHg，此时指示灯灭，数字秒表开始计时。当水银柱下降到 360mmHg 时指示灯灭，秒表停止计时。此时显示器上显示的数值就是所测试样的平滑度，单位是秒。需注意，在 380mmHg 时指示灯必须亮 3s 以上再灭，否则测试数据不准确。

f. 取下已测试样，准备下一次试验，依次进行各个试样正、反面的测试。

试验结果以所测试样正、反面平滑度的算术平均值、最大值、最小值，以及正、反面平滑度之差表示。

荷兰 BK 公司制造的 131ED 型 Bekk 平滑度仪的测试原理、测试方法与国产 ZPD-10B 型纸张平滑度仪相同，但加压铊的升降是依靠气动装置实现控制，在购买仪器时应配备

气泵。

(4) Bekk 平滑度仪的容积计算

因圆筒内平均真空度是49kPa，相当于368mmHg，为了计算方便，特取值为370mmHg。Bekk平滑度是水银柱由380mmHg降至360mmHg时所需的时间。设圆筒总容积为V'，V_1、V_2分别是380mmHg和360mmHg时圆筒中空气在标准大气压下的体积。根据气体的等温定理，得：

$$760V_1=(760-380)V' \tag{2-11}$$

$$760V_2=(760-360)V' \tag{2-12}$$

当用大圆筒时，规定$V_2-V_1=10\text{mL}$，则由式(2-12)和式(2-11)相减，得：

$$760(V_2-V_1)=(380-360)V' \tag{2-13}$$

所以$V'=380\text{mL}$，即为大圆筒的容积。当用小圆筒时，规定$V_2-V_1=1\text{mL}$，此时$V'=38\text{mL}$。

(5) 影响 Bekk 平滑度的因素

① 测量值的相对误差与环境气压的标准偏差成正比。

② 温度升高，测量误差会增大。

③ 平滑度随相对湿度的增加而增大。

④ 平滑度随试验压力的增加而增大。

⑤ 试样有效面积偏大时，所测得的平滑度值偏高；反之偏低。

⑥ 加压时间越长，平滑度值越大。

⑦ 施加压力越大，平滑度值也越大。

2.4.2.2 Gurley 三用仪测试法

(1) Gurley 三用仪

① 结构及工作原理　Gurley三用仪由外圆筒、内圆筒、加压装置、夹头等组成，如图2-8所示，适用于测定纸张的平滑度、透气度及松软度。Gurley三用仪测定纸张平滑度的原理是：将试样置于试样夹上，抬起内圆筒，内圆筒靠自身的重量落下，使得一定量的空气在一定压力下通过一定面积的试样，测定所需的时间即为纸张的平滑度值。

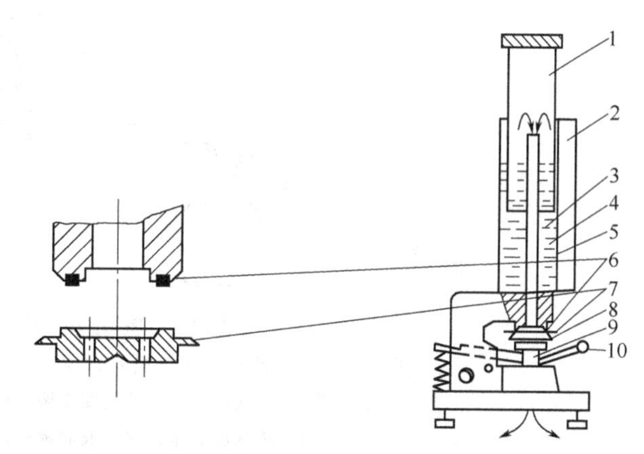

图2-8　Gurley三用仪

1—测量筒；2—面板；3—透气管；4—油；5—固定圆筒；6—上测量板；7—试样；8—下测量板；9—托架；10—试样夹手柄

② 校准程序

a. 检查密封性。用金属片或玻璃纸置于纸样夹内夹紧，然后提起内圆筒保持5h，空气的泄漏量不得超过50mL。

b. 内圆筒质量的校对，应在（567±1)g范围内。

c. 内圆筒容积的校对。

(2) 测试方法

① 试样采集与处理。按GB/T 450取样，并按GB/T 10739的要求对试样进行温湿度预处理。

② 调节仪器水平，移开内圆筒，将专用油注入外圆筒内，油面高度达到外圆筒中部表

面的环状纹线上。

③ 升高内圆筒，使弹簧指针在它的凸缘下面与它连接为止。夹好试样后，切忌将内圆筒升高；否则，油会被吸入空气管中。

④ 将测量头以及相关垫圈安装于仪器上。

⑤ 将经处理至平衡后的试样插入底座上的冲孔器中，冲一个小圆孔。纸的层数根据试样平滑度的大小而定，对于一般印刷用纸，八层纸能提供较合适的读数。

⑥ 将已冲孔的试样夹于试样夹中，保证冲孔没有被夹子环状接触的任何部分所遮住。

⑦ 用棒状螺旋把试样慢慢夹紧，逆转离开，借助杆臂重量来施加夹紧压力。

⑧ 自由落下内圆筒，待零刻线与外圆筒顶部对齐时，立即开动秒表或计时器计时。内圆筒依靠自身重力将系统内空气压出，同时它也下落一段距离，待 50mL 刻线与外圆筒对齐时，停止计时，所计时间即为平滑度，单位为 s/50mL。

2.4.2.3 Bendtsen 仪快速测定法

(1) Bendtsen 粗糙度仪

① 结构及工作原理　Bendtsen 仪快速测定法所用试验仪器是 Bendtsen 粗糙度仪，如图 2-9 所示，它由供气系统、调压器和测量系统等组成，适用于测定纸和纸板表面的粗糙度、纸张的透气度以及压缩性和弹性。Bendtsen 粗糙度仪的测试原理是空气泄漏法，即恒定压力的微弱气流从金属环与试样的接触面之间通过，以泄漏空气量来衡量纸及纸板表面的粗糙度，单位时间内泄漏的空气越多，则表明纸或纸板表面越粗糙。而透气度是以单位时间内透过一定试样面积的气体量来衡量。

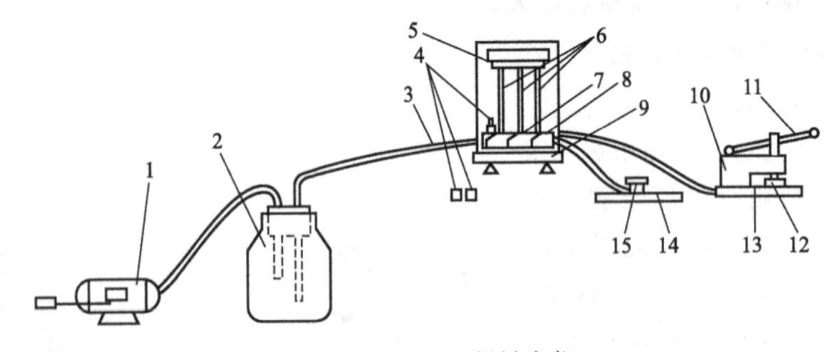

图 2-9　Bendtsen 粗糙度仪

1—压缩机；2—缓冲瓶；3—气管；4—限压阀；5—机架；6—浮子流量计；7，8—控制阀；9—底座；10—透气度支架；11—手柄；12—透气度测头；13—透气度底座；14—玻璃板；15—粗糙度测头

② 主要技术参数

a. 测试压力：$1kgf/cm^2$ 或 $5kgf/cm^2$。

b. 浮子流量计量程：15～50mL/min，50～500mL/min，100～1000mL/min。

c. 进气压力：$75mmH_2O$（$1mmH_2O=9.80665Pa$）、$150mmH_2O$、$225mmH_2O$。

③ 校准程序　将毛细管校正器接到测粗糙度的接头上，然后把毛细管校正器垂直放在磨光的玻璃板上，此时流量计读数应为“0”。

(2) 测试方法

按照 GB/T 2679.4 进行试验。具体测试步骤包括以下几点。

① 试样采集与处理。按 GB/T 450 取样，沿纸幅横向切取 100mm×100mm 的试样，正、反面各 10 片。试样应平整，不得有皱折。按 GB/T 10739 的要求对试样进行温湿度预处理。

② 检查仪器的密封性后，将试样置于玻璃板上，试样测量面朝上。

③ 开动仪器，将 150mmH_2O 的调压砝码放在固定柱上，并使之转动而拨动通气阀门，使空气通过流量计。将测量头置于试样上，5s 后在流量计上读取浮子指示的数值，即为试样的粗糙度。测定时浮子的指示值应在流量计刻度值的 10%～90%范围内。

④ 按上述方法，进行各个试样的测试，每一个试样只能测试一次（正面或反面）。试验结束后，先将调压砝码取下，再停止仪器。

试验结果以正、反面的测试结果的算术平均值表示，并在试验报告中说明最大值、最小值，以及正、反面粗糙度之差。平均值越小，表明试样的平滑度越高，

（3）影响 Bendtsen 平滑度的因素

① 仪器的流量计和调压砝码是否调节垂直。

② 调压器到流量计之间有漏气现象时，读数偏低；流量计到测量头之间存在漏气时，读数偏高。

③ 测量头是否损伤或生锈。

2.4.2.4 Parker 印刷表面粗糙度仪测试法

（1）测试原理

Parker 印刷表面粗糙度仪主要用于测定纸与纸板印刷表面的粗糙度，也可以改变其压力以测定粗糙度的变化和压缩性。它由测量、试样夹持、显示部分和操作面板等组成，若换上气孔率测试头，也可测试纸与纸板的气孔率（或透气度）。Parker 印刷表面粗糙度仪的测试原理是将试样置于试样夹上，由于试样遮住了光源，试样夹关闭夹紧。先设定一定的压力，测量面与传感器重叠，测定试样表面之间的空气泄漏，由传感器探测，在显示器上显示出来，即试样的粗糙度。

（2）测试方法

① 试样采集与处理。按 GB/T 450 取样，沿纸幅横向切取 100mm×100mm 的试样 10 片，试样要平整，无折皱、裂口等。按 GB/T 10739 的要求对试样进行温湿度预处理。

② 选择合适的压力，软垫压力是 10kgf/cm^2，硬垫压力是 20kgf/cm^2。

③ 将试样插入下夹板和传感器之间。由于试样遮住光源，传感头自动夹紧试样。

④ 标有 AIR 的指示灯亮，经预调，计数器指示出试样的粗糙度值。

⑤ 松开夹紧装置，取出试样，准备下一次试验。

在试验报告中应注明垫子的类型，H 是标准硬垫，S 是标准软垫，夹紧力分别为 20kgf/cm^2、10kgf/cm^2、5kgf/cm^2。

2.4.3 光学接触法

光学接触法是由 S. M. Chapman 所提出的，测试原理如图 2-10 所示。将试样置于平台底座，底座可以上下调节，用来调节试样与棱镜之间的压力。光学玻璃棱镜由三块棱镜合并而成，也可以用整体棱镜。当向上调节底座时，纸张不平表面的凸峰部分与棱镜之间产生光学接触。所谓光学接触是指纸张的凸峰部分与棱镜之间的间隙小于或等于入射光波长的接触。若间隙大于入射光的波长，则认为在棱镜与纸张之间有空气相隔，称为非光学接触。

当沿法向的入射光照射到接触部分时，由玻璃-纸张界面向棱镜体内空间形成漫反射，如图 2-11(a) 所示。因此在入射方向的±90°范围内都存在着反射光。当入射光照射到非接触部分时，通过玻璃-空气界面射向纸张的凸凹部分表面，随后纸张凸凹部分的反射光

又通过空气-玻璃界面折射到棱镜体内。当可见光波长是380～780nm时，玻璃的折射率$n=1.5\sim1.53$，若取$n=1.52$，由折射率定义可知，折射到棱镜体内的光集中在±41°的空间内，如图2-11(b)所示，在与入射方向夹角大于41°的空间内不存在反射光。因此，在与法向的入射光呈30°方向的"A"处，反映了接触面积和非接触面积上的反射光，而在与法向的入射光呈60°的方向"B"处，却只能反映接触部分的反射光。S. M. Chapman光学接触法就是利用上述现象，在"A"、"B"两个位置上设置两个光敏元件，用以测量"A"、"B"两个部位的反射光强，进行比较来确定接触面积的百分比。

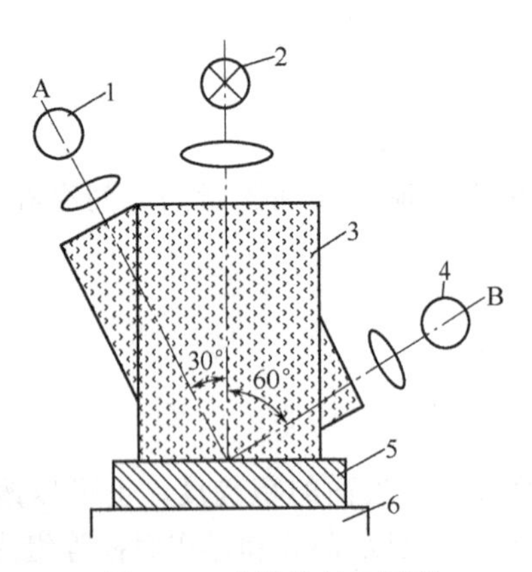

图2-10　光学接触法原理

1,4—光敏元件；2—入射光源；3—棱镜；5—试样；6—底座

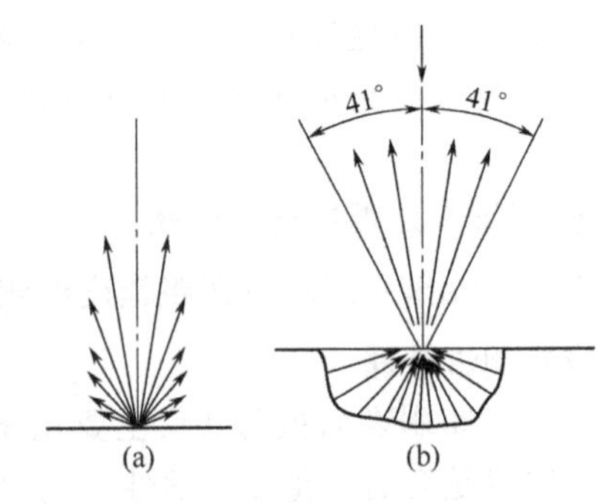

图2-11　接触区的反射光

综上所述可知，光学接触法能测得纸张在加压物体之间接触面积的大小，但测试所得数据与所施加的压力、纸张的压缩特性有关，故只能在规定的压力下，在一定程度上反映纸张表面的相对平整程度。此外，用光学接触法所得的接触面积百分比不能反映纸张凹下部分的深浅程度。

2.4.4　针描法

针描法是测量表面微观几何形状的方法之一，它利用一个很尖的触针在粘于平滑玻璃板上的纸张试样表面做匀速滑动。由于试样表面峰谷不平，触针上下移动。若将触针上下位移参数通过机械的或电学的方法加以放大和处理，就可用记录仪器显示其微观几何形状的图形。测试仪器是针描粗糙度仪适用于测定印刷表面凹凸形状的程度和表面微观情况，它由放大指示、信号传输、检测器、记录系统以及带柱子的定盘、倾斜调整台等组成。SE-3A针描粗糙度仪的测试原理是触针接触印刷纸试样表面，并扫过一定的距离。根据印刷表面的凹凸不平给出相应的曲线，并由放大装置放大显示，曲线的形状反映纸面凹凸不平的程度。曲线越平缓，则平滑度越高；反之则粗糙度越高。

2.4.5　水迹法

空气泄漏法、光学接触法、针描法都只能测量纸张在印刷前的原始平滑度，并不能反映纸张在压印过程中所呈现的平滑状态，荷兰印刷技术研究所（简称IGT）提出了在印刷适性试验机上测量印刷过程中纸张的平滑度方法。

(1) 测试原理

水迹法利用IGT印刷适性仪测试纸张的粗糙度。IGT印刷适性仪的测试原理是模拟纸

张的圆压圆印刷状态，在一定的印刷速度、印刷压力和衬垫条件下进行压印，使纸张表面的几何状态与实际的圆压圆印刷状态相接近，测试结果表征纸张在压印过程中的平均粗糙度，同时也可以用单位面积内凹穴的容积来标定印刷平滑度。由于纸张本身的弹塑性特征，其凸峰部分在印刷压力作用下的变形随印刷压力和大小而改变，因此，同一种纸张在不同的印刷压力下，所测得的平滑度是有区别的，如图2-12所示，纸张越疏松，其差别越显著。这表明采用水迹法测定印刷过程中纸张的平滑度，与印刷的实际状态是相近的。

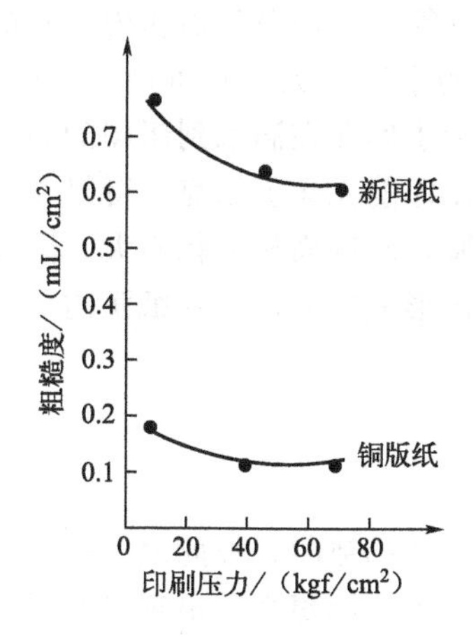

图2-12　印刷压力与纸张的印刷平滑度

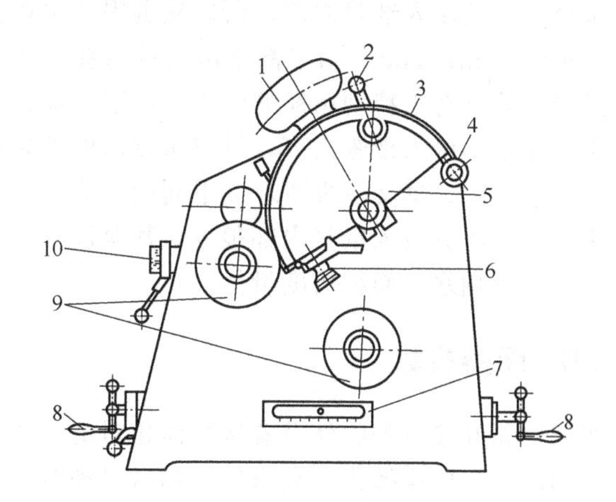

图2-13　IGT印刷适性仪原理

1—重锤；2—掣子；3—衬垫；4—张力杆；5—扇形板；6—衬垫夹；7—刻度标尺；8—手柄；9—印刷盘；10—旋钮

（2）IGT印刷适性仪

① 结构及工作原理　图2-13是IGT印刷适性仪原理，它相当于一台小型印刷机，模拟圆压圆印刷状态。印刷盘类似于印版滚筒，可以从轴上卸下，以便在附件装置（即匀墨器）上均匀地着墨。扇形盘相当于压印滚筒，承印的试样用夹子夹紧并绕在扇形盘上，扇形盘与承印的试样之间可以布置适当的衬垫。印刷盘与扇形盘之间的印刷压力通过旋转手柄来调节，并在刻度标尺上读出。扇形盘与重锤同轴联结，采用跌落重锤方法，使扇形盘加速转动。因此，在印刷一张纸样的过程中，印刷速度是递增的，其瞬时印刷速度可以从速度表上查得。如果用手转动重锤，也可以实现匀速转动。A1C2-5E型IGT印刷适性仪对印刷速度的调节已有所改进，既可做加速运动，也可做匀速运动，并有仪表显示印刷速度值。

② 校准程序

a. 校对印刷压力　测力计读数与仪器加压装置指示器上的读数误差应不超过5%。若误差太大，则应调节加压弹簧以改变印刷盘与扇形盘之间的间隙。

b. 校对印刷速度　用频闪测速仪进行校正。如果所测最大速度与仪器所规定的速度不相符，应进行修正，即：

$$v_i=\frac{s}{t} \tag{2-14}$$

式中　v_i——扇形盘在某一位置时的速度，cm/s；

s——扇形盘上某一位置相邻两点之间的长度，cm；

t——相邻两点之间的间隔时间，s。

(3) 测试方法

采用水迹法测试纸张粗糙度的具体步骤是，切取两条带状纸张试样，将相同的纸面（即所测平滑度的一面）彼此正对安装在试验机的夹钳上，其中一条绕在宽 2cm 并安装在印刷盘小轴上的铅盘表面。另一条绕在包有橡皮布的扇形盘上。开动试验机前，用精确定量的滴管将 3mL 的蒸馏水滴在两条纸张试样之间。压印后水滴将铺展在被测纸面上，填满纸张表面不平处，形成卵形水迹，采用求积仪测得水迹面积。由于加水到压印之间的时间间隔很短，水分来不及浸入纸张内部，所以从测得的水迹面积可计算出纸面单位面积内凹穴的平均容积，单位是 mL/cm^2。对于高平滑度的纸张，可能形成的水迹过大，则可用 1.5mL 的蒸馏水进行试验。对于特别粗糙的纸张，可适当加大水量。为了确保在滴水到压印的短暂时间内，水分完全不浸入纸张内部，可将所测试的纸条试样在压印前先涂上蜡克，待蜡克干燥后再进行滴水压印。据文献报道，以不同的印刷速度进行试验，水迹面积变化不大。因此，可以认为压印前水分浸入纸张内部很少，甚至没有。至于水迹形成之后，浸入纸张内部水量的多少，并不影响水迹面积的度量值。

2.4.6 摩擦系数

当两个相互接触的物体沿着接触面相对滑动或有相对滑动趋势时，彼此之间作用着阻碍这种运动的力，即摩擦力。在未发生相对滑动时的摩擦力称为静摩擦力。出现滑动时的摩擦力称为滑动摩擦力。纸张在印刷和包装过程中，纸与纸或其他材料接触时通常会产生摩擦力，而这些摩擦力对印刷和包装生产有很大影响。例如，若纸袋用纸具有太大的摩擦系数，堆叠的纸袋之间可能产生粘接，而太低的摩擦系数可能使堆叠的纸袋之间产生滑动，这些都会影响包装质量。

根据摩擦理论可知，在确定的正压力条件下，摩擦力大小与摩擦系数成正比。利用荷兰包装研究所研制的静、动摩擦系数仪可以测定纸张的摩擦系数。另外，济南兰光机电技术有限公司生产的 MXD-02 型摩擦系数仪也能够测试包装材料的动、静摩擦系数。

(1) 静摩擦系数测试

静摩擦系数仪由电机驱动倾斜台、试样夹头和重量块等组成。试验原理是：将重量块置于台面左方并处于水平位置，然后开动电动机，使台面慢慢地倾斜。当重量块在开始滑动的瞬间，立即停止电动机，在刻度盘上直接读出静摩擦系数。具体测试步骤包括以下几点。

① 试样采集与处理。按 GB/T 450 取样，切取 80mm×180mm 和 30mm×120mm 两种规格的试样，两张搭配为一组，并按 GB/T 10739 的要求对试样进行温湿度预处理。

② 将仪器放在一平台上调至水平，并通电。利用电机开关调整倾斜板刚好在水平位置，此时仪器指针刚好指向刻度盘的“0”点。

③ 松开台面上的闭锁吊杆，对准台面，将 80mm×180mm 的试样夹在倾斜板上。

④ 将 30mm×120mm 的试样用弹簧胶辊夹于有重量的滑块上，此滑块连同试样置于倾斜板左边。

⑤ 向右推电动机开关，电动机运转使倾斜板顺时针旋转，并越来越倾斜，仔细观察滑块，一旦滑块开始滑动，立刻松开开关，电动机停止运动。

⑥ 从刻度盘上指针所指的位置读出静摩擦系数，即 $\mu=\tan\alpha$，α 是倾斜板在重量块开始滑动时的倾斜角度。

⑦ 将开关推向左边，倾斜板逆时针运动返回到水平位置，松开开关，指针指在零点，准备下一次试验。

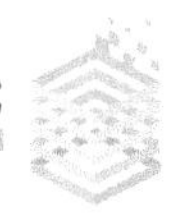

试验结果以所有试样静摩擦系数的算术平均值表示，取三位有效数字。

(2) 动摩擦系数测试

动摩擦系数仪由一定重量的摆、圆柱转鼓和指针刻度盘等组成。摆被固定在可转动的圆柱体上，可以从水平位置松开。试样条绕在圆柱体上，包住圆柱周长的1/4。在试样的另一端悬挂一定重量的夹子，使试样与圆柱体之间产生一定的压力。当摆置于初始位置时，具有势能E_1；当摆落下时，由于试样与圆柱体之间产生摩擦力，阻碍摆升高，此时摆的势能是E_2。通过摩擦耗能（E_1-E_2）来计算动摩擦系数，试验时可直接由刻度盘上读值。具体测试步骤包括以下几点。

① 试样采集与处理。按GB/T 450取样，切取15mm×200mm的试样5条，并按GB/T 10739的要求对试样进行温湿度预处理。

② 将试样一端夹在水平夹具内，另一端包在圆柱上1/4，在端点上夹100g的重量块。

③ 摆放水平后锁定，并将指针拨到最大位置上。推动摆锁定杆，使摆自由落下，待摆返回时用手轻轻接住，放置在锁定位置上，然后在刻度盘上指针所指位置读出动摩擦系数，测试结果取平均值。

④ 如需测定纸与其他材料之间的摩擦系数，可更换不同材料的圆柱体进行试验。

试验结果以所有试样动摩擦系数的算术平均值表示，取三位有效数字。

2.5 纸与纸板光学性能测试

本节介绍纸与纸板光学性能测试，主要包括白度、颜色、光泽度、透明度和不透明度等测试内容。

2.5.1 光源

本小节主要介绍光的性质、标准照明体和标准光源、仪器几何特性和光谱特性等内容。

(1) 光的性质

光是一种辐射能量，光波本质上是电磁波。在电磁波波长范围内，由380～780nm波长构成了日光，在日光波长范围内，波长在400～700nm范围内称为可见光，可凭肉眼观察，以区分各种不同的颜色，如表2-3所示。

表2-3 可见光的颜色

波长/nm	400～450	450～500	500～570	570～590	590～610	610～700
颜色	紫	蓝	绿	黄	橘黄	红

当一束光线投射到纸张表面上时，会发生反射、透射、散射、吸收和漫反射等光学现象。

① 反射　指光从纸面上呈镜面反射，反射量的大小用光泽度来评价。

② 透射　指光射入纸层，形成散射光，用散射系数来评价。

③ 散射　指光透过纸层，形成折射光，用不透明度来评价。

④ 吸收　指光被纸张吸收变成热能，用吸收系数来评价。

⑤ 漫反射　当一部分光进入纸张内部，并在各个方向上反射出数量相同的光，则形成

半球形的漫反射现象，用漫反射率来评价。

若入射光线被镜面反射的量很大，则纸张呈现很高的光泽度。当某种颜色的漫反射光量大时，物体主要呈现出这种颜色。如果全部波长的光反射率都是100%，则物体是理想白。当光被物体全部吸收，则物体就呈绝对黑。如果光从物体上透过量大，则不透明度低；如果100%透过，则物体就是绝对透明体。

纸张的光学性质，正是基于上述几种情况进行评价的，如白度、颜色、光泽度和不透明度等。

(2) 标准照明体和标准光源

标准照明体是指入射在被观察者所观测的物体上的一个特定的相对光谱功率分布。能实现这种标准照明体的人工光源的物理反射体称为标准光源。目前广泛采用的标准光源主要有A光源和D_{65}光源。瑞士生产的Elrepho 2000色度仪，可以同时模拟这两种标准光源。我国原轻工部自动化研究所研制的光度计和温州仪器厂生产的SBD白度仪都能模拟D_{65}光源。

(3) 仪器几何特性和光谱特性

我国主要采用常采用45°/0°光度计和d/0光度计两种。

① 45°/0°光度计　指45°角照明、垂直观测的光度计。SBD型白度仪就是这种几何特性的仪器。GB 1542《纸与纸板白度的测定法（蓝光法）》[1] 规定，入射光轴线与试样平面法线夹角45°±0.5°，反射光轴线与法线夹角0°～0.5°。入射光轴线与入射光线之间的最大夹角应为9.5°±2.0°，反射光轴线与反射光线之间的最大夹角17.5°±2.0°，测试孔径不小于20mm。光谱特征是模拟D_{65}光源照明，要有与D_{65}光源同样丰富的紫外线含量。

② d/0光度计　指漫反射照明、垂直观测的光度计。GB/T 7974《纸、纸板和纸浆 蓝光漫反射因数D65亮度的测定（漫射/垂直法，室外日光条件）》中规定，用积分球对试样漫射照明，积分球直径不小于100mm，球内孔总面积不超过球内面积的10%，测试孔径不小于20mm，试样面的法线与观测光束的轴线之间的夹角是8°，观测轴线和观测线间的最大夹角是2.5°±0.2°，在与试样面法线呈8°角的观测孔相对应的方向可开设打开或关闭的光泽吸收器。仪器光谱特性是模拟D_{65}光源，要与D_{65}光源有同样丰富的紫外线含量。

(4) 纸与纸板的光学特性

纸与纸板的光学特性包括白度、颜色、光泽度、透明度、不透明度等。

2.5.2 白度

纸与纸板的白度是指白色或接近白色的纸或纸板的表面对蓝光的反射率，以相对于蓝光照射氧化镁标准板表面的反射百分率表示。这种纸或纸板受光照射后反射的能力，也是纸或纸板的光亮程度，因此也有用亮度表示的。测定白度的仪器有SBD型、ZBD型白度计和光电反射计。

2.5.2.1 白度仪测试法

(1) 结构及工作原理

图2-14是ZBD型白度仪结构，它与指示零位的AC15/4直流辐射式检流计配套使用，用于测定纸、纸板、布、粉末、化学纤维、涂料、洗涤剂等平整制品以及陶瓷、搪瓷、面粉、淀粉等物品的白度和材料中荧光增白剂显示的荧光白度。

---

[1] 该标准中这个测试方法在实际中仍在使用。

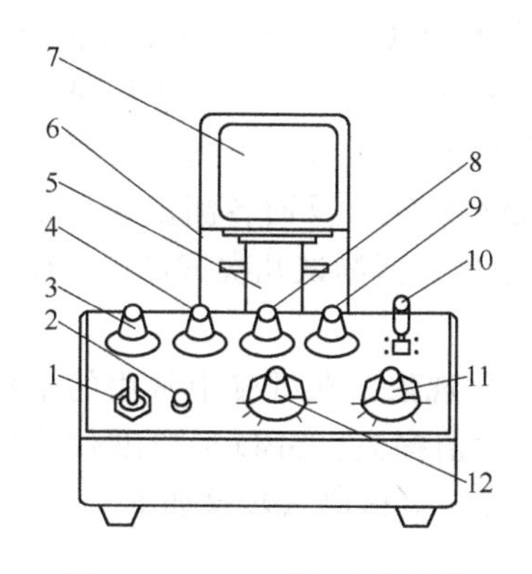

图 2-14　ZBD 型白度仪结构

1—开关；2—指示灯；3—灵敏度旋钮；4—调零旋钮；5—托盘；6—试样；7—测量头；8—粗调旋钮；9—微调旋钮；10—选择开关；11，12—读数旋钮

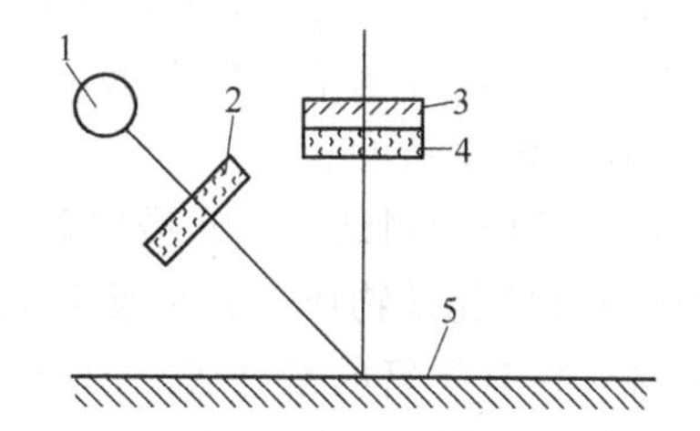

图 2-15　ZBD 型白度仪的工作原理

1—光源；2，4—滤光片；3—光电池；5—试样

ZBD 型白度仪的工作原理如图 2-15 所示，用钨丝灯作光源，光束以 45°投射在试样上，而在法线方向利用光电池接收试样漫反射的光通量。试样越白，光电池接收的光通量就越大，输出的光电流也就越大。试样的白度与光电池输出的光电流满足线性关系。主光源与试样之间有一个滤光片，它吸收波长 500nm 以上的可见光和一部分蓝光，而对波长为 360～400nm 的紫外光有较高的透明度，而第二滤光片的透明度却消除了反射的紫外光，允许紫外光激发波长约 440nm 的蓝光进入光电池。

（2）主要技术参数

① 测量范围：0°～110°。

② 测量孔直径：ϕ32mm。

③ 有效波长：445nm。

④ 光谱特性：45°/0°。

⑤ 稳定性：0.5°。

⑥ 读数精度：0.2°。

（3）校准程序

① 将选择开关扳至上部，逆时针转动旋钮后，用调零旋钮调节检流计到零位。

② 将标准白度板放在试样托盘上，调节读数旋钮到白度板标示的白度值，将选择开关扳到下部，调节粗调旋钮和微调旋钮，使检流计光点指示零位后，再将选择开关扳到上部。

③ 取下白度板，换上黑筒，将读数旋钮旋转到“0”后，把选择开关扳到下部，轻轻地调节调零旋钮，使光点指示零位后，再将选择开关扳到上部。

④ 重复②、③两项后，再用标准白度板调整仪器。

（4）测试方法

按照 GB 1542 进行试验。

① 工作标准白度板的标定　工作标准白度板主要用于校正仪器，其校准是采用反射率 100％的完全反射漫射体进行。在确认仪器各项参数符合标准规定的前提下，用黑筒调好仪器零点，用基准完全反射漫射体校正仪器，以工作标准板作为试样进行测试，所得反射率就是工作白度板的标定值。日常工作中可用工作白度板标定仪器。

② 白度测试　重叠 50mm×70mm 的试样若干张，试样的长边为纵向，至不透光为止，

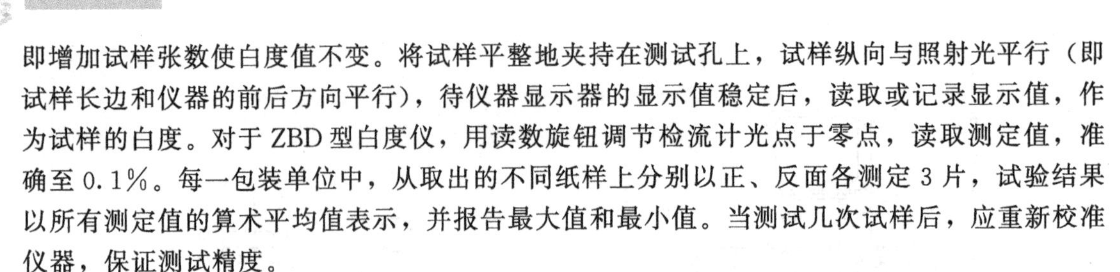

即增加试样张数使白度值不变。将试样平整地夹持在测试孔上，试样纵向与照射光平行（即试样长边和仪器的前后方向平行），待仪器显示器的显示值稳定后，读取或记录显示值，作为试样的白度。对于ZBD型白度仪，用读数旋钮调节检流计光点于零点，读取测定值，准确至0.1%。每一包装单位中，从取出的不同纸样上分别以正、反面各测定3片，试验结果以所有测定值的算术平均值表示，并报告最大值和最小值。当测试几次试样后，应重新校准仪器，保证测试精度。

③ 荧光白度测试　荧光增白是一种光致发光的物理现象。在纸张中常用的增白剂是含有共轭双键的化学物质，它可使蓝光反射率增加、白度值提高。SBD型白度仪采用了模拟D_{65}光源，含有丰富的紫外线，因而可用来测量荧光白度。具体测试步骤如下。

a. 预热仪器后，用黑筒和无荧光标准板校正仪器。

b. 将荧光标准板置于试样座上，测试其荧光R_{457}的值S_f，如果S_f与荧光标准板的标准值S不相符，则应按说明书调节仪器紫外线的含量，直至$S_f=S$。

c. 用紫外线截止滤光片消除入射光中的紫外辐射，用无荧光工作标准板和黑筒重复校正仪器。测定荧光标准板的R_{457}的反射率S_c，计算仪器紫外截止滤光片的定标因子：

$$B=\frac{S-N}{S_f-S_c} \tag{2-15}$$

式中　B——紫外截止滤光片的定标因子；

S——D_{65}光源照射下，荧光标准板反射率的标定值；

N——D_{65}光源照射下，无荧光标准板反射率的标定值；

S_f——模拟D_{65}照明下，荧光标准板反射率的测定值；

S_c——加紫外截止滤光片后，荧光标准板反射率的测定值。

d. 计算荧光白度

$$F=B(R_f-R_c) \tag{2-16}$$

式中　F——荧光增白剂试样的荧光白度值；

B——紫外截止滤光片的定标因子；

R_f——试样未加紫外截止滤光片时的R_{457}蓝光反射率值；

R_c——试样加紫外截止滤光片后的R_{457}蓝光反射率值。

2.5.2.2 Elrepho光度计测试法

(1) 结构及工作原理

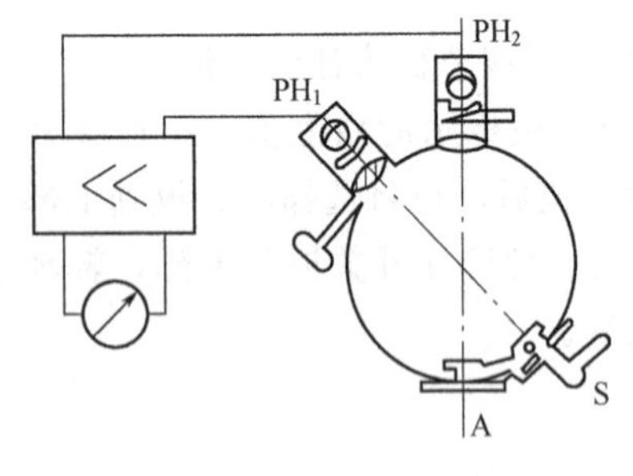

图 2-16　Elrepho光度计原理

Elrepho光度计适用于测定纸与纸板的白度、颜色和不透明度，图2-16是其工作原理，球壳（俗称积分球）的内壁涂有白色漫反射层，球壁上任一点产生的光照度是由许多部分叠加而成，它们在光电池上所产生的光电流与光照度成正比。采用比较法确定反射率。标准板和试样被反射光度计内部漫射照明。试样表面A和标准板S表面上所反射的光分别进入到PH_1、PH_2两个光电池上，产生两路方向相反的电流，比较两路电流的大小，可得出试样相对于标准板的反射率。

(2) 校准程序

① 打开电源开关，接通冷却水开关，预热仪器15min。

② 调节滤光片位置，压下灵敏键，检流计指针应指向零点。若检流计指针没有指向零

点，应调左端旋钮，使检流计指针应指向零点。

③ 调节滤光片位置，先将工作标准板置于试样托架上并对准测试孔，然后将刻度鼓的读数调到标准的校正位置，压下灵敏键，使检流计读数为零。若检流计指针没有指向零点，应调右端旋钮，使检流计指针指向零点。

(3) 测试方法

将多层试样放在试样托架上，用测量鼓调节，使检流计指针指向零点，此时测量刻度鼓上所指示的数值就是试样的白度。若使用氙灯系统，同样可进行黄光白度的测量。

2.5.2.3 Elrepho 2000 色度仪测试法

(1) 结构及工作原理

Elrepho 2000 色度仪适合于测量三刺激值、色差、甘茨白度、色辉偏差、透明度、光吸收以及散射系数等。它是 Elrepho 光度计的改进型，用两个频闪氙灯代替了原来的光源系统，同时用单色器分光代替原来的滤色片，用阵列光电池代替了原来的光电池，使试验数据在氙灯闪光的瞬间被仪器所接收，并送至计算机进行计算、显示。该仪器结构轻巧、精致，采用气浮式测量座，仪器控制程序全部固化在一个模块上，根据试验要求按键选择。

(2) 校准程序

对于纸与纸板 R_{457} 白度测试，Elrepho 2000 色度仪的校准程序如下。

① 接通电源，预热仪器 20min。

② 用 A 键输入波长 400～700nm、间隔 20nm 的参考标准值。

③ 将黑色标准板置于试样托架上，压下校正键，再压下频闪氙灯启动开关，闪过 4 次后，按显示器提示将白色工作板放入试样座，再压下氙灯启动开关，灯又闪 4 次，然后显示校正值。

(3) 测试方法

Elrepho 2000 色度仪是 Elrepho 光度计的改进型，采用汽浮式测量试样座、微机控制和按键选择形式。测量白度时，先校对仪器，然后把多层试样重叠后放入仪器的试样座上，启动氙灯开关，即可进行测量。几秒钟后，在显示器上显示出 R_{457} 反射率值和黄度指数 G 值。若以 R_X、R_Y、R_Z 表示三刺激值所对应的反射率，则黄度指数为：

$$G=\frac{R_X-R_Z}{R_Y} \tag{2-17}$$

式中　G——纸与纸板的黄度指数。

2.5.3 颜色

(1) 三原色原理

物体被光照射呈现的颜色，取决于物体对照射光的反射和吸收特性。如果各种波长的光被物体完全吸收，则人眼就接受不到反射光，表明该物体呈黑色。反之，如果物体对所有波长的光全部反射，则该物体呈白色。不同的物体所吸收或反射的光波及光通量不同，故所呈现的颜色也不尽相同，有各种颜色。

光谱相同的光，颜色相同，而光谱不同的光，通过适当合成也能呈现出相同的颜色，即一种颜色可以由另外几种颜色按一定比例合成得到。实践表明，由红、绿、蓝三种颜色所合成的颜色效果最好。因此，人们将为合成某种颜色所需的三原色的数量称为三刺激值。这就是颜色的三原色原理。科学家发现，人眼睛分辨颜色的机理与三原色原理相符，在人眼上分布有三色感光细胞，分别对红、绿、蓝三种原色敏感。通过这三组细胞所得到的刺激程度，使人分辨出不同物体的颜色。

(2) 颜色表示方法

① CIE-XYZ系统表示法　1931年国际照明委员会（CIE）建立了利用红、绿、蓝三刺激值表示颜色的CIE-XYZ表色系统，用 X、Y、Z 分别表示红、绿、蓝三原色的刺激值。为了便于用色品图表示 X、Y、Z 值，需要求出色品坐标，即：

$$x=\frac{X}{X+Y+Z} \tag{2-18}$$

$$y=\frac{Y}{X+Y+Z} \tag{2-19}$$

$$z=\frac{Z}{X+Y+Z} \tag{2-20}$$

根据 x、y 值，可以画出以 x 为横坐标、y 为纵坐标的舌形色品图，代表由红色到紫色所有的光谱色。任何一种颜色只要求出相应的 X、Y、Z 值，再由式(2-18)、式(2-19) 求出 x、y 值，就可在色品图中标出该颜色点的位置。

② CIE $L^*a^*b^*$ 均匀色空间表示法　CIE-XYZ色品坐标法虽然可以准确地表示颜色，但与颜色视觉还不大一致。为了进一步改进和统一颜色评价方法，1976年国际照明委员会推荐了CIE $L^*a^*b^*$ 表色系统，L^* 是明度指数。当 $L^*=0$ 时，全部光被物体吸收，物体呈黑色。当 $L^*=100$ 时，表示物体反射全部光，物体呈纯白色。a^*、b^* 是色度指数，$a^*>0$ 表示偏红，$a^*<0$ 表示偏绿，$b^*>0$ 表示偏黄，$b^*<0$ 表示偏蓝。

③ 主波长、色纯度、明度表示法　颜色有色调、色纯度和明度三个特点，色调也可用主波长表示。主波长是指为合成某一颜色的主要光谱色波长，简记为 $D_{(\lambda)}$。色纯度是用接近同一主波长光谱色程度表示的，简记为 $P_{(e)}$。明度用 Y 值表示。这种表示法主要用于评价新闻纸的颜色。

(3) 测试方法

① 切取试样后，通电预热反射光度计。

② 用滤光片调节器调节相应的滤光片，或调整仪器相应的功能。

③ 用黑、白色标准板校准仪器。

④ 将试样置于试样座上，依次测量三个刺激值。

⑤ 若使用色差计，可直接读出 L^*、a^*、b^* 值，或根据 X、Y、Z 值分别计算出 L^*、a^*、b^* 值和 x、y 值。

⑥ 根据要求计算出两个试样之间的色差。

另外，在使用白色标准板校准仪器的过程中，如果标准板的标准值是某种光谱特性条件下的反射率 R_X、R_Y 和 R_Z，则可计算出 X、Y、Z 值，即 $X=aR_X+bR_Z$、$Y=R_Y$、$Z=cR_Z$，三个系数 a、b、c 的取值因光源和视场的不同而不同。

2.5.4 光泽度

(1) 测试原理

光泽度是一种光学平滑度的量度，它直接影响包装材料的印刷性能，也可用来检测包装材料或制品表面的均匀程度。光泽度与平滑度并不完全一致，理想的测试方法是同时测试光泽度和平滑度。当试样表面有入射光照射时，其反射分布曲线如图2-17所示，它是用变角光度计测试得到的。图 2-17 中的虚线部分表示扩散反射，实线部分代表镜面反射。光泽度高的材料其反射分布曲线在实线范围内，光泽度低的材料在虚线范围内。

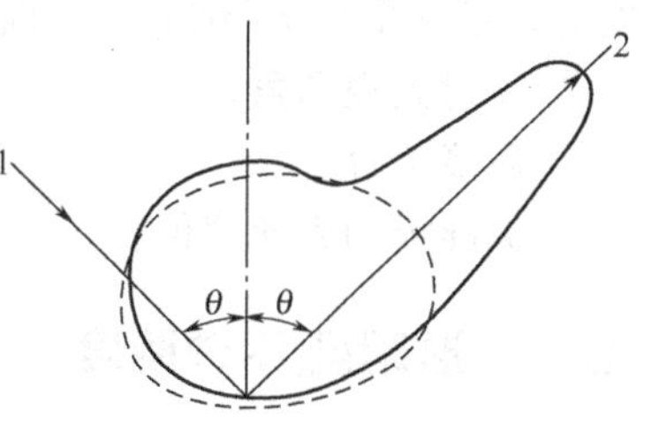

图 2-17 反射分布曲线

1—入射光束；2—正反射光束

设反射光量最大方向的镜面反射光束是 Φ_s，从基准面反射的光束是 Φ_o，则镜面光泽度为：

$$G_s(0)=\frac{\Phi_s}{\Phi_o}\times 100\% \tag{2-21}$$

式中 $G_s(0)$——镜面光泽度，%；

Φ_s——反射光量最大方向的镜面反射光束；

Φ_o——从基准面反射的光束。

(2) 光泽度仪

① 工作原理 图 2-18 是光泽度仪的光路图，S_1、S_2 分别是透镜 L_1 和透镜 L_2 的光栅，白炽灯丝位于透镜 L_1 的焦点上，受光器位于透镜 L_2 的焦点上。来自光源的入射光束，其角度可任意固定，如 20°、45°、60°、75°。入射光束通过滤光器 F_1，经透镜 L_1 形成平行光线射入试样表面，从试样表面反射的光被接收器接收。入射角为 0°时，试样表面所反射的光束为 Φ_s，从玻璃表面（玻璃折射率是 1.567）折射出的镜面反射光束为 Φ_o。

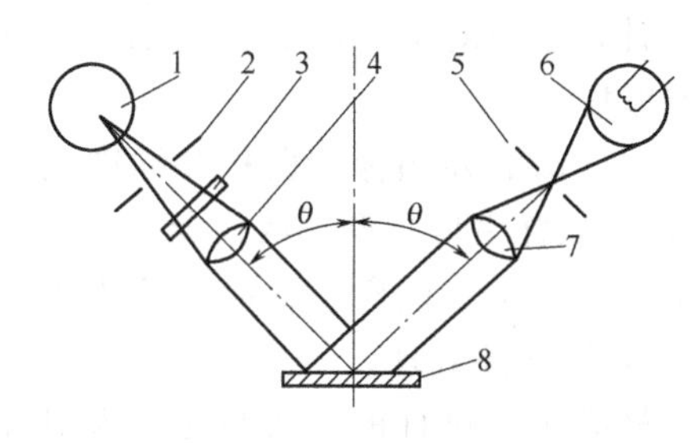

图 2-18 光泽度仪光路

1—光源；2—光栅 S_1；3—滤光器；4—透镜 L_1；5—光栅 S_2；6—受光器；7—透镜 L_2；8—试样

② 校准程序

a. 用高光泽黑板校对。

b. 换上黑色标准板，调节仪器读数为零。

c. 重复 a、b 两项校准后，换上中光泽度标准板重新校对，光泽度误差不得超过 1 个单位。

(3) 测试方法

光泽度的测试方法很简单，即某种光源以一定入射角照射试样，在与入射角相同的反射角处接收试样的镜面反射光量，以试样的镜面反射光量与同样条件下标准光泽板的镜面反射光量之比（%）表示结果。但需注意，纸张的种类不同，其光泽度也不同，因此，应选择相适应的测试条件，特别是入射光和反射光的角度。人们常用角度来命名光泽度试验方法，如 85°、75°、60°、45°、20°、0°等。我国最常用的试验方法是 75°、45°和 20°三种方法，75°试验法适用于光泽度较低的涂料、非涂料加工纸等；45°试验法适用于中光泽度的纸、纸板以及金属复合纸；20°试验法适用于高光泽度油漆薄膜、玻璃卡纸等。具体测试步骤如下。

① 根据纸、纸板光泽度的高低或标准选择适当角度的光泽度仪，并校准仪器。

② 试样采集与处理。按 GB/T 450 取样，切取 100mm×100mm 试样，试样要保持清洁、平整，不得用手触摸试样表面，且不得有水印、斑点等。按 GB/T 10739 的要求对试样进行温湿度预处理。

③ 将试样插入仪器测试孔，从显示器读取光泽度值。每片试样的正反面、纵横向都应测试，取每一面纵横向的平均值作为试样的光泽度值。

(4) 影响光泽度值的因素

① 测试角度的分辨率。由于 75°角对低、中光泽度分辨率最强，对高光泽度分辨率最差；而 20°角对高光泽度分辨率最强，对低光泽度分辨率最差，因此，在测试纸与纸板的光

泽度时，最好采用75°试验法，而测试玻璃卡纸、蜡光纸等最好采用20°试验法。

② 反射光视场角。

③ 环境水分。

④ 标准板的光泽度值。

2.5.5 透明度/不透明度

当光线照射试样后，一部分光在试样表面反射，一部分被吸收，一部分透过试样。透过试样的光，分为平行透过光和散乱透过光两部分。透明度是指单层试样反映被覆盖物影像的明显程度，以百分比（%）表示。

(1) 透明度测试法

按照国家标准GB/T 2679.1《纸 透明度的测定 漫反射法》进行试验。该方法适用于未染色的半透明纸、描图纸等透明度的测定。具体测试步骤包括以下几点。

① 选择符合GB/T 2679.1规定的45°/0°式反射光度计，以及对主波长457nm的光波反射率为84%±1%的标准白板和反射率小于0.5%的标准黑板。

② 分别用白、黑色标准板校正仪器。需注意，每次测试前必须用标准白板和标准黑板调节仪器的补偿电流和暗电流，如连续测试时，在测试若干试样后应再调一次仪器。

③ 试样采集与处理。按GB/T 450取样，切取50mm×70mm试样，试样的长边为纵向，正、反面各3片。按GB/T 10739的要求对试样进行温湿度预处理。

④ 把单层试样平整地背衬白色标准板并夹仪器的试样孔上，试样的长边与光线入射方向平行，即与仪器的前后方向平行，测定其反射率R_w。

⑤ 把同一单层试样平整地背衬以黑色标准板并夹在仪器的试样孔上，试样的长边和仪器的前后方向平行，测定其反射率R_o。

⑥ 计算透明度

$$T=\frac{R_w-R_o}{R_w}\times 100\% \tag{2-22}$$

式中 T——试样的透明度，%；

R_w——单层试样背衬白色标准板时的反射率；

R_o——单层试样背衬黑色标准板时的反射率。

试验结果以所有测定值的算术平均值表示，精确到0.1%。

(2) 不透明度测试法

采用不透明度计、光度计或白度仪等试验仪器可测定纸张不透明度，而不透明度计主要测定平行透过光的大小。利用不透明度计进行纸张不透明度的具体测试方法是：首先按GB/T 450取样，切取50mm×70mm试样，试样的长边为纵向，正、反面各5片，并按GB/T 10739的要求对试样进行温湿度预处理。然后重叠若干张试样至不透明为止，将它们平整地夹持在测试孔上（试样的长边与仪器的前后方向平行），然后用绿色滤光片测定其反射率R_w。再将单张试样置于黑色标准板上，用绿色滤光片测得反射率R_o。

纸张的不透明度为：

$$C=\frac{R_o}{R_w}\times 100\% \tag{2-23}$$

式中 C——不透明度，%；

R_w——重叠若干张试样时的反射率；

R_0——单张试样背衬黑色标准板时的反射率。

试验结果以所有测定值的算术平均值表示，精确到0.1%。若$C=0$，则试样是理想的完全透明体；若$C=100$，则试样为完全不透明体。不透明度也可用光度计或白度仪来测定。

2.6 纸与纸板结构性能测试

本节介绍纸与纸板结构性能测试，主要包括透气度、透湿性和施胶度等测试内容。

2.6.1 透气度

纸张是由纤维交织而成，纤维之间有很多孔隙，使气体在压差之下可以透过纸张。衡量透气性的物理量称为透气度。透气度是指在单位压差作用下，在单位时间内通过单位面积试样的平均气流量。也可以用在一定面积、一定真空度条件下，每秒钟透过纸张的空气量（m^3/s）或透过100mL空气所需的时间（s）表示透气度。一般情况下，两种测试结果可以互相换算。对于包装用纸袋，如果透气度偏高，容易使内装物受潮变质；而偏低则在装袋或运输过程中易造成破裂，因此要求有适当的透气度。

测试纸与纸板透气度的仪器很多，如Schopper测定仪、Gurley试验仪、Bendtsen透气度仪、Siudall透气度仪、Dalenos透气度仪，以及微孔性纸张透气度仪、非多孔性纸张透气度仪等。这些透气度仪均采用空气泄漏法来测定纸张的透气度。

2.6.1.1 Schopper透气度仪测试法

Schopper透气度仪测试法适用于透气度在$1\times10^{-2}\sim1\times10^{2}\mu m/(Pa\cdot s)$之间的纸与纸板，不适用于表面粗糙度较大的纸与纸板，也不适用于透气度极低的纸张。

（1）测试原理

Schopper透气度仪的测试原理是，将试样夹于试样夹内，从密闭的盛水玻璃容器中溢水，以形成试样上、下两面的压差。当压差稳定时，进气量等于水流量，测定一定时间内的水流量（mL/min）或溢出一定体积的水所需要的时间（min/mL），用以表示试样透气度。纸或纸张的Schopper透气度为：

$$P_s=\frac{V}{\Delta Pt} \tag{2-24}$$

式中 P_s——纸或纸板的Schopper透气度，$\mu m/(Pa\cdot s)$；

V——测定时间内通过试样的空气体积，mL；

ΔP——试样上、下面压差，kPa；

t——测定时间，s。

（2）Schopper透气度仪

① 结构及工作原理 Schopper透气度仪由容器、压差指示表及连通管道所组成的真空系统等组成，如图2-19所示。试验前，将试样夹紧在压环与空气室之间，容器内装满蒸馏水，插管连接气室与容器，打开阀门，通过溢水管使容器内的蒸馏水流入量筒内，容器上部产生真空，移动溢水管，将气室内的真空度调节到13.332kPa，并使其读数稳定。空气透过试样进入气室，再经排气管进入容器的真空部分，进气量等于水流量（应保持U形管压差13.332kPa），用量筒接水，并用秒表计算单位时间内流出水的体积，即试样透气度。

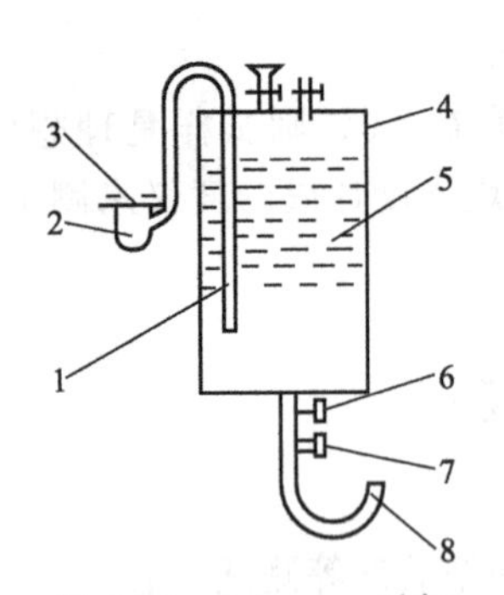

图 2-19 Schopper 透气度仪原理

1—插管；2—气室；3—试样；4—容器；5—水；6，7—阀门；8—溢水管

Schopper 透气度仪结构简单、维修方便，技术性能满足要求，但操作麻烦。

② 主要技术参数

a. 试验面积：(10±0.05)cm^2。

b. 压力差：真空度是 100mmH_2O 或 200mmH_2O。

c. 试样夹环以及空气室内径：35.7mm。

d. 测量范围：0～1000mL/min。

③ 校准程序

a. 检查仪器的密封性。在玻璃容器内装满蒸馏水后，放置并夹紧试样，打开放水阀，调节 U 形管的压差至 100mmH_2O 或 200mmH_2O 后关闭调压阀，在 30min 内保持 U 形管内水柱不变。

b. 校对测量面积。取出上、下压环进行测量，直径应是 35.7mm，面积应是 (10.00±0.05)cm^2。

c. 校对 U 形压差计水面位置。观察 U 形管内两个水面是否与零点的位置平行。

d. 检查上、下压环是否同心，以及各个阀门是否灵活，各连接处是否牢固。

(3) 测试方法

按照国家标准 GB/T 458《纸和纸板　透气度的测定》进行试验。具体测试步骤如下。

① 试样采集与处理。按 GB/T 450 取样，沿纸幅横向切取 60mm×100mm 试样 10 片，标记正、反面，并按 GB/T 10739 的要求对试样进行温湿度预处理。

② 将试样置于上、下压环之间，并夹紧。

③ 在溢水管下放置量杯，打开放水阀，然后慢慢调节针形调压阀门，调节真空度至 100mmH_2O，即 U 形压差计的压差是 100mmH_2O。如果达不到 100mmH_2O，可调至 50mmH_2O 或 20mmH_2O，但所得结果应乘以系数 2（对于 50mmH_2O）或 5（对于 20mmH_2O）。

④ 待 U 形管压差稳定之后，开动秒表，同时用量筒接水，在 1min 内量筒中所积得的水量即试样的透气度，单位是 mL/min。

试验结果以所有测试结果（包括正、反面）的算术平均值表示，也可换算成国际单位报告结果 [$1mL/min=1.7\times10^{-8}m/(Pa\cdot s)=1.7\times10^{-2}\mu m/(Pa\cdot s)$]，取三位有效数字。必要时应计算标准偏差及变异系数。

2.6.1.2 Gurley 透气度仪测试法

(1) 测试原理

Gurley 法测定纸与纸板透气度的原理是，由浮于密封油上的直立筒平稳下降而压缩筒内的空气，并使之透过试样，从而测定已知容积空气透过试样所需要的时间，并计算透气度。

透过空气量 100mL 时纸或纸张的 Gurley 透气度为：

$$P_s=\frac{127}{t} \tag{2-25}$$

式中 P_s——纸或纸板的 Gurley 透气度，$\mu m/(Pa\cdot s)$；

t——透过 100mL 空气量所需时间，s。

若透过空气量不是 100mL，则纸张的 Gurley 透气度为：

$$P_s=\frac{1.27V}{t} \tag{2-26}$$

式中 P_s——纸或纸板的 Gurley 透气度，μm/(Pa·s)；

V——透过纸张的空气量，mL。

t——透过 V 体积空气量所需时间，s。

Gurley 法适用于透气度在 0.1～100μm/(Pa·s) 范围内的纸与纸板，不适用于粗糙的纸张，如皱纹纸或瓦楞纸板等，因为这些纸板难于夹紧，而容易导致空气泄漏。

(2) Gurley 透气度仪

Gurley 透气度仪的结构图如图 2-8 所示，其主要技术参数及校准程序等具体参考 2.4.2 小节相关内容。Gurley 透气度仪的工作原理是：将试样置于试样夹上，内圆筒克服锭子油的浮力而下降，迫使空气通过纸面而泄漏。测定出泄漏一定体积的空气所需要的时间来表示试样的透气度，单位是 min/mL。压力的大小取决于圆筒的重量、尺寸以及所用油的特性和油液面的高低。

(3) 测试方法

按照国家标准 GB/T 458 进行试验。具体测试步骤如下。

① 试样采集与处理。按 GB/T 450 取样，沿纸幅横向切取 50mm×50mm 试样 10 片，标记正、反面，并按 GB/T 10739 的要求对试样进行温湿度预处理。

② 调节仪器水平。

③ 在外圆筒内装入高度约 120mm 的轻油，以达到筒内壁上环形标志为准。

④ 抬起支架，将内圆筒升起。

⑤ 将试样置于上、下夹环之间，放下内圆筒，使其浮在油中，依靠自重自由滑下。当内圆筒零刻度线与外圆筒顶部对齐时，开动秒表计时。当内圆筒下降到 100mL 刻度线时，停止计时，读取秒表所记时间，精确到 0.2s。

⑥ 放下下夹头，同时提起内圆筒，并用支架撑住，取出试样，准备进行下一次试验。

如果试样很紧密，透过 100mL 的空气所需时间太长，则可用 50mL 空气量透过时所需时间乘以 2 作为测试值。如果试样较松软，透气速度太快，则可采用 200mL 透气量进行测量，测定时间除以 2 作为测试值。

试验结果以所有测试结果（包括正、反面）的算术平均值表示，也可换算成国际单位报告结果 [$1s/100mL=1.27\times10^2$μm/(Pa·s)]，并报告最大值和最小值。如果最大值和最小值的平均值比所有测试值的算术平均值大 10%，则应舍去最大值、最小值，增加试样数量再进行测试。

2.6.1.3 Bendtsen 透气度仪测试法

(1) Bendtsen 透气度仪

① 结构及工作原理 除透气度测试头与 Bendtsen 粗糙度仪不同之外，其余结构及主要技术参数与 Bendtsen 粗糙度仪相同，如图 2-9 所示。透气度测量头是一个将试样夹于环形板与圆形胶密封垫之间的部件，圆形密封垫须保证试样被夹紧后的试验面积是 $(10.0\pm0.2)cm^2$。大测量头内径是 $\phi(35.68\pm0.05)mm$，面积是 $10cm^2$，而小测量头内径是 $\phi(25.23\pm0.05)mm$，面积是 $5cm^2$。Bendtsen 透气度仪的工作原理是：将试样置于橡皮垫与上压环之间并夹紧，气流由空气压缩机产生，经缓冲瓶、稳压阀、流量计而进入透气度测量头。由于试样两边有压差，故有微量气流流过，并用流量计显示出读数，即试样的透气度。

② 校准程序

a. 气密性检查。

b. 用毛细管校对流量计。将毛细管校正器装在测定透气度的接头上，使仪器处于测量透气度的工作状态。当压缩空气进入后，流量计浮子上升、稳定到一定的数值，这时标尺上的数值由浮子的顶端指示，应与毛细管校正器上标注的数值基本相符，误差不得超过3%。

(2) 测试方法

① 试样采集与处理。按 GB/T 450 取样，沿纸幅横向切取 80mm×80mm 试样 10 片，标记正、反面。按 GB/T 10739 的要求对试样进行温湿度预处理。

② 调节仪器水平。

③ 开动压缩机，保证没有引起读数误差的振动。

④ 选用合适的气体浮子流量计，使读数在标尺的 80%处。

⑤ 调整底座上的阀门，使气流通过选定的气体浮子流量计。气流开始进入后，在轴上轻轻地放置一个 1.47kPa 的稳压砝码，并使其连续、缓慢而平稳地旋转。空气流动停止之前将其拿开。

⑥ 调节流量计的出口阀，加大排气量，使用长度小于 20mm 的管子连接测量头与出口阀。若管子太长，会引起流量计与测量头之间的压力波动。

⑦ 将试样置于环形板和密封垫之间，夹紧 5s 后，记录流量计的读数。

⑧ 试验一定时间后，应随时进行流量计及密封性校对。

⑨ 以上述方法测试其余试样，试验结束后，拿去稳压砝码，关闭压缩机。

试验结果以所有测试结果（包括正、反面）的算术平均值表示。

2.6.1.4 微孔性纸张透气度测试法

微孔性纸张透气度测试法所用试验仪器的结构与 Gurley 透气度仪大致相同，主要由外圆筒、内圆筒、测量头、加压机构等组成。但是规格有所不同，外圆筒高 254.5～355.6mm、内径 44mm，内圆筒高 238mm、内径 25mm、外径 25.4mm，测试面积是 6.4cm^2，质量是 (167.0±0.1)g，产生空气压力 310.6mm H_2O。密封性要求是 5h 内泄漏空气量不超过 5mL。具体测试步骤如下。

① 试样采集与处理。按 GB/T 450 取样，沿纸幅横向切取 51mm×51mm 试样 10 片，标记正、反面。按 GB/T 10739 的要求对试样进行温湿度预处理。

② 调节仪器水平。

③ 外圆筒内装入高度约 127mm 的水银。其他测试步骤与 Gurley 透气度仪测试步骤相同。

④ 抬起支架，将内圆筒升起。

⑤ 将试样置于上、下夹环之间，放下内圆筒，使其浮在油中，依靠自重自由滑下。当内圆筒零刻度线与外圆筒顶部对齐时，开动秒表计时。当内圆筒下降到 100mL 刻度线时，停止计时，读取秒表所记时间，精确到 0.2s。

⑥ 放下下夹头，同时提起内圆筒，并用支架撑住，取出试样，准备进行下一次试验。

试验结果以所有测试结果（包括正、反面）的算术平均值表示，也可换算成国际单位报告结果。

2.6.1.5 非多孔性纸张透气度测试法

(1) 非多孔性纸张透气度仪

① 结构　非多孔性纸张透气度仪由夹具、开关、滴定管和球状瓶等组成，如图 2-20 所

示，球状瓶的作用是调节水位。

② 气密性检查 打开玻璃阀门，将球状瓶置于低架上，注入蒸馏水至75%处，调节球状瓶位置，使滴定管中水位在100mL刻度处。然后将球状瓶置于高架上，使水位上升至零点以上6.4mm处。在夹具上夹入厚度是0.05mm的乙酸纤维薄膜，将球状瓶放在低架上，使滴定管水位处于零点。如果不为零，应重新调整。若调好后3min内水位下降量不超过0.1mm，则表示仪器气密性达到要求。

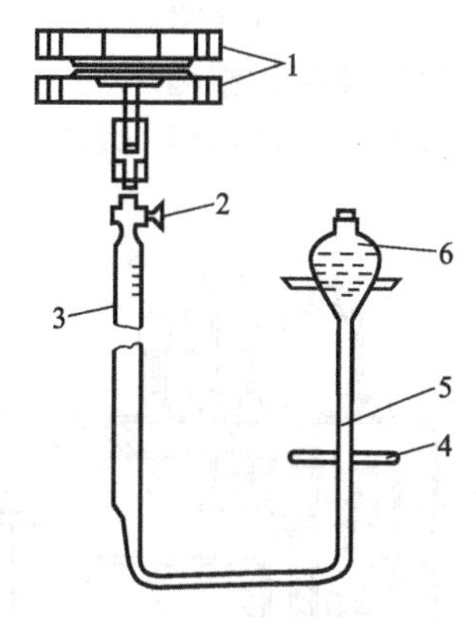

图2-20 非多孔性纸张透气度仪

1—夹具；2—玻璃阀门；3—滴定管；4—支架；5—橡皮管；6—球状瓶

(2) 测试方法

① 试样采集与处理。按GB/T 450取样，沿纸幅横向切取适当大小试样10片，标记正、反面。按GB/T 10739的要求对试样进行温湿度预处理。

② 打开玻璃阀门，将球状瓶置于高架上，调节滴定管水位至零点后关上阀门，将试样夹紧于夹具中，再将球状瓶放在低架上。

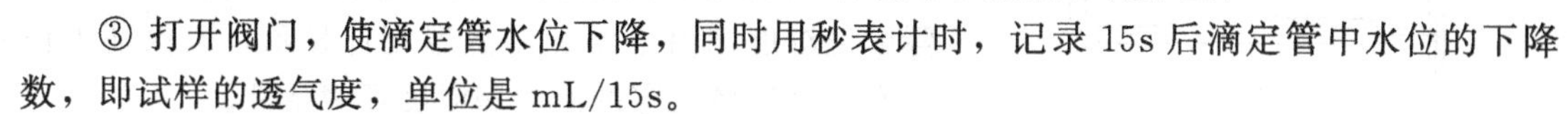

③ 打开阀门，使滴定管水位下降，同时用秒表计时，记录15s后滴定管中水位的下降数，即试样的透气度，单位是mL/15s。

④ 依次测试其余试样。

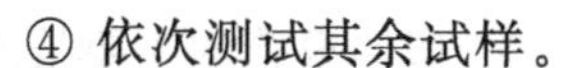

试验结果以所有测试结果（包括正、反面）的算术平均值表示。

2.6.1.6 影响透气度的因素

① 打浆度越高，纸张的透气度越低。

② 环境相对湿度增大，纸张透气度降低。

2.6.2 透湿性

气体一般具有从浓度高处往浓度低处扩散的特点，水蒸气亦如此。一定厚度的金属材料或玻璃材料能够基本阻挡住这种扩散。但是，对于纸、纸板、塑料以及它们的复合材料等包装材料，尽管它们的厚度均匀，无物理性孔洞或空隙，但空气中的水蒸气仍能以分子形态在纸、纸板、塑料薄膜等包装材料中渗透，并能在材料中扩散。因此，纸、纸板、塑料薄膜等包装材料具有透湿性。纸与纸板的透湿性会直接影响内装物的质量和保存期，特别是对于干燥食品的保存，由于吸湿增加水分含量，内装物质量下降。例如，茶叶应进行防湿包装，如果水分超过5.5%，茶叶质量就会急剧下降。通常用防湿、抗湿或防油性等性能测试来评价纸张抵抗水蒸气、液体的渗透性。

2.6.2.1 测试仪器

纸与纸板透湿性能的测试仪器包括调温调湿箱、干燥箱、透湿杯、透湿快速试验机、电量测量透湿杯、气动式蒸气透湿量测定仪、袖珍式电子湿度测量仪、Schopper透水度仪、抗水性能测试仪以及透油度测试仪，调温调湿箱、干燥箱、透湿杯、透湿快速试验机、电量测量透湿杯、气动式蒸气透湿量测定仪也适合于测定塑料薄膜的透湿性能。

由于纸与纸板的透湿性能比塑料薄膜差，在防潮包装中单独使用纸或纸板的情况很少，而绝大多数情况下是使用复合塑料薄膜，包括纸/塑复合薄膜。因此，本小节主要介绍调温调湿箱、干燥箱、透湿杯、袖珍式电子湿度测量仪、Schopper透水度仪、抗水性能测试仪、透油度测试仪，而将透湿快速试验机、电量测量透湿杯、气动式蒸气透湿量测定仪等内容安排在 3.4.2 小节介绍。

(1) 调温调湿箱

调温调湿箱适用于模拟包装测试的气候条件，对试样进行温湿度处理。

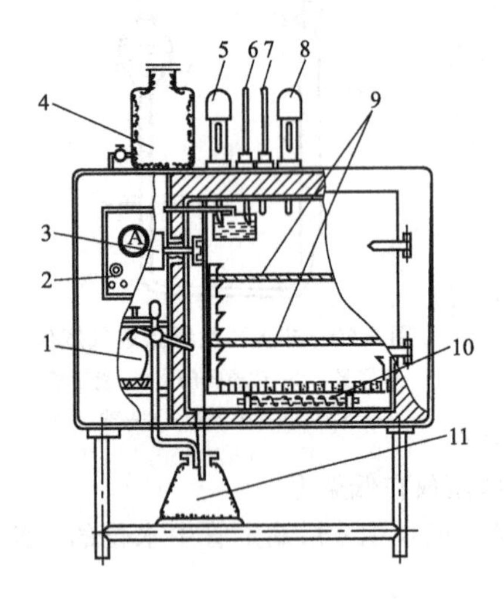

图 2-21　DL-302 型调温调湿箱

1—蒸汽锅；2—电子控制器；3—离心鼓风机；4—储水瓶；5，8—导电计；6，7—温度计；9—试样搁板；10—加热器；11—接水瓶

① 结构及工作原理　DL-302 型调温调湿箱的箱体外壳是薄钢板，工作室由黄铜板制成，中间是玻璃纤维保温层，如图 2-21 所示，加湿装置由蒸汽锅、储水瓶和水管组成。为了使工作室温湿度均匀，还设置了离心鼓风机。恒定温湿度自动控制由干湿温度计、干湿导电温度计及电子控制器组成。DL-302 型调温调湿箱的主要特点是：操作方便，适合于小型试样的温湿度预处理和透湿性能试验。该设备在工作室下面装有加热器和加湿器（蒸汽锅），且与工作室相连通。工作室上面装有干温和湿温温度计以及可调导电计，通过电子线路对调节好的温度、湿度进行自动控制，而实际的温湿度则由干温和湿温温度计显示，以保证工作室有一个比较恒定的温度和湿度环境条件。

② 主要技术参数　DL-302 型调温箱的主要技术参数如下。

a. 调温范围：环境温度 10～70℃。

b. 恒温波动度：±0.5℃。

c. 调湿范围：RH 5%～95%。

d. 恒湿波动度：±5%。

e. 工作室容积：500mm×500mm×500mm。

HS-225L 系列恒温恒湿试验箱的主要技术参数如下。

a. 温度范围：0～100℃。

b. 湿度范围：RH 30%～98%。

c. 温度波动度：≤±1℃。

d. 温度均匀度：≤2℃。

e. 湿度容差：±3%（湿度>RH 75%）。

f. 工作室容积：550mm×600mm×750mm。

g. 降温速率：0.7～1.0℃/min。

h. 整机工作噪声：≤65dB。

DEJA-100 型恒温恒湿机的主要技术参数如下。

a. 温度范围：−40～150℃。

b. 湿度范围：RH 30%～98%。

c. 温度波动度：≤±0.5℃。

d. 湿度波动度：RH≤±1%（空载时）。

e. 温度均匀度：≤2℃。

f. 湿度均匀度：RH≤±2%（空载时）。

g. 升降温速率：≥1.2℃/min。

h. 工作室容积：400mm×500mm×500mm。

(2) 干燥箱

干燥箱用于试样的烘焙干燥处理等。

① 结构及工作原理　101A 型电热鼓风干燥箱由箱体、工作室、加热器、鼓风机和数显温度控制仪等组成，如图 2-22 所示。加热器用于增加工作室的温度，鼓风机使工作室内各处温度均匀，数显温度控制仪可以设定温度并保持工作室内的温度恒定。

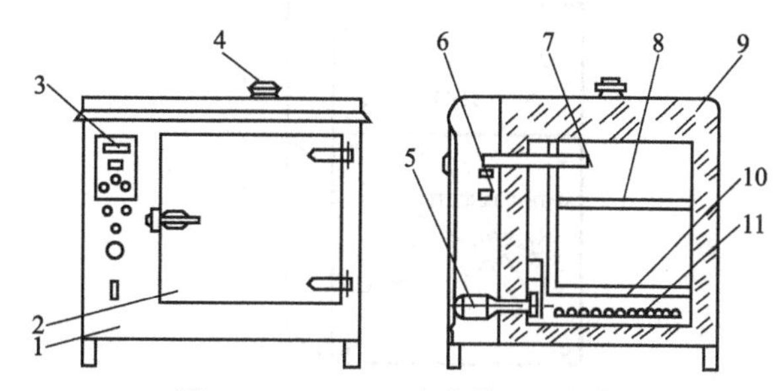

图 2-22　101A 型电热鼓风干燥箱

1—箱体；2—箱门；3—显示屏；4—排气阀；5—鼓风机；6—调节器；7—工作室；8—搁板；9—保温层；10—散热板；11—电加热器

② 主要技术参数

a. 最高工作温度：330℃。

b. 调温范围：50～300℃。

c. 恒温波动度：±1℃。

d. 工作室容积：500mm×450mm×450mm。

(3) 透湿杯

透湿杯用于纸、纸板、塑料薄膜等包装材料的透湿性能测试。

① 结构及工作原理　透湿杯是由杯、杯环、导正环、压盖、玻璃杯、杯台等组装而成，如图 2-23 所示，要求制作材料重量轻、耐腐蚀、不透水、不透气。在透湿杯杯皿内放入经过烘焙的干燥剂，将试样放在透湿杯上，按图 2-23(a) 定好位后取掉导正环，再用熔化的蜡浇入杯环与透湿杯的环槽内，熔化蜡应覆盖试样。待蜡凝固后，试样、透湿杯和杯环三部分凝固在一起，将杯内的干燥剂用试样与大气隔开，称重后放进调好的调温调湿箱内。杯内干燥剂不断吸收水蒸气使气压降低，而在杯外又具有恒定的温湿度，这样就在杯内、外形成了蒸汽压差，在压差作用下，水蒸气便透过试样不断地进入杯内，而干燥剂又不断吸收水蒸气，经过一定时间后，干燥剂的重量增加，称重后便可计算出试样的透湿度。

② 主要技术参数

a. 有效测定面积：不小于 25cm^2。

b. 干燥剂粒度：1.6～4.0mm。

(4) 袖珍式电子湿度测量仪

P-24 袖珍式电子湿度测量仪适用于纸、纸板、纸浆的湿度测试，测量厚度可达 20mm，相对湿度的测量范围是 4%～24%，如图 2-24 所示。该仪器是在高频波、纯电容率条件下工作，并依据一个电子秤系统的工作原理进行测量。测量时，右手握住仪器，用大拇指按下红色按钮，电极测量头接触被测试样，读取指针所指示的数值，即试样的湿度。

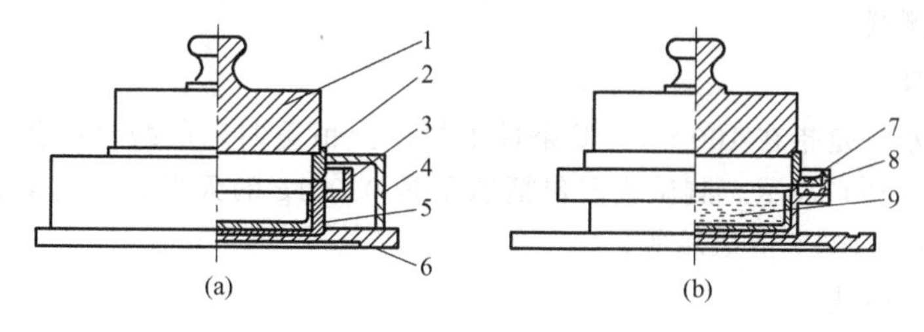

图 2-23　透湿杯

1—压盖；2—杯环；3—杯；4—导正环；5—玻璃杯；6—杯台；7—密封蜡；8—试样；9—干燥剂

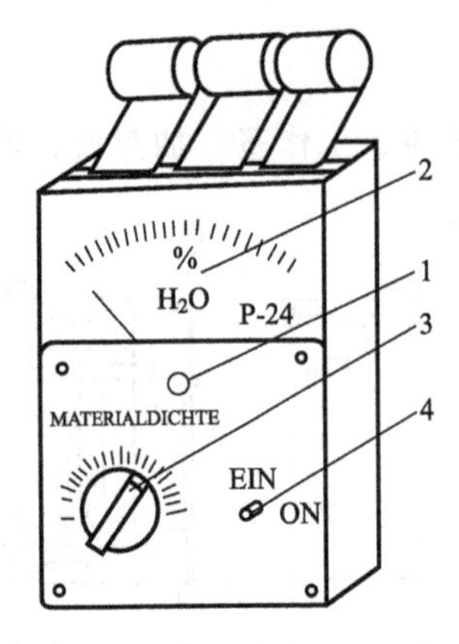

图 2-24　P-24 袖珍式电子湿度测量仪

1—测量头；2—表头；3—定标器；4—按键

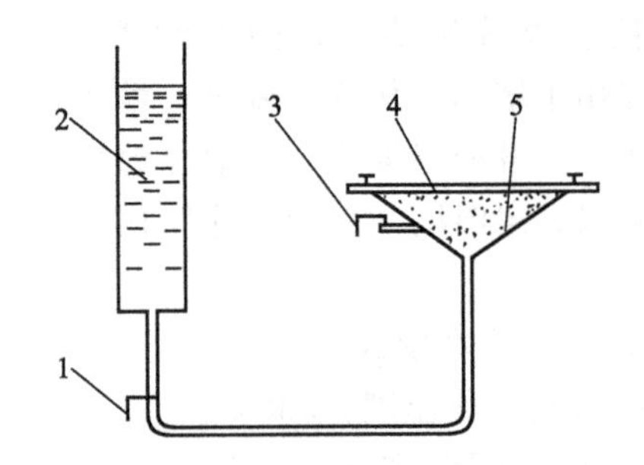

图 2-25　Schopper 透水度仪

1,3—阀门；2—水；4—压板；5—试样

(5) Schopper 透水度仪

Schopper 透水度仪由试样架、水管、阀门等组成，如图 2-25 所示，它是依靠水槽水位的高低来调节水压，高于试样面 300mm 的水柱透过试样所需要的时间即试样的透水度。

(6) 抗水性能测试仪

抗水性能测试仪的测试原理如图 2-26 所示，它由盛水容积、刻度尺、升降装置、指示器、试样等组成。金属套环固定在金属环上，橡皮垫安装在金属套环与金属杯之间。圆柱形金属杯、套环、橡皮垫的内径都是 (112.5±0.2)mm，外径是 170mm。套环厚度约 10mm。最高压力是 1000mm H_2O。

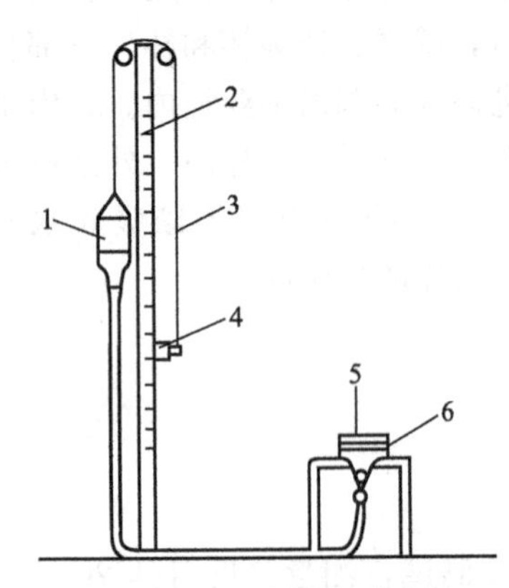

图 2-26　抗水性能测试仪

1—盛水容积；2—刻度尺；3—升降装置；4—指示器；5—试样夹；6—试样

(7) 透油度测试仪

透油度测试仪由油杯盖、油杯、油杯反转手柄、压力球、压力表等组成，适用于测定包装油脂类食品防油纸的透油度。油杯内径是 (90±0.1)mm，定性滤纸直径是 105mm。使用透油度测试仪之前，应校对压力表、检查密封性以及校对时间继电器。测试原理是：在一定压力下，使某种特定的油（如 25# 变压器油）渗透纸张。在一定时间、一定面积上透过的油量越大，表明纸张的透油度越大；反之则纸张的透油度越小。

2.6.2.2 水分测试

(1) 测试原理

纸与纸板的水分是指在 100～105℃条件下烘干至恒重时，所减小的质量与试样原质量之比，以百分比（%）表示。测试仪器包括感量是 0.001g 的天平、铝盒或称量瓶、干燥器及可以控制在 100～105℃的烘箱等。

纸与纸板的水分为：

$$X=\frac{g_2-g_1}{g_2}\times 100\% \tag{2-27}$$

式中　X——纸或纸板的水分，%；

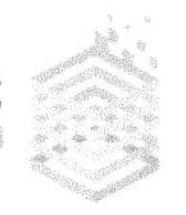

g_2——干燥前试样质量，g；

g_1——干燥后试样质量，g。

（2）测试方法

按照国家标准GB/T 462《纸、纸板和纸浆　分析试样水分的测定》进行试验，但该标准不适用于测定含有105℃以下能挥发物质的纸或纸板的水分。具体测试步骤如下。

① 试样采集与处理。按GB/T 450取样，将取出测定水分的试样立即密封。

② 称取小块试样5g，置于已知质量的称量瓶（或铝盒）中，在烘箱内烘干至恒重，然后放在干燥器中冷却，再次称量，每次称量应精确至0.001g。需注意，在测定化学分析试样的水分时，应同时进行两次测定，取其算术平均值表示测定结果，两次测定值的误差不得超过0.2%。

③ 计算水分。试验结果精确到0.1%。

2.6.2.3　透湿度和折痕透湿度测试

（1）测试原理

透湿度是指薄片材料两面保持一定的蒸气压力差，在一定温、湿度条件下，水蒸气24h透过$1m^2$试样的质量，以$g/(m^2 \cdot 24h)$为单位。折痕透湿度是指在同样的试验条件下，水蒸气24h内透过100m长的试样折痕的质量，以g/(100m·24h)为单位。

透湿度和折痕透湿度的试验原理是，将试样密封在装有无水氯化钙的透湿杯口上，并放置于调温调湿箱内，经过一定时间间隔后称量杯重，当质量的增加与时间间隔成比例时，以质量的增量表示透湿度。纸与纸板的透湿度为：

$$P=\frac{24W_1}{AT} \tag{2-28}$$

式中　P——透湿度，$g/(m^2 \cdot 24h)$；

W_1——未折试样透湿杯质量增量，g；

A——透湿杯的有效面积，m^2；

T——两次称量的间隔时间，h。

纸与纸板的折痕透湿度为：

$$\mathrm{CP}=\frac{24\times100\times(W_2-W_1)}{2DT} \tag{2-29}$$

式中　CP——折痕透湿度，g/(100m·24h)；

W_2——已折试样透湿杯质量增量，g；

D——透湿杯的有效直径，m。

（2）试验仪器和试剂

测试仪器包括调温调湿箱、透湿杯、分析天平、量具，试剂包括密封蜡和干燥剂。密封蜡应在温度38℃、相对湿度90%条件下暴露不会软化，在$50cm^2$暴露表面积的情况下，24h内质量变化不应超过1mg。干燥剂选用无水氯化钙或经120℃温度下烘干3h以上的硅胶，干燥剂粒度是能通过4mm筛孔但通不过1.6mm筛孔。

（3）测试方法

按照GB/T 2679.2进行试验。具体测试步骤如下。

① 试样采集与处理。按GB/T 450取样，按GB/T 10739的要求对试样进行温湿度预处理。

② 沿纸幅横向切取 ϕ64mm 试样 8 片，取其中 4 张轻轻地垂直交叉折叠，然后用金属压辊对每条折痕正、反面各滚压一次，滚压时折线与压辊的轴向平行。再用压辊平压折痕，制成带有折痕的试样。

③ 在透湿杯杯皿内加入干燥剂，应使干燥剂表面平坦，与试样下表面保持约 3mm 的距离。然后把试样放在杯口上，再把杯环对着杯口放在试样上，通过导正环把杯环放正压好，如图 2-23(a) 所示。再将在 100℃水浴中熔好的密封蜡灌入透湿杯的蜡模里，待冷却后可用热刮刀将蜡刮平并封住由于冷却时出现的裂纹。

④ 用粗天平把封好的透湿杯连同杯盖粗称一遍，以便于精确称量。然后，取下杯盖，轻轻地把各个透湿杯放进温度（38.0±0.5)℃、相对湿度 90%±2%的调温调湿箱里，预处理 2h 后取出并盖好相应的杯盖称重，精确至 0.0005g。称重后再取下杯盖，放入调温调湿箱中，每隔一定的时间称重一次，待连续两次称量波动小于 5%时停止试验，以波动小于 5%的两次透湿度的平均值表示结果。连续两次称重的间隔时间，一般是 24h、48h 或 96h。如果试样透湿度过大，也可选用 4h、8h 或 12h，但需要控制透湿杯增加质量不小于 0.005g。当干燥剂增重小于 10%时结束试验。每次应取数量相同的一组透湿杯进行称重，使总称重时间大致相同（不超过 30min)，并且各透湿杯几次称量的先后顺序应一致。

⑤ 计算透湿度和折痕透湿度。

试验结果以所有测定值（包括正、反面）的平均值表示，并注明最大值和最小值。

2.6.2.4 抗水性能测试

抗水性能是指纸或纸板阻止水从试样的一个表面渗透到另一表面的能力，测试仪器是抗水性能测试仪。具体测试步骤如下。

① 试样采集与处理。按 GB/T 450 取样，沿纸幅横向切取 175mm×175mm 试样 2 片，标记正、反面。按 GB/T 10739 的要求对试样进行温湿度预处理。

② 将试样置于两个橡皮垫之间，再将橡皮垫夹在金属杯顶与金属套环之间，打开进水、排水阀门，将水放入，直到试样下面的空气排完，关闭排水阀门。使试样所受的水压增加，直到压力计读数指示到所要求的数值（一般是 500mmH_2O)。保持此压力，观察水的渗透，当第一个水迹出现时，记下时间。

③ 取下试样，准备下一次试验，标记试样受水浸湿的一面。

如果渗透时间大于 10 天，则停止测试，并在报告中说明。试验结果以所有测试值的算术平均值表示。

2.6.2.5 透油性测试

(1) 测试原理

透油度是指在一定温度和压力下，标准变压器油在一定时间内向一定面积的纸或纸板试样所渗透的质量，单位是 mg/(m^2·h)。

纸张的透油度为：

$$P_o=\frac{W_2-W_1}{At} \tag{2-30}$$

式中 P_o——透油度，mg/(m^2·h)；

W_1——试验前滤纸的质量，mg；

W_2——试验后滤纸的质量，mg；

A——试验面积，m^2；

t——试验时间，h。

(2) 测试方法

参考国家标准 GB/T 16929《包装材料试验方法 透油性》进行试验，测试仪器是透油度测试仪。具体测试步骤包括以下几点。

① 试样采集与处理。按 GB/T 450 取样，沿纸幅横向切取 120mm×120mm 试样 6 片，标记正、反面。按 GB/T 10739 的要求对试样进行温湿度预处理。

② 向油杯内注入温度为 (20±1)℃的标准变压器油 20mL。

③ 把试样放在油杯上，上面衬 3 层滤纸，然后盖上杯盖并压紧。

④ 将油杯翻转 180°，使标准变压器油覆于纸面上，开始计时，并迅速用加压球加压至 49kPa，充气加压操作时间不得超过 10s。

⑤ 计时到 5min 后立即排气减压，再翻转油杯，在 15s 内取出衬纸，称重精确至 0.0001g，试验前后衬纸的质量差即为透油度。

⑥ 依次测试其余试样，每测 6 个试样，应倒出油杯中已用过的油，更换新油，进行下一次试验。

⑦ 计算试样透油度。

试验结果以所有测试值（包括正、反面）的算术平均值报告测试结果。测试时如果所用压力不是 49kPa，所用时间不是 5min，应在报告中注明。

2.6.3 施胶度

施胶就是对纸浆或纸板进行处理，使其获得抵抗液体（如水、油、水蒸气等）渗透、扩散的性能，以保证内装物不致受到水或潮气的侵蚀。施胶度的测试方法主要有墨水划线法、表面吸收重量法、吸水高度法、浸水后增重法、电导法、卷曲法、接触角法等。目前最常用的测试方法是墨水划线法和表面吸收重量法。

(1) 墨水划线法

墨水划线法适用于测定纸与纸板的施胶度，以用标准墨水划线时不扩散也不渗透的线条的最大宽度表示，单位是毫米。线条愈宽，表明施胶度愈高。按照国家标准 GB/T 460 进行试验。具体测试步骤包括以下几点。

① 试样采集与处理。按 GB/T 450 取样，切取 150mm×150mm 试样，正、反面各不少于 3 片，并按 GB/T 10739 的要求对试样进行温湿度预处理。

② 划线前，根据试样产品的标准要求，调节划线器的划线宽度、墨水最大含量。若利用鸭嘴笔划线，鸭嘴笔上墨水高度应控制在 45°角时的最大含量。

③ 将试样平铺在玻璃板上，利用墨水达到最大含量的划线器（或鸭嘴笔），以 100mm/s 的速度沿与试样纵向成 45°角的方向排划出长约 100mm 的线条。线条宽度由 0.25mm 开始，以 0.25mm 递增至 2.0mm。划线时，鸭嘴笔应在线条的开始和末端各停留约 1s。如果直接用鸭嘴笔对试样划线，鸭嘴笔应与玻璃板保持 45°角，并对试样保持轻微的压力。

④ 待线条在标准温湿度下风干后，即按“纸张对墨水渗透和扩散比较板”测量出试样对墨水不渗透、不扩散时的最大线条宽度，也就是试样的施胶度。

(2) 表面吸收重量法

① 测试原理 表面吸收重量法以纸或纸板的一面与水接触，经一定的时间，表面吸收水分所能增加的质量表示，单位是 g/m^2。

纸张的表面吸收质量为：

$$S=(g_2-g_1)\times 100 \tag{2-31}$$

式中 S——试样的表面吸收质量，g/m^2；

g_1——润湿前试样的质量，g；

g_2——润湿后试样的质量，g。

② 测试方法 按照国家标准 GB/T 460 进行试验。测试仪器是表面吸收重量测定器，如图 2-27 所示，圆筐架内径是 ϕ(112.8±0.1)mm。

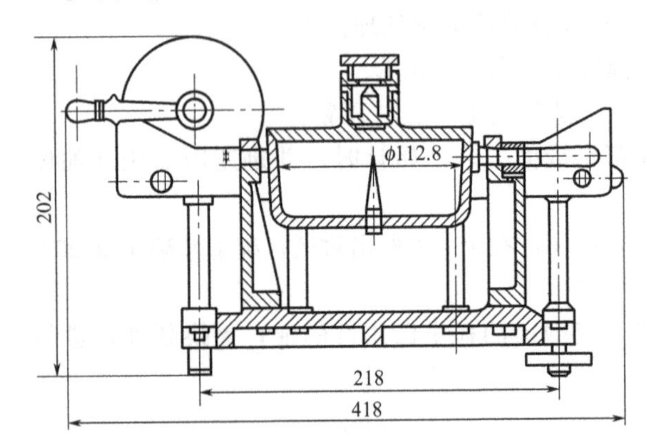

图 2-27 表面吸收重量测定器

具体测试步骤如下。

a. 试样采集与处理。按 GB/T 450 取样，切取直径为 ϕ125mm 的试样至少 6 片，用感量是 0.001g 的天平称量，并按 GB/T 10739 的要求对试样进行温湿度预处理。

b. 在仪器的圆筐架内装入（20±2)℃的纯净的水 100mL，液面与圆筐架内中心针尖上的标志平齐，然后将称好的试样放在圆筐架口上，将盖放下，并用盖上的螺丝将盖固定。

c. 将圆筐架翻转，并开动秒表计时。按试样产品规定的时间，提前 10～15s 将圆筐架转正，水平取出试样，并夹在两层 200g/m^2 的工业滤纸内，放在盖上用胶辊来回压一次，吸除试样表面多余水分至无光亮，将试样取出迅速称量，精确至 0.001g。分别以试样的正、反面进行试验，每一张试样只测定一个面。

d. 计算表面吸收质量。

试验结果以所有测定值的算术平均值表示，并报告最大值和最小值，精确到 0.1g/m^2。

2.7 纸与纸板强度测试

本节介绍纸与纸板强度性能测试，主要包括拉伸性能、抗压强度、耐破度、戳穿强度、挺度、耐折度、撕裂度以及瓦楞纸板的粘合强度等测试内容。

2.7.1 拉伸性能

2.7.1.1 抗张强度与伸长率

抗张强度是衡量纸张抵抗外力拉伸的能力，它是指一定宽度的纸或纸板试样所能承受的最大抗张力，单位是 kN/m，曾用单位 kgf/15mm（1kgf/15mm=0.6533kN/m）。裂断长可以消除定量不同的影响，且便于与抗张强度比较。裂断长是指一定宽度纸条在本身重量的重力作用下被拉断时所需要的长度。纸张横断面的抗张强度是指试样横截面上单位面积的抗张力，单位是 kPa，曾用单位 kgf/cm^2（1kgf/cm^2=98kPa）。伸长率是衡量纸与纸板韧性的一项指标，它是指试样受到拉伸至断裂时所增加的长度对试样原长的百分比。

(1) 裂断长

纸张的裂断长为：

$$L=\frac{G_p}{BG} \tag{2-32}$$

式中　L——试样的裂断长，m；

B——试样宽度，m；

G_p——试样的绝对抗张强度，N或kgf（1kgf=9.8N）；

G——试样定量，g/m²。

(2) 抗张强度与抗张指数

纸张的抗张强度为：

$$S=\frac{G_p}{A} \tag{2-33}$$

式中　S——单位横截面的抗张强度，kPa或kgf/cm²；

A——试样的横截面积，即试样的宽度与厚度之积，m²或cm²。

纸张的抗张指数为：

$$X=\frac{G_pG_0B_0}{GB}=\frac{100G_p}{1.5G} \tag{2-34}$$

式中　X——抗张指数，N；

G_0——100g/m²；

B_0——1cm；

B——试样宽度，1.5cm。

(3) 伸长率

纸张的伸长率为：

$$\varepsilon=\frac{\Delta l}{l}\times 100\%=\frac{l-l_0}{l_0}\times 100\% \tag{2-35}$$

式中　ε——试样的伸长率，%；

Δl——试样伸长量，mm；

l_0——试样测试前的长度，mm；

l——试样断裂时的长度，mm。

2.7.1.2　测试仪器

测定纸与纸板抗张强度采用抗张强度测定仪，如摆锤式、扭力棒式、电感应式等，国内最常用的是摆锤式抗张力试验机，即Schopper拉力试验机。

(1) Schopper拉力试验机

① 结构及工作原理　Schopper拉力试验机是由传动变速机构、抗张强度测量机构、伸长测量机构等组成。传动装置带动下夹头以一定的速度下降，通过试样将拉力传递给上夹头，上夹头通过链条传动，使扇形摆摆动，制动爪在弧形齿条上滑动，至试样断裂时扇形摆由制动爪卡住，由扇形摆所转动的角度直接在标尺上读取试样的抗张强度值。Schopper拉力试验机是根据扇形摆的平衡原理测定纸张的抗张强度，故也被称为摆锤式抗张力试验机，其测试原理如图2-28所示。

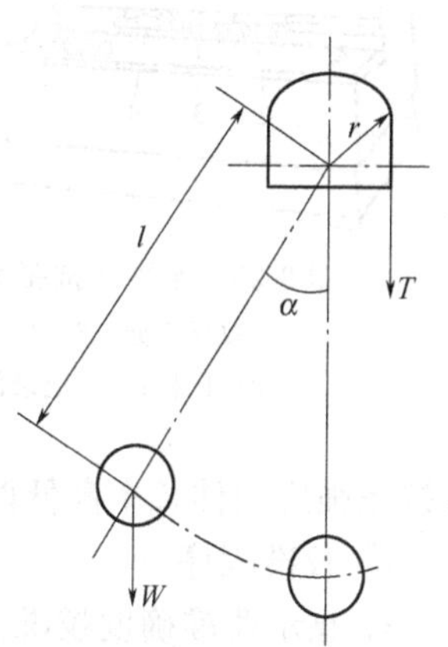

图2-28　Schopper拉力试验机原理

纸张的抗张强度为：

$$T=\frac{Wl\sin\alpha}{r} \tag{2-36}$$

式中 W——摆的质量，kg；

l——摆的重心与摆轴中心之间的距离，mm；

α——摆所转动的角度，度（或弧度）；

r——扇形半径，mm。

② 校准程序

a. 调节仪器水平，校验零点。

b. 检查上、下夹具之间的距离，误差应小于 0.5mm。

c. 校对上夹头的下降速度。

d. 校验力度盘的刻度值，读数与砝码标准值误差应小于 1%。

e. 校准伸长标尺。

f. 校对摆轴摩擦。

g. 校对棘爪摩擦。

(2) 恒伸长式拉伸试验仪

恒伸长式拉伸试验仪有单丝杠传动和双丝杠传动两种结构形式，它们的工作原理相同，但各有所长。双丝杠传动承载能力大，但要求两丝杠同步传动；而单丝杠传动的承载能力小，结构简单。

① INSTRON 双丝杠式万能拉伸仪　它由双立柱支撑，丝杠安装在立柱壳内，并用皮套密封，在丝杠上安装一个十字头，在十字头上安装有传感器。主机机座内有一个单板机，可进行整机控制，并能自动校准。夹具由压缩空气控制。该仪器还附带了 HP85-B 型微机和绘图打印系统，输出参数包括抗张强度、伸长量、伸长率、抗张能量吸收、应力-应变曲线等。该仪器还可用于疲劳试验和抗压试验。

② 单丝杠式电子拉伸试验机　它与双丝杠式万能拉伸仪的工作原理相同，但承载能力小，结构简单。主要技术参数包括：最大负荷量是 0～1000N，伸长量的分辨率是 0.1mm，抗张能量吸收最大值是 1000J/m^2，最大行程是 450mm，拉伸速度是 0～400mm/min。在使用该仪器之前，应校对负荷准确度、抗张能量测量误差、伸长量测量误差，并检查上夹具上升速度的精度以及复位精度。

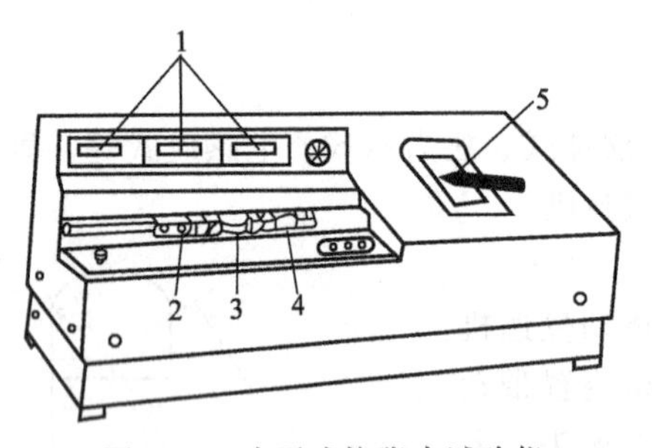

图 2-29　水平式抗张力试验仪

1—数显部分；2，4—夹头；3—试样；5—记录部分

(3) 水平式抗张力试验仪

① 结构及工作原理　水平式抗张力试验仪的主要特点是拉力的作用方向与水平方向平行，如图 2-29 所示，两个夹具沿水平方向放置，当试样放入夹具时（两个夹具之间的距离是 100mm 或 180mm）遮蔽发光管，此时气动夹具自动接通且夹紧试样，随后自动打开运行开关，至试样拉断时，夹具自动返回到初始状态。三个显示器分别显示出抗张强度、伸长量、抗张能量吸收值。试验速度是由一个拉断时的旋钮来调节的，同时还有抗张强度和伸长率高低两个测量选择范围开关。

② 校准程序

a. 显示器准确度校准。

b. 断裂时间的校正及调整。

c. 伸长量校对，误差应小于 0.05mm。

d. 检查抗张能量吸收显示值的准确度。

e. 检查复位精度。

（4）XWD-5B 型电子万能试验机

① 结构及工作原理　XWD-5B 型电子万能试验机主要用于纸张、塑料、橡胶、复合材料等的拉伸、压缩、弯曲、撕裂和剥离等多项物理性能测试。图 2-30 是 XWD-5B 型电子万能试验机原理，机架两侧安装有两根相同参数的丝杠，两个丝杠同步转动时带动活动横梁做上下运动。试样装夹在夹头或其他功能附件上，当横梁移动时，作用于试样上的力就传递给抗拉（压）传感器，传感器将力转换为相应的电信号，传给控制单元及函数记录仪，控制单元显示力值，函数记录仪绘制力-变形量曲线。

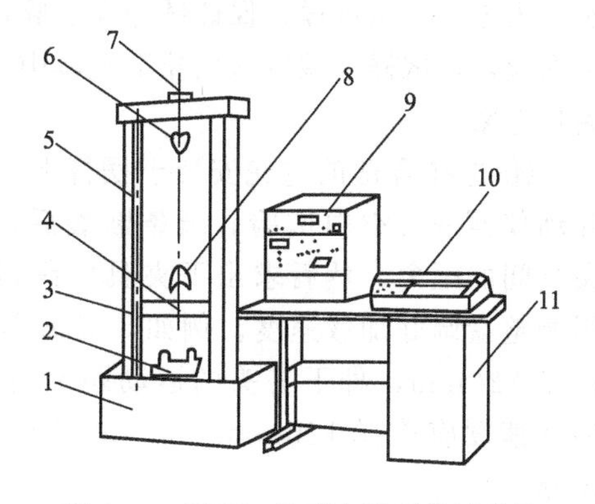

图 2-30　XWD-5B 型电子万能试验机

1—机座；2—抗弯试验附件；3—支架；4—横梁；5—传动丝杠；6—上夹头；7—力传感器；8—下夹头；9—控制部分；10—函数记录仪；11—工作台

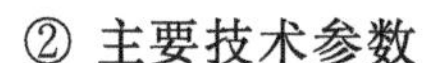

② 主要技术参数

a. 额定载荷：5kN。

b. 载荷显示值误差：小于±1%。

c. 速度调节范围：10～500mm/min。

d. 速度误差：2%。

e. 横梁行程：1150mm。

f. 立柱间距：360mm。

③ 校准程序

a. 按下测力控制单元的电源按钮，电源指示灯亮（如配有打印机，将其电源也打开），选择正确量程，接好传感器，预热仪器半小时，记录仪应断路调零。

b. 按下量程选择键最小量程挡，调零（峰值-跟踪开关应置于跟踪挡），然后在最小挡和最大挡反复调节测量零点。

c. 按下量程的“标定键”，调整标定旋钮，使数字显示值为厂方所提供的标定值。

另外，也可选用 XDW 系列电子万能试验机，主机是单臂式结构，微机控制，界面友好，对试验数据自动进行分析与处理，自动计算试验结果并可保存及打印。按测力范围分为 100N、200N、500N、1000N、2000N、5000N，其主要技术参数如下。

a. 载荷显示值误差：示值的±1%以内。

b. 有效拉伸空间：800mm。

c. 试验速度范围：0.1～500mm/min。

d. 速度误差：示值的±1%以内。

e. 位移精度：0.01mm。

2.7.1.3　测试方法

按照国家标准 GB/T 12914《纸和纸板　抗张强度的测定　恒速拉伸法（20mm/min）》进行试验，该方法适用于除瓦楞纸板、蜂窝纸板外的所有纸与纸板。

（1）Schopper 测试法

① 试样采集与处理。按 GB/T 450 取样，沿纸幅纵、横方向各切取宽（15.0±0.1）mm、长 250mm 试样 10 片，试样的两个边应是平直的，其平行度在 0.1mm 内，切口应整齐，无任何损伤。按 GB/T 10739 的要求对试样进行温湿度预处理。

② 检查仪器各个部分是否正常，指针、伸长标尺应指在零点。调整好上、下夹具之间的距离 180mm（对于手抄片采用 100mm）。如果试样尺寸不够大，也可采用 100mm 或 50mm，但需要在报告中注明。

③ 用上夹具的定位螺丝锁住夹头，并将试样垂直夹入上夹头。对于较薄的纸张，可一次夹入 5～10 条试样。保证试样在试验过程中上下保持 90°±1°的垂直度，然后松开夹具定位螺丝，将试样下端放入仪器下夹具中，从夹具底部将试样拉直，给予适当的预应力，再将夹具拧紧。

④ 选择合适的重铊安装于摆杆上，用销子固定好。打开摆的固定器，压下操作把手，开动仪器进行空白试验。纸条断裂后，立即停机，使摆返回到原位，用直尺测量上、下夹具间的距离，然后求出下夹具实际运行距离，乘以 3 便得到相应的加载速度。开机时用调整盘调好加载速度。例如，当试样夹具间的初始距离是 180mm，试样拉断时夹具间距是 220mm，即下夹头的运动距离是 40mm（由 220－180＝40 得到）。因此，试样的加载速度应选择 120mm/min（由 40×3＝120 得到），且能保证试样在（20±5)s 内被拉断。

⑤ 重新夹好试样，进行试验。如果要测定伸长率，则待试样受力后，将仪器伸长垫板打开。当试样断裂时，应立即停止仪器，读取力度盘和伸长标尺上的读数。伸长标尺是以夹距 180mm 作为标准来计算伸长率的。若不采用 180mm 夹距，则应读取伸长量，再计算试样的伸长率。需注意，当试样在距离夹具口 10mm 以内断裂时，应舍弃该试验结果。

(2) 恒伸长仪测试法

① 试样采集与处理。与 Schopper 测试法相同。

② 打开电源开关，预热仪器 30min 左右。对于有气动夹具的仪器，应将气压调节到所要求的范围。

③ 输入有关参数，如传感器参数、拉伸速度、试样规格和数量以及是否要对试验结果进行统计处理等。仪器类型不同，参数内容也就不同。拉伸速度根据试样产品标准要求而确定，保证试样在（20±5)s 内断裂。如果计算弹性模量，还要输入试样厚度。

④ 检查仪器是否反应正常。一般情况下，仪器带有自检程序，如果不正常，仪器则不能正常工作。按要求调节好夹具之间的距离。

⑤ 将经过恒温、恒湿处理的试样夹于夹具之间，试样一定要夹紧夹正，保证试样在试验过程中上下保持 90°±1°的垂直度。

⑥ 开动仪器试验开关，仪器按预先设置的加载速度将试样拉断。试样拉断瞬间，拉伸力突然减小，计算机将控制夹具自动返回到拉伸的初始位置，测试结果可以显示或打印。

⑦ 试验结束后，应注意不要在传感器上悬挂重物。先切断电源，再关闭计算机电源开关和仪器动力开关，最后切断总电源。该仪器在长时间不用时，应定期通电运行检查，以免因潮湿而使电器元件失灵或短路。

2.7.1.4 抗张能量吸收

纸张的抗张能量吸收是指以抗张强度与伸长率所做的功来表示的纸张的动态强度，也称为破裂功，单位是 $N \cdot m/m^2$ 或 J/m^2，曾用单位 $kgf \cdot cm/cm^2$（$1kgf \cdot cm/cm^2 = 980J/m^2$）。对于包装用纸，仅用抗张强度、耐破度、撕裂度等指标，还不能全面衡量纸张的质量。抗张强度较大、伸长率较小的纸张在包装时的破损程度反而比抗张强度较小、伸长率较大的纸张严重。韧性是评价包装用纸耐破损能力的一个重要指标，它是由抗张强度与伸长率所包围的曲线面积（即破裂功）表示。例如，普通纸袋用纸的伸长率小，而伸张性纸袋用纸的伸长率

大。用伸张性纸袋纸包装时破损小，其主要原因是纸张的韧性大。

采用自动记录抗张强度测定器或抗张力试验仪来测定纸张的抗张能量吸收，夹距是200mm，拉伸速度设定为（2.54±0.02)cm/min，使伸长量均匀地变化，画出抗张强度与伸长率所包围的曲线面积，计算抗张能量吸收，即：

$$T_{EA}=\frac{10^4 A}{dB} \tag{2-37}$$

式中 T_{EA}——抗张能量吸收，N·m/m²；

A——抗张强度与伸长率所包围的曲线面积，N·m；

B——试样宽度，cm；

d——夹距，cm。

曲线面积可由面积仪或积分器测量求得，也可进行换算，纵向面积=0.62×纵向抗张强度（kgf)×伸长量（cm)，横向面积=0.72×横向抗张强度（kgf)×伸长量（cm)。

2.7.2 抗压强度

2.7.2.1 纸板抗压强度类型

抗压强度指材料受压后直至压溃时所能承受的最大压力。由于大多数包装箱在运输、存储过程中，往往要多层叠放，要求包装箱具有一定的抗压强度，以保证内装物不受损坏。纸箱抗压强度的大小主要取决于其组成材料的抗压性能，故可以通过对组成纸箱的材料，即纸板的抗压强度测试，间接评价纸箱的抗压强度。纸板的抗压强度以单位长度、单位面积上的抗压能力来表示。

表征纸板抗压强度的主要指标是环压强度、平压强度和边压强度，如图 2-31 所示。图 2-31(a) 表示瓦楞原纸或箱纸板环压强度（RCT)，图 2-31(b) 表示瓦楞原纸立压强度（CFCO)，图 2-31(c) 表示箱纸板立压强度，图 2-31(d) 是瓦楞芯平压强度（CMT)，图 2-31(e)是瓦楞纸板平压强度（FCT)，图 2-31(f) 是瓦楞纸板边压强度（ECT)。

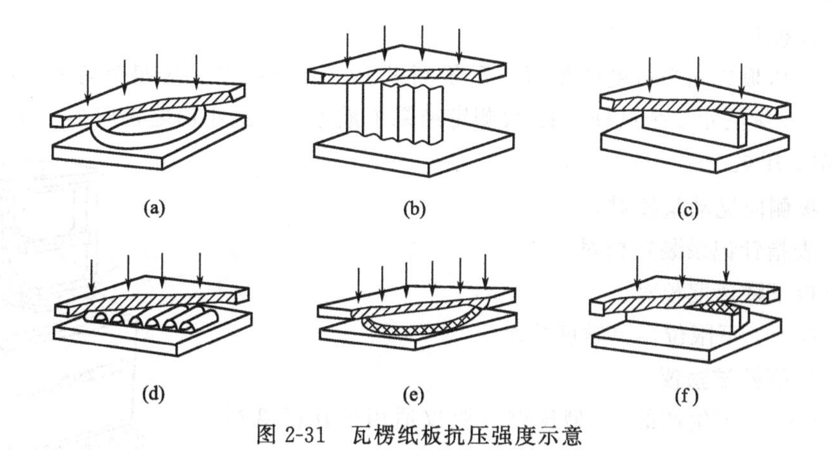

图 2-31 瓦楞纸板抗压强度示意

2.7.2.2 测试仪器

压缩试验仪有弹簧板式和传感器式两种，48 型压缩试验仪和 YQ-Z-40A 型压缩试验仪都属于传感器式压缩试验仪。

(1) 弹簧板式压缩试验仪

① 结构及工作原理 弹簧板式压缩试验仪由两个支撑刀、加压装置、弹簧板和变形

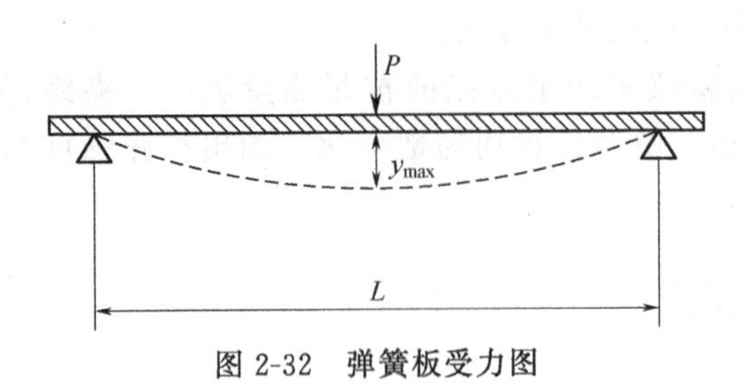

图 2-32　弹簧板受力图

测量器等组成。当上压板以一定的速度向下加压时，通过试样将压力传递到弹簧板上。由于压力的作用，弹簧板产生变形，并由千分表指示出来。当试样被压溃后，因弹簧板所受压力骤然下降而弹回原位，摩擦千分表内部的一个弹簧片而使指针停在原位，然后根据弹簧板的应力-应变曲线查出应力值，即试样的抗压强度。

弹簧板式压缩试验仪是基于梁的弯曲理论进行设计的，如图 2-32 所示。

假设弹簧板的刚度是 EI，应力密度是 q，则 $P=qL$，弹簧板的最大挠度为：

$$y_{max}=\frac{5qL^3}{384EI} \tag{2-38}$$

当用千分尺测量出最大挠度后，就可以计算出应力值，即：

$$P=\frac{384y_{max}EI}{5L^2} \tag{2-39}$$

式中　y_{max}——弹簧板的最大挠度。

② 主要技术参数

a. 上压板下降速度：(12.5±2.5)mm/min。

b. 压板压力增加速度：(110±23)N/s，(67±13)N/s。

c. 上压板向下运动时的水平晃动量：小于 0.05mm。

d. 试验过程中上、下压板平行度：小于 0.05mm。

e. 弹簧板最大挠度：小于 2.27mm。

③ 校准程序

a. 弹簧板校对。

b. 上、下压板之间平行度的校对。重复测量上、下压板之间的四个角和中心，每个试样测定 3 次，连续测定 5 个试样，15 次测定结果中最大值与最小值之差应小于 0.05mm。该标准采用 50kg 压板。

c. 上压板侧向晃动量校对。

d. 千分表指针记录装置校对。

e. 上压板下降速度校对。

f. 上压板上、下限位器灵敏度校对。

(2) 48 型压缩试验仪

瑞典 L&W 公司生产的 48 型压缩试验仪适用于瓦楞纸板抗压性能测试，包括瓦楞芯平压强度（CMT）、瓦楞芯纸立压强度（CCT）、瓦楞原纸环压强度（RCT）、单瓦楞纸板平压强度（FCT）、瓦楞纸板边压强度（ECT）和瓦楞纸板粘合强度（PAT）等测试内容。

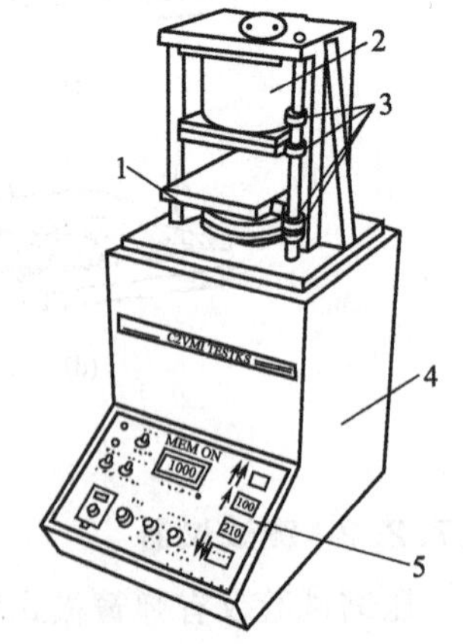

图 2-33　48 型压缩试验仪

1—下测量板；2—上测量板；3—停止环；4—机座；5—控制面板

① 结构及工作原理　48 型压缩试验仪如图 2-33 所示，下测量板是运动加压部件，仪器上部安装有压力传感器和上测量

板。当下测量板向上运动时，试样在接触上测量板的同时，将压力值传递给压力传感器，压力信号经过电子线路的变换、放大，显示在压力值显示器上。该仪器的优点在于试验附件的质量不会对试验结果产生任何影响。

② 主要技术参数

a. 额定压力：5kN。

b. 显示值误差：小于±1%。

c. 行程：76mm。

d. 压缩板尺寸：125mm×125mm。

e. 试验速度范围：5～50mm/min。

f. 标定速度：12mm/min。

③ 校准程序

a. 接通电源预热仪器 1h。

b. 置状态开关于“MEM OFF”位置。

c. 置压力选择开关为 0～5kN 范围。

d. 转动调零旋钮，使显示器显示“0”。

e. 置状态开关于“CHECK”位置。

f. 显示器上显示的数值应与仪器的标定值相符，误差应小于或等于±1%。若误差较大，可用电位器调节。

（3）YQ-Z-40A 型压缩试验仪

① 结构及工作原理　图 2-34 是四川长江造纸仪器厂制造的 YQ-Z-40A 型压缩试验仪，电机带动其左边的蜗杆减速器，用传动链将动力传递给顶盖的蜗杆减速器，在该减速器的蜗轮上安装有与丝杠配合的螺母，丝杠螺母做旋转运动，带动丝杠做上下运动。当丝杠向下运动时，上测量板给试样施加压力，安装在下测量板下面的压力传感器将压力信号传给电子线路，经变换放大后显示在压力值显示器上。用试样破裂时电信号控制电机反转，实现上测量板自动返回。

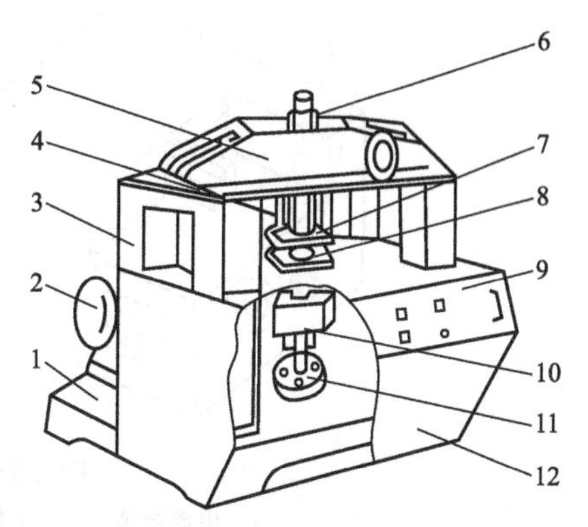

图 2-34　YQ-Z-40A 型压缩试验仪

1—底座；2—电机；3—立柱；4—传动链；5—顶盖蜗杆减速器；6—丝杠；7—上测量板；8—下测量板；9—面板；10—压力传感器；11—连接座；12—前盖板

② 主要技术参数

a. 压力范围：0～3kN。

b. 测量精度：±1%。

c. 测量板移动速度：(12.5±2.5)mm/min。

d. 测量板尺寸：120mm×120mm。

③ 校准程序

a. 接通电源预热仪器 30min。

b. 转动调零旋钮，使显示器显示“0000”。

c. 按下“标准值”按钮，面板显示器应显示厂方提供的“标定值”，其误差应不超过±0.5%。若符合要求，则应按其按钮使之与“标定值”断开，即可进行正常测试。

d. 若“标准值”超过±0.5%，打开前盖板，用小改锥轻轻地转动电位器，使显示值在标定值的±0.5%之内，按其按钮使之与“标定值”断开，即可进行正常测试。

(4) 短距压缩试验仪

① 结构及工作原理　短距压缩试验仪由夹紧装置、控制装置、显示器等组成，将试样放入夹具之间，压下试验按钮，夹具在气压作用下自动将试样夹紧，随后在与夹紧力垂直的方向上加压，使试样压溃，仪器显示器上显示出最大压力值。因为试样的被压缩距离仅有0.7mm，故称之为短距压缩试验仪。

② 校准程序

a. 接通电源预热仪器30min。

b. 调节好仪器零点，并检查其校准值是否与标准值相同。若不相同，则利用电位器进行调整，保证压力传感器的线性特性。

c. 仪器夹紧力可用仪器边上的压力表检查。

d. 仪器显示值的准确度可采用砝码悬挂法测量，校正值等于仪器显示值的0.015倍，而且应在仪器全量程范围内选择五个点进行校准。

e. 用精度较高的塞缝尺测量左右两个夹具的距离是否是0.7mm，塞缝尺在使用前要用高精度厚度仪标定。

(5) 瓦楞芯槽纹仪

① 结构及工作原理　瓦楞芯槽纹仪是制作瓦楞芯试样的专用仪器，图2-35是美国LIBERTY公司制造的WAG型瓦楞芯槽纹仪。在177℃条件下，用一对相同齿形参数的辊轮对试样加压，使瓦楞芯成型。该仪器设置有电机及活动系统，一对A形瓦楞的辊轮，在辊轮下安装有可达到温度条件的加热板，以及制作瓦楞芯试样的梳板和梳齿。

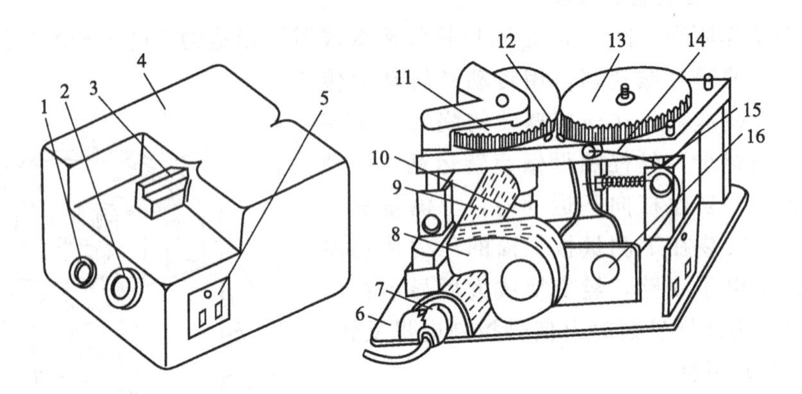

图2-35　WAG型瓦楞芯槽纹仪

1—电源插座；2—风孔；3—试样导入器；4—仪器罩；5—开关；
6—底板；7—导线；8—冷却风机；9—风管；10—主动轴；
11—主动辊轮；12—试样导槽；13—被动辊轮；
14—加热板；15—被动辊轮调压弹簧；16—温度调节器

② 校准程序

a. 两个辊轮啮合要合适，在仪器达到177℃时，将12.7mm宽的纸和复写纸送进两个辊轮之间进行试验，复写纸在纸上的压痕线应该均匀分布。

b. 若压痕线分布不均匀，应检查辊轮轴承间隙以及加热板与辊轮的接触情况等。

c. 检查辊轮温度，盖上仪器罩，当温度达到时，控制灯熄灭；移去仪器罩，用合适的温度计测定辊轮的温度。若符合要求，应盖好仪器罩后进行正常试验；否则，可用温度调节器进行调节。

2.7.2.3 测试方法

(1) 环压强度试验（RCT）

① 测试原理　纸板的环压强度是指将一定尺寸的试样插入试样座内形成圆环形，在两测量板之间压缩，试样在压溃前所能承受的最大压力，单位以N表示。试验仪器采用弹簧板式压缩试验仪和试样座，也可利用传感器式压缩试验仪。试样座是装夹、固定试样的一个装置，如图2-36所示，它由外盘和内盘组成。试样插入试样座的外盘和内盘之间，形成圆环形试样。内盘的直径根据试样的厚度不同而有不同的规格，如表2-4所示。

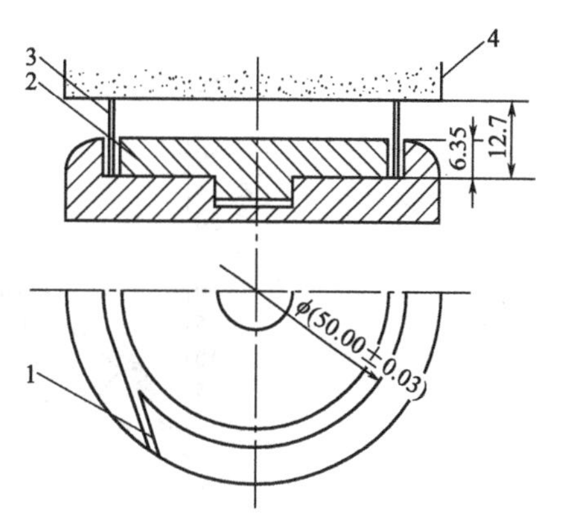

图2-36　试样座

1—试样插口；2—试样座芯板；3—试样；4—上压板

② 测试方法　按照国家标准GB/T 2679.8《纸和纸板 环压强度的测定》进行试验。具体测试步骤包括以下几点。

表2-4　试样座内盘规格　　单位：mm

试样厚度	内盘直径	试样厚度	内盘直径
0.15～0.17	48.8±0.05	0.28～0.32	48.3±0.05
0.17～0.20	48.7±0.05	0.32～0.37	48.2±0.05
0.20～0.23	48.6±0.05	0.37～0.42	48.0±0.05
0.23～0.28	48.5±0.05	0.42～0.49	47.8±0.05

a. 试样采集与处理。按GB/T 450取样，沿纸幅的纵、横向用专用冲裁刀切取宽$12.7_{-0.25}^{0}$mm、长$152_{-0.25}^{0}$mm的试样各10片，试样两边的平行度误差小于0.015mm。按GB/T 10739的要求对试样进行温湿度预处理。

b. 将试样分别按纵、横向插入试样座内，然后将试样座置于下压板的中央位置，试样开口朝前，插入试样时一半正面向里，一半反面向里，注意试样两端接口的朝向应统一对着操作者。调整指针于零点。

c. 开动压缩试验仪，使上压板均匀下降压缩试样，直至试样边缘压溃，指针不再移动后抬起上压板，记录弹簧板的最大弯曲变形量（即千分表读数），然后从弹簧板的应力-应变曲线上查出压溃试样所需的最大压力，精确到1N。

对于传感器式压缩试验仪，试样被压溃后，停止仪器，然后反转电机使上压板返回原位，记录显示器读数，即环压强度。

例如，表2-5、图2-37是利乐包装用纸/塑/铝复合材料的环压强度、环压指数测试分析结果，纸板的纵向、横向对这种复合材料的戳穿强度的影响很小，横向环压强度稍高于纵向。

表2-5　纸/塑/铝复合包装材料的环压强度、环压指数测试分析结果

试样方向	环压强度/(kN/m)	环压指数/(kN·m/g)
纵向	19.02	71.18
横向	19.17	71.74

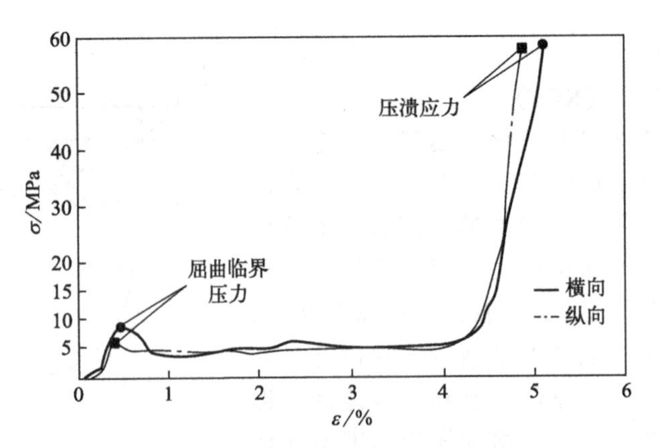

图 2-37 纸/塑/铝复合包装材料的环压应力-应变曲线

(2) 瓦楞芯平压强度试验 (CMT)

① 测试原理 瓦楞芯平压强度是指在一定温度下，将瓦楞芯纸在一定齿形的槽纹仪上压成一定形状的瓦楞，然后在压缩试验仪上测定瓦楞芯所能承受的最大压力，单位以 N 表示。试验仪器采用压缩试验仪和瓦楞芯槽纹仪，利用瓦楞芯槽纹仪将瓦楞芯纸制作成瓦楞芯。压缩仪可利用弹簧板式压缩试验仪或传感器式压缩试验仪。

② 测试方法 按照国家标准 GB/T 2679.6《瓦楞原纸平压强度的测定》进行试验。具体测试步骤如下。

a. 试样采集与处理。按 GB/T 450 取样，沿纸幅切取宽 (12.7±0.1)mm、长至少为 (152±0.5)mm (纵向) 的试样数条。按 GB/T 10739 的要求对试样进行温湿度预处理。

b. 开动瓦楞芯槽纹仪，预先加热到 (177±5)℃，然后将试样垂直插入瓦楞辊轮，制作瓦楞芯试样。随后把瓦楞芯试样放置在梳板上，再把梳齿压在试样上。

c. 用一条长约 120mm 的胶带放在瓦楞芯试样的楞峰上，随后压上平压板，使瓦楞楞形固定。轻轻地取出梳齿，将瓦楞芯试样从齿条上取下，平放在压缩仪的下压板中央位置，没有粘胶带的一面朝上。开动压缩试验仪，将瓦楞芯试样压溃，读取记录仪上的数值，得到瓦楞芯的平压强度。如有必要，也可将瓦楞芯试样放置在恒温、恒湿条件下处理 30min，再进行压缩试验。如果压缩试验仪的上、下压板的表面是光滑的，需用细砂布将上、下平板平整地包上，以防止压楞时滑动。在试验中，如果胶带脱离或瓦楞被压倒向一边，应重新试验。

瓦楞芯被压溃后的瓦楞芯形状如图 2-38 所示。试验结果以所有测定值的算术平均值表示，精确到 1N，并报告最大值和最小值。

图 2-38 压溃后瓦楞芯形状

(3) 瓦楞纸板边压强度试验 (ECT)

① 试验原理 将矩形的瓦楞纸板试样置于耐压强度测定器的两压板之间，并使试样的瓦楞方向垂直于仪器的两个压板，然后对试样施加压力，直至试样被压溃为止，单位以 N/m 表示。耐压强度测定器可采用弹簧板式压缩试验仪，也可利用传感器式压缩试验仪。

瓦楞纸板的边压强度为：

$$R=\frac{10^3F}{L} \tag{2-40}$$

式中 R——瓦楞纸板的边压强度，N/m；

F——最大压力，N；

L——试样长边的尺寸，mm。

② 测试方法　按照国家标准 GB/T 6546《瓦楞纸板 边压强度的测定》进行试验，该标准适合于单瓦楞纸板、双瓦楞纸板和三瓦楞纸板的测定。具体测试步骤包括以下几点。

a. 试样采集与处理。按 GB/T 450 取样，沿纸幅切取矩形试样 10 个，试样尺寸是短边 (25±0.5)mm、长边 (100±0.5)mm，短边沿瓦楞方向。由于瓦楞纸板厚度大，受压易变形，中间瓦楞芯形状发生变化，导致测试结果误差较大，因此，必须使用专用切刀或模具制作试样，裁切出光滑、笔直而且垂直于纸板表面的边缘。按 GB/T 10739 的要求对试样进行温湿度预处理。

b. 在压缩试验仪的上、下压板上平整地包上细金刚砂布，应保持上、下压板之间的平行。

c. 将试样置于压缩试验仪下压板的中央位置，用导板夹持，保持试样的瓦楞方向与下板平面垂直。

d. 开动压缩试验仪，对试样施加压力，当压力约 50N 时，撤去导板，继续施加压力直至试样被压溃为止，读取仪器显示值，即试样所能承受的最大压力值，精确到 1N。

e. 恢复上压板，准备进行下一次试验。

f. 计算瓦楞纸板边压强度。试验结果以 10 次试验的算术平均值表示试样的边压强度，精确至 100N/m。

例如，AB 型双瓦楞纸板，面纸是 300g/m² 牛皮纸，里纸、芯纸是 180g/m² 瓦楞原纸。试验环境温度 20℃，相对湿度分别选取 60%、70%和 80%、90%。表 2-6、图 2-39 所示的边压强度测试分析结果表明，随着环境相对湿度的增大，AB 型双瓦楞纸板的边压强度逐渐减小，相对湿度 90%时的边压强度比相对湿度 60%的边压强度下降了约 24.7%，下降幅度较大。因为瓦楞芯层类似于工字梁结构，能承受较大的压力，但随着相对湿度的增加，芯纸自身疏松、稳定性变差，导致边压强度大幅降低。

表 2-6　瓦楞纸板边压强度测试分析结果　　单位：N/m

试样组	RH 60%	RH 70%	RH 80%	RH 90%
第 1 组	5270	5030	4310	4780
第 2 组	6620	6520	4490	3750
第 3 组	5580	5760	4550	4720
第 4 组	6140	5400	4430	4380
第 5 组	6600	5360	4050	4830
第 6 组	6690	6130	4580	4270
第 7 组	5750	5480	5250	4310
第 8 组	5020	5730	3780	4600
第 9 组	5860	5460	4810	4650
第 10 组	5850	4620	5580	5010
平均值	5939	5549	4583	4470

（4）短距压缩试验

① 试样采集与处理。按 GB/T 450 取样，沿纸幅切取 15mm×150mm 试样条，并按 GB/T 10739 的要求对试样进行温湿度预处理。

② 预热仪器 20min，调节零点和校正后接上压力约 0.6MPa 的气压源。

③ 将试样插入两夹具之间，压下复位“RETURN”开关灯亮，然后再压下开始

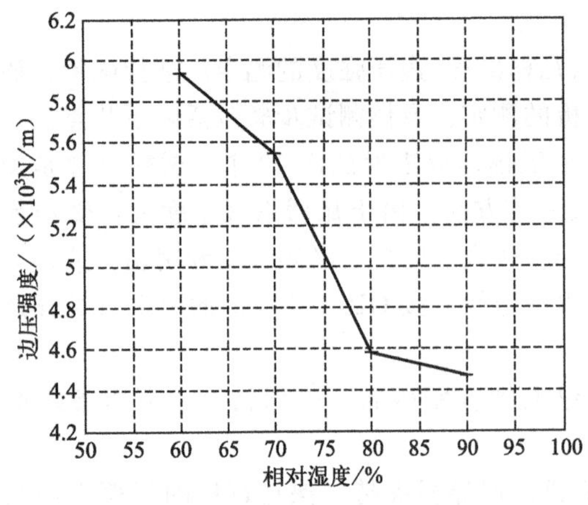

图 2-39 瓦楞纸板边压强度与相对湿度的变化关系曲线

（"START"）开关，此时气阀打开，使夹具夹紧试样，同时活动夹具沿试样长度方向施加压力，至试样压溃后夹具自动复位，并显示试样的抗压强度（N/m）值。

④ 读取显示器读数，取出被测试样，准备进行下一次试验。

试验结果以 10 次试验的算术平均值表示试样的边压强度，精确至 100N/m。

(5) 影响抗压强度的主要因素

① 纸板含水量增加，抗压强度下降。

② 纸板定量越低，抗压强度越低。

③ 抗张强度增高，抗压强度增大。

例如，蜂窝夹芯为正六边形，内切圆直径 12mm，面纸是 300g/m² 再生挂面纸，芯纸为 110g/m² 再生纸。A、B 两种单面瓦楞纸板的面纸是 200g/m² 的箱板纸、瓦楞夹芯是 175g/m² 的瓦楞原纸。采用"10mm A"表示 10mm 厚蜂窝纸板与 A 单面瓦楞纸板所形成的瓦楞-蜂窝单面复合结构纸板，"10mm AB"表示 10mm 厚蜂窝纸板与 A、B 单面瓦楞纸板所形成的瓦楞-蜂窝双面复合结构纸板，其他简写方式与此类似。表 2-7 所示的这些蜂窝纸板、瓦楞-蜂窝复合结构纸板的平压强度测试分析结果表明以下几点。

① 在 10mm、15mm、20mm 三种厚度的蜂窝纸板中，10mm 厚蜂窝纸板的平压强度最高，随着蜂窝纸板厚度的增加，平压强度呈明显下降趋势；15mm 厚蜂窝纸板与 10mm 厚蜂窝纸板相比，平压强度降低 26.57%；20mm 厚蜂窝纸板与 15mm 厚蜂窝纸板相比平压强度降低 33.09%，而与 10mm 厚蜂窝纸板相比，降低 50.87%。

② 10mm A、10mm B、10mm AB 型瓦楞-蜂窝复合结构纸板的平压强度比 10mm 厚蜂窝纸板均有明显下降，它们的平压强度分别比 10mm 厚蜂窝纸板降低 31.68%、49.14% 和 44.72%。

③ 15mm A、15mm B、15mm AB 型瓦楞-蜂窝复合结构纸板的平压强度比 15mm 厚蜂窝纸板总体呈上升趋势，它们的平压强度分别比 15mm 厚蜂窝纸板提高 0.99%、−4.96% 和 4.93%。

④ 20mm A、20mm B、20mm AB 型瓦楞-蜂窝复合结构纸板的平压强度比 20mm 厚蜂窝纸板提高明显，它们的平压强度分别比 20mm 厚蜂窝纸板提高 8.05%、17.48%和 5.89%。

表 2-7 瓦楞-蜂窝复合结构纸板平压强度试验结果

纸板类型	平均值/kPa	提高率/%	纸板类型	平均值/kPa	提高率/%
10mm	190.30		15mm	139.73	
10mm A	130.02	−31.68	15mm A	141.11	0.99
10mm B	96.79	−49.14	15mm B	132.80	−4.96
10mm AB	105.19	−44.72	15mm AB	146.62	4.93
20mm	93.50				
20mm A	101.03	8.05			
20mm B	109.84	17.48			
20mm AB	99.01	5.89			

2.7.3 耐破度

2.7.3.1 耐破度

包装件在运输和存放过程中常常会受到外力的挤压或硬物碰撞，以及内装物的冲击，此时用抗张强度或其他强度指标来评价纸或纸板耐碰撞的能力显然是不合适的，需要引入耐破度。耐破度是均匀地对试样施加压力，把试样鼓破时的最大压力，属于纸或纸板的静态强度。当纸板承受垂直于纸板面的压力时，纸板开始变形，随着压力的增大，变形也相应增大，直至纸板破裂。

耐破度是指纸板在单位面积上所能承受的均匀增大的最大压力，单位以 Pa 表示，曾用单位 kgf/cm^2 （$1kgf/cm^2=98kPa$）。耐破度是纸袋纸、包装纸及纸板的一项重要性能，它受纤维之间结合力和纤维平均长度的影响，是抗张强度和伸长率的复合函数，其应力大部分是在纸张破裂时，横跨纸幅的压力差所形成的一种张力。由于各个方向的变形基本相等，因而在纸张中产生了均衡应力。由于纸张纵向伸长率较小，受压后成为纵向张力，因此试样的裂纹一般与纸张的纵向垂直。

① 绝对耐破度（B_{ur}）是指耐破度仪在试样破裂时压力表所指示的绝对值，单位是 Pa，曾用单位 kgf/cm^2 （$1kgf/cm^2=98kPa$）。

② 相对耐破度是指将不同定量的试样所测定的耐破度值换算成定量是 $100g/m^2$ 的耐破度，即$\frac{100B_{ur}}{G}$。

③ 耐破指数是指试样绝对耐破度与纸张定量之比$\frac{B_{ur}}{G}$，单位是 $kPa\cdot m^2/g$。

④ 绝对耐破度与抗张强度的关系

$$B_{ur}R=2T \tag{2-41}$$

式中 B_{ur}——绝对耐破度，Pa；

R——纸板破裂时的弯曲半径，m；

T——纸板试样单位宽度的纵向抗张强度，N/m。

2.7.3.2 耐破度仪

（1）缪伦式耐破度仪

缪伦式耐破度仪适用于箱纸板和瓦楞纸板的耐破度测试，如图 2-40 所示，测试原理是液压增加法。用一定的压力将试样压紧在上、下两个夹盘之间，试样不能滑动。电动机带动活塞，而活塞推动适宜的液体（如化学纯甘油等）向胶膜匀速施加压力，胶膜凸起，顶起试样，直到试样破裂为止。送液量是（170±15）mL/min，压力表指示所施加压力的最大值，即试样的耐破度。

（2）04BOM 型耐破度仪

① 结构及工作原理 04BOM 型耐破度仪适用于测定纸和纸板的耐破度，如图 2-41 所示。在放置试样的下压板孔的下侧安装有一个胶膜，其下是一个充满甘油的压力室，压力室内装有一个活塞，活塞的运动使胶膜向上膨胀，并将试样鼓破，其压力值由安装在压力室内的传感器检测，经电子线路变换并显示在显示器上。试样的固定是用气压来实现的，在上压板的上方安装有汽缸和活塞，由气阀控制上压板下压或提升。压力室内的活塞运动是借助其下方的电动机带动一对齿轮齿条传动，而齿条的运动迫使活塞加压或减压。这些运动都由电

子线路控制并自动完成。该仪器配有输出接口BCD，可以连接打印机或计算机，打印测量结果或进行数据处理。

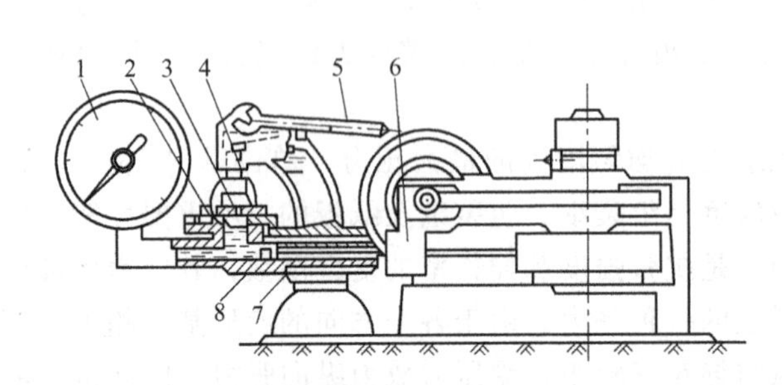

图 2-40 缪伦式耐破度仪

1—压力表；2—压紧机构；3—胶膜；4—上压环；5—压紧把手；6—电动机；7—螺杆；8—活塞

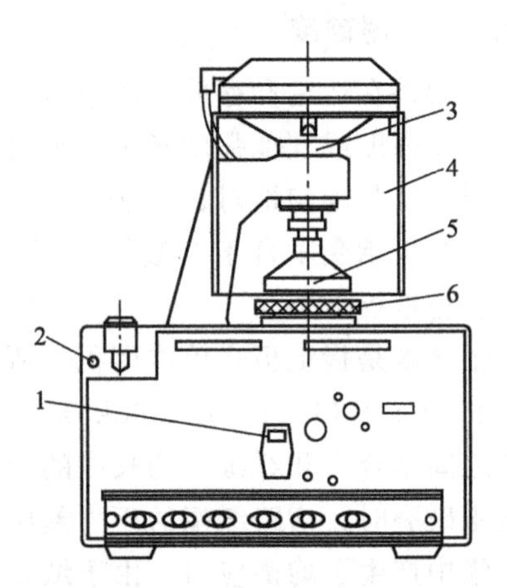

图 2-41 04BOM型耐破度仪

1—电源开关；2—气源接头；3—活塞；4—防护罩；5—上压板；6—下压板

② 主要技术参数

a. 最大压力：2000kPa（PD型用于测定纸张）。

b. 最大压力：6000kPa（JD型用于测定纸板）。

c. 测量精度：小于或等于±1%。

③ 校准程序

a. 检查气压夹紧力，PD型为155kPa，JD型为385kPa。

b. 接通电源，预热仪器30min。

c. 将三位开关拨到跟踪位置，用调零旋钮调节显示器为零。

d. 置三位开关于检查位置，观察显示器的数值。若显示值与仪器上给出的“Check”值一致，偏差小于或等于±1%，即表示仪器正常，可以进行检测工作。

e. 若显示值偏差大于±1%，将三位开关置于检查位置，用小改锥调整校准电位器，直到显示值与“Check”值一致为止。

2.7.3.3 测试方法

(1) 纸板耐破度测试法

按照国家标准GB/T 1539《纸板耐破度的测定》进行试验。测试仪器是缪伦式耐破度仪或04BOM型耐破度仪。胶膜的厚度是（2.5±0.2）mm。胶膜的阻力在加压使其凸出下夹环表面9.5mm时的压力应在156.8～189.0kPa范围内。胶膜变形立即要更换。具体测试步骤包括以下几点。

① 试样采集与处理　按GB/T 450取样，沿纸幅横向切取100mm×100mm试样10条，正、反面各5条，并按GB/T 10739的要求对试样进行温湿度预处理。

② 将试样压紧在两个试样夹之间，保证在试验时试样不致滑动。

③ 以（170±15）mL/min的速度逐渐增加压力，直至试样爆破，读取压力表上指示的数值。

试验结果以所有测试结果的算术平均值表示。

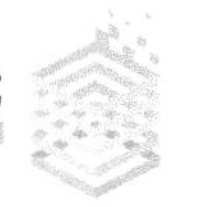

（2）瓦楞纸板耐破度测试法

按照国家标准 GB/T 6545《瓦楞纸板耐破强度的测定法》进行试验。测试原理是将试样置于胶膜之上，用试样夹夹紧，然后均匀地施加压力，使试样与胶膜一起自由凸起，直至试样破裂为止。该标准适用于耐破度 350～5500kPa 的瓦楞纸板，是以液压增加法测定瓦楞纸板的耐破度，即在试验条件下瓦楞纸板单位面积所能承受的均匀增大的最大压力。试验仪器是缪伦式耐破度仪或 04BOM 型耐破度仪。胶膜的厚度是 (2.5±0.2)mm，它的上表面比下夹环的顶面约低 5.5mm，胶膜材料和结构应使胶膜凸出下夹盘上表面的高度与压力相适应。具体测试步骤如下。

① 试样采集与处理　按 GB/T 450 取样，沿纸幅横向切取 100mm×100mm 试样 10 条，正、反面各 5 条，按 GB/T 10739 的要求对试样进行温湿度预处理。

② 将试样夹紧在两个夹环之间，开动耐破度仪，以 (170±15)mL/min 的速度逐渐增加压力，直至试样爆破为止，读取压力表上的指示值。测试结果以所有的测定值的算术平均值表示。

由于瓦楞纸板是由面纸、里纸、瓦楞芯纸粘合而成，中间有空隙，缓冲性能增强，但是更容易被击破，所以瓦楞纸板的耐破度低于其面纸、里纸、瓦楞芯纸的耐破度之和。

（3）04BOM 型耐破度仪测试法

① 检查试样夹紧力的选择是否合适。

② 接通电源，预热仪器 30min。

③ 把三位开关拨到“MEM OFF”位置，用“Zero”旋钮调节耐破压力为零。

④ 把三位开关拨到“Check”位置，压力显示器上显示出仪器出厂标定值，偏差应在±1%之内。若超出，利用“GAIN”电位器调节。

⑤ 把三位开关拨到“OP”工作位置，做好试验准备。

⑥ 插入试样，按下“START”键，试样被夹紧，胶膜鼓起，将试样鼓破。然后胶膜再自动返回原位，读取显示器上的耐破度值。

⑦ 如果需要仪器自动工作，工作循环时间可在 0.5～3s 之间选择，旋转“PAUSE TIME”旋钮，就可进行选择。

⑧ 如果需要中断试验，按“RETURN”按钮即可。

⑨ 如果需要在试验循环中间停止试验，只要按下“STOP”键，试验立即停止。

例如，蜂窝夹芯为正六边形，内切圆直径 12mm，面纸是 300g/m^2 再生挂面纸，芯纸为 110g/m^2 再生纸。A、B 两种单面瓦楞纸板的面纸是 200g/m^2 的箱板纸、瓦楞夹芯是 175g/m^2 的瓦楞原纸。采用“10mm A”表示 10mm 厚蜂窝纸板与 A 单面瓦楞纸板所形成的瓦楞-蜂窝单面复合结构纸板，“10mm AB”表示 10mm 厚蜂窝纸板与 A、B 单面瓦楞纸板所形成的瓦楞-蜂窝双面复合结构纸板，其他简写方式与此类似。表 2-8 所示的这些蜂窝纸板、瓦楞-蜂窝复合结构纸板的耐破度测试分析结果表明，随着厚度增加，蜂窝纸板的耐破度明显增加，15mm 厚蜂窝纸板比 10mm 厚蜂窝纸板增加 90.19%；瓦楞-蜂窝复合结构纸板的耐破度比蜂窝纸板的耐破度均有明显提高。10mm A、10mm B、10mm AB 型瓦楞-蜂窝复合纸板的耐破度比 10mm 厚蜂窝纸板提高较为显著，它们的耐破度分别比 10mm 厚蜂窝纸板提高 83.70%、138.85%和 224.82%。15mm A、15mm B 型瓦楞-蜂窝复合纸板的耐破度比 15mm 厚蜂窝纸板提高明显，它们的耐破度分别比 15mm 厚的蜂窝纸板提高 46.73%和 60.50%。

表 2-8　瓦楞-蜂窝复合结构纸板耐破度测试分析结果

纸板类型	平均值/kPa	提高率/%	纸板类型	平均值/kPa	提高率/%
10mm	430.06		15mm	817.95	
10mm A	790.0	83.70	15mm A	1200.2	46.73
10mm B	1027.2	138.85	15mm B	1312.85	60.50
10mm AB	1396.9	224.82			

再如，表 2-9 是利乐包装用纸/塑/铝复合材料的绝对耐破度、耐破指数测试分析结果，纸板的纵向、横向对这种复合材料的戳穿强度的影响很小。

表 2-9　纸/塑/铝复合包装材料的耐破度、耐破指数测试分析结果

试样方向	绝对耐破度/kPa	耐破指数/(kPa・m²/g)
正面	1176	4.4
反面	1156	4.3

2.7.4 戳穿强度

纸板的戳穿强度是指用一定形状的角锥穿过纸板所需的功，即包括开始穿刺及使纸板撕裂弯折成孔所需的功，它以角锥总能量的损失来表示，单位以 kgf・cm（1kgf・cm＝0.098J）表示，国际单位是 J。戳穿强度属于动态强度，模拟纸板受到突然施加的冲击力时的强度性能。例如，纸包装箱在装卸搬运、运输环节中，常常会由于尖硬的物品撞击而破坏。戳穿强度与耐破度的本质区别是，耐破度是均匀地施加压力而把试样鼓破，属于静态强度；而戳穿强度是突然施加一个撞击力把纸板戳穿，属于动态强度。因此，对于纸板类包装材料，戳穿强度显得更有实际意义。

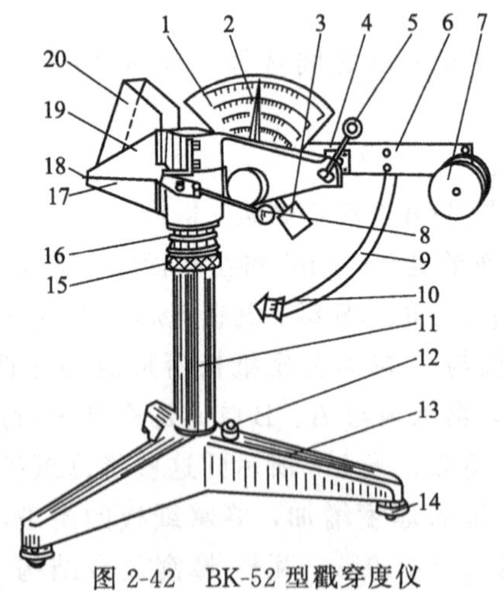

图 2-42　BK-52 型戳穿度仪

1—刻度盘；2—指针；3—平衡器；4—固定器；5,8—手柄；6—摆臂；7—配重；9—摆杆；10—戳穿头；11—立柱；12—水平仪；13—三脚架；14—调节支脚；15—调节螺母；16—压簧；17—下压板；18—试样；19—上压板；20—防护罩

(1) BK-52 型戳穿度仪

① 结构及工作原理　BK-52 型戳穿度仪适用于测定纸板的戳穿强度，如图 2-42 所示，在仪器上部固定件的回转中心安装有一个可以携带不同配重的摆臂，摆臂上固定一个圆弧状的摆杆，在摆杆的下端固定一个符合标准要求的三角锥状戳穿头。角锥是一个正三角棱锥形，高 (25±0.7)mm，棱边的圆角半径是 1.5mm。摆臂处于水平位置时具有势能，当摆臂释放时，戳穿头给试样施加一个冲击能量，戳破试样所需的能量称为戳穿强度。该仪器结构简单，操作方便，测试精确。

② 主要技术参数

a. 测量范围　0～5J、0～10J、0～20J、0～36J。

b. 测量精度　与测量范围相对应，依次是 0.1J、0.1J、0.2J、0.2J。

③ 校准程序　提起摆臂，让其处于水平位置，把铝套推向戳穿头后部。移动指针到刻度盘的最左

边，然后释放摆臂，因无试样，没有阻力，指针指向零位。若不指向零位，应转动刻度盘使指针指向零位。若需要，可重复上述操作调零。

(2) 测试方法

按照国家标准 GB/T 2679.7《纸板 戳穿强度的测定》进行试验。具体测试步骤如下。

① 试样采集与处理。按 GB/T 450 取样，沿纸幅切取 175mm×175mm 试样 8 片，并按 GB/T 10739 的要求对试样进行温湿度预处理。

② 检查指针指示“0”位。当摆上安装适当的配重后，将摆抬起至水平位置，用半圆形定位器将摆锁定，将指针拨到最左边，搬动锁定器释放摆，观察指针是否指示在刻度盘零位。若指针没有指示在刻度盘零位，摆动刻度盘使指针指示零位。戳穿头后部的铝套的组合，应松紧适度。

③ 将试样置于夹板三角孔的正中间，若夹紧力不够，可以转动夹板下面立柱上的滚花螺母来增加夹紧力。

④ 调整摆锤，当需要时，附加重铊以选择适当的功的范围，使测量值保持在全量程的 20%～80%范围内。

⑤ 将指针拨向最高值位置，防摩擦环套在三角锥戳穿头后面，轻轻释放摆臂，摆体自由落下，戳穿试样。当三角锥体戳穿头通过试样时，铝套便卡在试样的孔内，使孔处于开启状态，这时摆没有摩擦力的制动作用。

⑥ 摆停止后，从刻度盘上读取指针指示的能量值，即试样的戳穿强度。

⑦ 提起摆体手柄，使摆体复位，拨回指针，松开加压装置，取出已试验过的试样，准备下一次试验。4 片试样以纵向平行于摆的摆动平面方向进行试验，另外 4 片试样以横向平行于摆的摆动平面方向进行试验。

试验结果以所有测试值（包括纵、横向）的算术平均值报告测试结果，精确到 0.1kgf·cm。若以 J 表示，试验结果小于 12J 时，精确到 0.1J，否则精确到 0.2J。

(3) 注意问题

① 仪器空载时，不得随意释放摆体，以免损坏试样夹具以及摆杆。

② 试验结束后，应把摆体固定。

③ 在使用带防护罩的戳穿度仪时，一定要将防护罩牢固地安装在仪器上，以免误伤人体。

(4) 影响戳穿强度的因素

① 相对湿度增大，戳穿强度也有轻微的增大，但变化量不大。

② 随打浆度提高，戳穿强度稍有增加，而后随打浆度提高，戳穿强度又开始下降。

③ 测试结果随夹紧压力的增加而降低，尤其对于瓦楞纸板，当夹紧压力过大，试样的瓦楞被压溃，从而导致戳穿强度降低。但是，夹紧压力太小，试样在试验过程中易松动，测试结果会出现偏高趋势。因此，合理控制夹紧压力是必要的。

④ 仪器摆轴摩擦力太大，则会使测试结果偏高。

⑤ 防摩擦环是为了在三角锥形戳穿头戳穿试样后，保持试样开孔被撑住，从而避免试样弹回对摆产生摩擦或夹住摆杆。当这种情况发生时，摆不能自动摆动，影响测试结果。

例如，AB 型双瓦楞纸板，面纸是 300g/m^2 牛皮纸，里纸、芯纸是 180g/m^2 瓦楞原纸。试验环境温度 20℃，相对湿度分别选取 60%、70%、80%、90%。表 2-10、图 2-43 所示的戳穿强度测试分析结果表明，随着环境相对湿度的增大，AB 型双瓦楞纸板的戳穿强度逐渐减小，相对湿度 90%时的戳穿强度比相对湿度 60%时的戳穿强度下降了约 5.8%，下降幅

度较小。因为纸张中植物纤维几乎呈平面分布，吸湿后对纤维的平面结构造成的影响较小，使得戳穿强度仅产生较小的下降。

表 2-10 瓦楞纸板戳穿强度与相对湿度的关系 单位：J

试样组	RH 60%	RH 70%	RH 80%	RH 90%
第 1 组	10.82	9.60	9.85	9.80
第 2 组	10.56	10.20	10.20	9.40
第 3 组	9.70	10.60	10.21	9.20
第 4 组	10.58	10.40	10.19	9.80
第 5 组	10.90	10.60	9.60	9.80
第 6 组	10.95	10.20	10.05	10.60
第 7 组	10.62	10.40	10.22	10.00
第 8 组	10.21	10.60	10.25	11.00
第 9 组	10.45	10.70	10.06	9.90
第 10 组	10.65	10.00	9.88	9.80
平均值	10.54	10.33	10.05	9.93

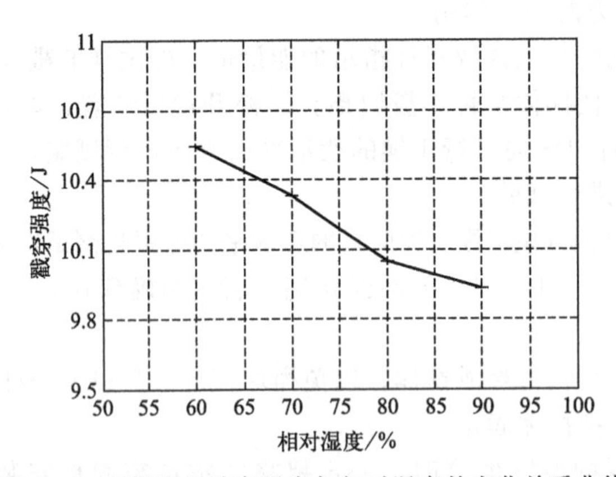

图 2-43 瓦楞纸板戳穿强度与相对湿度的变化关系曲线

再如，表 2-11 是利乐包装用纸/塑/铝复合材料的戳穿强度测试分析结果，纸板的纵向、横向对这种复合材料的戳穿强度的影响很小。

表 2-11 纸/塑/铝复合包装材料的戳穿强度测试分析结果 单位：J

试样方向	试样组				平均值
	1	2	3	4	
纵向	1.105	1.486	1.079	1.062	1.1655
横向	1.114	1.240	1.098	1.139	

2.7.5 挺度

挺度是衡量纸与纸板抵抗弯曲的强度性能，也表明其柔软或挺硬的性质。挺度与纸和纸板的厚度关系较大。在理论上挺度与厚度的三次方成正比，如紧度保持一定时，挺度的增加

与厚度的三次方成正比；在定量保持一定时，挺度增加与厚度二次方成正比；在厚度一定时，挺度与紧度成正比。打浆度高的纸浆制成的纸张的挺度也较大。因此，掺入一定量草浆的纸与纸板，其挺度都较好。纸箱刚度反映纸箱抵抗变形的能力，它主要取决于纸板的挺度。若纸箱受压缩载荷或装满物品后抗弯能力不足，很容易变形，甚至破裂。

常用的挺度仪有Clark挺度仪、Taber挺度仪、Gurley挺度仪、瑞典卧式挺度仪和法国共振挺度仪。Clark挺度仪是以试样受自重作用的弯曲程度表示挺度，主要用于测定纸张的挺度。Gurley挺度仪是以试样弯曲至一定程度所需的最大弯曲力表示挺度，主要用于纸张测定，也可用于薄纸板。Taber挺度仪是以弯曲宽38mm试样至15°角或7.5°角时的弯矩表示挺度，主要用于测定厚纸和薄纸板的挺度。瑞典L&W公司的卧式挺度仪是以弯曲宽38mm试样至15°角或其他角度时所受的力表示挺度，既可用于纸的测定，也可用于纸板挺度的测定。但是，它测定纸和纸板时的弯曲距离不同，测定纸时的弯曲距离是10mm，测定纸板时的弯曲距离为50mm。法国的共振挺度仪是以达到共振产生最大振幅时试样的长度经计算而得到挺度值，可用于测定纸与纸板的挺度。卧式挺度仪和共振挺度仪测试方便，数据可靠。

2.7.5.1 Clark挺度仪测试法

Clark挺度仪是以试样受自重作用的弯曲程度表示挺度，主要用于测定纸张的挺度。Clark挺度表示试样支撑自身重量的性质，即：

$$\text{Clark挺度}=\frac{L^3}{1000} \tag{2-42}$$

式中 L——夹头中心到试样自由端的长度，mm。

抗弯曲度表示试样对弯曲作用力的抵抗能力，即：

$$\text{抗弯曲度}=\frac{L^3G}{1000} \tag{2-43}$$

式中 G——试样的定量，g/m^2。

抗弯曲指数表示试样内部的抗弯曲力和纸张结构的性质，即：

$$\text{抗弯曲指数}=\frac{0.1639L^3G}{1000d^3} \tag{2-44}$$

式中 d——试样的厚度，精确到0.01mm。

测定纸张Clark挺度所用试验仪器是Clark挺度仪，如图2-44所示。Clark挺度的测试方法是，首先按GB/T 450取样，裁切试样，并按GB/T 10739的要求对试样进行温湿度预处理。然后将50mm宽的试样竖直插入旋转夹头中，调节试样的长度使之适于测定，先沿顺时针方向缓慢地旋转夹头，使之转过90°角，再沿逆时针方向旋转夹头，从而使试样从一边到另一边落下。测量夹头中心到试样自由端的长度，计算试样的Clark挺度、抗弯曲度和抗弯曲指数。

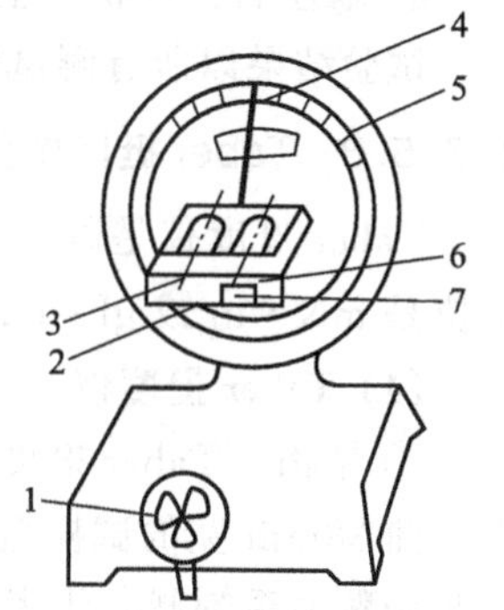

图2-44 Clark挺度仪

1—摇把；2—辊筒；3，6—夹紧辊；4—指针；5—刻度盘弯曲角；7—蜗轮

2.7.5.2 Gurley挺度仪测试法

(1) 测试原理

Gurley挺度是指在一个小载重摆的偏角下，纸张试样在两个不同方向上所承受的最大弯曲力，即：

$$\text{Gurley挺度}=\frac{88.9R_G(W_1+2W_2+4W_3)}{5} \tag{2-45}$$

式中 W_1——在摆的 1in(25.4mm) 位置上所加砝码的质量，mg；

W_2——在摆的 2in 位置上所加砝码的质量，mg；

W_3——在摆的 4in 位置上所加砝码的质量，mg；

R_G——刻度盘的指示值；

88.9——5g 砝码在摆上端缺口（即 1in 位置）时 1 格刻度的毫克数；

5——回转轴到摆的加压部分的距离。

如果取长 88.9mm（3.5in）、宽 25.4mm（1in）的试样，测试时加 5g 砝码在 1in 缺口位置上，则：

$$\text{Gurley 挺度} = 88.9R_G \tag{2-46}$$

（2）Gurley 挺度仪

Gurley 挺度仪主要用于纸张挺度的测定，也可用于薄纸板挺度的测定。它由传动部分和测试部分组成，如图 2-45 所示，传动部分包括电动机、转动盘、连接带有试样夹具及尺寸刻度的杆、指示灯，测试部分包括摆、刻度盘和砝码。Gurley 挺度仪是以试样弯曲至一定程度所需的最大弯曲力表示挺度，即一定尺寸的试样拨动一定重量的摆，当试样的弯曲力低于摆自身重量时，摆自动摆回。在力达到平衡时，读取指针指示值，再计算 Gurley 挺度。

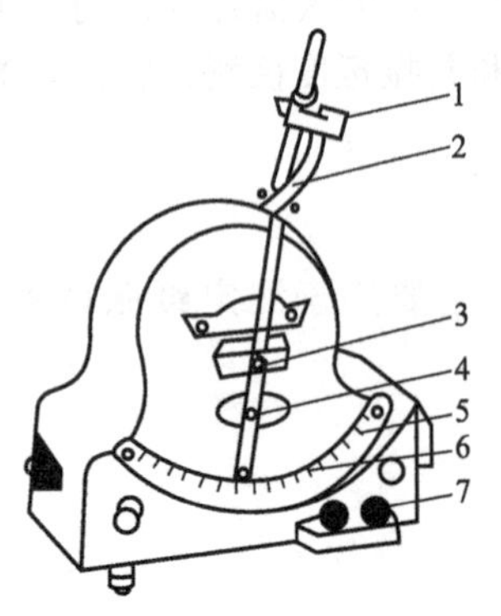

图 2-45 Gurley 挺度仪

1—夹具；2—试样；3—轴承；4—砝码；5—刻度盘；6—摆；7—电源开关

（3）测试方法

① 试样采集与处理　按 GB/T 450 取样，沿纸幅切取 50mm×25.4mm 试样，并按 GB/T 10739 的要求对试样进行温湿度预处理。

② 调节仪器水平，选用适当的砝码放于摆的砝码卡口上。调节摆，使指针处于刻度盘的零点位置。

③ 将试样夹在夹具中间，试样上端垂直并与夹具底板接触，大约夹入 1/4in（6mm）深，使试样的下端拨动摆的横板。

④ 按右下边开关，拨样杆使指针向左移动，当试样脱离摆的一瞬间时，读取指针的指示值。然后按左下边开关，拨样杆使指针向右移动，读取指针的指示值。

⑤ 取左右方向指示值的平均值，再计算试样挺度。

试验结果以所有测试结果的算术平均值表示。

2.7.5.3 Taber 挺度仪测试法

Taber 挺度仪是以一定的条件下弯曲 38mm 宽的试样至 15°角时的弯矩表示纸板的挺度，单位是 mN·m 或 gf·cm（1gf·cm=0.098mN·m）。

（1）Taber 挺度仪

① 结构　Taber 挺度仪是根据力矩对转轴中心平衡的原理设计的，如图 2-46 所示，它以弯曲 38mm 宽的试样至 15°角时的弯矩表示，主要用于纸板挺度的测定。负荷刻度盘是按正弦函数关系刻制，代表力矩的正弦函数关系，刻度是按 1mm 宽试样、10g 砝码刻的刻度，指示出弯曲力矩。角度盘随主轴一起转动，上部边缘有 7.5°、15°角度刻线，下部装有推纸架，推纸架上装有推纸圆辊，两圆辊中心连线到旋转中心的垂直距离是 50mm。角度盘旋转时，推纸架与之一起转动，圆辊推动试样，给试样一个弯曲力，产生弯曲力矩。角度盘的转

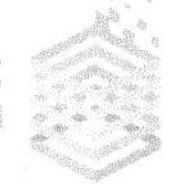

动速度是每分钟转动 200°±2°。夹纸器钳口下边缘直线应与旋转中心重合，从旋转中心到下部砝码中心距离是 100mm。夹纸器装在负荷摆上，上部有平衡砣，下部有一个小轴，其重量是 0.098N，代替一级砝码，小轴上可装 0.49N、0.98N、1.96N 的砝码，摆在轴上可以自由摆动，摆的力臂长是（100±0.2)mm。小圆辊的直径是 $\phi(8.60\pm0.05)$mm，它可以调节间距。

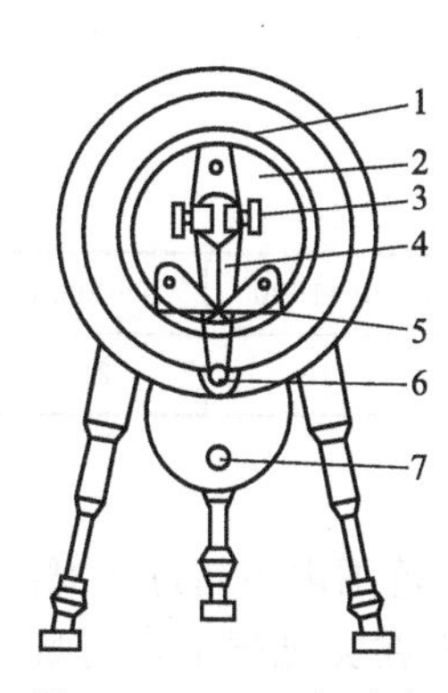

图 2-46　Taber 挺度仪

1—负荷刻度盘；2—角度盘；3—试样夹；4—负荷摆；5—小圆辊；6—重砣；7—开关

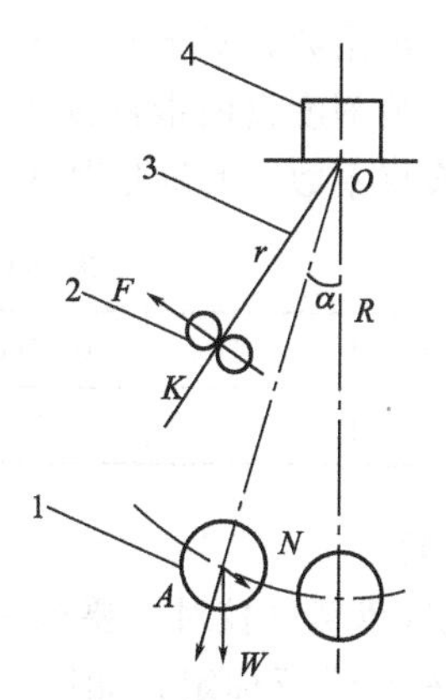

图 2-47　Taber 挺度仪工作原理

1—摆；2—小圆辊；3—试样；4—夹纸器

② 工作原理　当角度盘转动时，小圆辊开始运动，纸夹在摆上，摆也随之转动。两个方向不同、大小不等的力作用在一个旋转中心，如图 2-47 所示，F 和 N 两个力对旋转中心产生的力矩平衡，加载重砣转动半径 $OA=R$，小圆辊施加给试样的弯曲力矩的作用半径 $OK=r$。仪器未开动之前，试样没有受弯曲力矩作用，由于砝码的重力作用，摆处于垂直位置。

开动仪器转盘时，角度盘沿时针方向转动，试样开始受弯曲力矩作用，随圆辊同向弯曲。由于试样具有弯曲刚度，纸夹和重砣转动到 OA 位置，小圆辊转动到 OK 位置时停止，此时试样处于力矩平衡状态，即：

$$Fr=NR=WR\sin\alpha \tag{2-47}$$

故试样的挺度为：

$$S=WR\sin\alpha \tag{2-48}$$

式中　S——试样的挺度，gf・cm；

R——摆的摆动中心到重砣中心的距离，cm；

W——砝码质量，g。

Taber 挺度仪在设计时把试样宽度 1cm 作为标准宽度，15°角是测量常数，即在摆上加 0.098N 砝码。取宽度是 1cm 的试样进行测定，当试样弯曲至 15°角时所需的力矩就是试样的标准挺度。仪器的刻度是按标准挺度条件计算的，按正弦函数关系计算。但是，在实际测试时，允许在 15～40mm 范围内切取试样，砝码重量也可以根据试样挺度大小确定，分别是 0.49N、0.98N 和 1.96N。在这种情况下，测定值需要换算成标准挺度。考虑到试样宽度、砝码重量的影响，试样的标准挺度：

$$S=\frac{B_1}{B_2}FWR\sin\alpha=KG \tag{2-49}$$

且

$$K=\frac{B_1}{B_2}F \tag{2-50}$$

式中　S——试样的标准挺度，gf·cm；

B_1——试样的标准宽度，cm；

B_2——试样的实际宽度，cm；

F——砝码系数，对于0.098N、0.49N、0.98N的砝码，F分别是1、5、10；

G——负荷刻度盘的指针读数；

K——换算系数，其取值如表2-12所示。

表2-12　Taber挺度仪的换算系数

测定范围/(gf·cm)	0～50	0～100	0～200	0～500	0～1000	0～2000	0～5000
K	0.5	1	2	5	10	20	50

③ 校准程序

a. 负荷刻度盘精度校对　要求在最大负荷的10%～90%范围内不超过±3%，校对方法是用专用测力杠杆进行标定，如图2-48所示，将专用杠杆夹在夹纸器上，对好中心线，在杠杆一侧加重铊（质量m），重铊可在杠杆上滑移。滑移重铊使摆的零线对准被测点的位置，并拧紧重铊上的顶丝。然后用精度是0.02mm的游标卡尺测量h的距离，由$S=mh\cos\alpha$计算出挺度及其误差，α是负荷刻度盘某一刻度所对应的分度角。

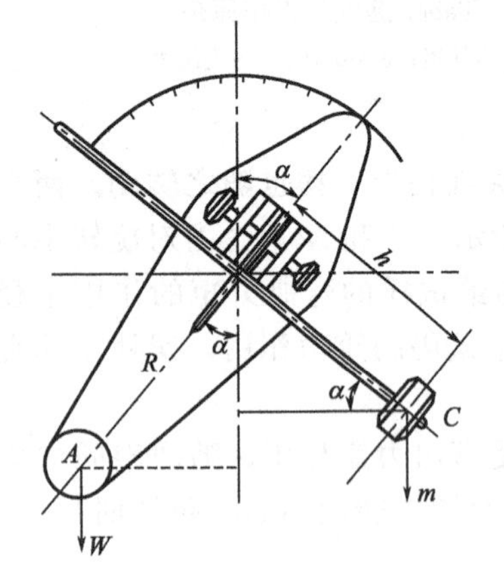

图2-48　专用测力杠杆原理

b. 摆运动灵敏度校对　将摆转动15°后放开，任其自由摆动，其往返摆动次数不应小于20次，否则查找原因。

c. 仪器角度盘转动速度校对　用秒表在仪器上实测，角度盘转动速度应是每分钟转动200°±20°。

(2) 测试方法

按照国家标准GB/T 22364《纸和纸板　弯曲挺度的测定》进行试验。测试仪器是Taber挺度仪。具体测试步骤包括以下几点。

① 试样采集与处理。按GB/T 450取样，沿纸幅切取长（70±1)mm、宽（38.0±0.1)mm的试样，纵、横向各不少于5条。按GB/T 10739的要求对试样进行温湿度预处理。

② 调节仪器水平，再调节角度盘，使摆的中心刻度、角度盘的零点及负荷盘零点重合，然后调节摆运动灵敏度。

③ 将试样的一端垂直地夹于固定夹上，另一端插于仪器下面的两小圆辊之间，然后用固定螺丝把试样固定，注意要使试样与摆的中心刻线重合。用小圆辊调距装置把试样和两小圆辊之间的距离调节至（0.33±0.03)mm。

④ 按试样的不同挺度，通过更换重铊选择测定范围，使试样在负荷角度盘上所测定的读数在20°～70°刻度之间，打开开关，弯曲试样至摆的中心线与角度盘上的15°角刻线重合时，立即关闭开关，记下摆的中心线所指的负荷度盘读数，精确至半个分度。上述操作分别向左、右方向进行，即分别测定试样向正面弯曲和反面弯曲15°角的读数。如果试样挺度过大或弯曲至15°角时折裂，可弯曲至7.5°角，测试结果乘以2可得到一个近似值，但要在报告中注明。

⑤ 计算试样挺度。试验结果以纵、横向所有测定值的算术平均值表示，结果取三位有效数字，并报告最大值和最小值。

2.7.5.4　卧式挺度仪测试法

卧式挺度仪是以弯曲宽 38mm 试样至 15°角或其他角度时所受的力值表示挺度，既可用于纸的测定，也可用于纸板挺度的测定。但是，它测定纸与纸板时的弯曲距离不同，测定纸时的弯曲距离是 10mm，测定纸板时的弯曲距离为 50mm。

(1) 16D 型卧式挺度仪

① 结构及工作原理　瑞典 L&W 公司制造的 16D 型卧式挺度仪适用于测定纸板的挺度和抗弯曲力，如图 2-49 所示，试样夹持器下部装有可调节转动一定角度的微电动机，刀口式压力传感器装在一个可用螺钉调节弯曲长度的支架上。压力传感器用导线连接在仪器面板的传感器接口上，转动角度大小可以用转角调节器进行调节。装好试样后，用调节刀口位置旋钮转动使刀口与试样接触。当接通电源，调整好仪器，按下开始工作按钮，夹持器就转动规定的角度，试样的转动力矩（即挺度）经过压力传感器传给电子线路，经变换之后在显示器上显示出试样的挺度。该仪器配有输出接口 BCD，可以连接打印机或计算机，打印测量结果或进行数据处理。

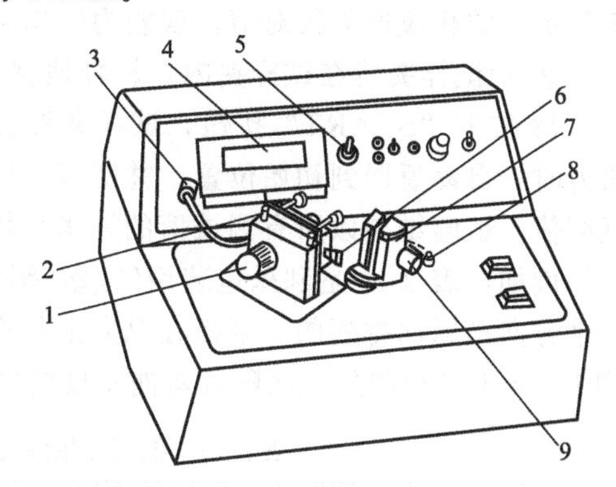

图 2-49　16D 型卧式挺度仪

1，9—按钮；2—调节螺钉；3—传感器接口；4—显示器；5—电源开关；6—传感器；7—试样夹持器；8—弯曲角度调节器

② 主要技术参数

a. 额定载荷：5000mN。

b. 示值精度：小于 1%。

c. 弯曲角度：在 5°～30°范围内无级调节。

d. 弯曲长度：1mm，5mm，10mm，15mm，20mm，25mm，50mm。

e. 夹持器宽度：38mm。

③ 校准程序

a. 调节试样夹持器于初始位置，功能选择在“OP”位置，并用调零旋钮调零。然后将选择器置于“CHECK”位置，要求偏差在±1%内。

b. 若“CHECK”位置偏差大于±1%，可通过电位器调节显示器上的显示值，直至满足要求为止。

(2) 测试方法

① 试样采集与处理　按 GB/T 450 取样，沿纸幅横向切取宽 38.1mm、长 70mm 的试样纵、横向各 10 片，并按 GB/T 10739 的要求对试样进行温湿度预处理。

② 检查压力传感器的安装与连接是否正确。

③ 仪器预热 30min 后，旋转压力传感器托架上端的两个滚花螺钉，将弯曲长度（指夹头与压力传感器之间的距离）调节到期望值。纸张的弯曲长度是 10mm，而纸板的弯曲长度是 50mm。

④ 旋转弯曲角度调节器上的滚花螺母，选择所需的弯曲角度，如 5°、7.5°、15°、20°、25°或 30°。

⑤ 旋转压力传感器托架后面的旋钮，将其移到后端。

⑥ 选择表示结果的单位 mN 或 mN·m。当选择“mN”时，弯曲长度、宽度和角度可视具体情况而变化。当选择“mN·m”时，弯曲长度取 50mm，弯曲角度是 5°，试样宽度是 38.1mm。

⑦ 检查功能选择器是否在“OP”位置，“FORW-REV”按钮应被弹出。

⑧ 用调节旋钮“BAL”调节测试系统到零位。将功能开关置于“CLACK”位置上，数字显示器的相应值为校对值，误差为给出校对值的±1%。

⑨ 把试样夹持在试样夹内，轻轻地移动刀头，直到刚接触试样，显示器读数仍为零。

⑩ 按下“START”按钮，试样夹带着试样，朝刀刃方向转动规定的角度，达到最大弯曲力时，自动返回到初始位置，并清零，准备下一次试验。显示器所显示的最大值即试样的挺度值。试验结果以所有测试值的算术平均值表示。

例如，表 2-13 是利乐包装用纸/塑/铝复合材料的挺度测试分析结果，因为纸板的植物纤维方向是纵向排列的，纸板在纵向上具有很好的强度，其挺度比横向要高一些，弯曲角度 5°时差异不是很明显，而随着弯曲角度的增大，纵向挺度与横向挺度相差增大。

表 2-13 纸/塑/铝复合包装材料的挺度测试分析结果 单位：mN

试样组	弯曲角度 5°				弯曲角度 15°				弯曲角度 30°			
	纵向正面	纵向反面	横向正面	横向反面	纵向正面	纵向反面	横向正面	横向反面	纵向正面	纵向反面	横向正面	横向反面
1	68	72	69	81	137	183	120	151	237	287	178	188
2	72	77	71	84	150	187	126	154	253	298	179	193
3	77	77	64	65	145	179	116	137	235	272	173	174
4	79	70	72	75	139	176	130	146	238	270	179	186
5	71	78	64	63	147	178	117	134	248	281	173	168
6	74	78	72	72	155	177	129	142	257	283	185	175
7	73	70	72	73	152	175	128	146	257	271	179	182
8	71	69	64	77	148	173	118	149	252	268	176	188
9	76	72	62	72	159	182	113	143	260	291	172	178
10	70	78	61	72	146	180	110	132	244	285	171	179
平均值	71	75	67	73	148	179	121	143	248	281	177	181

2.7.5.5 共振挺度仪测试法

共振挺度仪是以达到共振产生最大振幅时试样的长度经计算而得到挺度值，适用于测定纸与纸板的挺度，单位以 mN 或 mN·m 表示。

(1) 共振挺度仪

法国 Lhomargy 公司研制的共振挺度仪由电磁振动机组、电器部分、变压器、夹紧装置、放大镜和闪光测频灯等组成，其工作原理如图 2-50 所示。当试样在一个方向上按一定的频率产生振动时，试样的共振长度与其同一方向上的弯曲挺度和试样定量有关。取一定宽度的试样，放在以 (25±0.1)Hz 的频率、不大于 0.02mm 振幅振动的仪器上，调节试样的自由长度，使其产生共振，达到最大振幅。此时从刻度标尺上读出达到最大振幅时试样的自由长度，测定试样的定量，计算试样的共振挺度。

试样共振挺度的计算方法分为两种，即 A 法和 B 法。A 法比较精确，可以计算弯曲挺度的变异系数，B 法所得结果比 A 法低 1%，但只有在试样共振长度和定量变化相当大时，

两种方法所计算的结果才会有较大的差别。

按A法，试样的共振挺度为：

$$S=\frac{2L^4m}{10^6A} \tag{2-51}$$

式中 S——试样的共振挺度，mN；

L——共振长度，mm；

A——试样面积，mm^2；

m——试样质量，精确至0.001g。

按B法，试样的共振挺度为：

$$S=\frac{2L^4G}{10^{12}} \tag{2-52}$$

式中 G——试样定量，g/m^2。

在工程实际中，通常采用更简便的计算公式，即：

$$S=20\left(\frac{L}{100}\right)^4\frac{G}{1000} \tag{2-53}$$

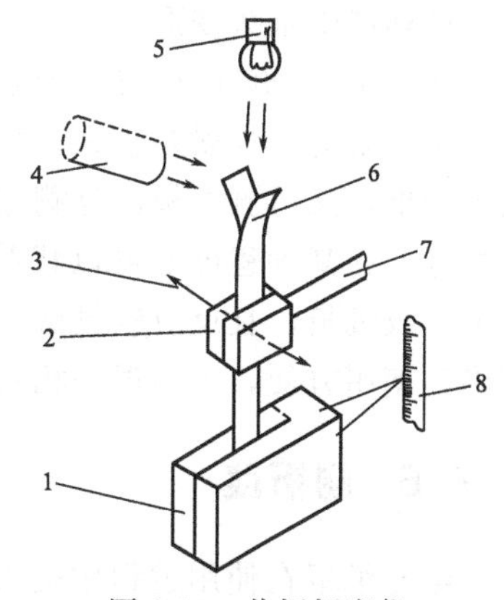

图2-50 共振挺度仪

1—下夹具；2—振动夹；3—振动方向；4—放大器；5—闪光测频灯；6—试样；7—振动源；8—标尺

式中 S——试样的共振挺度，mN·m。一般情况下，$\frac{L}{100}$和$\frac{G}{1000}$的取值在0.1～10之间。

(2) 测试方法

按照国家标准GB/T 22364进行试验。测试仪器是共振挺度仪。具体测试步骤包括以下几点。

① 试样采集与处理 按GB/T 450取样，在每个测定方向上各切取至少10条试样。对于纸或薄纸板，试样宽度取10～15mm；对于定量较高的厚纸板，试样宽度取15～25mm。瓦楞纸板试样宽度取25mm。试样长度应满足测试要求。试样的共振端应光滑、平直，两个长边应平行，不得偏斜。按GB/T 10739的要求对试样进行温湿度预处理。

② 调节仪器水平后，打开开关，启动仪器。

③ 拧开下夹具，合上下夹子底部的滑板，用右手拇指和食指拿着试样，左手打开上夹具，将试样垂直地插到两个夹具中，然后合上上夹具，拧紧下夹具。

④ 右手轻轻地转动装在控制杆上的手柄，调节试样的自由长度。往下拉试样时（即缩短试样的自由长度）可以直接用右手旋转手柄。如果需要增长试样的共振长度（即往上提升试样时），则需打开上夹具，右手旋转手柄直到得到合适的自由长度后再合上上夹具。

⑤ 得到合适的自由长度时，将会从放大镜中看到一个最大幅度的振动，如图2-47所示。为了验证是否是最大振幅，轻轻地提升或拉下试样，这时从放大镜中可以看到最大振幅立刻变小，从而确定是最大振幅。需注意：对于定量太低的试样，调节伸出长度达到一定的共振点时可能需要减小夹持力。对于定量较高的试样，又需借助于将试样从上夹具中提升或拉下的方法，最后调节试样伸出的自由长度以达到共振点。因此，验证共振状态需要调节试样的夹持力。

⑥ 从标尺上读出最大振幅时试样的自由长度，即为共振长度。

⑦ 计算试样挺度。

试验报告中应注明计算方法、测试次数、测试方向以及试样宽度、试样定量和共振长度，给出弯曲挺度的平均值、标准偏差或变异系数。

2.7.5.6 常用挺度仪比较

① 共振挺度仪测定试样的范围很大且不破坏试样，而Taber挺度仪所测试范围小得多，

且使试样产生永久变形。

② Gurley 挺度仪只适于测定较薄纸板的挺度；Taber 挺度仪对厚纸、薄纸板都适应，但测试结果的人为误差较大，特别测薄纸板时，较为严重。瑞典卧式挺度仪适用范围很广，既可测纸，又可测纸板，且测定速度快，读数方便，与 Gurley 挺度仪和 Taber 挺度仪的相关性好，在某种程度上可以代替 Gurley 挺度仪和 Taber 挺度仪。共振挺度仪适用于薄纸、厚纸以及纸板，且反应较灵敏，与 Taber 挺度仪和 Gurley 挺度仪相比，测定速度快，结果准确，使用方便，人为误差相对较小。

2.7.6 耐折度

纸与纸板在使用过程中需要承受多次折叠，如用白纸板、箱纸板等制作不同规格的纸盒/纸箱时，要求能经受往复折叠而不易断裂。瓦楞纸箱成型后，箱体和摇盖的压痕部位都需要折曲，箱体的四条压痕线一般与瓦楞方向平行，而有些异型箱局部压痕线与瓦楞方向呈 45°，在钉箱时要向压痕凹面折曲 90°，甚至 180°，而摇盖的压痕线与瓦楞方向垂直，在使用过程中向压痕的凹凸面都要多次折曲（最大角度达到 270°），很容易造成纸盒/纸箱破坏。

纸与纸板的耐折度是指被测试样受一定的张力，经一定角度往复折叠的次数。按纵向试样测试得到纵向耐折度，按横向试样测试得到横向耐折度。一般情况下，纵向耐折度比横向耐折度要高一些，这是由于纤维的排列及纵向纤维结合力大的缘故。但也有反常现象，这涉及纸与纸板的挠曲性及流动性。耐折度是一种变相的抗张强度检验，其结果受纸张挠曲性的影响很大。

常用的耐折度仪有 Schopper 耐折度仪（近似 180°）、MIT 耐折度仪（135°）、FRANK 卧式耐折度仪（180°）三种。

2.7.6.1 Schopper 耐折度仪测试法

Schopper 耐折度是指纸或纸板在一定张力下，所能承受 180°的往复折叠的能力，以往复折叠次数表示。

（1）Schopper 耐折度仪

① 结构及工作原理 Schopper 耐折度仪由带动刀片运动的传动部分、测试部分、记录部分等组成。测试部分主要由一个折叠刀片、两对一定直径的折叠辊组成，为了给试样施加一定的张力，在夹具中还安装有一对弹簧。记录部分主要是一个计数器。纸张试样宽 15mm、长 100mm；纸板试样宽 15mm、长 140mm。测试时，试样来回折叠近似 180°，纸所受的初张力是 (7.55±0.10)N [或 (770±10)gf]，拉伸后的最大张力是 1kgf（或 9.8N)。纸板试样所受的初张力是 9.8N（或 1kgf)，拉伸后的最大张力是 12.74N（或 1.3kgf)。试样平直地通过折叠头放入夹头的钳口中，夹紧后两端按规定施加初张力，然后曲臂机构带动折叠片做往复运动，使试样在辊轴之间作近似 180°的反复折叠。折叠过程中试样张力做周期性变化，其周期是曲臂周期的一半。当折叠片移至极限位置时，试样所受的张力最大。由于折叠作用，折叠区域的纸张纤维结构松懈，强度逐渐降低。当强度降低到不能承受最大张力时，试样被折断，此时的折叠次数就是试样的耐折度。

② 校准程序

a. 弹簧张力校对。用固定螺丝将夹头垂直夹在支架上，松开夹紧螺母使夹口张开，悬挂砝码使弹簧伸长。当砝码与夹头总质量是 1000g（对纸板是 1300g）时，夹头应伸出

13mm。若有偏差，可调节后端螺母，使弹簧张力达到标准。再将砝码减至总质量是770g（对纸板是1000g）时，夹头应伸出5mm。若偏差大，应更换新弹簧。

b. 夹头间距校对。先拉开弹簧筒，然后使弹簧弹回原位，再用游标卡尺测量前后每对弹簧筒上两个夹口之间的距离。对于纸张耐折度仪，此距离是90mm，而纸板耐折度仪是130mm。如果不相符，则应检查夹头弹簧筒上的限位螺丝是否有松动现象。

c. 折叠速度校对。仪器计数器上的读数应是100～120次/min，如果数值不相符，则应检查传动部分，查看传动皮带是否有打滑或松懈不紧现象。

d. 折叠辊间距校对。按各缝间距离要求，将塞缝尺轻轻地插入，校对各缝间的宽度，同时上下滑动塞缝尺，检查缝间是否平行。若不平行，应拆下辊轴座，仔细调整，直至合适。

e. 检查刀片的垂直情况。

（2）测试方法

对于厚度在0.25～1.4mm范围内的纸与纸板，按照国家标准GB/T 457《纸和纸板耐折度的测定》进行试验。对于抗张强度大于1.33kN/m（或2.0kgf/15mm）、厚度小于0.25mm的纸，按照国家标准GB/T 457进行试验。测试仪器是Schopper耐折度仪。需注意，这两种标准方法不适合于折叠其他伸长率很高以及易碎的材料。具体测试步骤如下。

① 试样采集与处理。按GB/T 450取样，沿纸幅纵、横向分别切取长100mm、宽15mm的试样至少各6条，试样不许有折子、皱纹、污点等纸病，试样折叠的部分不应有水印，试样的两个长边要切齐并平行，不要用手接触暴露在两个夹头之间的试样任何位置。按GB/T 10739的要求对试样进行温湿度预处理。

② 调整折叠刀位置，将试样平行地夹紧于仪器的两个夹子间（应使一半试样的正面、一半试样的反面先向外折叠），拉开弹簧筒至锁定位置，给试样施加（7.55±0.10）N［或（770±10）gf］的初张力，计数器清零，开动Schopper耐折度仪，最大张力是9.8N（或1kgf）。对于纸板试样，初张力是1kgf，拉伸后的最大张力是1.3kgf。

③ 开始往复折叠试样，直至试样断裂为止。仪器自动停止时记录数据，取下已折断的试样，仪器复原，准备下一次试验。对于双折头仪器，如果其中一条试样断裂，对应的计数器停止计数，应从夹头中取下断裂的试样，以免不必要的摩擦和刀片磨掉纸毛掉入仪器内部引起故障。

试验结果应给出：平均（纵、横向）双折叠次数，精确到整数次；平均（纵、横向）耐折度，精确到两位小数；最大值、最小值、标准偏差或变异系数。如果试样不在折叠线断裂，该试验应舍去不计。如果试样在折叠过程中有分层现象，在试验报告中应加以说明。

2.7.6.2　MIT耐折度仪测试法

MIT耐折度是指纸或纸板在一定张力下，所能承受135°的往复折叠的能力，以往复折叠次数表示。

（1）MIT耐折度仪

① 结构及工作原理　四川长江造纸仪器厂制造的MIT耐折度仪如图2-51所示，试样在规定的张力条件下被往复折叠135°，记录试样在折断时的最大折叠次数。该仪器适用于测定1mm以下厚度的纸与纸板的耐折度。

② 主要技术参数

a. 张力调节范围：4.9～14.7N。

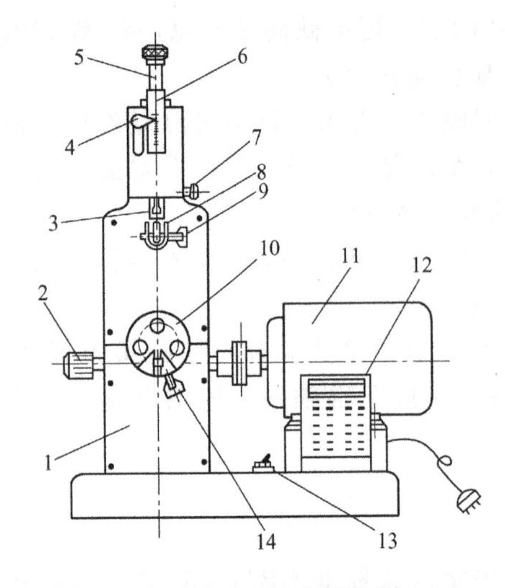

图 2-51　MIT 耐折度仪

1—前盖板；2—试样调节手柄；3—张力调节螺钉；4—指针；5—张力杆；6—张力标度；7—制动螺钉；8—上夹头；9—夹持螺钉；10—折叠头；11—电动机；12—计数器；13—电源开关；14—夹紧螺钉

b. 折叠角度：135°±2°。

c. 折叠速度：(175±10)次/min。

d. 折叠头宽度：不小于 19mm。

e. 折口的圆弧半径：(0.38±0.02)mm。

f. 折叠夹头缝口的距离：0.25mm，0.50mm，0.75mm，1.00mm。

③ 校准程序　主要是校准折叠时施加在试样上的张力，在张力杆上端加上配重，指针应指示该配重的力值，若不符合要求，可调节张力弹簧调节螺钉。

另外，NZ-135 型 MIT 耐折度测定仪适用于测定厚度小于 1mm 的纸张、纸板及其他片状材料的耐折度测试。该仪器采用光电控制技术，能使折叠夹头在每次试验后自动归位，方便下一次的操作，其主要技术参数如下。

a. 测量范围：1～99999 次。

b. 折叠角度：135°±2°。

c. 折叠速度：(175±10)次/min。

d. 张力调节范围：4.9～14.7N。

e. 折叠夹头缝口的距离：0.25mm，0.50mm，0.75mm，1.00mm。

(2) 测试方法

按照国家标准 GB/T 457 进行试验。测试仪器是 MIT 耐折度仪。具体测试步骤包括以下几点。

① 试样采集与处理。按 GB/T 450 取样，沿纸幅纵、横向分别切取宽 (15±0.1)mm、长 150mm 的试样各 8 条，并按 GB/T 10739 的要求对试样进行温湿度预处理。

② 校准仪器，调节所需的弹簧张力，并固定。一般纸张所需的弹簧张力是 1kgf，而纸板是 1kgf 或 1.5kgf。

③ 选择试样厚度所需的折叠夹头，将试样垂直地夹紧在耐折度仪的两个夹子之间，松开弹簧固定螺丝，观察弹簧张力指针是否指在 1kgf 或 1.5kgf 位置。如有误差，再重新调整。

④ 开始往复折叠试样，直至试样折断为止，读取计算器的指示数，即 135°角往复折叠的次数。使计数器回零，进行下一次试验。

试验结果以纵横向、正反面所有测定值的算术平均值表示，精确到整数次，并报告最大值和最小值。

例如，表 2-14 是利乐包装用纸/塑/铝复合材料的耐折度测试分析结果，由于受纤维排列的影响，纵向的结合力较大，折断需要做更多的功，故这种复合材料的纵向耐折度比横向的耐折度大，机械强度更好。

表 2-14　纸/塑/铝复合包装材料的耐折度测试分析结果

试样方向	试样组										平均值/次
	1	2	3	4	5	6	7	8	9	10	
纵向	727	746	838	866	934	859	921	839	867	928	862
横向	515	646	489	491	487	449	685	518	514	631	543

2.7.6.3 FRANK卧式耐折度仪测试法

(1) FRANK卧式耐折度仪

① 结构及工作原理 德国Frank公司制造的FRANK卧式耐折度仪如图2-52所示，适合于测定0.25mm以下厚度的纸张，或0.25～1.4mm厚度的纸板，折叠角度是180°。折叠仪180°往复折叠运动是依靠安装在仪器后面的电机、蜗杆减速器，将动力传递给在两个相同折叠头下面机架内的偏心滑块机构来执行的，滑块的行程以中心点为基准前后各10mm。该仪器在前后计数器的两侧均设有打印机接口，可以连接打印机，将测试结果打印输出。

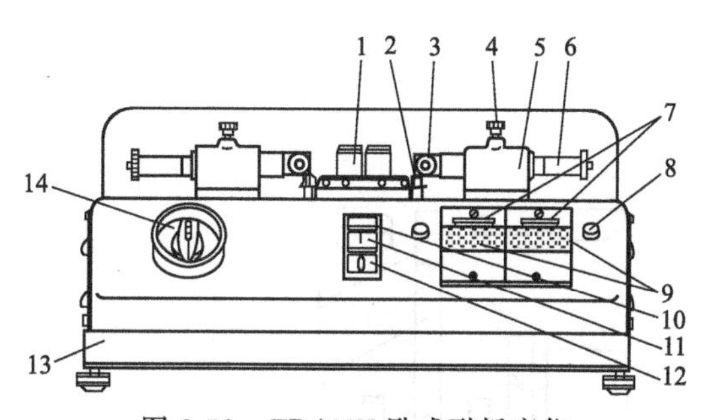

图2-52 FRANK卧式耐折度仪

1—前后折叠头；2—滑块；3—试样夹；4—锁紧销；5—弹簧枕形座；6—张力杆；7—清零键；8—打印机接口；9—显示器；10—指示灯；11—工作按钮；12—停止按钮；13—机架；14—电源开关

② 主要技术参数

a. 折叠角度：180°。

b. 折叠行程：以中心点为基准前后各10mm。

c. 试样尺寸：试样厚度小于或等于0.25mm时，试样尺寸是98mm×15mm，夹头间距是90mm；试样厚度大于0.25mm时，试样尺寸是140mm×15mm，夹头间距是130mm。

(2) 测试方法

① 试样采集与处理 按GB/T 450取样，沿纸幅纵、横向分别切取试样，并按GB/T 10739的要求对试样进行温湿度预处理。

② 拔出试样夹固定枕上的锁紧销，使试样夹处于初始位置。按计数器的清零键，使显示器到“0”位。

③ 松开试样夹上的螺丝，将试样夹入两个折叠头的中间，不能损坏试样，然后旋紧试样夹上的螺丝，将试样夹向左右两边拉伸，使锁紧销处于啮合状态，试样被张紧。

④ 按下工作按钮，开始试验，直至试样被折断为止，读取计数器的数值，即试样的折叠次数。使计数器回零，进行下一次试验。

试验结果以纵横向、正反面所有测定值的算术平均值表示，精确到整数次，并报告最大值和最小值。

2.7.6.4 瓦楞纸板耐折度仪测试法

(1) 瓦楞纸板耐折度仪

① 结构及工作原理 国产瓦楞纸板耐折度仪是由中国出口商品包装研究所和天津石油站制桶厂共同研制的，它由箱体、传动系统、上下夹具以及计数器等组成，其传动原理如图2-53所示。传动系统由电机以130r/min的速度，通过曲柄带动连杆而传递给摆动齿轮，再由摆动齿轮与摆头齿轮啮合，带动摆头往复摆动，从而使上夹具在135°摆角范围内往复摆动。上夹具由一个固定夹板和一个活动夹板组成。上夹具左右摆动，使试样往复折曲270°。下夹具与负荷杆连在一起，并配有不同质量的砝码，可使负荷达到3500g。试验时，张力的大小根据试样而定，计数器采用液晶显示。

② 主要技术参数

a. 上夹具最大摆角：135°。

b. 上下夹具最大夹持厚度：10mm。

c. 折曲速度：130r/min。

d. 预加砝码最大质量：3500g。

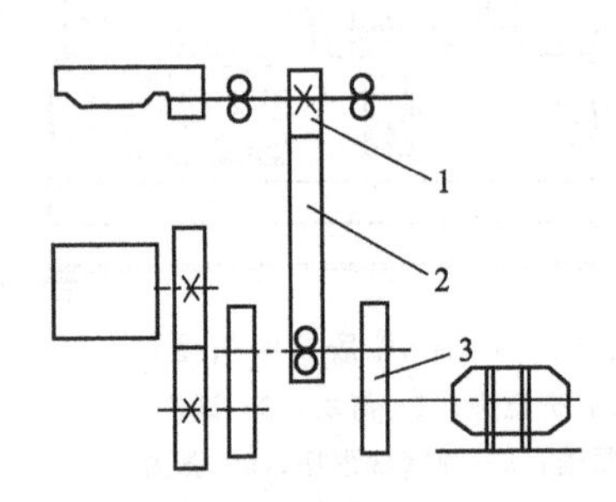

图 2-53 瓦楞纸板耐折度仪传动原理

1—摆头齿轮；2—摆动齿轮；3—曲柄

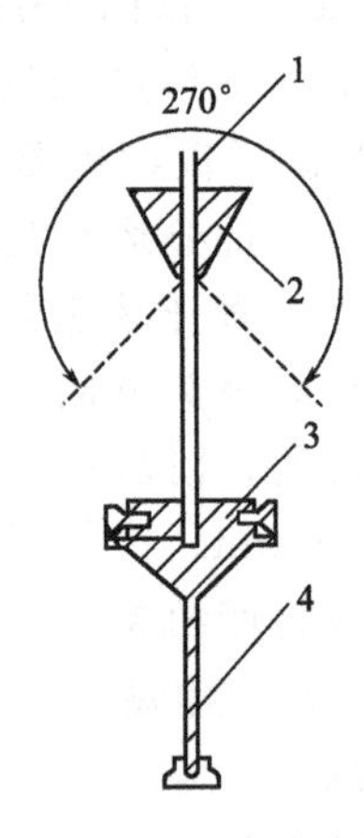

图 2-54 瓦楞纸板耐折度测试原理

1—试样；2—上夹具；3—下夹具；4—负荷杆

(2) 测试方法

① 试样采集与处理 按 GB/T 450 取样，沿纸幅切取 140mm×40mm 试样 10 个，尺寸误差为±1mm，长边与瓦楞方向平行，短边与瓦楞方向垂直。按 GB/T 10739 的要求对试样进行温湿度预处理。

② 将经过压痕的瓦楞纸板试样垂直地夹紧在耐折度仪的上、下夹具之间，如图 2-54 所示。对于单瓦楞纸板试样，上夹具边缘夹持在距压痕中心线 3mm 的位置上。对于双瓦楞纸板试样，上夹具边缘夹持在距压痕中心线 5mm 的位置上。

③ 下夹具负荷杆上施加 1500～2500g 砝码，提起下夹具底托，待夹持好试样后再放松，使试样处于张紧状态。

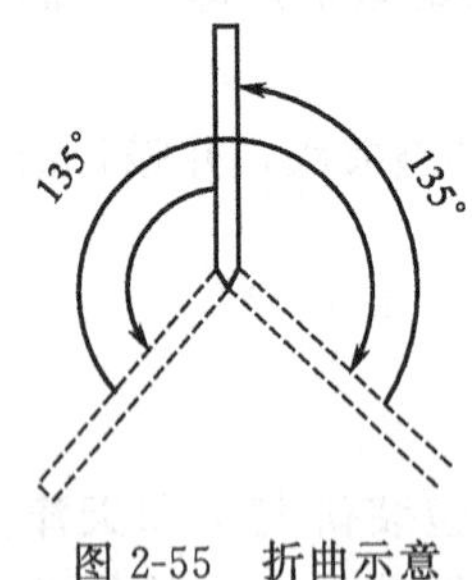

图 2-55 折曲示意

④ 开动仪器，以 130r/min 的速度，通过上夹具往复运动折曲试样。上夹具从初始垂直位置先向压痕凹面折曲 135°，然后反方向折曲 270°，再向压痕凹面折曲 135°，回到初始垂直位置，完成一次 270°的往复折曲，如图 2-55 所示。试样承受连续往复折曲，直至试样被折断为止。取计数器的数值，即试样的折叠次数。计数器清零，进行下一次试验。

试验结果以所有测定值的算术平均值表示，精确到整数次，并报告最大值和最小值。

2.7.6.5 影响耐折度的因素

① 相对湿度。由低湿度向高湿度变化时，耐折度随之增大，到一定湿度后达到最大值，然后耐折度随湿度增加而下降。

② 温度。由于温度升高，纸张折叠区域内部的纤维强度下降，导致耐折度急剧下降，有时可下降到原来的 1/3。目前所用的耐折度仪，大多数都配有一个小型风扇，对折叠区域吹风，使折叠区域温度升高受到限制，以保证测试结果的稳定性。

③ 仪器张力。纸张耐折度试验，实际上是一个纸张在变化张力条件下，周期性地测定

试样逐渐被折叠损伤的刀口抗张力，张力越大，纸张耐折的次数越少。

④ 仪器的折叠刀片以及夹口。仪器的折叠刀片以及夹口圆弧光滑程度和磨损情况对耐折次数也有明显的影响。

⑤ 瓦楞原纸及箱板纸的质量。

⑥ 胶黏剂的初始黏度和黏结力是影响烘干后黏结面的柔韧性和纸板耐折度的关键。

⑦ 制箱过程中的压痕工艺。在纸箱的制造过程中，上、下压辊中心线的偏移使压痕部分厚薄不均匀，或上、下压辊的距离调节不当使瓦楞纸板受力过小或过大，造成压痕部分过厚或过薄，都会影响纸箱的耐折性能。

2.7.7 撕裂度

纸与纸板的撕裂度是指已被切口的试样继续撕开一定距离所需的力，也称内撕裂度，单位以 mN 表示，曾用单位 gf（1gf＝9.807mN）。边撕裂度是对预先设有切口的试样，沿试样的一边，被在同一平面内的力撕裂一定长度所需的力，单位是 N。撕裂纸与纸板所做的功包括两部分，即把纤维拉开所做的功和把纤维拉断所做的功。纤维长度是影响纸与纸板撕裂度的一个重要因素。纤维长度增加则撕裂度提高，因为增加纤维长度，就是增加拉开纤维所做的功。内撕裂度是纸袋用纸、包装用纸与包装用纸板的重要检测项目之一。对于钞票纸和糖果包装纸，边撕裂度具有特定的意义。

常用的撕裂度仪有 Elmandorf 单撕裂度仪、LW 撕裂度仪、Brech-Imset 双撕裂度仪和专用的边撕裂度仪。

2.7.7.1 Elmandorf 单撕裂度仪测试法

（1）Elmandorf 单撕裂度仪

① 结构及工作原理　瑞典 L&W 公司制造的 Elmandorf 单撕裂度仪适用于测定纸和纸板的内撕裂度，它将预先切一裂口的试样，在摆释放时撕裂成两半，利用摆所消耗的势能来度量撕裂度，如图 2-56 所示。撕裂势能是由绕在机架上方回转中心的摆在其重心被抬起时储存的。当摆向左摆动，摆的右边越过中心垂线时，就被其下方的弹性释放块挡住，使摆上的试样夹与机架上的试样夹都处于可夹持试样的状态。当试样夹紧，并用仪器上配备的切刀切好裂口时，就可以按下弹性释放挡块，使摆的势能释放，给试样施加撕裂力。当

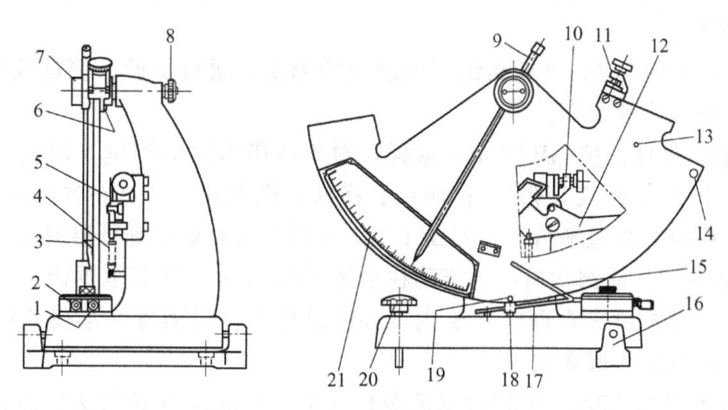

图 2-56　Elmandorf 单撕裂度仪

1，2—调节器；3，9，15—指针及定位器；4—弹簧；5，12—切刀及手柄；6～8—螺母；10，11—试样架；13—精调砝码孔；14，18，19—定标器；16—保持器；17—挡块；20—调节螺丝；21—刻度尺

试样被撕裂成两半时，指针就停止在摆上刻度尺的某一位置，读取此刻度值，计算试样的撕裂度。

试样的撕裂度为：

$$a=\frac{ps}{n} \tag{2-54}$$

式中　a——撕裂度，mN；

s——指针指示力度盘的刻度，格数；

p——摆因子，分别是 2、4、8；

n——测试试样的层数。

为了消除纸或纸板定量对撕裂度的影响，可用撕裂指数表示撕裂度，即：

$$X=\frac{a}{G} \tag{2-55}$$

式中　X——撕裂指数，$mN \cdot m^2/g$；

G——试样的定量，g/m^2。

另外，撕裂因子$\frac{100a}{G}$是换算成定量 $100g/m^2$ 时的撕裂指数。

② 主要技术参数

a. 撕裂度测量范围：$A^{\#}$ 摆是 0～1500mN；$B^{\#}$ 摆是 600～3000mN；$C^{\#}$ 摆是 600～7500mN。

b. 摆因子：$A^{\#}$ 摆是 2；$B^{\#}$ 摆是 4；$C^{\#}$ 摆是 8。

③ 校准程序

a. 安装校准摆时，不要损伤轴颈。

b. 把指针卸掉，用手按下摆的释放键，当摆静止时，摆的定标线应与机架定标线对准。若有差距，可用摆零位调整器调节。

c. 机架上定标线在摆处于初始位置时应与摆右边的零位定标线对准，两个试样夹应平齐。若试样夹不平齐，利用试样夹调节器进行调节。

d. 指针应拨到初始位置。

e. 迅速按下释放键，并按住不动，直到摆摆回为止，此时指针应指示刻度尺的零刻度。

（2）测试方法

按照国家标准 GB/T 455《纸和纸板撕裂度的测定》进行试验。测试仪器是 Elmandorf 撕裂度仪。具体测试步骤如下。

① 试样采集与处理。按 GB/T 450 取样，对于单撕裂度的测试，切取足够的纸样（按 10 次试验计算，每次 4 张或 8 张），标明纵、横向，把它切成 63mm×75mm 大小的试样。试样的被测试方向应与短边平行。按 GB/T 10739 的要求对试样进行温湿度预处理。

② 选用合适的摆，使测量值尽可能落在全量程的 20%～60%范围内。对仪器进行全面检查后，把切好的试样横夹在两个夹子内，并使试样正、反面各一半朝着摆的摆动方向夹放。一般情况下，试样 4 层叠放。

③ 用刀把试样切成 20mm 的切口（撕裂长度是 43mm），把指针拨到指针限位器上，压下摆限制器，使摆落下将试样撕开。在摆回到起始位置的瞬间，用手轻轻地抓住摆，记录指针读数。

④ 测试时，纵、横向应分别至少进行 5 次试验。若试样撕裂时偏斜，撕裂线的末端与

刀口延长线左右偏斜超过 10mm，其结果应舍弃。若半数以上的试样都超过 10mm，则所有测试结果加以平均。如果 4 层试样的测试结果偏大或偏小时，可适当减少或增加层数，一般取 2 层、4 层、8 层、16 层。试验结果以所有测定值的算术平均值表示撕裂度、撕裂指数，取三位有效数字。

例如，表 2-15 是利乐包装用纸/塑/铝复合材料的撕裂度测试分析结果，纵向正面的撕裂偏移量较小，基本呈直线撕裂，而纵向反面的撕裂偏移量较大；横向正面的撕裂偏移量较大，而横向反面的撕裂基本呈直线撕裂。

表 2-15　纸/塑/铝复合包装材料的撕裂度测试分析结果

试样方向		试样组 1	2	3	4	5	撕裂度 /mN	撕裂指数 /(mN·m²/g)
纵向	正	425	413	411	417	429	419	1.57
	反	470	469	460	460	456	463	1.73
横向	正	477	488	450	476	461	470	1.76
	反	471	462	470	468	496	473	1.77

2.7.7.2　LW 撕裂度仪测试法

(1) LW 撕裂度仪

瑞典 L&W 公司制造的 LW 撕裂度仪带有试样切刀装置和三种规格的摆，如图 2-57 所示。摆因子分别是 2、4、8。试验时，将试样的一边夹持在摆的试样夹上，另一边置于固定夹上并夹紧。当摆落下时，试样被撕裂。为了保证良好的测试精度，应使测试结果落在刻度盘全量程的 20%～40% 范围内，必要时可将几张试样叠放后再进行测试。在撕裂试验之前，试样被切了一个切口，如果在试验中发现撕裂方向偏离切口方向大于 6.3mm，则应舍弃此测试结果。

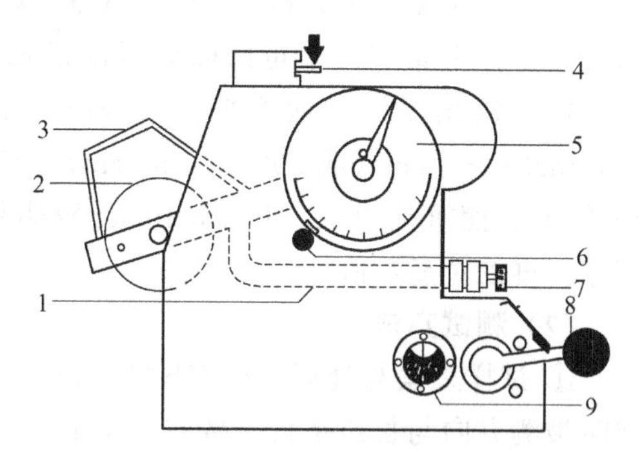

图 2-57　LW 撕裂度仪

1—摆杆；2—摆锤；3—摆夹；4—释放杆；5—刻度盘；6—调节手柄；7—夹持装置；8—切刀手柄；9—调切窗口

试样的撕裂度为：

$$T_e = KT \tag{2-56}$$

式中　T_e——撕裂度，mN；

T——试验时读出的摆上刻度平均值，mN；

K——摆因子，分别是 2、4、8。

为了消除纸或纸板定量对撕裂度的影响，可用撕裂指数表示撕裂度，即：

$$F = \frac{T_e}{G} \tag{2-57}$$

式中　F——撕裂指数，mN·m²/g；

G——试样的定量，g/m²。

另外，撕裂因子 $\frac{100T_e}{G}$ 是可以换算成定量 100g/m² 时的撕裂指数。

(2) 测试方法

① 试样采集与处理　按 GB/T 450 取样，沿纸张的纵、横向分别切取长（62±0.2)mm、宽（50±2)mm 的试样各 8 片。按 GB/T 10739 的要求对试样进行温湿度预处理。

② 选择合适的摆，使测量值落在刻度盘全量程的 20%～40%范围内。

③ 调节仪器（详见⑨)。

④ 将试样夹在试样夹内。

⑤ 仪器调零，逆时针旋转指针旋钮至限位器上。

⑥ 下压切刀手柄，将试样切口后抬起切刀手柄，使之复位。

⑦ 压下摆释放杆，使摆落下将试样撕开，在摆回摆过程中，应立即抓住摆夹，并抬到啮合锁定位置。

⑧ 读取测量值，并记录摆因子。

⑨ 在不夹持试样时，按⑤、⑦调节仪器，此时测量结果应为零。

试验结果以所有测定值的算术平均值表示撕裂度、撕裂指数，取三位有效数字。

2.7.7.3 Brech-Imset 双撕裂度仪测试法

(1) Brech-Imset 双撕裂度仪

德国 Frank 公司制造的 Brech-Imset 双撕裂度仪主要用于测定描图纸的撕裂度，其结构特点是摆上带有一个可以前后滑动的滑块，由滑块在试样内切口之后，将试样冲击撕裂，同时撕出上、下两个撕口。Brech-Imset 双撕裂度仪的主要技术参数：最大量程是 2940mN·cm/cm（或 300gf·cm/cm)，负荷刻度盘的分度值是 49mN·cm/cm（或 5gf·cm/cm)，摆重是 755g。Brech-Imset 双撕裂度仪的校准程序是，首先调试仪器水平并校验零点，再校对显示值。

(2) 测试方法

① 试样采集与处理　按 GB/T 450 取样，切取 90mm×60mm 试样 10 张，撕裂单张试样时被测方向与长边平行。按 GB/T 10739 的要求对试样进行温湿度预处理。

② 调节仪器水平，仔细调整零点。

③ 移动摆体，使滑块缩入机架内。取一张已经处理过的试样平行地插入试样夹内。

④ 将摆放在固定位置，此时仪器滑块伸出，将试样切成上、下两个小口，把表针拨到最大刻度值指示处。松开摆固定销，让摆自由落下，滑块随即撞出，将试样沿两个切口撕开，记录指针的指示值。

⑤ 移动摆体，使滑块返回到机架内，取出已测试试样，进行下一次试验。

试验结果以所有测定值的算术平均值表示双撕裂度，取三位有效数字，单位是 mN·cm/cm（或 gf·cm/cm)。

2.7.7.4 边撕裂度仪测试法

(1) 边撕裂度仪

边撕裂度仪适用于测定沿纸张边缘同一平面内的力将纸张撕开所需的力，它由夹紧试样系统、加载机构、指示机构等组成。边撕裂度仪的主要技术参数包括，夹具高度是 55mm，夹具间距是 5mm，量程范围是 0～300N，加载速度是 50mm/min，摆重心与转轴之间的力偶是 87gf·cm。

(2) 测试方法

① 试样采集与处理　按 GB/T 450 取样，对于边撕裂度测试，应切取 50mm×100mm

试样 10 张，测试方向与试样短边平行。按 GB/T 10739 的要求对试样进行温湿度预处理。

② 调节仪器水平，并检查仪器部件是否正常。

③ 沿逆时针方向旋转手轮，使夹具内侧边缘相互平行，直至手轮转不动为止。观察此时指针是否指在零点。

④ 将一个试样放入夹具内，拧紧夹具，夹住试样。沿顺时针方向以 30r/min 的速度转动加载手轮，此时摆开始运动。试样撕裂时，摆自动停止，记录摆上指针所指的读数。如果边撕裂度值较小，可把摆上的附加铊取下。如果边撕裂度值较大，则应加铊试验，尽可能使测试结果在仪器全量程的 20%～80%范围内。

⑤ 逆时针方向旋转手轮，使夹具回到起始位置，用手压下摆制动棘爪，并用手扶住摆，使它缓慢地返回到零点，进行下一次试验。

试验结果以所有测定值的算术平均值表示边撕裂度，取三位有效数字，单位是 N。

2.7.7.5　影响撕裂度的因素

(1) 相对湿度

相对湿度对于一般强度性质的影响，都是湿度提高而强度随之有所降低，而撕裂度却是随着相对湿度的增大而增大，在相对湿度 65%时的撕裂度要比相对湿度 50%时高出 12%。

(2) 仪器精度

刻度值的准确度，摆轴摩擦大小，指针的摩擦大小，切刀所切试样的刀口形状等，对撕裂度都有明显影响。一般情况下，由仪器精度所引起的总误差小于 1%。

(3) 不同层数撕裂

描图纸和打浆 35min 的硫酸盐浆手抄纸的紧度高，纤维内部结合力强，在撕裂的方向上和撕裂的层数上，都是沿着直线撕裂的，基本上不受撕裂层数的影响。而滤纸和未打浆的硫酸盐浆手抄纸，在 1～10 层进行撕裂度测试时，发现层数少，撕裂度低，随着层数的增加，撕裂度增加。

(4) 撕裂作用半径

根据测定结果，撕裂作用半径 104mm 比 107mm 所测得的结果约高出 15%，因此使用撕裂作用半径为 107mm 的耐折度仪时，测试结果应加以修正。

2.7.8　瓦楞纸板粘合强度

(1) 测试原理

粘合强度是描述瓦楞纸板楞峰与面纸（或芯纸）之间的粘接性能，单位是 N/m。瓦楞纸板粘合强度的测试原理是，将针形附件插入瓦楞纸板试样的楞峰和面纸之间（或芯纸之间），然后对插有试样的针形附件施加压力，使其做相对运动，直至被分离部分分开。

瓦楞纸板的粘合强度为：

$$P=\frac{F}{L} \tag{2-58}$$

式中　P——粘合强度，N/m；

F——试样全部分离时所需的最大力，N；

L——试样边长，m。

(2) 试验架

瓦楞纸板粘合强度试验采用压缩试验仪和专用的试验架进行试验，试验架必须与压缩试

验仪配套使用。压缩试验仪可选用2.7.2小节所介绍的弹簧板式压缩试验机或传感器式压缩试验仪。试验架如图2-58所示，图2-58(a)是组成试验架的附件图，图2-58(b)是试验架工作图。首先将针形附件插入瓦楞纸板楞峰、面纸（或芯纸）之间，然后对插有试样的针形附件加压，使其做相对运动，直至被分离部分分开。针形直径ϕ3mm用于A楞纸板，针形直径ϕ2mm用于C楞纸板。

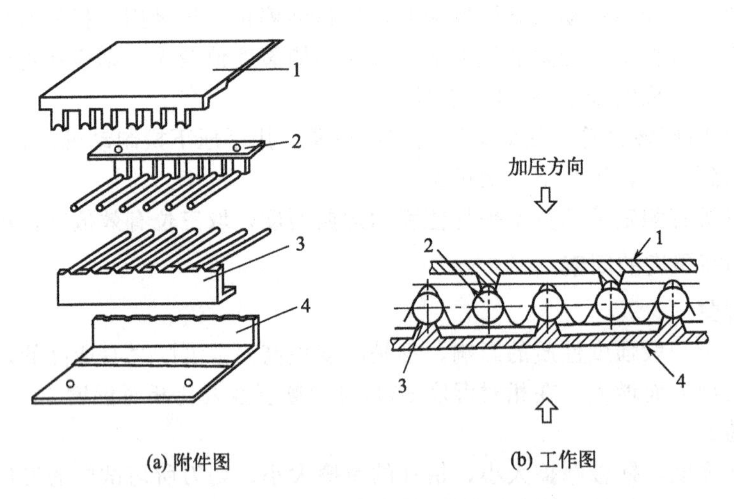

图2-58 瓦楞纸板的剥离强度试验架

1—上压板；2—上针式件；3—下针式件；4—下压板

(3) 测试方法

按照国家标准GB/T 6548《瓦楞纸板粘合强度的测定》进行试验。具体测试步骤包括以下几点。

① 试样采集与处理 按GB/T 450取样，用专用切刀沿纸幅切取25mm×80mm的10个试样，试样尺寸误差是±1mm，瓦楞方向与试样短边的尺寸线方向一致。按GB/T 10739的要求对试样进行温湿度预处理。

② 将带有两排金属棒的针形附件插入试样的面纸和芯纸之间，并对好支撑柱，注意不要损坏试样。

③ 将安装好试样的附件放入压缩试验仪下压板的中央位置，开动仪器加压，以(12.5±2.5)mm/min的速度对装有试样的附件施加压力，直至楞峰、面纸（或芯纸）分离为止。读取仪器显示值，即试样所能承受的最大压力值，精确到1N。

④ 恢复上压板，准备进行下一次试验。

⑤ 计算瓦楞纸板粘合强度。试验结果以10次试验的算术平均值表示试样的粘合强度，精确至0.001N/m。

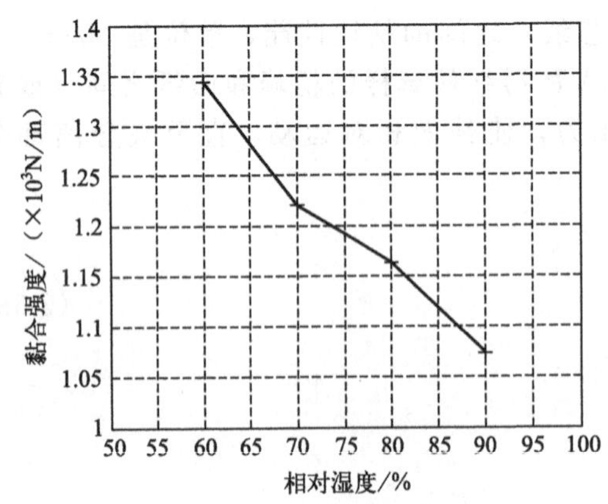

图2-59 瓦楞纸板粘合强度与相对湿度的变化关系曲线

例如，AB型双瓦楞纸板，面纸是300g/m^{2}牛皮纸，里纸、芯纸是180g/m^{2}瓦楞原纸。试验环境温度20℃，相对湿度分别选取60%、70%、80%、90%。表2-16、图2-59

所示的粘合强度测试分析结果表明，这种AB型瓦楞纸板的粘合强度随环境相对湿度的升高而明显下降，相对湿度90%时的粘合强度比相对湿度60%时的粘合强度下降了约20.1%。因为所采用的胶黏剂是淀粉胶黏剂，随着环境湿度升高，胶黏剂吸湿量增加，使得黏性降低。

表 2-16 瓦楞纸板粘合强度测试分析结果 单位：N/m

试样组	RH 60%	RH 70%	RH 80%	RH 90%
第1组	1450	1050	1138	1025
第2组	1200	1363	1175	1163
第3组	1363	1437	1138	1187
第4组	1463	1088	1088	1200
第5组	1725	1063	1013	1125
第6组	1413	1150	1350	1038
第7组	1463	1113	1050	1038
第8组	1150	1288	1125	1013
第9组	1225	1263	1363	1038
第10组	975	1400	1188	900
平均值	1343	1221	1163	1073

2.8 纸箱性能测试

纸箱性能测试包括瓦楞纸箱压缩强度、纸箱压缩试验、纸箱开封力等测试内容。

2.8.1 瓦楞纸箱压缩强度

(1) 影响压缩强度的主要因素

① 原纸性能。

② 纸板的边压强度和挺度。

③ 箱体结构。当瓦楞纸箱高度一定，底面周边长度变化时，可得到瓦楞纸箱的不同强度。当瓦楞纸箱的周边长一定时，高度越大，强度越低。瓦楞纸箱的长宽比在0.6～0.8范围内时，耐压强度最佳。

④ 流通环境条件。包括储存时间、环境湿度和堆码方式。

(2) 压缩强度试验

按照国家标准GB/T 4857.4《包装 运输包装件基本试验 第4部分：采用压力试验机进行的抗压和堆码试验方法》进行瓦楞纸箱的压缩强度试验。每次试验至少需要3只瓦楞纸箱。测试仪器是压力试验机，如阿姆斯拉压缩试验机、ALWEROW CT 30压力试验机等。有关ALWEROW CT 30压力试验机的结构及工作原理、主要技术参数、校准程序等将在6.2.4小节介绍。

试验之前，按GB/T 4857.1对纸箱试样各部位进行标示，并按GB/T 4857.2选择一种温湿度条件，对试样进行24h以上的温湿度预处理。试验时，将瓦楞纸箱置于下压板中央位置，使下压板以(12±3)mm/min的速度匀速上升，如图2-60所示，纸箱平面受压，直至

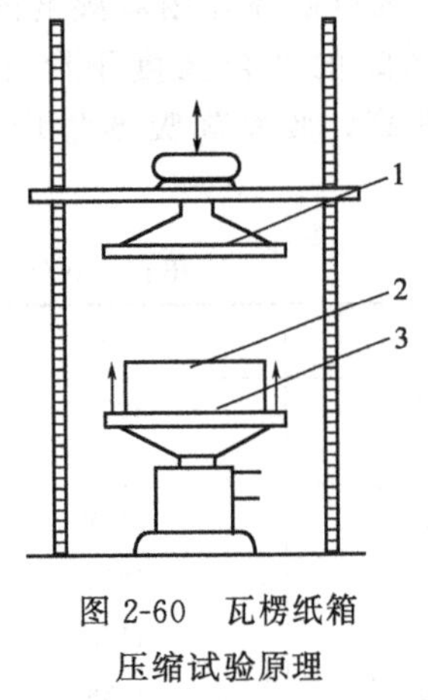

图 2-60 瓦楞纸箱压缩试验原理

1—上压板；2—纸箱；3—下压板

压溃变形为止，仪表上指针停止回转时的读数就是纸箱试样的压缩强度。试验结果以所有测试值的平均值作为纸箱的压缩强度。

例如，试样箱是 0201 型 BC 双瓦楞纸箱，固定周长 160cm，宽长比选择了 5 种，高度选择了 4 种。瓦楞纸板的面纸、里纸是 $200g/m^2$ 箱板纸，其环压指数是 7.8N·m/g，而芯纸是 $120g/m^2$ 瓦楞原纸，其环压指数是 8.0N·m/g。试验环境温度 20℃、相对湿度 65%。表 2-17 和图 2-61 所示的纸箱抗压强度测试分析结果表明，纸箱高度从 30～35cm，抗压强度有相对明显的下降，而 35cm 以后纸箱的高度对抗压强度的影响很小，抗压强度没有太大变化。纸箱周长一定时，长宽比介于 1.3～1.5 时这类纸箱的抗压强度较高，而在长宽比 1.4 附近达到最大值。

表 2-17　0201 型 BC 双瓦楞纸箱的抗压强度值

宽长比	纸箱高度 H/cm	抗压强度均值/N	宽长比	纸箱高度 H/cm	抗压强度均值/N
1∶1	30	4137	1∶1.4	40	4317
	35	4050		45	4323
	40	4027	1∶1.6	30	4142
	45	4023		35	4052
1∶1.2	30	4305		40	4025
	35	4210		45	4028
	40	4202	1∶1.8	30	3960
	45	4150		35	3875
1∶1.4	30	4437		40	3847
	35	4340		45	3848

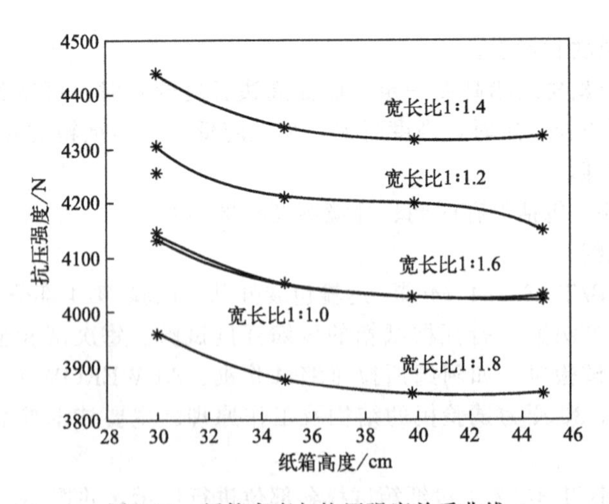

图 2-61　纸箱高度与抗压强度关系曲线

再如，表 2-18、图 2-62 是由纸/塑/铝复合包装材料生产的砖型利乐包装的平压、侧压、

顶压性能测试分析结果，显然，这种复合包装盒体的静态压缩变形过程包含三个阶段，即弹性变形阶段、屈服阶段、密实化阶段。

表 2-18　纸/塑/铝复合结构纸盒抗压性能试验结果　　单位：MPa

试样组		抗压强度	平均值	试样组		抗压强度	平均值
平压	1	1.084	1.072	顶压	1	1.968	1.895
	2	1.084			2	1.807	
	3	1.047			3	1.910	
侧压	1	1.255	1.365				
	2	1.351					
	3	1.489					

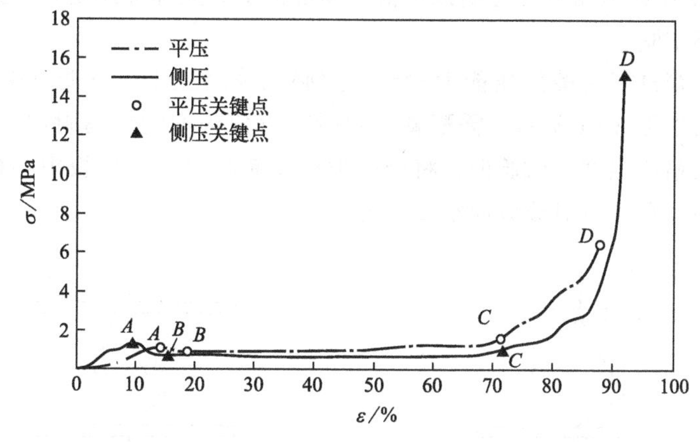

图 2-62　砖型利乐包装的压缩应力-应变曲线

A、B、C、D 为数据点

2.8.2　纸箱压缩试验

为了检验包装箱的耐压性能以及包装对内装物的保护能力，通常要在实验室模拟纸箱在流通过程（如装卸、运输、存储）中处于堆码最底层时的受压情况。影响纸箱抗压强度的因素包括储存时间、环境湿度和堆码方式。按照国家标准 GB/T 4857.4 进行纸箱压缩试验。测试仪器一般选用压力试验机。试验之前，应按 GB/T 4857.1 对纸箱试样各部位进行标示，按 GB/T 4857.2 选择一种温湿度条件，对试样进行 24h 以上的温湿度预处理。

（1）测试原理

纸箱压缩试验原理与瓦楞纸箱相同，如图 2-60 所示，将纸箱置于压力试验机的上、下压板之间，上压板匀速上下移动，下压板固定（也可以固定上压板，上下匀速移动下压板），对纸箱施加压缩载荷。纸箱压缩试验分平面压缩试验、对角压缩试验和对棱压缩试验三种类型。

（2）平面压缩试验

将经过温湿度调节处理的纸箱试样从调温调湿箱内取出，5min 内开始压力试验。试样一般按正常运输时的状态（也可以对侧面、端面进行压力试验）置于下压板中心位置，使上压板和试样接触，如图 2-63 所示。

先施加 220N 的初始载荷，使试样与上、下压板接触好，调整记录装置，以此作为记录起点。上压板以（10±3)mm/min 的速度均匀移动，加压到出现下列情况之一：

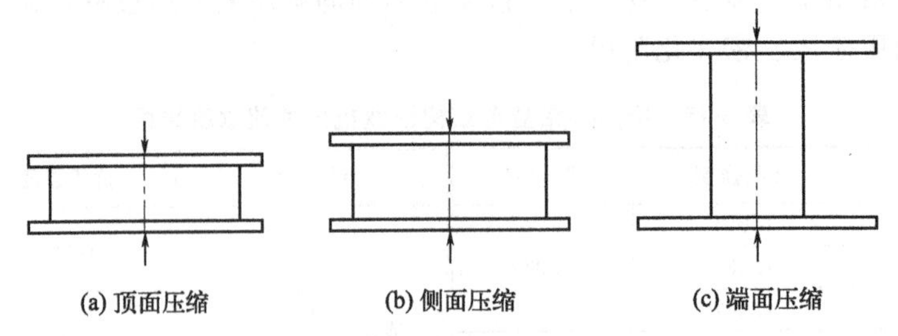

图 2-63　纸箱平面压缩试验原理图

① 压缩载荷达到极限值，试样出现破裂；

② 试样尺寸变化或压缩载荷达到预定值，预定值由有关标准规定，检查包装有无损坏。

(3) 对棱压缩试验

如果需要对纸箱进行对棱耐压能力检验，则必须采用上压板不能自由倾斜的压力试验机，试验加载方法如图 2-64 所示，需配备一对带有直角沟槽的金属附件，沟槽的深度与角度应不影响试样的耐压强度。试验前，将金属附件安装在上、下压板中心相对称的位置上，以保证试样在试验过程中沿对棱方向承受压力。

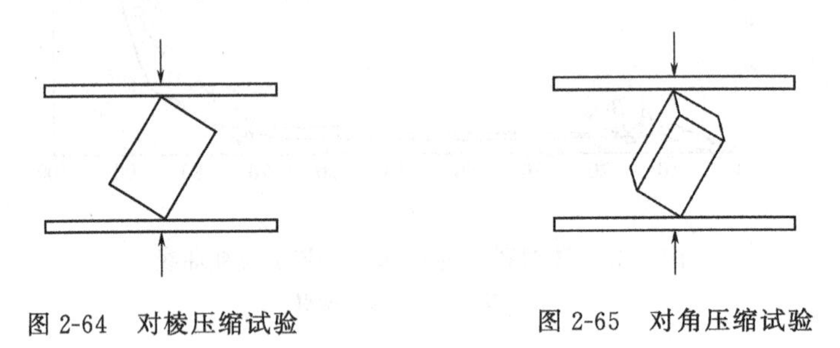
图 2-64　对棱压缩试验

图 2-65　对角压缩试验

(4) 对角压缩试验

如果需要对纸箱进行对角耐压能力检验，则必须采用上压板不能自由倾斜的压力试验机，试验加载方法如图 2-65 所示，需配备一对带有 120°圆锥孔的金属附件，附件孔的深度不超过 30mm。试验前，将金属附件安装在上、下压板中心相对称的位置上，以保证试样在试验过程中沿对角方向承受压力。

2.8.3　纸箱开封力测试

瓦楞纸箱的开封力应控制在一定范围内，以便于开箱。瓦楞纸箱开封方法有以胶带为介质的撕裂法和拉封开口法两种。撕裂法在开封时较费力，而且在流通过程中易产生破损。为了解决这些问题，需要对撕裂部的开封力进行测试，从而获得适当的拉封口形状，以改善间距宽度等。图 2-66 是瓦楞纸箱撕裂部位开封力测试方法原理。

每次试验至少需要 3 只瓦楞纸箱。试验之前，应按 GB/T 4857.1 对纸箱试样各部位进行标示，按 GB/T 4857.2 选择一种温湿度条件，对试样进行 24h 以上的温湿度预处理。然后，将瓦楞纸箱放置在基面上，依靠锁挡、固定部调节瓦楞纸箱的水平位置，安装在锁挡上的垂直挡块可以调节、控制瓦楞纸箱的垂直位置，而连接部件将载荷检测器与瓦楞纸箱箱顶的胶带相连接。试验时，沿载荷检测器方向对瓦楞纸箱施加拉力，直到试样箱顶部与胶带分离，并记录拉力值，将所有试样箱拉力值的平均值作为瓦楞纸箱的开封力。

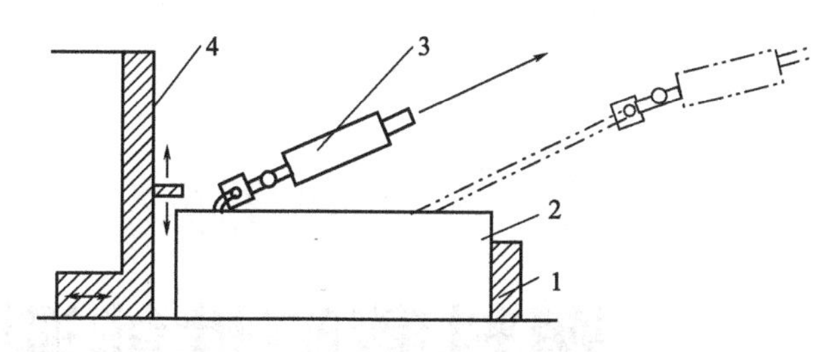

图 2-66 开封力测试方法原理

1—固定部；2—瓦楞纸箱；3—载荷检测器；4—锁挡

思考题

1. 如何采集纸和纸板的试样？
2. 如何进行纸和纸板试样温湿度调节处理？
3. 简述鉴别纸和纸板纵横向、正反面的方法。
4. 纸与纸板基本性能测试项目有哪些？分别用什么方法进行测试？
5. 纸与纸板表面性能测试项目有哪些？分别用什么方法进行测试？
6. 纸与纸板光学性能测试项目有哪些？分别用什么方法进行测试？
7. 纸与纸板结构性能测试项目有哪些？分别用什么方法进行测试？
8. 纸张抵抗外力拉伸的能力如何表征？用什么方法进行测试？
9. 什么是纸板的抗压强度？如何表征纸板抗压强度？
10. 影响瓦楞纸板抗压强度的因素有哪些？
11. 什么是纸和纸板的耐破度？用什么方法进行测试？
12. 戳穿强度与耐破度的本质区别是什么？
13. 什么是挺度？挺度与厚度有什么关系？
14. 什么是瓦楞纸板的粘合强度？用什么方法进行测试？
15. 瓦楞纸箱的平面、对棱、对角压缩试验的主要区别是什么？

第3章 塑料薄膜性能测试

学习指南

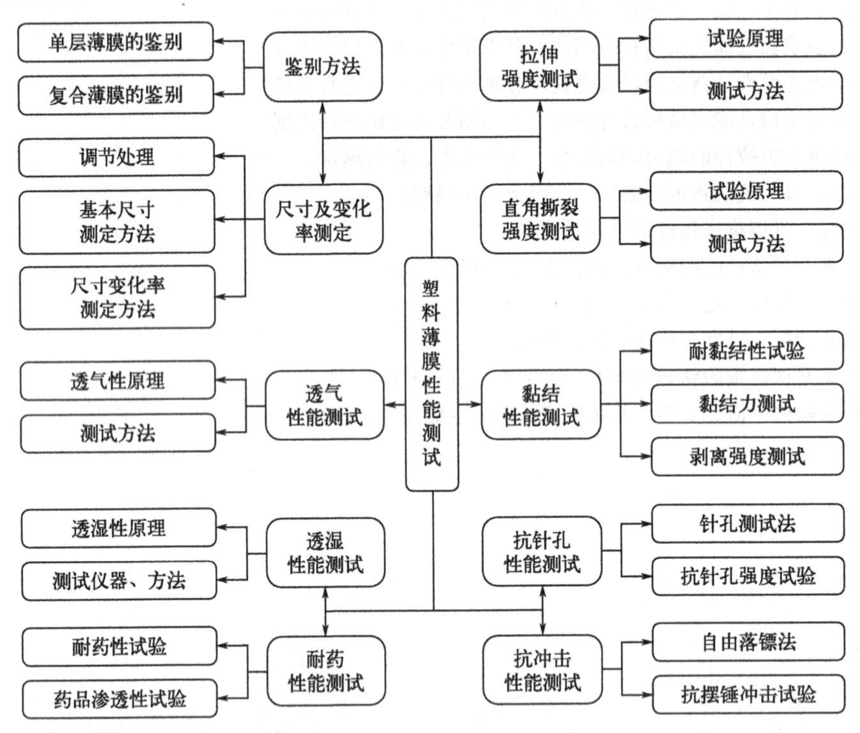

本章主要介绍塑料薄膜的鉴别方法、基本尺寸测定方法、透气性、透湿性、耐药性能、拉伸强度、直角撕裂强度、黏结性能、抗针孔性能、抗冲击性能等测试内容。

本章内容的重点为塑料薄膜的鉴别方法、基本尺寸测定方法、透气性、透湿性、拉伸强度、直角撕裂强度、黏结性能、抗针孔性能、抗冲击性能等测试内容。

本章内容的难点为尺寸变化率的测定方法、透气性、透湿性、拉伸强度、直角撕裂强度、黏结性能、抗冲击性能等测试内容。

随着国民经济的发展和人民生活水平的持续提高，我国各领域对塑料容器的市场需求量始终保持着较高的增长速度。同时，随着新材料、新技术、新设备的不断涌现，我国塑料包

装容器的产品结构及功能也发生了很大的变化，满足了人们生活水平的提高和快节奏的现代化生活方式的需要。但是，不规范生产、使用塑料制品和回收处置塑料废弃物，造成了能源资源浪费和环境污染。面对资源环境压力，我国包装工业要牢牢坚持绿色、循环、低碳的新型发展模式，推进人与自然和谐共生的中国式现代化，坚持以人民为中心，牢固树立新发展理念，有序禁止、限制部分塑料制品的生产、销售和使用，积极推广替代产品，规范塑料废弃物回收利用，建立健全塑料制品生产、流通、使用、回收处置等环节的管理制度，有力有序有效治理塑料污染，努力建设美丽中国。

塑料包装材料在食品、药品、果品、乳制品等领域应用非常广泛，塑料包装科技要面向人民生命健康，不断提高其卫生健康安全性能，满足人们对健康生活的美好追求。为适应新时代包装工业发展的新要求，我们应自立自强、科技创新，全面推进塑料包装材料向多功能性、环保适应性、高机能性等方向发展。例如，研制塑料新材料和新技术，使更多功能优异的塑料成为包装材料，实现包装材料减量化；开展生物基塑料的研发，调控生物塑料降解周期，在充分发挥生物塑料包装材料功用的同时，克服塑料包装材料对生态环境造成污染等问题；改进和改善塑料收回使用加工技术，使塑料包装材料收回使用率大幅度提高，改善和消除塑料包装材料形成白色污染的危险，提升资源使用率。通过塑料薄膜性能测试与分析，培养开展探究性、创新性研究的科学精神和创新意识，培养运用先进的工程设计和分析技术的创新能力。

塑料是一种重要的高分子合成包装材料，具有重量轻、美观、经济、耐腐蚀、力学性能高、易于加工、印刷适性好等特点，被广泛应用于各类产品的包装。塑料薄膜作为一种特殊的塑料结构形式，其用量约占包装材料的25%～35%，在食品、水果、蔬菜等保鲜包装中占的比例更大。本章主要介绍塑料薄膜的鉴别方法、基本尺寸测定方法、透气性、透湿性、耐药性能、拉伸强度、直角撕裂强度、黏结性能、抗针孔性能、抗冲击性能等测试内容。

3.1 鉴别方法

本节主要介绍单层塑料薄膜和复合薄膜的鉴别方法，单层塑料薄膜的鉴别包括从外观、物理性能、燃烧性、溶解性能、显色反应和红外线吸收性等方面的测试方法。将复合薄膜分离后，可采用单层薄膜的鉴别方法对复合薄膜进行比较全面的鉴别。

3.1.1 外观、物理性能和燃烧性

由于各种塑料薄膜在物理性能方面有一定的差异，通常先观察外观，如光泽、透明度、色调、挺度、光滑性等。无色透明，表面有漂亮的光泽，光滑且较挺实的薄膜是拉伸聚丙烯（PP）薄膜、聚苯乙烯（PS）薄膜、聚酯（PET）薄膜和聚碳酸酯（PC）薄膜。手感柔软的薄膜是聚乙烯醇（PVA）薄膜和软质聚氯乙烯（PVC）薄膜。透明薄膜经过揉搓后变成乳白色的是聚乙烯（PE）薄膜和聚丙烯（PP）薄膜。将薄膜振动能发生金属清脆声的是聚酯（PET）薄膜和聚苯乙烯（PS）薄膜。

经过上述特性的初步分析，再对薄膜进行拉伸、撕裂和火焰燃烧等方法，做进一步分析。聚氯乙烯（PVC）薄膜燃烧时冒白烟，有时还带黑烟（因增塑剂燃烧），而且拉伸它时一般没有细颈。聚乙烯（PE）薄膜和聚丙烯（PP）薄膜燃烧时有熔滴，火焰带蓝色。聚乙烯（PE）薄膜总带点浑浊。聚酯（PET）薄膜抖动时声音较清脆，燃烧时冒黑烟（因分子链中存在苯环）。聚苯乙烯（PS）薄膜燃烧时冒浓黑的烟，抖动声清脆，但其强度比聚酯（PET）薄膜差。聚酰胺（PA，或尼龙）薄膜耐穿刺性好。聚酯（PET）薄膜强度高。聚丙烯（PP）薄膜易撕裂。

表3-1给出了一些塑料薄膜的光泽、挺度、透明度、光滑性等外观特性的定量评价。另外，当温度升高时，有些外观特性将差一些。表3-2提供了一些塑料薄膜的塑料燃烧、溶解特征。

表3-1 薄膜的外观特性

薄膜种类	光泽	透明度	挺度	光滑性
聚乙烯(低密度)	○	△～○	×～△	△
聚乙烯(中密度)	○	△～○	×～△	△
聚乙烯(高密度)	△～○	×～○	○	○
聚丙烯(未拉伸)	○～☆	○～☆	○	△
聚丙烯(双向拉伸)	☆	☆	☆	○
软质聚氯乙烯	☆	☆	×～△	△～○
聚苯乙烯(拉伸)	☆	☆	☆	☆

续表

薄膜种类	光泽	透明度	挺度	光滑性
聚偏二氯乙烯	☆	☆	×～△	×～△
聚酯	☆	☆	☆	☆
聚酰胺(未拉伸)	☆	○～☆	△	△
聚酰胺(双向拉伸)	☆	☆	☆	☆
聚氨酯	○	○	×	×～△
聚乙烯醇	☆	☆	×～△	×～△
普通玻璃纸	☆	☆	☆	☆
聚碳酸酯	☆	☆	☆	△～○
乙酸纤维素	☆	☆	☆	☆
乙烯-乙酸乙烯共聚物	○	○	×	△

注：符号“☆、○、△、×”分别表示优、良、中、差。

表 3-2 塑料燃烧、溶解特征

塑料种类	可燃性	自燃性	火焰焰色	火焰气味	燃烧后形态	溶解性	备注
聚乙烯	易	无	上端黄色，下端蓝色	有石蜡燃烧的气味	熔融，滴落	在高温下溶于二甲苯	浮在水上
聚丙烯	易	无	上端黄色，下端蓝色，少量黑烟	有石油味	熔融，滴落	不溶于普通溶剂	浮在水上
聚苯乙烯	易	无	黄色，浓黑烟，烟灰大	压抑的花香味	熔化，起泡	溶于苯，四氯化碳，丙酮	相对密度为 1
聚氯乙烯	难	离火自熄	黄色，下端绿色，白烟	刺激性酸味	软化且变黑	溶于四氢呋喃环乙酮	沉入水中
氯乙烯-乙酸乙烯共聚物	难	离火自熄	暗黄色	特殊气味	软化	不溶于普通溶剂	沉入水中
聚偏二氯乙烯	很难	离火自熄	黄色，端部绿色	特殊气味	软化	不溶于通常溶剂	沉入水中
聚酰胺	慢慢燃烧	慢慢熄灭	蓝色，上端黄色	烧焦羊毛味	熔融，滴落	不溶于普通溶剂	沉入水中
聚酯	易	无	黄色带黑烟	强烈的苯乙烯味	微膨胀	不溶于普通溶剂	沉入水中
聚碳酸酯	难	慢慢熄灭	黄花菜色、黑烟、炭束	特殊花果臭味	熔融起泡	溶于甲苯三氯化物	相对密度大于 1
聚氨酯	难	离火熄灭	蓝色带烟	—	熔化滴落	不溶于普通溶剂	—
乙酸纤维素	易	继续燃烧	暗黄色，少量黑烟	醋酸味	熔化滴落	溶于丙酮	—
不饱和聚酯	难	自熄	闪亮有黑烟	有刺激味	膨胀，爆裂，褐色	不溶于普通溶剂	—

3.1.2 溶解性试验

塑料薄膜在溶剂中的溶解实质上是一种溶剂化合过程，即溶剂分子能够与高分子链作用而进入链段产生溶解作用。因此，根据相似相溶原理，极性材料易溶解于极性溶剂，而非极性材料只溶解于非极性溶剂中。各种塑料溶解性能的差异可为鉴别塑料薄膜提供一定依据，作为一种测试方法或其他测试方法的补充。

3.1.3 显色反应试验

显色反应试验是根据塑料薄膜特有的官能基，将某种试剂与塑料薄膜反应，使其显示出一定的颜色或特殊的变化。各种塑料薄膜显色反应的差异可为鉴别塑料薄膜提供一定依据，作为一种测试方法或其他测试方法的补充。这里只对利伯曼-斯托赫-莫拉夫斯基(Lieberman-Storch-Morawski) 显色反应试验做简单介绍。

这种试验适用于比较纯的、无色的塑料薄膜的鉴别。在试管内加入无水乙酸，将塑料薄膜试样放入试管内加热，使薄膜一部分溶解（不会全部溶解）。冷却后，取出2～3滴溶液，滴在磁板上，再加上一滴浓硫酸，放置20～30min，观察其显色情况。表3-3提供了一些塑料薄膜的显色反应特征，但需注意，聚乙烯薄膜、聚酯薄膜不会出现明显的显色反应。

表 3-3 利伯曼-斯托赫-莫拉夫斯基显色反应

薄膜种类	显色	薄膜种类	显色
聚丙烯	淡颜色	聚乙烯	无色
聚苯乙烯	略有淡桃色	聚酯	无色
聚氯乙烯	淡蓝色-灰绿色	聚碳酸酯	黄色-桃色
氯乙烯-乙酸乙烯共聚物	慢慢地由绿色变青色-褐色	聚乙烯醇	亮褐色-红褐色
聚偏二氯乙烯	慢慢变黄色	乙酸纤维素	亮褐色
聚酰胺	白浊-透明		

3.1.4 红外线吸收光谱试验

采用红外线吸收光谱试验可以鉴别塑料薄膜的高分子结构，所用试验仪器是图3-1所示的红外线吸收光谱仪，操作比较简单。这种方法是根据试验所测定的红外光谱图的吸收峰位置、强度和形状，利用基团振动频率与分子结构的关系，来确定物质分子中所含的基团或键以及分子结构。

试验时，将红外线照射在塑料薄膜上，使薄膜吸收红外线，不同的塑料薄膜对红外线的吸收量不同。红外线吸收光谱仪是一种衍射光栅，将光源射出的光分光，分为2.5～25μm的波长，将光谱以2.5μm依次照射在塑料薄膜上，记录其透过率，便可以进行定性和定量测定。对一些加有各种添加剂的塑料薄膜，如PVC薄膜，它们会干扰分析，必要时，应先分离，再做红外光谱测定。

3.1.5 复合薄膜的鉴别

复合塑料薄膜经火柴烘烤，一般易出现微小气泡。一般复合塑料薄膜具有自然卷曲现

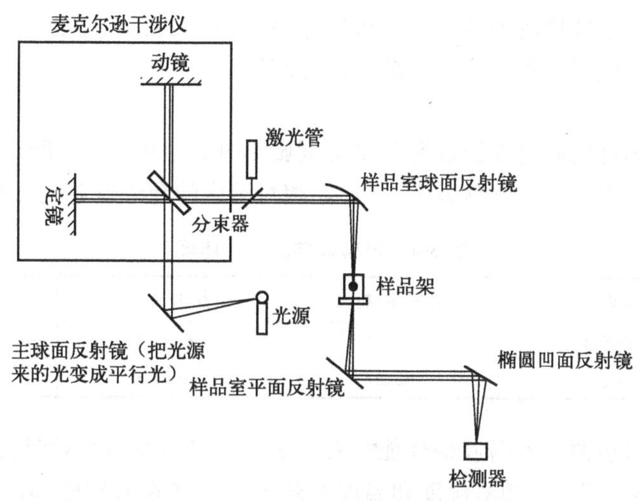

图 3-1 红外线吸收光谱仪原理

象，如在热水中更为明显。但需注意：有的复合薄膜不一定能自然卷曲，特别是对称结构的复合薄膜，如 PE/Ionomer/PA/Ionomer/PE 等就不自然卷曲，Ionomer 是离子交联高聚物或离聚体。在复合塑料薄膜上切一小口，然后缓慢地斜向撕开，由撕裂性不同的基材所构成的复合薄膜极易分出各层薄膜。

复合薄膜的鉴别包括复合的层数、各层薄膜的塑料类型以及复合方法等。对复合薄膜进行比较全面鉴别的关键是各层薄膜能否完全分离。只要能分离，便可采用单层薄膜的鉴别方法，从外观、物理性能、燃烧性、溶解性能、显色反应和红外线吸收性等方面对剥离后的单层薄膜作分析判别。例如，某种复合薄膜样品的外观是透明的，但带有一些浑浊，刚性不大，故可排除聚苯乙烯薄膜或聚酯薄膜；拉伸时有细颈现象，燃烧时火焰颜色近似于聚烯烃薄膜，因此，又把它排除在聚氯乙烯薄膜之外。测定它的热谱，结果发现在 150℃和 200℃左右分别存在一个熔融吸热峰，表明它至少是由两种结晶性高聚物构成的材料。因此，需要采用溶剂法或加热熔融法等对这种复合薄膜进行剥离。由于加热熔融法较简便，于是把试样加热到接近 100℃时搓动而分离成两片薄膜，一片是透明的，另一片是带浑浊的。再重复几次，结果有的剥离出两片都是浑浊的薄膜。这表明这种薄膜是三层复合薄膜，中间有一个粘合层。把试样的三层薄膜分别剥离出来之后，各自进行了一般性检验（燃烧法等）、热谱分析和红外光谱分析等，证明这种复合薄膜是由 PA/Ionomer/EVA 组成的三层复合薄膜，EVA 是乙烯-乙酸乙烯酯共聚物，而且 PA、Ionomer、EVA 的厚度分别是 12μm、15μm 和 15μm。至于是什么尼龙？从其熔点是 200℃左右进行判断，它不可能是尼龙-6，而是尼龙-11。

3.2 尺寸及变化率的测定方法

本节介绍塑料薄膜的调节处理以及厚度、长度、宽度和尺寸变化率的测试方法。

3.2.1 调节处理

塑料温湿度调节处理是指试样在一定的温湿度环境下处理一定的时间。试验环境是指在

整个试验期间，样品或试样所处的环境。国家标准 GB/T 2918《塑料 试样状态调节和试验的标准环境》规定了塑料薄膜的调节处理和标准环境。

（1）标准环境

当样品或试样的性能同时受温度和相对湿度影响时，使用表 3-4 所示的标准环境。当标准环境要求更高时，温度的允许偏差是±1℃，相对湿度的允许偏差是±2%。

表 3-4 塑料试样的标准环境

条件	温度/℃	相对湿度/%	压力/kPa	备注
1	23±2	50±5	86～106	推荐的环境
2	27±2	65±5	86～106	用于热带国家

如果相对湿度对被测塑料薄膜的性能没有影响，可以不控制相对湿度，这时应分别指明“温度 23”或“温度 27”。若相对湿度和温度对被测塑料薄膜的性能都没有影响，则对温度和相对湿度都不进行控制，这时称该环境为“室内环境”。

（2）调节处理

温湿度调节处理时间均在相关标准中注明。若没有注明时，应在表 3-4 所列出的标准环境条件 1 或条件 2 中至少处理 8h，在“温度 23”或“温度 27”中至少处理 4h。

3.2.2 基本尺寸的测定方法

（1）厚度的测定方法

国家标准 GB/T 6672《塑料薄膜和薄片 厚度的测定 机械测量法》适用于测定塑料薄膜和薄片的厚度，但不适用压花薄膜和薄片。

① 测量仪器　对测量仪器的精度要求分为三类，在 100μm 以内的精度是 1μm，在 100～250μm 范围内的精度是 2μm，250μm 以上的精度是 3μm。要求下测量面光滑平整，上测量面可以是平面或曲面，上、下表面都应抛光。当上、下两测量面都是平面时，测量面的直径应在 ϕ2.5～10mm 范围内，且两平面的平行度应小于 5μm，下测量面应可以调节，以满足上述要求。测量头对试样施加的载荷应在 0.5～1.0N 范围内。当上测量面是曲面时，测量仪器的下测量面直径应不小于 ϕ5mm，上测量面的曲率半径应在 15～50mm 范围内。测量头对试样施加的载荷应在 0.1～0.5N 范围内。

② 试样制作与处理　沿样品的纵向距离端部大约 1m 的位置，横向裁取试样。试样宽度约 100mm。试样应无折痕或其他缺陷。试样在（23±2)℃环境下，至少放置 1h，或者按照用户要求对试样进行状态调节。

③ 测量方法　试样和测量仪器的测量头表面应无灰尘、油污等。在测量之前，首先检查测量仪器的零点，并在每组测量之后重新检查。在（23±2)℃环境下，或用户要求的环境下，沿试样横向进行测量。测量点的数量应遵循以下原则。

a. 薄膜宽度大于 2000mm 时，每 200mm 测量 1 个点。

b. 薄膜宽度在 300～2000mm 时，以大约相等间隔测量 10 个点。

c. 薄膜宽度在 100～300mm 时，每 50mm 测量 1 个点。

d. 薄膜宽度小于 100mm 时，至少测量 3 个点。

e. 对于没有裁切毛边的试样，应在离边缘 50mm 以外的位置进行测量。

试验结果以试样的平均厚度以及最大值、最小值表示，计算结果精确到 1μm。如果需

要，应给出标准偏差。

(2) 长度的测定方法

国家标准 GB/T 6673《塑料薄膜和片材长度和宽度的测定》适用于长度 100m 以内、宽度 5mm 以上的塑料薄膜和片材的长度和宽度的测定。该方法是对其他测量方法进行检验的基准方法。如果采用自动测量装置，则应按本试验方法规定的步骤对每种塑料薄膜和片材所进行的测量加以检验。

① 测量设备　所用试验设备包括锋利的刀或剃须刀片、钢卷尺或钢直尺、测量平台和放料装置。钢卷尺或钢直尺的长度大于被测卷料的宽度。测量平台长度至少 10m，宽度至少与被测卷料宽度相等。沿平面的两条长边，每间隔 1m 有一刻度，其中至少有一边要分标到 0.1m 刻度。塑料薄膜或解卷的片材可通过放料装置而无拉伸。放料装置宽度至少与薄膜或片材的宽度相等，安装于测量平台前方 50cm 并约在平台之上 30cm 处。

② 测量方法

a. 展开薄膜或片材卷料成叠层，每层长度不超过 5m。测量长度之前，材料应至少保持这种叠层状态 1h。

b. 拿起材料层的最上切割端，沿平面拉开，注意确保对材料仅施加最小的拉伸。

c. 沿平面移动被测材料，使画标记处与零刻度重合，在材料另一端画出标记。

d. 重复 c，直至整卷材料全部通过测量平台，并被测量。必要时，可采用修齐初始切割端的方法修齐最终切割端。

e. 以所有测得的长度之和作为卷材长度，精确到 0.1m。

(3) 宽度的测定方法

根据被测材料宽度大于或小于 100mm，有两种宽度测量法。

① 宽度大于 100mm 薄膜的测量方法　所用试验设备是测量平面和钢直尺。测量平台的宽度至少与被测卷料宽度相等。钢直尺的分度是 1mm。具体测量步骤如下。

a. 展开薄膜或片材卷料成叠层，每层长度不超过 5m。测量之前，材料至少应保持这种叠层状态 1h。对非卷料试样，进行状态调节 30min。

b. 将被测材料置于平面上，并将钢直尺置于材料上，使钢直尺与材料纵向成直角，尺上的零刻度与材料左侧长边成一直线。确定材料右侧长边在钢直尺上的精确位置，精确到 1mm，并记录其结果。

c. 进行测量的次数取决于被测卷料或试样的总长度。长度 5m 以内的材料，至少沿试样长度以近似相等的间距测量宽度 3 次；长度 5m 以上的材料，至少沿长度以近似相等的间距测量宽度 10 次。

d. 记录每次所测宽度，报告算术平均值，并以此值作为卷料或试样宽度。

② 宽度在 5～100mm 薄膜的测量方法　所用试验设备是测量平面和放大镜。测量平台的宽度大于 100mm，其横向刻有分度为 1mm 的 100mm 直尺，或宽度大于 100mm 的平面和分度为 1mm 的直尺。放大镜的放大倍率是 10，镜面上有标尺。具体测量步骤包括以下几点。

a. 展开薄膜或片材卷料成叠层，每层长度不超过 5m。测量之前，材料至少应保持这种叠层状态 1h。对非卷料试样，进行状态调节 30min。

b. 使记录尺的零刻度与材料左侧长边成一直线，用放大镜检查是否完全调准。将放大镜移至材料右边，检查材料对边的位置，以校正其在平面基准刻度上的位置。读取与材料右边相距最近的最后一个毫米数值之后，使放大镜镜面标尺的零点与在基准刻度上所读取的最后一个毫米刻度重合，并用放大镜镜面标尺测出该重合点与材料右边缘之间的宽度差，精确

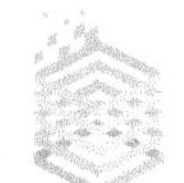

到 0.1mm。

c. 进行测量的次数取决于被测卷料或试样的总长度。长度 5m 以内的材料，至少沿试样长度以近似相等的间距测量宽度 3 次。长度 5m 以上的材料，至少沿长度以近似相等的间距测量宽度 10 次。

d. 记录每次所测宽度，报告算术平均值，并以此值作为卷料或试样宽度。

3.2.3 尺寸变化率的测定方法

(1) 试验原理

塑料薄膜的尺寸变化率是指塑料薄膜试样经过一定条件试验后，纵向或横向尺寸的变化与原始尺寸的百分比，以 δ 表示，即：

$$\delta=\frac{L_1-L_0}{L_0}\times 100\% \tag{3-1}$$

式中 δ——尺寸变化率，%；

L_0——试验前试样标线之间的距离，mm；

L_1——试验后试样标线之间的距离，mm。

(2) 测定方法

按照国家标准 GB/T 12027《塑料　薄膜和薄片　加热尺寸变化率试验方法》进行试验。所用测量仪器应采用精度 0.1mm 的量具。试验条件由具体的薄膜产品的标准而确定，包括试验温度和试样保持时间。具体测试步骤如下。

① 使薄膜处于平展状态，沿其宽度方向均匀裁取 100mm×100mm 的正方形试样，每组试样至少 3 片。

② 在试样的两对应边的中点，划出两条互相垂直的标线，并在标准环境中对试样进行状态调节至少 4h。在状态调节环境下测量试样原始标线之间的距离。

③ 将试样置于相应的试验条件下保持一定时间，在状态调节环境下测量试验后试样标线之间的距离。

④ 计算每组试样的尺寸变化率。以每组试样测试结果的算术平均值表示尺寸变化率。

例如，图 3-2 是三层复合牛奶黑白膜的热收缩性能（置于甘油的持续时间是 10s）测试分析结果，显然，黑白膜热收缩温度曲线中阶段 1 越宽，热封温度可选择的上限温度就越高，黑白膜的热封表面平整性越好，热封强度越高。阶段 2、阶段 3 在一定程度上反映了黑白膜的使用范围。

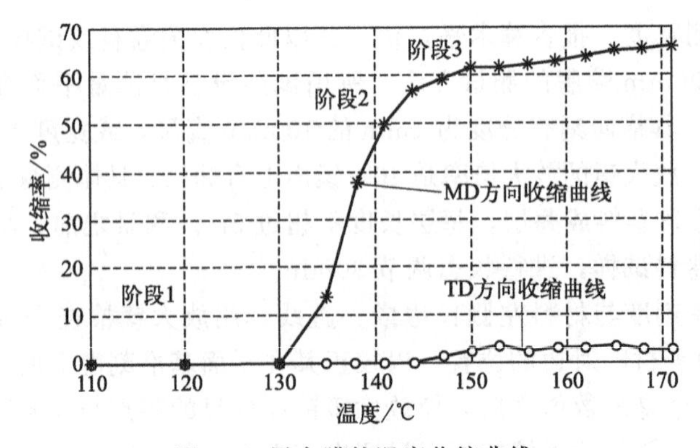

图 3-2　黑白膜的温度收缩曲线

3.3 透气性能测试

透气性是塑料薄膜的一项重要的物理性能，特别是在食品包装中广泛采用的充气包装、真空包装、无菌包装，就要求塑料薄膜具有良好的气体阻隔性能。不同的塑料薄膜对气体的阻隔性能也不同，本节介绍塑料薄膜的透气性原理和测试方法。

3.3.1 透气性原理

气体对正常（无缺陷）的塑料薄膜的透过性，从热力学观点来看，是单分子扩散的过程，如图 3-3 所示，即气体在高压侧的压力作用下先溶解于塑料薄膜内表面，然后气体分子在塑料薄膜中从高浓度向低浓度扩散，最后在低压侧向外散发。包装用塑料薄膜的气体透过现象属于活性扩散。当塑料薄膜上存在裂缝、针孔或其他细缝时，就可能发生其他类型的扩散。

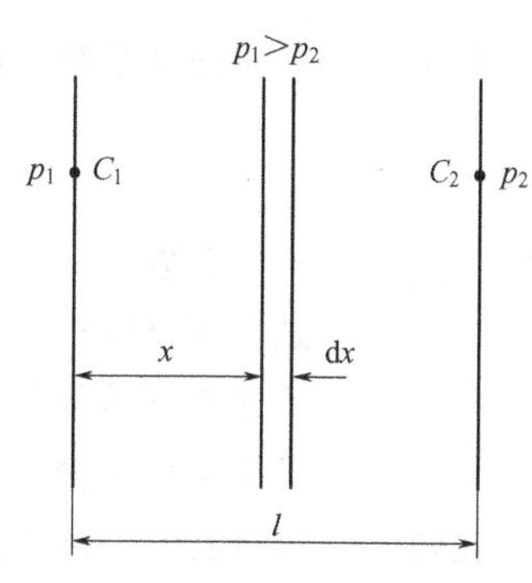

图 3-3　塑料薄膜的透气过程

气体的透气过程从形式上来看十分简单，可是从气体分子渗透反应动力学的观点来看却比较复杂，因为这一反应是由若干个基元反应组成的。氮气、氧气、二氧化碳气体在塑料薄膜中的扩散，在很短时间内可以达到稳定状态。若塑料薄膜两侧保持一个恒定的压力差，气体将以恒定的速率透过薄膜。设塑料薄膜厚度为 l，薄膜高压侧气压是 p_1，溶于薄膜中的气体浓度是 C_1，低压侧气压是 p_2，溶于薄膜中的气体浓度是 C_2。根据费克第一扩散定律（Fick's First Law of Diffusion)，单位时间、单位面积的气体透过量与浓度梯度成正比，即：

$$q=-D\frac{\mathrm{d}C}{\mathrm{d}x} \tag{3-2}$$

式中　q——在单位时间、单位面积内的气体透过量；

D——扩散系数；

$\frac{\mathrm{d}C}{\mathrm{d}x}$——浓度梯度。

对式(3-2) 两端积分，得：

$$\int_0^l q\,\mathrm{d}x=-D\int_{C_1}^{C_2}\mathrm{d}C \tag{3-3}$$

$$ql=-D(C_2-C_1) \tag{3-4}$$

故气体透过量为：

$$q=\frac{D(C_1-C_2)}{l} \tag{3-5}$$

费克第一扩散定律只适应于稳态扩散情况，在扩散过程中各处的扩散分子的浓度 C 只随距离 x 变化，而不随时间 t 变化，每一时刻从高浓度边扩散的分子数等于向低浓度边扩散的分子数，没有盈亏，故浓度不随时间变化。对于非稳态扩散情况，应采用费克第二扩散定律。在扩散过程中扩散分子的浓度 C 和扩散通量 q 都随时间变化，通过各处的扩散通量 q 随着距离 x 在变化，在距离 x 处，浓度随时间的变化率等于该处的扩散通量随距离变化率的负值，即$\frac{\partial q}{\partial t}=-\frac{\partial q}{\partial x}=\frac{\partial}{\partial x}\left(D\frac{\partial C}{\partial x}\right)$。

根据亨利定律（Henry's Law），在一定温度下，气体或水蒸气溶解在包装材料中的浓度（C）与该气体的分压力（p）成正比，即：

$$C=Sp \tag{3-6}$$

式中　C——气体浓度；

S——溶解度系数；

p——分压力。

将式(3-6) 代入式(3-5)，得：

$$q=DS\frac{p_1-p}{l} \tag{3-7}$$

令 $p_g=DS$ 为透气系数，由式(3-7) 得透气系数为：

$$p_g=\frac{ql}{p_1-p_2} \tag{3-8}$$

式中　p_g——透气系数；

l——试样的厚度；

p_1——透气室高压侧气压；

p_2——透气室低压侧气压。

在任何时间间隔内，任意面积的塑料薄膜所透过的气体量为：

$$Q_g=qAt=\frac{p_g(p_1-p_2)At}{l} \tag{3-9}$$

式中　Q_g——在任何时间内，任意面积的塑料薄膜所透过的气体量；

A——塑料薄膜的面积；

t——气体透过薄膜的时间间隔。

显然，在达到稳定状态时，透过塑料薄膜的气体总量随时间间隔呈直线增长。对于适用于符合气体定律的气体（如 O_2、CO_2、N_2、H_2），上述公式是成立的。对于其他一些气体（与气体定律存在很小偏差），上述理论也仍然适用。但是，对于水蒸气和许多有机蒸气（如甲烷气体），不能用上述公式。

3.3.2 测试方法

测试塑料薄膜透气性能的方法有压差法、体积法、浓度法（或等压法）、热传导法、气相色谱法等多种方法，压差法、体积法和浓度法是确定气体传递量的三个基本方法，其中应用最广泛的是压差法和浓度法。压差法的主要特点是准确性高，重复性好，也容易实现自动记录，在测定透气系数的同时，还能求得扩散系数，并能间接求得溶解度系数。

3.3.2.1 压差法

(1) 试验原理

压差法的试验原理如图 3-4 所示，气体从高压侧通过阻隔材料的侧面流至低压侧，在塑料薄膜的一侧造成真空或负压，使薄膜两侧产生压差，测量其通过阻隔材料的压差变化。采用压差法能够在短时间内准确地测量出透过透气性较低的塑料薄膜的微量气体量。

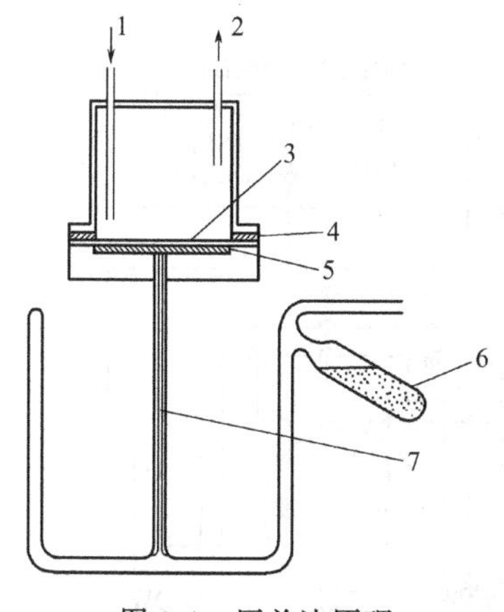

图 3-4 压差法原理

1—进气口；2—出气口；3—试样；4—软橡皮圈；5—玻璃盘；6—水银；7—毛细管

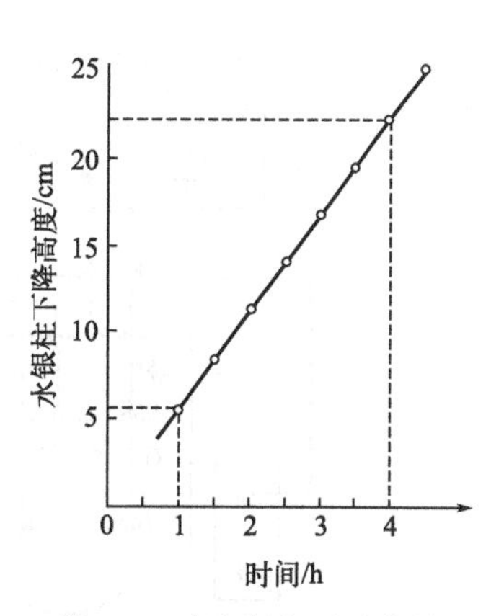

图 3-5 确定氧气透过率的水银柱下降高度

低压侧透气室的体积应保持不变，测量压力增加的速率。利用此原理，将一根玻璃测压管用环氧胶封入透气室的底板里，底板上部的凹面上放入一个烧结玻璃盘，以形成一个总的平接面，用试样盖住玻璃盘后，再放上一个软橡皮圈使透气室完全密封。抽空透气室后，注入所测气体，当压力计的压力稳定在一个适当值时（应控制在6.67～13.33Pa范围内）使仪器斜放，让水银从贮器中流入毛细管和U形管，然后把仪器重新放回垂直位置上。由于气体透过试样，造成压力上升，这个值由毛细管的水银面下降高度表示，如图3-5所示。

(2) L100-4200型薄膜透气率测定仪

L100-4200型薄膜透气率测定仪适用于测定塑料薄膜、复合薄膜、皮革等材料的透气率。在薄膜的一侧保持13.33Pa的气压，在另一侧形成真空（负压），试验气体在该仪器内的压差作用下，由压力高的一侧渗透到压力低的一侧，测量结果以mL/(m^2·24h)表示。

① 结构及工作原理 L100-4200型薄膜透气率测定仪由微处理机控制记忆存储单元、测量室、水循环冷却恒温箱、两级真空泵和带减压装置的气体供给系统组成，如图3-6所示。试验气体进入上测量室，进入的气压由减压阀控制，流量大小由流量计指示，在上、下测量室之间装夹试样，下测量室与真空计连接，由真空泵产生负压，真空度由真空计指示，除进气管道设置在上测量室外，其他的管路接头都安装在主机后面板上。

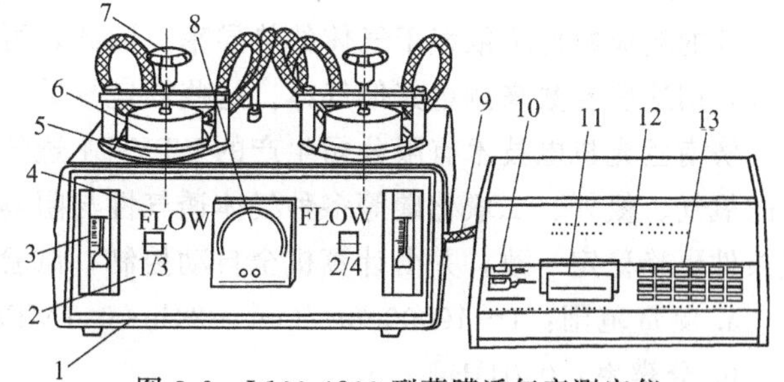

图 3-6 L100-4200型薄膜透气率测定仪

1—机架；2—面板；3—浮子流量计；4,6—测量室；5—试样；7—试样夹紧；8—真空计；9—电缆；10—打印纸控制；11—打印机；12—显示器；13—键盘

图3-7是L100-4200型薄膜透气率测定仪的管路图，由瑞士LYSSY公司所研制，全部检测程序固化在微机存储器内，整个测试过程用微机控制，测试结果自动打印输出。

② 主要技术参数

a. 测量范围：1～10.000mL/(m^2·24h)。

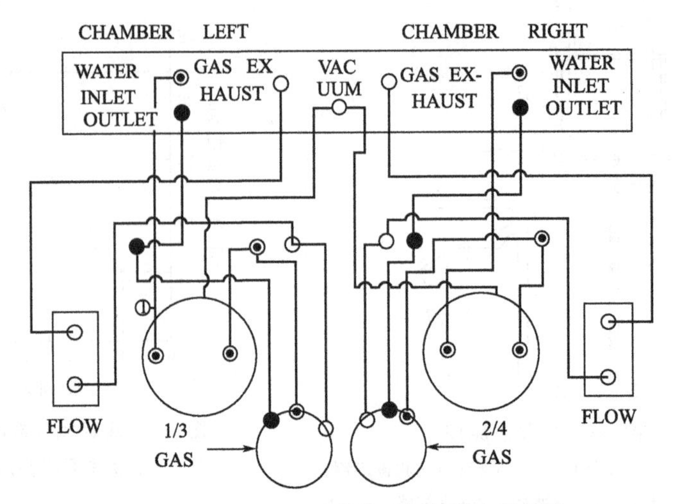

图 3-7　L100-4200 型薄膜透气率测定仪管路

b. 系统灵敏度：0.02mL/(m^2·24h)。

c. 检测器最低响应：0.02mL/(m^2·24h)。

d. 试样尺寸：100mm×100mm。

e. 试样厚度：0.01～2mm。

③ 校准程序

a. 安装仪器，接通水冷循环系统，连接真空泵及供气系统。

b. 清除测量室中的残余气体。仪器安装后，应在上、下封口表面轻轻涂一层油脂，把铝箔放在测量室中间，在较高的温度下，把温度控制在 50℃，让其在夜间排放残余气体，然后进行温度调节。

c. 适当选择压力间隔。由于测量系统的各种密封环节都有渗透，微机测量系统将自动调整，若选择 650～750Pa 之间的压力间隔，易排除残余气体，以减少对测量值的影响。

d. 选用一个已知渗透量的热塑性标准试样——聚酯膜，当选择压力是 0～13.33Pa 时，真空计的响应特性不依赖于气体的热导率。因此，可以用气体校准仪器，并得到一系列固定参数，用这些参数来测量其他气体。这些固定参数已随仪器提供给用户。

济南兰光机电技术有限公司生产的 BTY-B1 透气性测试仪适用于塑料薄膜、复合膜等材料的氧气、氮气、二氧化碳等多种气体透气性与阻隔性测试。它采用了绝热隔湿技术，使测试条件更趋稳定一致，并由计算机全自动控制，试验高效准确，其主要技术参数如下。

a. 测量范围：1～10000cm^3/(m^2·24h·0.1MPa)。

b. 分辨率：0.01Pa。

c. 使用温度：0～50℃（标准 23℃）。

d. 试样尺寸：ϕ86mm。

e. 透过面积：38.48cm^2。

f. 试样数量：1 个，2 个，3 个。

g. 试验气体：O_2、N_2、CO_2 等纯度 99.9%之干燥气体。

VAC-V2 压差法气体渗透仪的主要技术参数如下。

a. 测试范围：0.05～50000cm^3/(m^2·24h·0.1MPa)（常规）；上限不小于 500000cm^3/

(m^2·24h·0.1MPa)(扩展体积)。

b. 控温范围：5～95℃，精度±0.1℃。

c. 控湿范围：RH 0、RH 2%～98.5%、RH 100%，精度 RH ±1%。

d. 测试腔真空度：<20Pa。

e. 试样尺寸：ϕ97mm。

f. 试样数量：3 件（数据各自独立）。

g. 透过面积：38.48cm^2。

h. 试验气体：O_2、N_2、CO_2 等气体。

(3) 测试方法

按照国家标准 GB/T 1038.1《塑料制品 薄膜和薄片 气体透过性试验方法 第 1 部分：差压法》进行试验。整个试验过程在要求的恒温条件下进行。具体测试步骤如下。

① 按照国家标准 GB/T 6672 测量试样厚度。每组试样 3 个，至少选取 5 个测量点，取算术平均值。

② 把直径 ϕ75mm 的圆形试样放在直径 ϕ66mm 的粗滤纸上，并密封于透气室中，用橡皮管将透气室与主管连接，接头处用真空封胶密封。此时透气室压力计中的水银全部在贮器中。

③ 关闭透气室高压侧活塞，进行抽真空。用高频真空检漏计探测高压侧，检查薄膜试样有无漏气现象。在确定薄膜试样无针孔、不漏气之后，打开高压侧活塞继续抽真空至规定的真空度（应控制在 13.33～1.333Pa 范围内）。将贮器中的水银倾入透气室的压力计中。

④ 将干燥气体输入贮气瓶至规定的压力，打开透气室高压侧活塞，立即记录透气室压力计中水银柱高度（读至 0.5mmHg）和高压侧的压力（读至 1mmHg）。以后每隔一定时间，记录透气室中压力计的水银柱高度，在达到稳定透过之后，继续记录三次，取算术平均值。需注意，时间间隔的选择，以透气室压力计中汞柱高度下降 5mm 为宜。透气室压力计汞柱每次下降高度相差不超过 10%，可认为达到稳定透过。

⑤ 试验结束后取下透气室，将透气室中压力计的水银全部倒回贮器中，取出试样，准备进行下一次试验。

⑥ 计算气体透气量、透气系数。试验结果以每组试样的算术平均值表示，至少取两位有效数字。

在一定温度下，试样两侧保持一定的气体压差，气体的透气系数（P_g）和透气量（Q_g）的计算方法为：

$$P_g=\frac{\Delta p}{\Delta t}\times\frac{V}{A}\times\frac{l}{p_0}\times\frac{T_0}{T}\times\frac{1}{p_1-p_2} \tag{3-10}$$

$$Q_g=\frac{\Delta p}{\Delta t}\times\frac{V}{A}\times\frac{T_0}{p_0 T}\times\frac{24}{p_1-p_2} \tag{3-11}$$

式中 P_g——透气系数，cm^3·cm/(cm^2·s·Pa)；

Q_g——透气量，cm^3/(m^2·24h·Pa)；

$\frac{\Delta p}{\Delta t}$——在稳定透过时，单位时间内低压侧气压变化的算术平均值，Pa/s；

V——低压侧容积，cm^3；

A——试样的试验面积，cm^2 或 m^2；

l——试样厚度，cm；

T——试验温度，K；

T_0——标准状态下的温度，273.15K；

p_0——标准状态下的气体压力，1.0133×10^5Pa；

$p_1 - p_2$——试样两侧的压差，Pa。

试验结果以每组试样的算术平均值表示，至少取两位有效数字。

例如，根据国家标准GB/T 1038.1选用BTY-B1透气性测试仪（压差法）测试分析了12μm PET、20μm PET薄膜和18μm PET镀铝薄膜在不同温度条件下的氧气、二氧化碳透气率，透气率随温度变化曲线（图3-8）表明，PET薄膜、PET镀铝薄膜对H_2O、O_2和CO_2的透气率随着温度的升高而增加，PET薄膜对氧气、二氧化碳气体具有显著的选择透过性，12μm、20μm PET薄膜的CO_2透气率明显高于O_2透气率，且CO_2透气率是O_2透气率的2倍左右。PET镀铝薄膜对O_2、CO_2气体的透气率都很低，具有优异的阻隔性能，但它对氧气、二氧化碳气体没有显著的选择透过性。

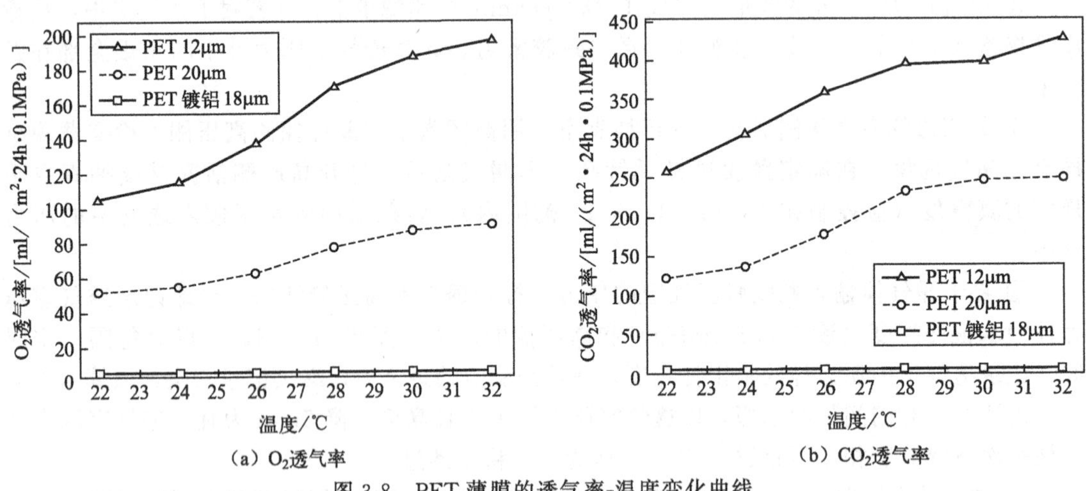

(a) O_2透气率　　(b) CO_2透气率

图3-8　PET薄膜的透气率-温度变化曲线

(4) 影响透气系数的因素

① 压力。对于O_2、CO_2、N_2、H_2等气体，其透气系数与压力无关。聚乙烯薄膜、聚氯乙烯薄膜对N_2进行试验时，薄膜两侧压力差的大小对透气系数、透气量影响很小。

② 扩散气体的种类、性质。对同一种塑料薄膜的透过，气体分子直径愈大，所需扩散活化能愈大，扩散系数愈小。但当气体的临界温度相当大时，透气系数主要取决于溶解度系数。

③ 薄膜性质。

3.3.2.2　浓度法（或等压法）

在浓度法的试验中，使用两种气体，一种是标准气体，另一种是确定透过量的试验气体。对于试验气体，试样两边存在着一个分压差，而对于总压，试样两边是相等的，故这种方法也称等压法（或库仑计检测法、电量分析法）。由于试样两侧压力是相等的，不需要用支架来支撑试样。试验时应注意控制试验气体和标准气体的相对湿度，一般纤维素薄膜的透气率受相对湿度影响很大，当相对湿度高于65%时，透气率迅速增加。对干燥的塑料薄膜，透气量大约是$(9.87 \sim 19.7) \times 10^{-5} cm^3/(m^2 \cdot 24h \cdot Pa)$，而在相对湿度是100%时，其透气量高达$3000 \times 10^{-5} cm^3/(m^2 \cdot 24h \cdot Pa)$。

测定浓度变化有许多方法，如化学分析法、气相分析法、热传导法和放射扫描法。当测定透气性能很低的包装材料时，可采用一种扫描气体技术，如图 3-9 所示。测量试验气体的浓度时，被扫描气体的流速必须控制在一个很小的范围，用精密流量计测量气体流速。

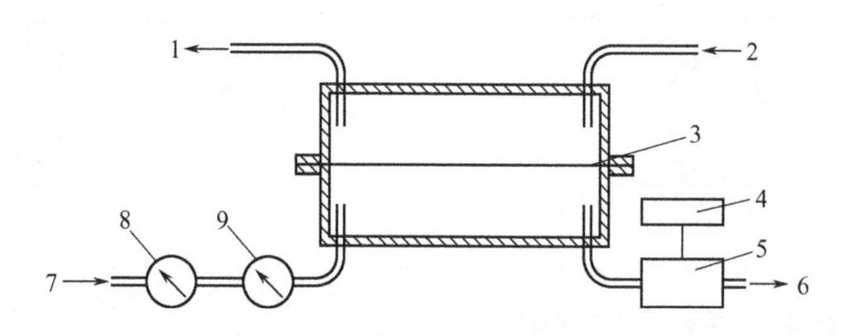

图 3-9　浓度法测量原理

1—试验气体出口；2—试验气体进口；3—试样；4—记录仪；5—计量装置；
6—混合气体；7—标准气体；8—压力调节；9—流量调节

表 3-5 是从测试原理、渗透方式、传感器类型等方面对等压法与压差法的比较。济南兰光机电技术有限公司生产的 OX2/231 氧气透过率测定仪、美国 MOCON 公司生产的 OX-TRAN 2/21M 10X 氧气透过率测试仪，都是利用等压法-连续流动的技术检测塑料薄膜、复合膜、片材以及塑料瓶、塑料袋等包装容器的氧气透过率。OX2/231 氧气透过率测定仪薄膜测试的主要技术参数如下。

① 测量范围：0.01～1000$cm^3/(m^2 \cdot 24h)$，0.1～10000$cm^3/(m^2 \cdot 24h)$（可选）。

② 分辨率：0.001$cm^3/(m^2 \cdot 24h)$。

③ 控温范围：15～55℃，精度±0.1℃。

④ 控湿范围：RH 0、RH 15%～90%、RH 100%，精度 RH±1%。

⑤ 试样尺寸：108mm×108mm。

⑥ 试样数量：3 件（数据各自独立）。

⑦ 透过面积：50cm^2。

⑧ 试验气体：O_2、空气。

⑨ 载气：高纯氮气，浓度不低于 99.999%。

表 3-5　等压法与压差法比较

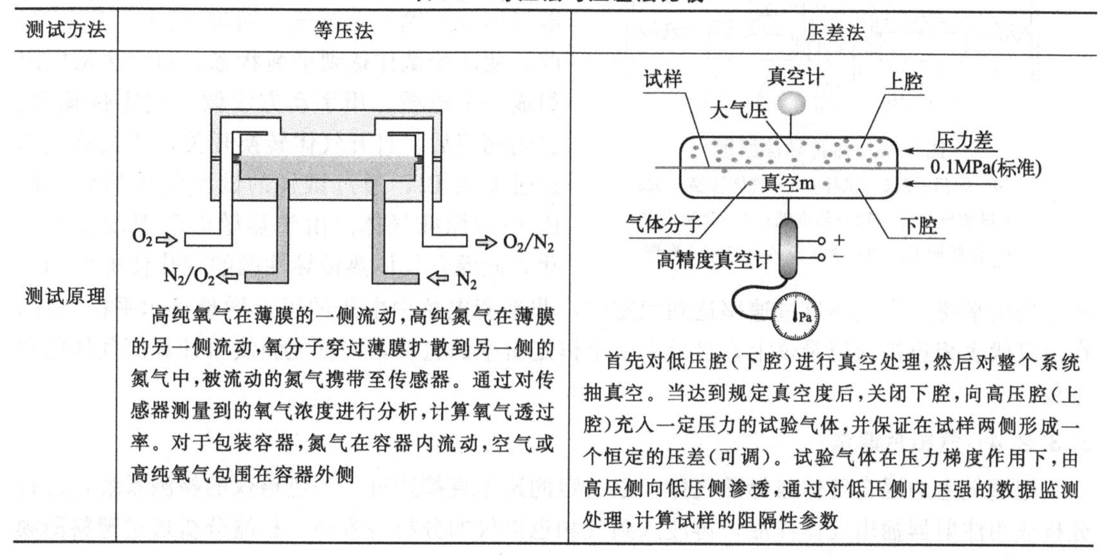

测试方法	等压法	压差法
测试原理	O_2⇨　⇨O_2/N_2 N_2/O_2⇦　⇦N_2 高纯氧气在薄膜的一侧流动，高纯氮气在薄膜的另一侧流动，氧分子穿过薄膜扩散到另一侧的氮气中，被流动的氮气携带至传感器。通过对传感器测量到的氧气浓度进行分析，计算氧气透过率。对于包装容器，氮气在容器内流动，空气或高纯氧气包围在容器外侧	试样　真空计　上腔　大气压　压力差　0.1MPa(标准)　真空m　气体分子　下腔　高精度真空计　+　−　Pa 首先对低压腔（下腔）进行真空处理，然后对整个系统抽真空。当达到规定真空度后，关闭下腔，向高压腔（上腔）充入一定压力的试验气体，并保证在试样两侧形成一个恒定的压差（可调）。试验气体在压力梯度作用下，由高压侧向低压侧渗透，通过对低压侧内压强的数据监测处理，计算试样的阻隔性参数

续表

测试方法	等压法	压差法
渗透方式	O_2 膜 N_2	O_2 膜 真空
气体类型	氧气(传感器是氧传感器,只能测试氧气)	氧气、氮气,二氧化碳,可扩展甲烷、氢气等易燃易爆等危险性气体等
试样种类	薄膜、包装件、容器	薄膜,片材
传感器类型	氧传感器,属于消耗性传感器,后期使用过程中需要更换,每次更换的费用较高,后期使用成本较高	真空传感器,属于非常消耗性传感器,可长期使用无需更换,使用成本低
测试结果	氧气透过量	既可测试气体透过量参数,还可测定材料对气体的渗透系数、溶解度系数、扩散系数
扩展功能介绍	无	材料在温度范围 5～95℃条件下的透气量,可完成任意温度的透气量数据拟合;选配湿度发生装置可达到湿度控制 RH 0、RH 2%～98.5%、RH 100%
执行标准	GB/T 19789,ASTM D3985,ISO 15105-2	GB/T 1038.1,ASTM D1434,ISO 2556,ISO 15105-1

3.3.2.3 热传导法

图 3-10 是采用热传导法测定塑料薄膜的试验原理图,一个由双单元系统组成的透气室同时可装夹两个试样。它包括三个金属段,金属段 C 是固定的,外侧两个金属段 A 和 B 通常由弹簧压力使它们分别与金属段 C 紧贴,并能自由移动,以便插入两个试样。采用氯丁橡胶 O 形圈对气密件密封。试验时,首先使标准气体(如氯气、氢气)通过 A_1A_2、B_1B_2 型腔,使两个试样达到平衡状态。两个热敏电阻组成一个电桥,用手动方法调整到零位输出。关闭阀门后,打开气体转换开关,使试验气体通过型腔 B_2,通过试样的试验气体稀释型腔 B_1 中的标准气体。由于热敏电阻温度发生变化,此混合气体热传导性能的变化使电桥测量回路失去平衡。当气体透过速率达到稳定时,非平衡电桥中电压的恒定增量显示平衡条件,在与毫伏表相连接的记录仪上,显示出一个恒定斜率的直线,根据此斜线可计算出气体的透过量。

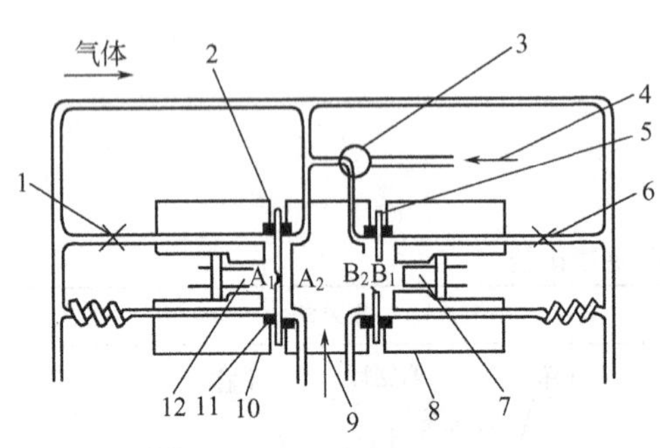

图 3-10 热传导法原理

1,6—阀门;2,5—试样;3—气体转换开关;4—试验气体;7,12—热电偶;8—金属段 B;9—金属段 C;10—金属段 A;11—O 形圈

3.3.2.4 气相色谱法

把透气室的混合气体与标准气体,以一定的速率直接透过气相色谱仪的检测系统,进行分析或用注射器抽出气体样品,再注入到气相色谱仪的分析装置中,检测分析透过塑料薄膜

的气体成分和浓度。

气相色谱仪是一种多组分混合气体的分离、分析仪器，以惰性气体为流动相，采用色谱柱分析技术。当多种分析物质进入色谱柱时，由于各组分在色谱柱中的分配系数不同，各组分在色谱柱的流动速度不同，经过一定的柱长后，混合的组分分别离开色谱柱进入检测器，经检测后转换为电信号送至数据处理工作站，从而完成对被测物质的检测分析。这种仪器在石油、化工、包装工业、医药卫生、食品工业等方面应用很广，它除了用于定量和定性分析外，还能测定样品在固定相上的分配系数、活度系数、分子量和比表面积等物理化学常数。这种仪器的基本结构包含两个部分，即分析单元和显示单元。分析单元主要包括气源及控制计量装置、进样装置、恒温器和色谱柱。显示单元主要包括检定器和自动记录仪。色谱柱（包括固定相）和检定器是气相色谱仪的核心部件。

例如，济南兰光机电技术有限公司生产的GC-7800型气相色谱仪属于双柱双气路系统，主要应用于包装、印刷行业的溶剂残留（如甲苯、二甲苯、乙酸乙酯、丁酮、乙酸丁酯、乙醇、异丙醇等）检测，主要技术参数如下。

① 样品室A温度：室温+5～200℃，精度±0.1℃。

② 样品室B温度：室温+5～200℃，精度±0.1℃。

③ 样气输送管路温度：室温+5～150℃，精度±0.5℃。

④ 进样切换阀箱温度：室温+5～150℃，精度±0.5℃。

⑤ 定量环进样量：1.0mL，可根据用户要求选装0.5mL、2mL、3mL。

⑥ 顶空瓶体积：300mL（常规）。

⑦ 顶空平衡加热时间：0～60000s。

⑧ 进样时间：0～60000s。

⑨ 进样切换时间：0～60000s。

⑩ 色谱柱室控温精度：≤±0.1℃。

⑪ 温度梯度：柱有效区域≤1%。

⑫ 温度偏差：设定温度与显示温度偏差≤1℃，设定温度与实际温度偏差≤2%。

⑬ 程序升温阶数：5阶。

⑭ 升温速率：1～30℃，30℃/min时为150℃，15℃/min时为300℃，10℃/min时为350℃。

⑮ 降温速率：由300℃降至50℃所需时间≤15min。

⑯ 气化室：室温+15～200℃，精度±0.1℃；大于200℃，精度±0.2℃。

⑰ 检测室：室温+15～200℃，精度±0.1℃；大于200℃，精度±0.2℃。

⑱ 氢火焰离子检测器（FID）：检测限≤1×10^{-11}g/s（苯），噪声≤0.025mV，漂移≤0.15mV/h。

⑲ 热导池检测器（TCD）：灵敏度≥3000mV·mL/mg（苯、氢气），噪声≤0.035mV，漂移≤0.5mV/h。

3.4 透湿性能测试

由于塑料薄膜具有透湿性，会直接影响内装物的质量和保存期，特别是对药片、饼干、茶叶等产品，如果在保存期内因吸湿而增加水分含量，则会降低产品质量。因此，有必要测试塑料薄膜的透湿性，以便合理选择产品包装所需要的塑料薄膜。本节介绍塑料薄膜的透湿性原理和测试方法。

3.4.1 透湿性原理

塑料薄膜的透湿性原理是，在规定的温、湿度条件下，试样两侧保持一定的水蒸气压差，测量透过试样的水蒸气量，计算水蒸气透过量（WVT）和水蒸气透过系数（PV）。水蒸气透过量（WVT）是指在规定的温度、相对湿度，一定的水蒸气压差和一定厚度的条件下，$1m^2$ 的试样在 24h 内透过的水蒸气量。水蒸气透过系数（PV）是指在规定的温度、相对湿度环境中，单位时间内，单位水蒸气压差下，透过单位厚度、单位面积的塑料薄膜试样的水蒸气量。

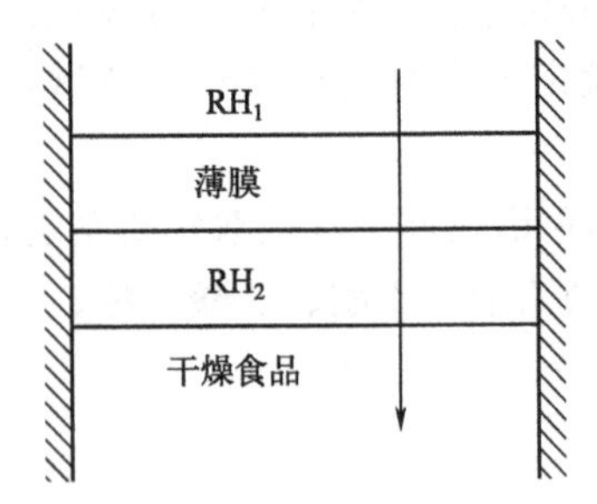

图 3-11　透湿过程示意

现以干燥食品为例，分析塑料薄膜的吸湿过程，如图 3-11 所示，包装内部存在的极少量的水蒸气，被干燥食品吸收，成为包装内部的低湿度。当外界环境的相对湿度比包装内部的相对湿度高时，水蒸气能透过塑料薄膜而进入包装内部，被干燥食品吸收。在某一时间内，干燥食品能把透过包装进入内部的水蒸气全部吸收，使水蒸气向包装内部的透湿速度和干燥食品的吸湿速度相等。

3.4.2 测试仪器

塑料薄膜透湿性的测试仪器有调温调湿箱、干燥箱、透湿杯、透湿快速试验机、电量测量透湿杯、气动式蒸气透湿量测定仪等，在 2.6.2 小节已介绍调温调湿箱、干燥箱、透湿杯，故本小节主要介绍透湿快速试验机、电量测量透湿杯和气动式蒸气透湿量测定仪。

（1）透湿快速试验机

透湿快速试验机的结构原理如图 3-12 所示，透气室四周有一层绝缘夹套，在 4～54℃范围内，夹套的温度偏差是±0.05℃。透气室上半部可用压缩空气进行升降，启动后整个试验程序全部自动进行。

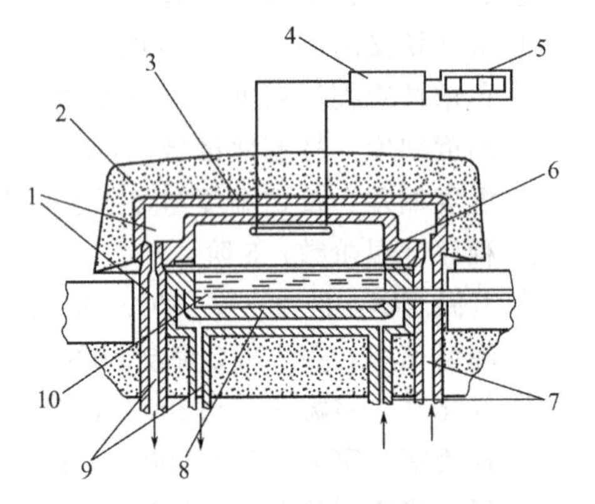

图 3-12　透湿快速试验机原理

1—热传递液；2—绝缘层；3—空气出口；4—探湿头；5—控制部分；6—定时器；7—空气进口；8—试样；9—温度计；10—水

不使用时，干燥侧的相对湿度保持在 10%，当打开透湿杯，插入试样后，湿度立即上升。启动后，干燥空气进入透湿杯上半部使相对湿度下降。当低于某一湿度（5%～9.75%净化湿度）时，由电磁阀自动切断空气，隔绝上半部。当水蒸气透过试样后相对湿度再次开始回升，并经过很短时间即可达到稳定渗透状态。当达到试验下限条件（相对湿度 100%）时，定时器计时，直到预定的相对湿度上限为止。透湿量的测定上限设定在相对湿度 11%，对于透湿量大的材料，上限相对湿度应在 10.25%～15%之间选择。

（2）电量测量透湿杯

电量测量透湿杯的测试原理如图 3-13 所示，主要是把磷酸电解成五氧化二磷、氧气和氢气。玻璃杆上用铂丝作成双绕组后，涂上磷酸，然后将线圈上的磷酸在干燥空气中电解，从而形成一层五氧化二磷。在这种情况下，通过透气室的电流主要取决于涂层上的自由电子，该电流仅有几个微安。如果透气室中的线圈和水蒸气接触，五氧化二磷又重新还原成磷酸。由于存在大量离子，电流增加，在一定范围内，可建立平衡条件，则水的电解速率与水的吸收速率相等。因为电流是由于离子移动所产生，故可用法拉第定律直接计算透气室的电量和水吸附之间的关系。

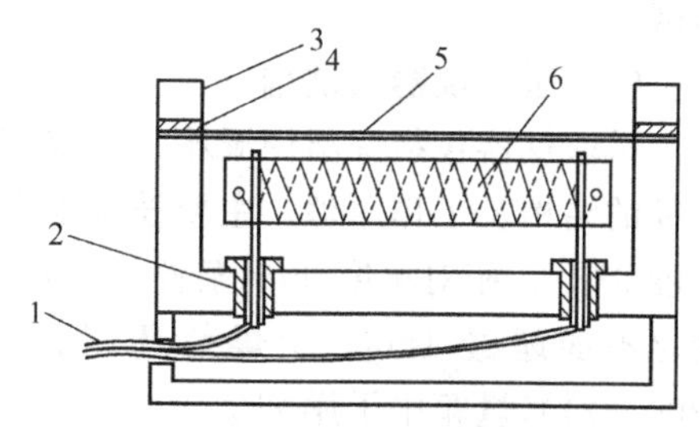

图 3-13 电量测量透湿杯

1—电源；2—绝缘套；3—夹头；4—护圈；5—试样；6—电解线圈

济南兰光机电技术有限公司生产的 TSY-W3 电解法透湿仪适用于塑料薄膜、复合膜、高阻隔材料的水分渗透特性的测定。在湿度梯度作用下，水蒸气从高湿腔向低湿腔扩散，在低湿腔的水蒸气被载气携带至传感器，产生同比例的电信号，通过对传感器电信号的分析计算，得到试样的水蒸气透过率和透湿系数。该仪器的主要技术参数如下。

① 测量范围：0.001～50g/(m^2·24h)（常规），0.01～1000g/(m^2·24h)（可选）。

② 试验温度：5～95℃，精度±0.1℃。

③ 湿腔湿度：RH 0、RH 2%～98.5%、RH 100%，标准 RH 90%。

④ 试样数量：1 件。

⑤ 测试面积：38.48cm^2。

⑥ 试样厚度：<1mm。

⑦ 试样尺寸：ϕ100mm。

⑧ 载气：99.999%高纯氮气，流量 100mL/min。

(3) 气动式蒸气透湿量测定仪

气动式蒸气透湿量测定仪是用扫描气体的方法进行透湿性测试，如图 3-14 所示，它由三个扩散型透湿杯组成，每一个透湿杯用试样分隔成上半室（干燥部）和下半室（潮湿部）。当干燥的氮气流过透湿杯 8 的上半室时，由透湿杯 10、透湿杯 12 所透过试样的水蒸气连续地排入大气。透湿杯 8 的流出气体经过电解分析传感器、电解湿度计，最后由笔式记录仪绘制出稳定曲线。然后依次使其他两个透湿杯分别与电解分析传感器接通，并快速测定其透湿平衡水分。该仪器可测定 $(0.1\sim64)\times10^{-2}$ N/(m^2·24h) 的透湿量。

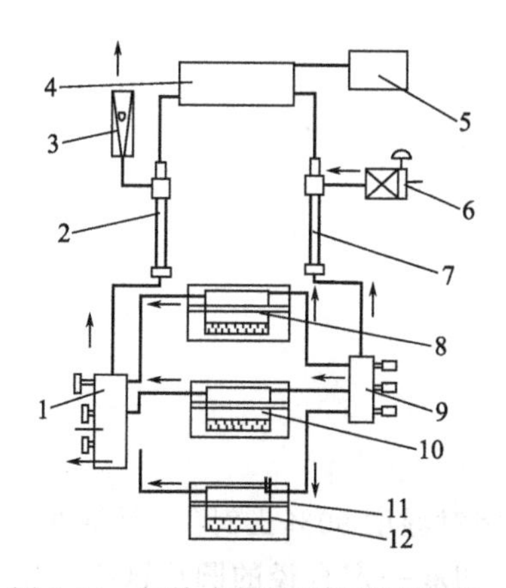

图 3-14 气动式蒸气透湿量测定仪

1—气阀开关；2—传感器；3—流量计；4—湿度计；5—记录仪；6—流量控制阀；7—电解分析传感器；8,10,12—透湿杯；9—三通阀；11—试样

3.4.3 测试方法

塑料薄膜透湿性能的测试方法较多，有透湿杯法、快速试验法、电量测量透湿杯法、气动式蒸气透湿量测定仪法等，而透湿杯法和快速试验法最常用。本小节主要介绍透湿杯法和快速试验法。

3.4.3.1 透湿杯法

透湿杯法适合于塑料薄膜（包括复合塑料薄膜）、片材和人造革等材料的透水蒸气性能

测试。

(1) 试验仪器及试剂

试验仪器包括调温调湿箱、透湿杯、分析天平和量具。试剂包括密封蜡和干燥剂等。透湿杯的结构及工作原理、主要技术参数等内容，具体参考2.6.2小节相关内容。密封蜡应在温度38℃、相对湿度90%条件下暴露不会软化，若暴露表面积是50cm²，则在24h内质量变化不能超过1mg。干燥剂选用无水氯化钙，其粒度是0.60～2.36mm，使用前应在(200±2)℃烘箱中干燥2h。

济南兰光机电技术有限公司生产的TSY-T1透湿性测试仪适用于塑料薄膜、复合膜等材料的水蒸气透过率的测定。它通过计算机处理，对试验数据进行历史查询时可得历史记录、数据动态分析图，其主要技术参数如下。

① 测量范围：0.1～10000g/(m²·24h)。

② 测试精度：0.01g/(m²·24h)。

③ 系统分辨率：0.0001g。

④ 试验温度：室温～50℃，精度±0.3℃。

⑤ 试验湿度：RH 40%～95%，标准RH 90%，精度RH ±2%。

⑥ 试样尺寸：ϕ100mm。

⑦ 测试面积：63.58cm²。

⑧ 试样数量：1个。

W3/060杯式法透湿仪采用精密的圆形托盘设计，可同时容纳6个透湿杯，测试6种不同的试样，适用于塑料薄膜、复合膜等材料的水蒸气透过率的测定，其主要技术参数如下。

① 测试范围：0.1～10000g/(m²·24h)（常规）。

② 试样数量：1～6件（数据各自独立）。

③ 测试精度：0.01g/(m²·24h)。

④ 系统分辨率：0.0001g。

⑤ 控温范围：15～55℃（常规），精度±0.1℃（常规）。

⑥ 控湿范围：RH 10%～98%，标准90%RH，精度RH±1%。

⑦ 试样尺寸：ϕ74mm。

⑧ 试样厚度：≤3mm。

⑨ 测试面积：33cm²。

⑩ 气源：空气，压力0.6MPa。

(2) 试样及试验条件

试验条件分为两种情况，条件A是温度（38±0.6)℃、相对湿度90%±2%，而条件B是温度（23±0.6)℃，相对湿度90%±2%。用标准圆片冲刀切取一定直径的圆形试样。试样直径是杯环内径与凹槽宽度之和。试样应平整、均匀、不得有孔洞、针眼、皱折、划伤等缺陷。每组试样至少3个。对两个表面材质不同的样品，在正反两面各取一组试样。对于低透湿量，或精确度要求较高的样品，应取一个或两个试样进行空白试验。空白试验时，透湿杯中不加干燥剂，试验步骤与正常试验方法相同。

(3) 试验方法

按照国家标准GB/T 1037《塑料薄膜与薄片水蒸气透过性能测定 杯式增重与减重法》进行试验。具体测试步骤如下。

① 将干燥剂放入清洁的杯皿中，其加入量应以干燥剂距离试样表面约3mm为宜。

② 将盛有干燥剂的杯皿放入杯子中，然后将杯子放到杯台上，试样放在杯子正中，加上杯环后，用导正环固定好试样位置，再加上压盖。

③ 轻轻地取下导正环，将熔融的密封蜡浇灌在杯子的凹槽中。密封蜡凝固后不允许出现裂纹及气泡。

④ 待密封蜡凝固后，取下压盖和杯台，并清除粘在透湿杯边缘及底部的密封蜡。

⑤ 称量封好的透湿杯。

⑥ 将透湿杯放入已调好温度、湿度的调温调湿箱中，16h 后从箱中取出，放入处于(23±2)℃环境下的干燥器中，平衡 30min 后进行称量。以后每次称量前均应进行上述平衡过程。

⑦ 称量后将透湿杯重新放入调温调湿箱内，以后每两次称量的间隔时间是 24h、48h 或 96h。若试样的透湿量过大，也可对初始平衡时间和称量间隔时间做相应调整，但应该控制透湿杯增量不少于 5mg。

⑧ 重复⑦，直到连续两次质量增量不超过 5%时，结束试验。

需注意，每次称量时，透湿杯的先后顺序应一致，称量时间不得超过间隔时间的 1%。每次称量后应轻微振动杯子中的干燥剂，使其上下混合，而且干燥剂的吸湿总增量不得超过 10%。

(4) 数据计算

① 水蒸气透过量

$$\mathrm{WVT}=\frac{24\Delta m}{At} \tag{3-12}$$

式中 WVT——水蒸气透过量，$\mathrm{g/(m^2 \cdot 24h)}$；

t——质量变化稳定后的两次间隔时间，h；

Δm——t 时间内的质量增量，g；

A——试样透水蒸气的面积，$\mathrm{m^2}$。

对于需要做空白试验的试样，利用式(3-12) 计算水蒸气透过量时，需从 Δm 中扣除空白试验时 t 时间内的质量增量。

试验结果以每组试样的算术平均值表示，取三位有效数字。每一个试样的测试值与算术平均值的偏差不能超过±10%。

若把相同的塑料薄膜叠合，则叠合后薄膜的透湿度与叠合的张数成反比。假设各塑料薄膜的透湿度不受湿度的影响，叠合的各薄膜的透湿度分别为 $\mathrm{WVT_1}$、$\mathrm{WVT_2}$、…、WVT_n，则叠合后塑料薄膜的总透湿度 WVT 的计算公式可表示为：

$$\frac{1}{\mathrm{WVT}}=\frac{1}{\mathrm{WVT_1}}+\frac{1}{\mathrm{WVT_2}}+\cdots+\frac{1}{\mathrm{WVT}_n} \tag{3-13}$$

这种情况下的叠合薄膜的总透湿度不受各薄膜叠合顺序的影响。

② 水蒸气透过系数

$$P_{\mathrm{v}}=\frac{\Delta m d}{At\Delta P}=1.157\times10^{-9}\times\mathrm{WVT}\times\frac{d}{\Delta P} \tag{3-14}$$

式中 P_{v}——水蒸气透过系数，$\mathrm{g \cdot cm/(cm^2 \cdot s \cdot Pa)}$；

d——试样厚度，cm；

ΔP——试样两侧的水蒸气压差，Pa。

试验结果以每组试样的算术平均值表示，取两位有效数字。需注意，对于人造革、复合塑料薄膜、压花薄膜，不计算水蒸气透过系数。

例如，根据国家标准 GB/T 1037 选用 TSY-T1 透湿性测试仪（透湿杯法）测试分析了 12μm PET、20μm PET 薄膜和 18μm PET 镀铝薄膜在不同温度条件下的水蒸气透湿率，选取相对湿度 90%，透湿率随温度变化曲线（图 3-15）表明，PET 薄膜、PET 镀铝薄膜对水蒸气的透湿率随着温度的升高而增加。

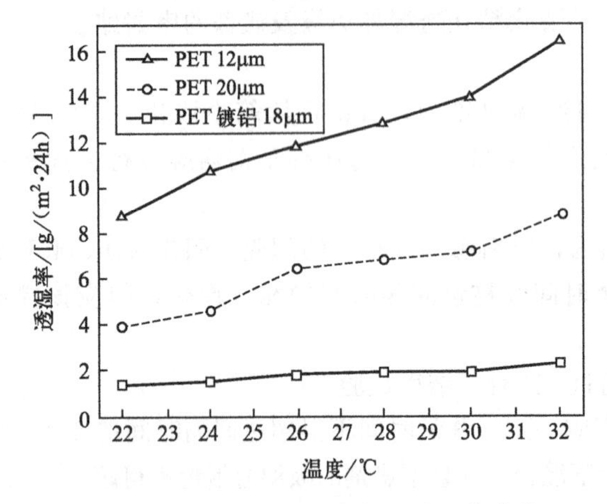

图 3-15 PET 薄膜的透湿率-温度变化曲线

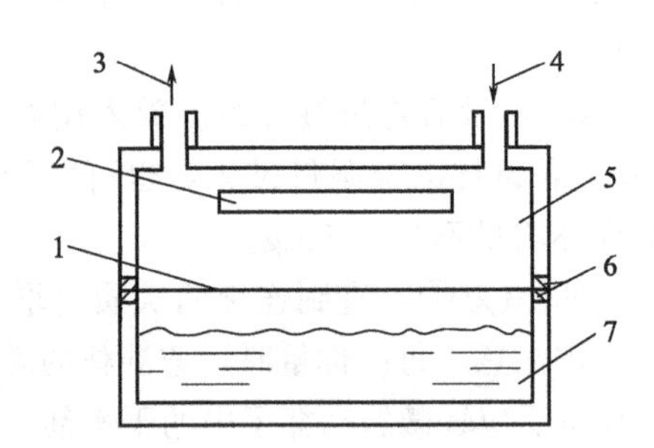

图 3-16 快速试验法原理

1—试样；2—探湿头；3—排气口；4—进气口；5—干燥侧；6—橡皮圈；7—蒸馏水

3.4.3.2 快速试验法

快速试验法的试验原理如图 3-16 所示，用于测定在一定的温度、相对湿度条件下，试样干燥面水蒸气透过量的微小变化。试样下面装上水，使其有一个饱和气压（相对湿度是 100%），试样夹在透气室上下的中间位置，保持密封状态，整个透气室保持恒温。透气室上半部分安装有一个探湿头（湿度传感器），用干燥空气使透气室上半部分干燥。当完全干燥后，关闭进气口和出气口。此时，通过试样的水蒸气使探湿头周围空气的相对湿度上升，记录一定的上升时间，可计算出透湿量。

3.4.3.3 红外检测法

红外检测法原理是：将预先处理好的试样夹紧于测试腔之间，具有稳定相对湿度的氮气在薄膜的一侧流动，干燥氮气在薄膜的另一侧流动。在湿度梯度作用下，水蒸气从高湿侧穿过薄膜扩散到低湿侧。在低湿侧，透过的水蒸气被流动的干燥氮气携带至红外传感器，产生同比例的电信号。通过对传感器电信号的分析计算，得到试样的水蒸气透过率等参数。对于包装容器，干燥氮气则在容器内流动，容器外侧处于高湿状态。

例如，济南兰光机电技术有限公司生产的 W3/230 红外检测法透湿仪适用于塑料薄膜、复合膜、片状材料，以及塑料、橡胶、纸质、玻璃、金属等瓶、袋、罐、盒等包装容器的水蒸气透过率的测定。红外检测法透湿仪检测薄膜的主要技术参数如下。

① 测试范围：0.001～100g/(m^2·24h)，0.02～1000g/(m^2·24h)。

② 试样数量：3 件（各自独立）。

③ 测试腔：3 个（可通过卫星机扩展）。

④ 试样尺寸：108mm×108mm。

⑤ 试样厚度：≤3mm。

⑥ 测试面积：50cm^2。

⑦ 控温范围：15～55℃（常规），精度±0.1℃。

⑧ 控湿范围：RH 0、RH 35%～90%、RH 100%，精度 RH±1%。

⑨ 载气：99.999%高纯氮气，流量 0～200mL/min，压力 0.28MPa。

美国 MOCON 公司生产的 PERMATRAN-W 3/33 MG 水蒸气透过率测试仪的主要技术参数如下。

① 测试范围：0.005～100cm³/(m²·24h)。

② 控温范围：5～50℃。

③ 控湿范围：RH 5%～95%。

④ 测试面积：50cm²。

⑤ 测试腔：2 个。

3.5 耐药性能测试

耐药性是指塑料薄膜抵抗酸、碱、有机溶剂等化学药品侵蚀的能力。当包装用塑料薄膜长期接触药品、化学试剂时，其外观和物性可能会发生变色、失光、雾化、开裂、龟裂、翘曲、分解、溶胀、溶解、发黏等变化。因此，对包装用塑料薄膜的耐药性能测试分析很重要，以保证食品、药品、饮料、奶制品等的包装安全性。本节介绍塑料薄膜的耐药性能测试方法。

3.5.1 耐药性试验

采用 50mm×50mm 的正方形试样，或直径 $\phi(50\pm0.25)$mm 的圆形试样。在试样浸渍药品之前，应在温度（23±1）℃、相对湿度 50%的环境中处理试样 40h 后，测定试样重量。根据包装要求选择药品，按规定的时间对试样浸渍药品后，用软布或薄纸擦掉，再测定试样重量，测试结果应取平均值。

试样的重量变化率为：

$$\Delta W=\frac{W_1-W_2}{W_1}\times100\% \tag{3-15}$$

式中 ΔW——试样的重量变化率，%；

W_1——处理后的试样重量，N；

W_2——试验结束时的试样重量，N。

3.5.2 药品渗透性试验

塑料薄膜的药品渗透性试验原理类似于透湿杯试验，但有机溶液药品的蒸气压力较高，放入透湿杯内之后，塑料薄膜由于压力而膨胀。因此，在进行塑料薄膜的药品渗透性试验时，最好选用图 3-17 所示的试验装置。把塑料薄膜试样置于透气室的中央位置，然后把整个装置放入恒温箱内，测量其重量变化，绘制出时间与重量的关系曲线，求出重量变化的平均值，然后计算出渗透系数。

塑料薄膜对药品的渗透系数为：

$$P_t=\frac{Rd}{A} \tag{3-16}$$

式中　P_t——塑料薄膜对药品的渗透系数，N·cm/(cm^2·24h)；

R——试样重量变化的平均值，N/24h；

A——试样表面积，cm^2；

d——试样厚度，cm。

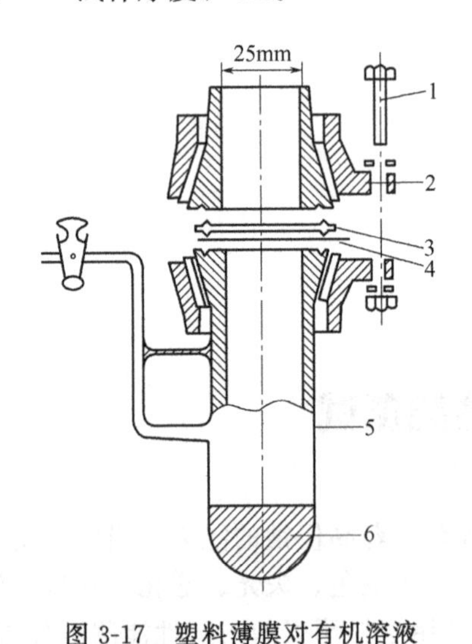

图 3-17　塑料薄膜对有机溶液渗透性试验装置

1—螺栓；2—连接法兰；3—聚四氟乙烯密封；4—试样；5—玻璃管；6—有机溶液

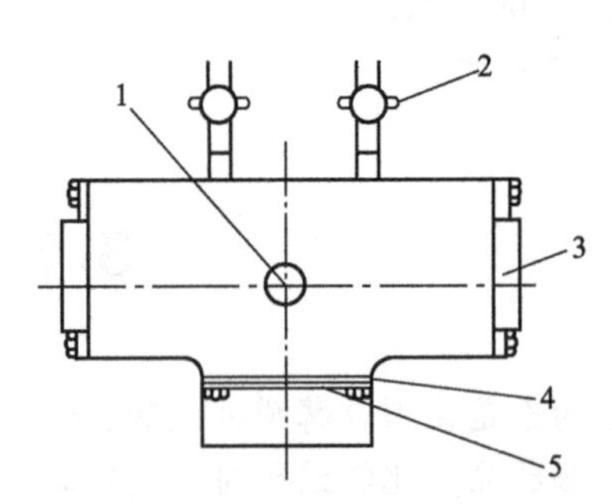

图 3-18　对香料渗透性测定装置

1—硅酮橡胶；2—真空旋塞；3—金属板；4—聚四氟乙烯密封；5—试样

如果测定香料的渗透性，应采用红外分光器进行气体色谱分析，其测试装置如图 3-18 所示。用红外分光器测定其吸收光谱或在硅酮橡胶窗内插入注射器，取样 5mL 进行气体色谱分析，绘制出时间与重量的关系曲线，求出重量变化平均值，然后计算出渗透系数。

例如，ERT-01 型包装材料蒸发残渣测试仪适用于以聚乙烯、聚苯乙烯、聚丙烯、过氯乙烯树脂为原料的食品、药品用包装薄膜在不同浸泡液中的溶出量检测，通过蒸发残渣的测定分析，评价塑料薄膜的耐药性。该仪器的主要技术参数如下。

① 测试范围：0～80g（残渣质量）。

② 测试精度：0.3mg。

③ 系统分辨率：0.1mg。

④ 控温范围：100～130℃（常规），精度±0.2℃（常规）。

⑤ 热风循环风速：0.2m/s。

⑥ 试样容积：0～200mL。

⑦ 试样数量：1～8 件（数据各自独立）。

⑧ 试样箱容积：64L。

⑨ 气源：空气，压力 0.6MPa。

3.6　拉伸强度测试

本节介绍塑料薄膜的拉伸强度测试原理与方法。

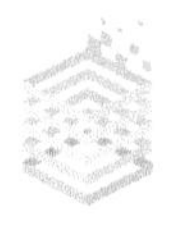

3.6.1 试验原理

塑料薄膜拉伸强度的试验原理是，在塑料标准试样的长度方向施加逐渐增加的拉伸载荷，使之发生变形直至破坏，试样破坏时所需要的最大拉伸应力就是拉伸强度。试样拉伸长度的变化用断裂伸长率表示。在应力-应变曲线的屈服点之前的直线段上，选取适当的应力和应变，便可求出塑料薄膜的弹性模量。

塑料薄膜的拉伸强度为：

$$\sigma_t=\frac{P}{bd} \tag{3-17}$$

式中 σ_t——试样的拉伸强度，N/mm^2；

P——试样断裂时的最大拉伸载荷，N；

b——试样宽度，mm；

d——试样厚度，mm。

塑料薄膜的断裂伸长率为：

$$\varepsilon_t=\frac{l-l_0}{l_0}\times 100\% \tag{3-18}$$

式中 ε_t——断裂伸长率，%；

l_0——试样原始标距，mm；

l——试样断裂时的标线长度，mm。

塑料薄膜的弹性模量为：

$$E=\frac{\sigma}{\varepsilon} \tag{3-19}$$

式中 E——试样的弹性模量，N/mm^2；

σ——拉伸应力，N/mm^2；

ε——应变，%。

3.6.2 测试方法

按照国家标准 GB/T 1040.2《塑料 拉伸性能的测定 第 2 部分：模塑和挤塑塑料的试验条件》进行试验，试验设备可选用 2.7.1 小节所介绍的电子万能试验机，它适用于纸张、塑料薄膜、复合薄膜、复合非金属材料的拉伸强度试验。

按要求分别沿纵向、横向切取试样各 5 条，试样的形状与尺寸如图 3-19 所示，并在标准环境下处理所有试样至平衡，处理时间不少于 4h。

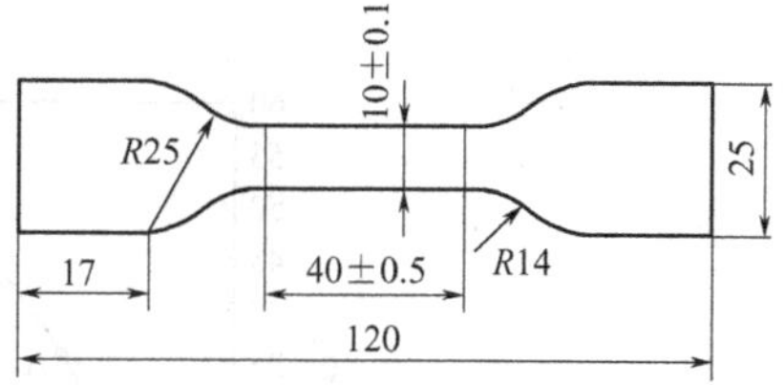

图 3-19 试样形状与尺寸

具体测试方法包括以下几点。

① 按照国家标准 GB/T 6672 测量试样厚度，每个试样在标线内测量三个点的厚度，取算术平均值，精确到 1μm。

② 在试样平行部分作标线，此标线不应该对测试结果有影响。

③ 夹持试样，应使试样的纵轴与试验机的上、下夹具中心连线相重合，并且松紧合适。

④ 按规定速度 (250±50)mm/min 开动试验机进行拉伸试验。

⑤ 试样断裂后，读取载荷和标线间距的伸长量。如果试样在标线之外的某部位断裂，应取新试样重做试验。

⑥ 测量弹性模量时，应安装、调整测量变形记录仪，记录载荷和变形量。计算拉伸强度、断裂伸长率和弹性模量。

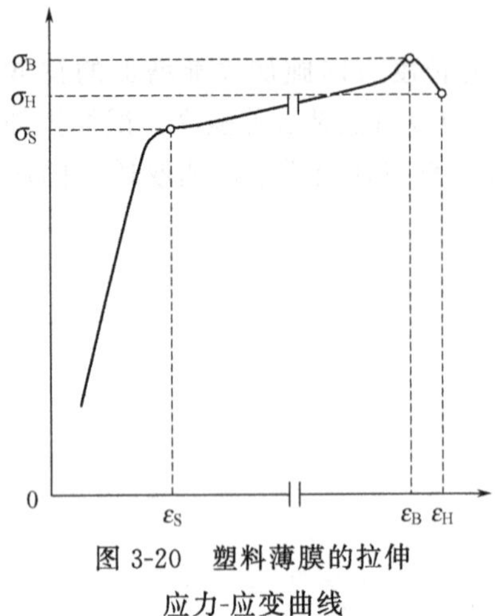

图 3-20　塑料薄膜的拉伸应力-应变曲线

在实际包装使用过程中，塑料薄膜的拉伸强度有一个限制范围。在这个范围内，变形后的薄膜可以恢复原状。但是，若拉伸强度超出这个范围，则变形后的薄膜不能恢复。通常选用屈服强度作用塑料薄膜的使用极限，如图 3-20 所示，σ_S、σ_B分别代表屈服强度、拉伸强度。屈服强度指试样在屈服点所受的拉伸力，其特征为薄膜在延伸的过程中，拉伸力没有明显的增加，应力-应变曲线在这时呈现出相对水平的趋势。需要注意的是，塑料薄膜的纵向拉伸和横向拉伸一般是不相同的。

例如，表 3-6、图 3-21 提供了饮品（如牛奶、饮料）利乐包装用纸/塑/铝复合包装材料的沿纵向、横向的拉伸特性及其曲线，拉伸速度 100mm/min，在试样两端缓慢地施加单向载荷，直到试样断裂为止。

表 3-6　纸/塑/铝复合材料拉伸性能测试分析结果　　单位：MPa

试样方向	试样组	拉伸强度	平均值	比例极限	试样方向	试样组	拉伸强度	平均值	比例极限
纵向	1	56.68	59.20	35.461	横向	1	33.67	35.85	15.471
	2	58.21				2	33.08		
	3	48.53				3	35.36		
	4	59.64				4	36.91		
	5	61.79				5	36.48		
	6	61.67				6	36.87		
	7	63.27				7	36.93		
	8	61.44				8	35.54		
	9	60.46				9	37.18		
	10	60.31				10	36.46		

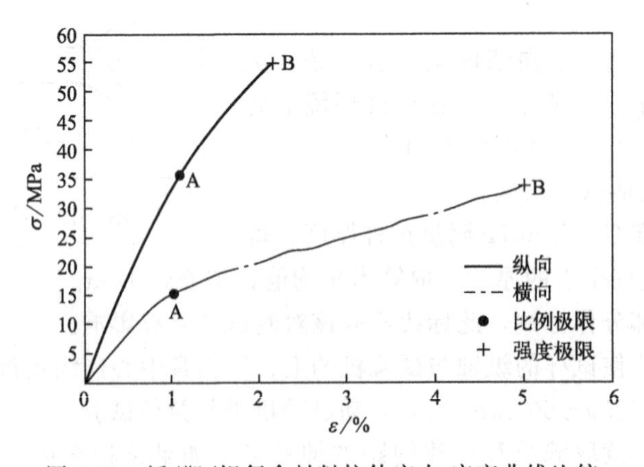

图 3-21　纸/塑/铝复合材料拉伸应力-应变曲线比较

3.7　直角撕裂强度测试

3.7.1　试验原理

塑料薄膜试样在受到拉伸的过程中，最薄弱部位是直角口处。如果逐渐增大拉伸载荷，塑料薄膜的断裂必然从直角口处开始，沿与拉伸载荷垂直方向逐点断裂，直至试样撕裂。

塑料薄膜的直角撕裂强度为：

$$\sigma_{tr}=\frac{P}{d} \tag{3-20}$$

式中　σ_{tr}——试样的直角撕裂强度，N/mm；

P——试样断裂时的最大拉伸载荷，N；

d——试样厚度，mm。

3.7.2　测试方法

参考国家标准 GB/T 16578.2《塑料　薄膜和薄片　耐撕裂性能的测定　第 2 部分：埃莱门多夫（Elmendor）法》进行试验。用专用刀具分别沿纵、横向切取试样 10 条，试样形状、尺寸如图 3-22(a) 所示，要求试样直角口处应无裂缝及伤痕，并在标准环境中处理至平衡。试验设备可选用 2.7.1 小节所介绍的电子万能试验机，它适用于纸张、塑料薄膜、复合薄膜、复合非金属材料的拉伸强度试验。

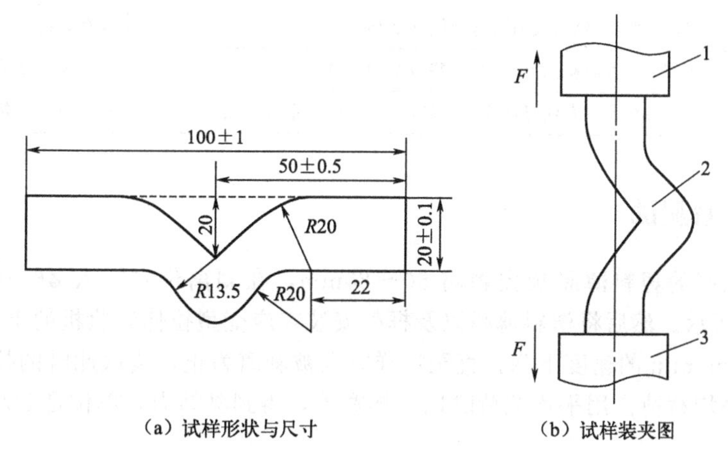

(a) 试样形状与尺寸　　(b) 试样装夹图

图 3-22　直角撕裂试验

1—上夹头；2—试样；3—下夹头

具体测试方法包括以下几点。

① 按照国家标准 GB/T 6672 测量试样厚度，每个试样在标线内测量三个点的厚度，取算术平均值，精确到 1μm。

② 按图 3-22(b) 所示的方法将试样夹持于上、下夹具之间。

③ 以 200mm/min 的速度对试样进行拉伸，直至试样拉断，裂口应在直角口处。

④ 记录试样断裂时的最大拉伸载荷，计算直角撕裂强度。

3.8 黏结性能测试

使用塑料薄膜等包装材料时，经常会出现多层材料互相黏结，这给材料使用造成一定的困难，因此，有必要检测塑料薄膜的抗黏结性能。另外，复合薄膜是由塑料薄膜与塑料薄膜或其他材料（如铝箔、纸、织物等）复合而成的一种重要的包装材料，如纸/塑复合型、塑/塑复合型、纸/塑/铝复合型等。因此，对复合薄膜的黏结性能测试，即剥离强度测试也是必要的。

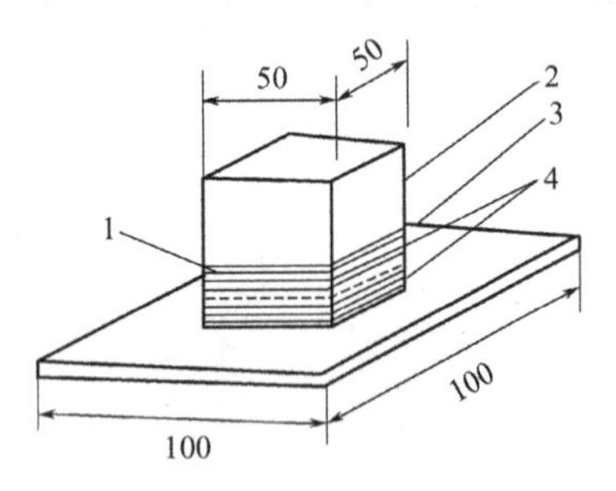

图 3-23 黏结性试验方法
1—金属板；2—加压重物；
3—支撑板；4—试样

3.8.1 耐黏结性试验

将试样叠放在一起，制作两组，把两组试样放在平板上加压，如图 3-23 所示。对防潮阻隔材料，在 2.06×10^4Pa 的压力和 70℃的温度条件下放置 24h 后卸掉加压块，并在（23±2)℃的室温条件下放置 30min，使试样之间相互滑动或剥离，检查剥离时试样的状态和剥离后的表面。试验结果可参考表 3-7 所示。

表 3-7 耐黏结性试验结果

耐黏结程度	试验结果
接触表面能相互自由滑动，表面剥离后，表面没有裂纹和缺陷	没有黏结性
接触表面稍有些不能自由滑动，表面剥离后，稍有一些裂纹的痕迹	几乎没有黏结性
接触表面剥离很困难，剥离后在表面有明显的裂纹和缺陷，部分位置造成破损	有相当强的黏结性

3.8.2 黏结力测试

把已经黏结好的塑料薄膜预先剥离 50～80mm，在剥离位置插入 ϕ6.35mm 的铝制圆杆，如图 3-24 所示。然后将塑料薄膜以及框架安装在应变型拉伸试验机的上、下夹具之间，下夹头以 125mm/min 的速度下降，直至试样完全被剥离为止，读取此时的拉伸载荷，求出剥离试验时的平均载荷。用平均载荷除以试样宽度，得到黏结力，单位是 N/mm。

3.8.3 剥离强度测试

(1) 试验原理

各种软质复合塑料材料的剥离强度的测试原理是，将规定宽度的试样，在一定的速度下进行 T 形剥离，测定复合层与基材的平均剥离力。试验设备是带图形记录装置的拉伸试验机或万能材料试验机。

(2) 试样制作与处理

将样品宽度方向的两端除去 50mm，沿试样宽度方向均匀裁取纵、横向试样各 5 条，复

合方向为纵向。沿试样长度方向将复合层与基材预先剥开50mm，被剥开部分不得有明显损伤。若试样不易剥开，可将试样一端约20mm浸入适当的溶剂中处理，待溶剂完全挥发后，再进行剥离强度试验。若复合层经过这种处理后，仍不能与基材分离，则试验不可进行。

试验之前，对所用试样在温度（23±2）℃、相对湿度45%～55%的环境中放置4h以上，并在该环境中进行试验。

（3）测试方法

按照国家标准GB 8808《软质复合塑料材料剥离试验方法》进行试验。对于不同的复合薄膜材料，试验方法也略有区别。复合薄膜采用A法，人造革、编织复合材料采用B法。A法试样宽（15±0.1）mm、长200mm，拉伸速度是（300±5）mm/min。B法试样宽（30±0.2）mm、长150mm，拉伸速度是（200±5）mm/min。除了试样尺寸和试验速度不同之外，A法与B法试验的其他试验条件相同。

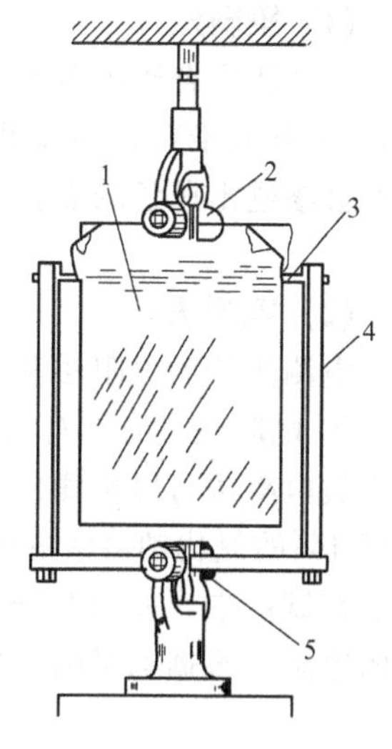

图 3-24 应变型拉伸试验机

1—试样；2—上夹头；3—铝制圆杆；4—框架；5—下夹头

试验时，首先将试样剥开部分的两端分别夹持在试验机的上、下夹具上，使试样剥开部分的纵轴与上、下夹具中心连线重合，松紧适宜。然后开启试验机，对试样进行拉伸，此时未剥开部分与拉伸方向呈T形。记录试样剥离过程中的剥离力曲线。

根据试验所得曲线形状，采取近似取值法确定剥离力，即做出剥离力曲线的中线，如图3-25所示。每组试样计算纵向、横向剥离力的算术平均值，取两位有效数字，以N为单位。如需要，也可计算出试样单位宽度上的平均剥离力（单位是N/m），以及剥离力的最大值、最小值和标准偏差。

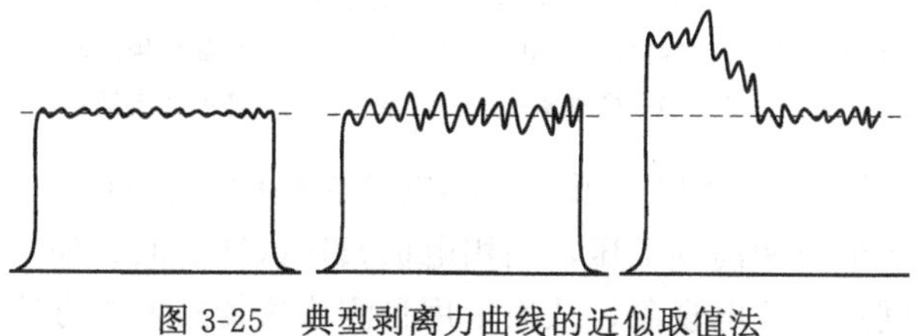

图 3-25 典型剥离力曲线的近似取值法

3.9 抗针孔性能测试

针孔试验用于检测包装袋薄膜的抗针孔性能。本节介绍包装袋薄膜的针孔测试方法和抗针孔强度试验方法。

3.9.1 针孔测试法

常用的针孔测试方法有染料法、电测法，对于铝箔等高阻隔性材料，还可根据测定的透湿度来判断包装袋薄膜中针孔存在的程度。

（1）染料法

染料法适合于由聚乙烯薄膜、纸等组成的复合材料的抗针孔性能测试。试验原理是：将1%次甲基蓝染料、99%甲醇用毛刷涂在包装材料的树脂面上，经过一段时间后，在针孔位置就会渗透出蓝色的点。切取一定面积的试样，通过染料法就可以检测出试样存在针孔点的数量。

（2）电测法

电测法分为电阻法和放电法。

① 电阻法　有针孔的部位，电阻比较小，通过测量试样的电阻变化来检测针孔的数量，故通过电阻法可以检测出塑料包装袋的针孔。电阻法的测试原理如图 3-26(a) 所示，在装有浓度 1%的氯化钠溶液的容器中，固定两个电极，一个电极如图 3-26(b) 所示，而另一个电极插在试样中，如图 3-26(a) 所示。把试样浸在容器中，注入溶液 30s 后，测量两个电极之间的电阻，根据电阻的变化检测出针孔。

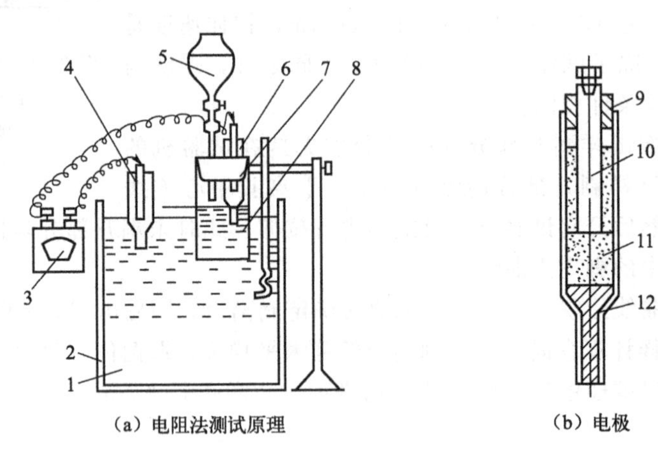

（a）电阻法测试原理　（b）电极

图 3-26　电阻法针孔测试装置

1—1%氯化钠溶液；2—容器；3—电桥；4—电极；5—1%氯化钾溶液；6—电极；7—试样架；8—试样；9—橡胶塞；10—锌电极；11—硫酸锌溶液；12—琼胶

② 放电法　它多用于检测金属和纸、塑料以及涂层的复合材料。试验原理是，给试验装置的电极接上高直流电压和高频电压，利用电极扫描试样表面。如果试样有针孔，金属就裸露出来，与电极之间产生放电现象，从而采用目测或仪器报警等方法检测出针孔。在食品包装中，如火腿、腊肠、蒸煮袋等经过杀菌后，有时会出现针孔，用肉眼是很难检查的，此时可以采用放电法检测针孔或密封部分的工艺缺陷。放电法的检测原理如图 3-27 所示。把试样放在两个电极之间，当试样有针孔时，就会产生放电电流，用检测装置可以测出，并发出信号，自动排出有针孔的包装。如果包装没有针孔，不会引起电火花和放电电流，合格品自动输送到下道工序。用水、甲醇等导电性溶液，浸泡毛毡作为一个电极，试样放置在金属板上，另一个电极与金属板相连。如果试样有针孔，当用毛毡扫描试样时，电极和金属板处于接通状态，这时可用仪表检测电流，从而测得针孔的数量和位置。

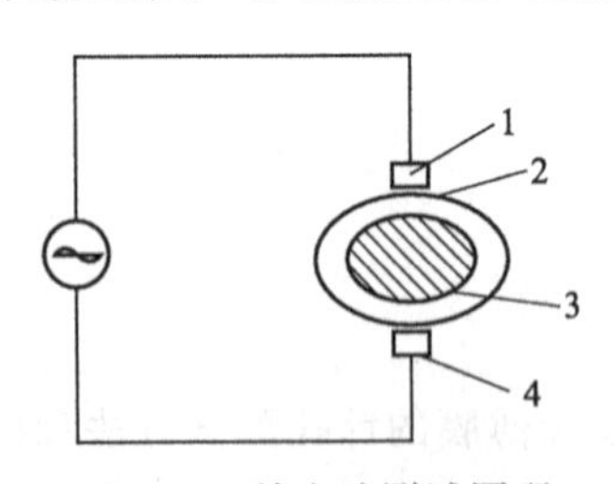

图 3-27　放电法测试原理

1—电极；2—绝缘体；3—内装物；4—接地电极

采用放电法检测包装物的针孔时，需要注意以下问题。

a. 包装材料必须有很高的绝缘性和耐压性。

b. 内装物必须具有导电性。

c. 测定包装物表面，不能用水浸湿或污染。

d. 不能检测包装表面涂金粉、银粉等涂料的包装材料。

3.9.2 抗针孔强度试验

抗针孔强度是包装材料的重要性质，特别是液体包装袋。在输送过程中，由于冲击、振动容易产生针孔，将会造成很大的损失。包装袋件的振动试验只能模拟在流通过程由于运输工具和振动所造成的损坏，还不能真正模拟针孔试验。仪表测量法和冲击试验法是两种常用的抗针孔强度试验方法。

(1) 仪表测量法

仪表测量法是模拟在低速冲击条件下包装薄膜的抗针孔强度，试验装置如图 3-28 所示，把试样装在金属柜上，放入低温槽内，然后使其以 6cm/min 的速度上升。用黄铜制成的针（针的前端是 70°顶角的圆锥形）与检测器相连，试样向上移动时，碰到针头后包装薄膜破坏而产生针孔，由检测器测出产生针孔时的载荷和伸长量。

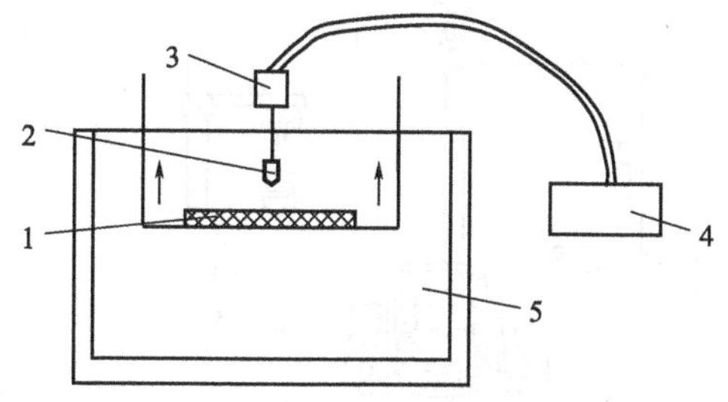

图 3-28 抗针孔试验装置

1—试样；2—针；3—检测器；4—记录仪；5—低温槽

破坏载荷和伸长量的关系近似为线性函数。试样材料的韧性为：

$$\alpha=\frac{P\Delta L}{2} \tag{3-21}$$

式中 α——材料的韧性，N·mm；

P——破裂载荷，N；

ΔL——破裂伸长量，mm。

仪表测量法是用带有锐角的针梢，以低速触及包装薄膜，检测薄膜的抗针孔强度。在实际的流通过程中，冲击速度是比较高的，模拟在高速冲击条件下包装薄膜的抗针孔强度，需采用冲击试验法进行测试。

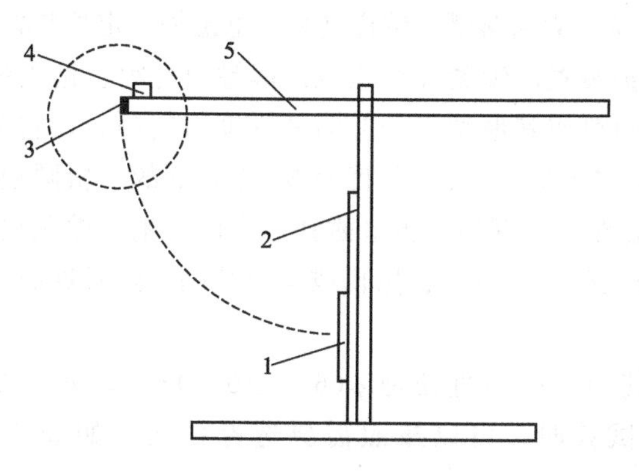

图 3-29 冲击试验法示意

1—试样；2—玻璃板；3—垫圈；4—载荷；5—聚氯乙烯管

(2) 冲击试验法

冲击试验法模拟在高速冲击条件下包装薄膜的抗针孔强度，试验装置如图 3-29 所示，聚氯乙烯管的端点安装有冲击头和载荷。当冲击头离开水平位置时，冲击试样产生针孔，从而检测包装薄膜抵抗针孔的能力，所加的载荷一般是 60g。

3.10 抗冲击性能测试

本节介绍塑料薄膜抗冲击性能的测试方法，包括自由落镖法和抗摆锤冲击法。

3.10.1 自由落镖法

自由落镖法是在给定高度的自由落镖冲击下，测定50%塑料薄膜和薄片试样破损时的能量，以冲击破损质量表示塑料薄膜或厚度小于1mm的薄片的抗冲击能力。

(1) 试验原理

当落镖从自由落镖冲击试验机的一定高度处下落时，它以一定的动能冲击试样，落镖质量越大，动能越大，冲击能量也就越大。落镖对试样所做的功：

$$W = mgh - \frac{1}{2}mV^2 \tag{3-22}$$

式中 W——落镖对试样所做的功；

m——落镖的质量；

h——落镖的下落高度；

V——落镖对试样的冲击速度。

当试样破损时，$V=0$，则有 $W=mgh$，即落镖对试样所做的功与其质量成正比。因此，可以用落镖质量来衡量塑料薄膜抗冲击能力的大小。

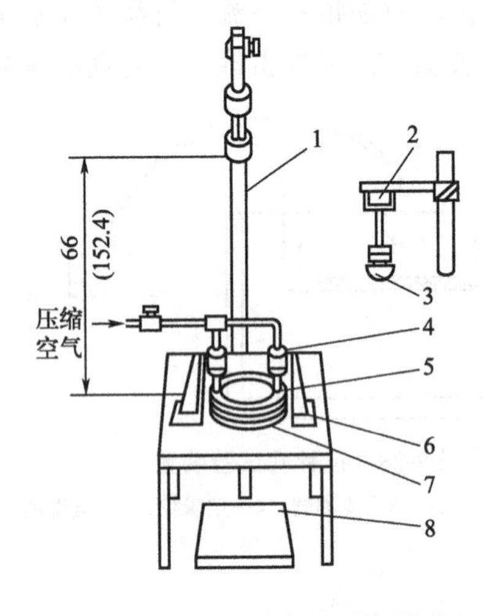

图 3-30 落球式冲击试验机原理

1—立柱；2—电磁铁；3—冲击头；4—压紧汽缸；5—活动压板；6—试样；7—固定压板；8—橡胶垫

(2) 试验设备

自由落镖法所用试验设备是落球式冲击试验机，如图3-30所示，它由落镖、试样夹具、电磁铁、定位装置、缓冲和防护装置、锁紧环等组成。落镖由光滑、抛光的铝、酚醛塑料或其他硬度相似的低密度材料制成，它必须有一个半球形的头部，在该头部安装直径$\phi(6.5\pm0.1)$mm、长度至少115mm的一根圆柄，用于装卸砝码。圆柄是由非磁性材料制成，其端部有一钢销，当电磁铁通电时，钢销被吸住。每一个落镖的质量偏差是±0.5%。落镖头部的表面应无裂痕、擦伤或其他缺陷。电磁铁必须能吸住或放开质量为2000g的落镖。

砝码是由不锈钢或黄铜制成的圆柱体，其中心孔的直径是$\phi(6.5\pm0.1)$mm。每一个砝码必须控制在规定质量的±0.5%以内。试验时，可以按照需要选择砝码，如表3-8所示。

表 3-8 砝码系列

方法	砝码直径/mm	砝码质量/g	砝码个数
A法	30	5	大于2
		15	8
		30	8
		60	8
B法	45	15	大于2
		45	8
		90	8

例如，承德建德检测仪器有限公司生产的 XJB-30J 落镖冲击试验机适用于对塑料薄膜、薄片进行冲击试验，其主要技术参数如下。

① 使用温度：10～35℃。

② 落镖质量：50～2000g，递增量 5g。

③ 镖头半径：A 法，(19±1)mm；B 法，(25±1)mm。

④ 试样夹具：外径 150mm，内径 125mm。

⑤ 冲击高度：1500mm。

⑥ 冲击能量：30J。

(3) 测试方法

按照国家标准 GB/T 9639.1《塑料薄膜和薄片 抗冲击性能试验方法 自由落镖法 第 1 部分：梯级法》进行试验。试验方法分 A、B 两种方法。A 法适用于冲击破损质量为 50～2000g 的材料，所用落镖头部直径是 ϕ(38±1)mm。B 法适用于冲击破损质量为 300～2000g 的材料，所用落镖头部直径是 ϕ(50±1)mm。

制备试样时，切取长宽尺寸均大于 153mm 的塑料薄膜，或厚度小于 1mm 的薄片试样至少 30 个。试样应无气泡、折痕或其他明显的缺陷。所有试样应在标准环境中调节处理至少 8h，并在相同的环境下进行试验。

具体测试步骤如下。

① 将试样紧固于环形夹具之间，加置合适的砝码，提升落镖至规定高度，A 法是 (0.66±0.01)m，B 法是 (1.5±0.01)m。然后释放落镖，使之以自由落体形式冲击试样。若未冲破试样，应及时拦住落镖，避免二次冲击。

② 冲击 20 个试样后，检查试样的破损率，若达到 50%，试验结束。若不足 50%，应改变落镖质量，重新做试验。

③ 以试样破损 50%时的落镖质量作为薄膜抗冲击的破损质量，并计算抗冲击强度。

3.10.2 抗摆锤冲击试验

(1) 试验原理

抗摆锤冲击试验原理是，使半球形冲击头在一定的速度下，冲击并穿过塑料薄膜，以测量冲击头所消耗的能量作为评价塑料薄膜的抗摆锤冲击能量。抗摆锤冲击试验所用试验设备是摆锤式薄膜冲击试验机，如图 3-31 所示。

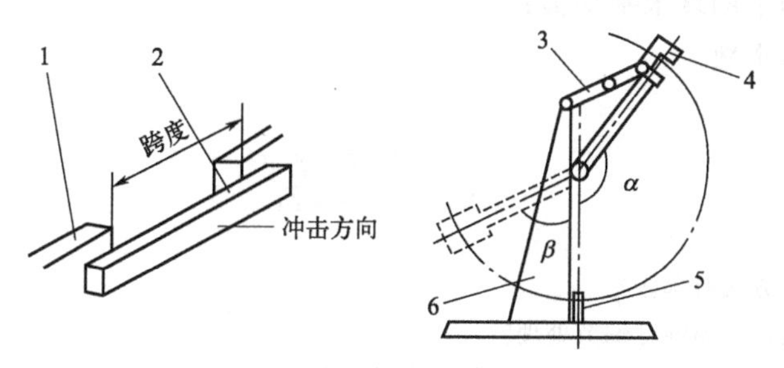

图 3-31 摆锤式薄膜冲击试验机原理

1—试样支座；2,5—试样；3—摆臂；4—摆锤；6—机架

例如，承德建德检测仪器有限公司生产的 XBM-3 薄膜冲击试验机适用于测定塑料、橡

胶等非金属材料的冲击韧性，其主要技术参数如下。

① 最大冲击能量：3J。

② 最大摆动半径：320mm。

③ 冲击摆扬角：90°。

④ 试样夹口直径：ϕ89，ϕ60，ϕ50。

⑤ 冲头尺寸：ϕ25.4，ϕ12.7。

⑥ 试样尺寸：100mm×100mm。

⑦ 刻度盘分度：0.025J。

(2) 试样制作与处理

在外观合格的薄膜宽度方向上均匀裁取试样。试样外形尺寸是100mm×100mm或直径是ϕ100mm。每组试样数量是10个。对所有试样应温度（23±2)℃、相对湿度45%～55%的环境中调节处理至少4h，并在此环境中进行试验。

(3) 测试方法

按照国家标准GB/T 8809《塑料薄膜抗摆锤冲击试验方法》进行试验。具体测试步骤如下。

① 按照国家标准GB/T 6672测量试样厚度，在每个试样的中心测量一点，取10个试样测试结果的算术平均值。

② 选择冲击头，使读数在满量程的10%～90%范围内。

③ 按照摆锤式薄膜冲击试验机使用要求校准仪器。

④ 将试样平展地放入夹持器中夹紧，试样不应有皱折或四周张力过大的现象，而且10个试样的受冲击面应一致。

⑤ 将指针拨到最大刻度处，迅速放开摆的挂钩，使摆锤冲击试样，记录读数。

试验结果以10个试样的算术平均值表示，精确到0.02J，并报告标准偏差。试验结果标准偏差的计算方法为：

$$S=\sqrt{\frac{\sum_{i=1}^{n}(X_i-\overline{X})^2}{n-1}} \tag{3-23}$$

式中 S——标准偏差；

X_i——单个试样测量值；

$\overline{X}$——测试结果的算术平均值；

n——测试值个数。

思考题

1. 塑料薄膜的鉴别方法有哪些？
2. 如何对塑料薄膜进行温湿度调节处理？
3. 塑料薄膜的基本尺寸如何测定？如何表征基本尺寸发生变化？
4. 塑料薄膜的透气性原理是什么？影响透气系数的因素有哪些？
5. 塑料薄膜的透气性测试的方法有哪些？
6. 压差法与等压法的主要区别有哪些？

7. 塑料薄膜的透湿性原理是什么？测试方法有哪些？
8. 如何用透湿杯法进行测试塑料薄膜的透湿性？
9. 什么是塑料薄膜的耐药性？用什么方法进行测试？
10. 塑料薄膜拉伸强度的试验原理是什么？如何表征塑料薄膜的拉伸强度？
11. 如何进行塑料薄膜的直角撕裂强度测试？
12. 复合薄膜的黏结性能测试项目有哪些？分别用什么方法进行测试？
13. 复合薄膜的针孔测试方法有哪些？
14. 塑料薄膜抗冲击性能测试项目有哪些？其试验原理分别是什么？

第4章 包装容器性能测试

学习指南

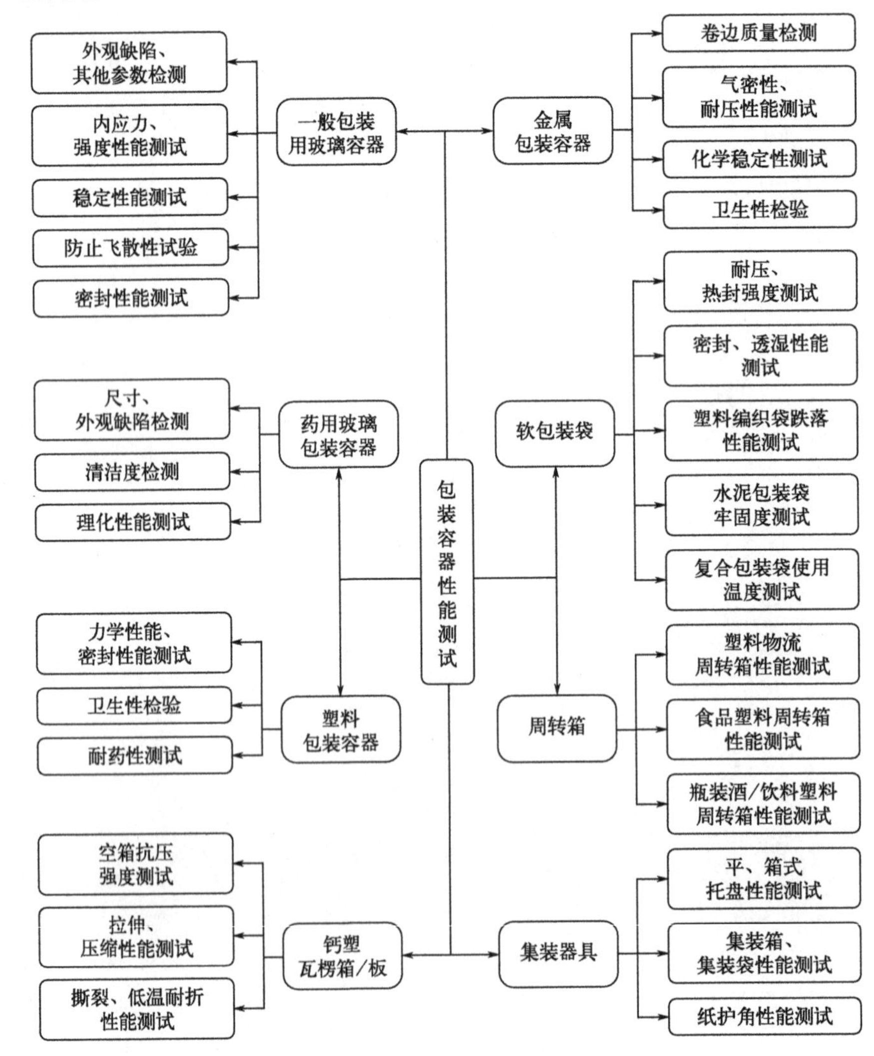

本章主要介绍玻璃包装容器、塑料包装容器、金属包装容器、钙塑瓦楞箱、软包装袋和周转箱的性能测试。

本章内容的重点为一般包装用玻璃容器、药用玻璃包装容器、塑料包装容器、金属包装容器、软包装袋、周转箱、集装器具等包装容器的性能测试。

本章内容的难点为一般包装用玻璃容器的内应力测试、强度性能测试、耐热冲击强度测试，药用玻璃包装容器的清洁度检测与理化性能测试，塑料包装容器的力学性能、密封性能及卫生性能测试，钙塑瓦楞箱/板的空箱抗压强度、拉伸性能、压缩性能测试，金属包装容器的卷边质量、气密性、化学稳定性能测试，软包装袋的耐压强度、热封强度、密封性能、透湿性能测试，平托盘性能、集装箱性能测试。

随着全球工业与科技发展，对使用产品的质量水平、安全性能、环保性能等方面要求不断提高，促进了检验检测行业的快速发展。现代试验仪器是光/机电/计算机和多种基础学科高度综合的产物，新技术应用和发展极为迅速地向微型化、集成化、智能化和总线化发展。

从发展趋势分析，随着科学研究、技术开发向物质极端尺度推进，科技仪器设备发挥的作用将更为关键。目前，国内的包装检测研究生产企业正围绕着仪器设备的前沿技术与方法、设备自研等方向开展系列研发，推动试验与测试技术的高质量发展，提升仪器设备的自研自制能力。这些企业以包装产品检测、安全评价、技术咨询、标准化服务等工作为主，涉及食品包装、危险化学品包装、日用消费品包装等多个领域，检测对象包括纸、塑料、金属、玻璃、陶瓷、竹木等各类材质，为电子电器设备商、物流包装企业和个体消费者等提供有竞争力的综合测试解决方案和服务。

随着信息技术和电子商务、电子数据、供应链的快速发展，国际物流业已经进入快速发展阶段，而物流系统的标准化和规范化已经成为提高物流运作效率和效益、提高竞争力的重要手段。托盘、集装箱等集装器具已广泛应用于国内外物流领域，具有保证商品运输安全，提高装卸效率，加速商品流通，简化运输手续环节，节约运输包装成本等优点，特别是国际化、跨行业化和区域化特征明显。我国提出“一带一路”倡议，开启了21世纪的“新丝绸之路”，国际集装箱运输、多式联运与大陆桥运输进入崭新的历史发展阶段。托盘、集装箱行业面临着越来越复杂的国际贸易环境，需要逐步转型升级，不断创新和改进，提高托盘、集装箱行业的竞争力，加快发展包装物流技术，降低包装物流成本，为促进贸易和经济发展做出更大的贡献。本章通过包装容器性能测试与分析，培养学生的工程设计素质和创新意识，培养分析和批判性思维能力，培养职业素养。

包装容器是在流通过程中储存与保护商品的重要形式，如玻璃包装容器、塑料包装容器、金属包装容器和软包装容器等，它们对商品的安全运输起着非常重要的作用。本章主要介绍玻璃包装容器、塑料包装容器、金属包装容器、钙塑瓦楞箱、软包装袋、周转箱以及托盘、集装箱和集装袋等集装器具的性能测试。

4.1 一般包装用玻璃容器性能测试

采用玻璃容器包装食品、药品、饮料及酒类以及其他易腐蚀物品，与塑料、马口铁以及复合材料制成的包装容器相比，具有化学性能稳定、阻隔性高、透明美观、硬度高、不易污染、长期使用材质变化小等优点。但是，玻璃容器质量较大，耐冲击性差，容易破损。由于玻璃包装容器的抗压强度高，而抗拉强度较低，因此，破损多是由于受拉所引起的。

玻璃包装容器的破损通常是由玻璃表面上的裂痕开始破裂，这种裂痕称为破坏起点。图4-1是玻璃包装容器破裂示意，图4-1(a)属于内压破裂，图4-1(b)属于外部冲击破裂，图4-1(c)属于跌落冲击破裂，图4-1(d)属于热冲击破裂，图4-1(e)和图4-1(f)属于水冲击破裂。通过观察破裂断面的形态，可推断破坏原因和破坏起点。

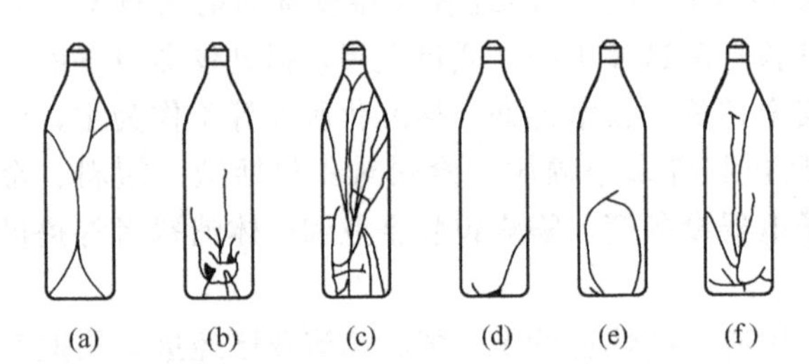

图 4-1　玻璃容器破裂示意

由于包装的不同要求，对玻璃瓶罐的要求也不完全相同。对于酒瓶，除了要求耐久性、强度和瓶盖的密封性外，还要求色彩美观、透明有光泽、能够防止紫外线使内装物发生质量变化。对于饮料瓶和啤酒瓶等，除要求有足够的耐内压强度外，由于要回收再用，还要求洗瓶时要有耐热冲击性能。因此，对一般包装用玻璃容器的性能测试很重要。

本节主要介绍一般包装用玻璃容器的强度与热稳定性、化学稳定性、密封性能测试以及容量、壁厚、垂直轴偏差等参数的检测。

4.1.1 外观缺陷检测

玻璃容器的强度与外观缺陷关系很大，外观缺陷会降低其强度，很容易造成容器破损，在灌装生产线上易引起生产故障，影响包装过程和质量。而且，细小的外观缺陷也影响消费者的购买欲望。

玻璃瓶罐的外观缺陷大约有100种以上，如口部变形、瓶口内径差、表面粗糙、壁厚不均匀、凹凸不平、气泡、伤痕、螺纹台阶缺口及圈数不对等。这些缺陷主要是由于供料机、制瓶机和模具等使用操作不当所造成的。

对玻璃瓶罐外观缺陷的检测，比较简单的方法是采用目测或通过简单的量具进行抽样检查。例如，用卡规或环规测量瓶颈，用环规测量瓶外圆，用样规测量瓶外形，用塞规测量瓶口等。这种检查方法对检验人员的视力要求较高，工作量很大，同时也不能保证所有商品的质量。随着生产速度和质量要求的逐步提高以及消费者对产品安全性的强烈要求，必须发展自动检测技术。目前，欧美等发达国家已研制出多种类型的自动检验机，广泛应用于玻璃瓶

罐缺陷的检测与分析。采用自动检验机检测玻璃瓶罐缺陷，属于全部检查，而不是抽样检查，这也是控制包装质量的一种有效方法。

上海优汉实业发展有限公司研制的“玻璃瓶曲线在线高速自动检测系统”将机器视觉技术应用于玻璃瓶缺陷检测，实现了瓶身缺陷的高速自动检测功能。该系统在传送带上设置暗室（或遮光帘），传送带导轨穿过暗室，暗室中导轨两侧设置两个检测工位，每个工位各设置三个摄像头，保证瓶身的各个角度都在成像范围内，每个摄像头只能获取瓶身60°～90°的图像，排除玻璃瓶边缘对检测结果的影响。检测系统利用白色的高频荧光灯光源，对透明玻璃瓶进行背光照明，为保证图像不互相影响，两个工位的位置错开一段距离。

玻璃瓶被依次输送到传送带上。当玻璃瓶进入到第一工位的摄像头视野时，系统进行软触发，即利用视野中图像信息发生变化作为采集的触发信号，三个摄像头同时采集图像并传送到计算机终端，经过玻璃瓶缺陷检测软件运算分析后把检测结果发给下一个工位，当玻璃瓶继续传输到第二个工位时经历同样的检测过程，检测完毕后根据两个工位的检测结果发信号给控制卡，控制卡将缺陷瓶剔除信号发送给缺陷瓶剔除装置，决定玻璃瓶的“通过”或“剔除”，并对玻璃瓶计数。

该系统可以对不同形状的玻璃瓶进行检测。在玻璃瓶类型更换时，首先对这种玻璃瓶定标，即输入标准尺寸、调节好摄像头位置及镜头的聚焦光圈，同时设定瓶身的缺陷的最小尺寸（2～9mm）及其他参数即完成定标工作，其主要技术指标包括：

① 尺寸检测，瓶身、瓶肩、瓶口的外观检测；

② 对检测的缺陷瓶进行统计，可以保存和显示统计数据；

③ 合格瓶的误检率≤5%，不合格瓶的漏检率≤5%；

④ 在线监测速度≥150瓶/min。

4.1.2 内应力测试

玻璃包装容器内应力检测的常用试验方法有偏光法和瓷漆法。

4.1.2.1 偏光法

偏光法是把试样瓶放入两个偏振片的中间，通过观察视场的亮度变化来确定试样瓶的应力等级。如果试样瓶中存在应力，偏振光就发生旋转，视场亮度也发生变化。通过对比这一亮度与分为若干等级的标准变形亮度，就可得到试样瓶的应力等级。试验仪器是偏光应力仪，如WZY-250型偏光应力仪、LZY-150型玻璃制品应力检测仪。偏光法通常分为比较法和直测法两种。

LZY-150型玻璃制品应力检测仪利用偏振光干涉原理检查玻璃容器的内应力，备有灵敏色片，并应用1/4波片补偿方法，可以根据偏振场中的干涉色序定性、定量地确定玻璃瓶的内应力值。这种仪器的主要技术参数如下。

① 仪器示值：1nm。

② 测量精度（双折射程差值）：4nm。

③ 偏振场直径：150mm。

④ 检偏振片旋转角度：360°。

⑤ 光场的光亮度：≥800勒克斯（lx）。

⑥ 起、检偏镜间最大距离：340mm。

(1) 比较法

比较法使用偏光应力仪，在偏振光视场内使试样瓶与一套标准光程差片进行比较。试样瓶应未经过其他试验，预先在一定温度、湿度条件的实验室内放置30min以上，且不能用手直接接触，试验时应戴手套。按照国家标准GB/T 4545进行试验。

① 无色瓶罐的检验方法

a. 把全波片置于偏光应力仪的光路中，调整仪器的零点。

b. 将试样瓶放入视场，检验试样瓶上呈现最高色序点。

c. 将标准光程差片靠近试样瓶的观察区放入视场，但不要与试样瓶的光路重叠。一套标准光程差片不少于6片，每片所产生的光程差为21.8～23.8nm。

d. 依次叠加标准光程差片，与试样瓶最高色序点的颜色比较。当该色序大于N片标准光程差片叠加的色序，而小于$N+1$片标准光程差片叠加的色序时，则该处的应力按$N+1$片标准光程差片计算，按表4-1所列关系折算成试样瓶的应力等级。

表4-1 标准光程差片数与应力等级的关系

应力等级	1	2	3	4	5	6	7
标准光程差片数	$N\leqslant 1$	$1<N\leqslant 2$	$2<N\leqslant 3$	$3<N\leqslant 4$	$4<N\leqslant 5$	$5<N\leqslant 6$	用直测法测定

② 有色瓶罐的检验方法

a. 卸下全波片，用偏光应力仪直接观察试样瓶，选定最暗区作为参考区。

b. 置入全波片，依次把标准光程差片叠加于参考区，并与试样瓶呈现最高色序点的颜色相比较，直到两者的颜色接近为止。

c. 转动试样瓶，找出最高色序点。

d. 继续叠加标准光程差片，并与最高色序点的颜色相比较，按表4-1所列关系折算成试样瓶的应力等级。

(2) 直测法

直接法使用偏光应力仪直接进行应力测定。按照国家标准GB/T 4545进行试验。

① 无色瓶罐的检验方法

a. 调整偏光应力仪零点，使之呈现暗视场。

b. 把试样瓶放入视场，从口部观察底部，这时视场中会出现暗十字。若试样瓶应力小，则这个暗十字会模糊不清。

c. 旋转检偏镜，使暗十字分离成两个沿相反方向向试样瓶跟部移动的圆弧。随着暗区的外移，在圆弧凹侧便出现蓝灰色，在凸侧出现褐色。如果要测定某选定点的应力值，旋转检偏镜，使得在该点上的蓝灰色刚好被褐色取代为止。

d. 绕轴线旋转试样瓶，观察所选的点是否为最大应力点。如果不是，则继续旋转检偏镜，使得最大应力点处的蓝色刚好被褐色取代为止。记录检偏镜的旋转角度，按表4-2所列关系折算成试样瓶的应力等级。

e. 如果要测定瓶壁，则使试样瓶绕轴线与偏振平面成45°，这时瓶壁上会出现亮暗不同的区域，旋转检偏镜直至瓶壁上的暗区聚合，刚好完全取代亮区为止。记录检偏镜的旋转角度，按表4-2所列关系折算成试样瓶的应力等级。

表 4-2　应力等级与检偏镜旋转角度的关系

应力等级	旋转角度/(°)	应力等级	旋转角度/(°)
1	0.0～7.4	6	37.5～44.9
2	7.5～14.9	7	45.0～52.4
3	15.0～22.4	8	52.5～59.5
4	22.5～29.5	9	60.0～67.4
5	30.0～37.4	10	67.5～74.9

② 有色瓶罐的检验方法　检验步骤与无色瓶罐相同。当没有明显的蓝色和褐色以及玻璃的透过率较低时，较难确定检偏镜的旋转终点，深色试样瓶尤为严重，这时可采用平均法来确定准确的旋转终点，即以暗区取代亮区的旋转角度与再使亮区刚好重新出现的总旋转角度之和的平均值表示。

(3) 真实应力折算

由偏光法测得的表观应力数与试样瓶的真实应力数存在着差异，这主要是由于试样瓶通光处厚度的影响。对于钠钙硅玻璃瓶罐，真实应力数的计算方法为：

$$T_R = T_A \frac{4.06}{t} \tag{4-1}$$

式中　T_R——真实应力级别；

T_A——表观应力级别；

t——试样瓶底部厚度，mm。

4.1.2.2　瓷漆法

也可采用瓷漆法对玻璃瓶的内应力进行检测。瓷漆法是在玻璃包装容器的外表面涂上一层特殊的瓷漆，然后给容器施加外力，使得容器存在拉应力的部位的瓷漆产生裂纹，再根据这些裂纹的方向、大小判断应力状态。

4.1.3　强度性能测试

本小节主要介绍玻璃包装容器的耐内压强度、垂直载荷强度、耐冲击强度等检测项目。

(1) 耐内压强度测试

① 耐内压强度　它是衡量玻璃瓶罐强度的一个综合指标，对啤酒瓶、充气（碳酸气体）饮料瓶的要求更高。目前，国际上对充气瓶的要求是 1.6MPa。我国国家标准对充气瓶的要求是 1.2MPa，一般玻璃瓶为 0.7MPa。

圆形玻璃瓶的耐内压强度主要由玻璃强度、瓶身直径、壁厚而决定，其最大耐压强度为：

$$P_{max} = \frac{2\delta}{D}[\sigma] \tag{4-2}$$

式中　P_{max}——玻璃瓶的最大耐内压强度，MPa；

D——瓶身内直径，mm；

δ——瓶壁厚度，mm；

$[\sigma]$——玻璃瓶的许用强度，$[\sigma]=63.7$MPa。

由内压力引起的最大应力，一般发生在玻璃瓶的下半部内表面和中央外表面。然而，在这些位置很少产生伤痕，故很少从这些位置发生玻璃瓶破坏。

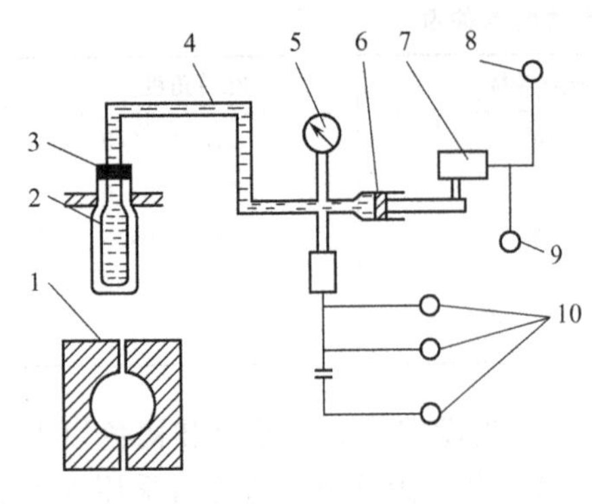

图 4-2 内压强度试验原理

1—夹板；2—水；3—衬垫；4—压力管；5—压力计；6—汽缸；7—电动机；8—启动按钮；9—定时器；10—压力指示灯

② 测试方法 玻璃瓶罐的耐内压强度试验原理是：对夹持在夹板中的试样瓶均匀施加压缩载荷，直到预定载荷值或发生破裂为止。试验仪器是玻璃瓶罐内压力试验机，如图 4-2 所示，它主要由气-液压装置、夹持装置、压力显示部件、安全框等组成。

按照 GB/T 4546 进行试验。具体测试方法是：首先将试样瓶在一定温、湿度条件的实验室内放置 30min 以上，然后将试样瓶内充满冷水（应没有气泡），悬挂在内压力试验机的夹具上，压紧密封装置，加盖防护罩，开动加压装置，通过水对压力的传递来产生对试样瓶的内压。进行合格试验时，先要按规定提高内压，在此内压力下保持片刻（如 1min），然后再降低压力，根据试样瓶数以及破损瓶数来判断产品的合格率。如果压力保持时间小于 1min，应注意换算压力和保持时间之间的关系，可参考表 4-3 所列关系。破坏性试验是以一定的速度增大压缩载荷，直到试样瓶被破坏时为止，记录试样瓶破损时的压缩载荷。

表 4-3 压力和保持时间之间的关系

保持时间	1min	30s	20s	10s	5s	3s	2s
压力系数	1.00	1.04	1.07	1.12	1.18	1.23	1.27

（2）垂直载荷强度测试

① 垂直载荷强度 由于玻璃瓶罐成型条件以及形状的不同，在压盖或受其他压力时，瓶的肩部或底部会产生拉应力。如果拉应力超过极限强度，会导致玻璃瓶罐破裂。当玻璃瓶罐开盖或堆码时，都要承受垂直载荷作用。普通瓶的垂直载荷强度在堆码时高达 400～50000N，在开盖时是 1000～2000N。玻璃瓶的垂直载荷强度随着瓶肩形状的变化而改变，溜肩比平肩强度高，瓶肩弧线的曲率半径越大，垂直载荷强度也越高，如图 4-3 所示，图 4-3(a) 所示瓶肩的垂直载荷强度是图 4-3(d) 所示瓶肩的 15 倍。

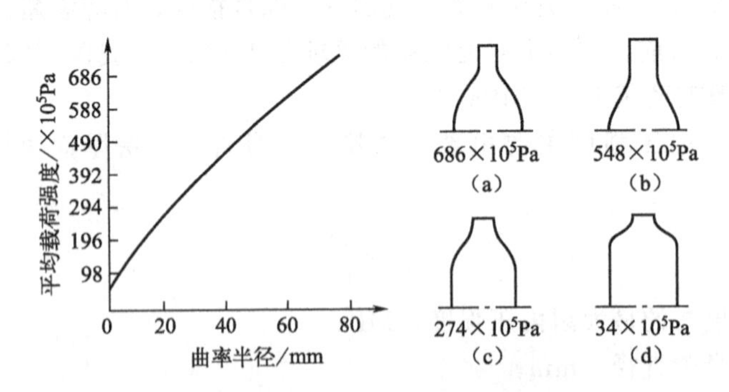

图 4-3 肩部形状与垂直载荷强度的关系

② 测试方法 垂直载荷强度试验也称耐压试验，所用试验装置如图 4-4 所示，它由气压装置、夹持装置、压力显示部件、安全框等组成。具体测试方法是：把试样瓶牢固地夹持

在平台和汽缸之间，由汽缸对试样瓶均匀施加压力，测定瓶破裂时的载荷。试验时，应注意安装树脂挡板，避免瓶碎伤人，加载时要均匀地施加在整个试样瓶上。

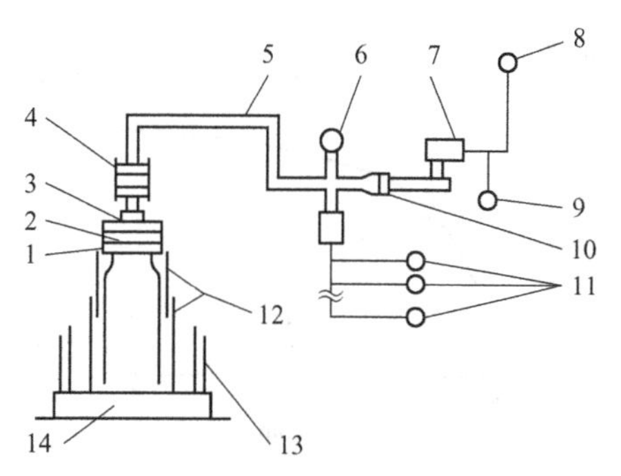

图 4-4　垂直载荷试验原理

1—树脂挡板；2—海绵；3—滚珠轴承；4,10—汽缸；5—压力管；6—压力计；7—电动机；8—启动开关；9—计时器；11—压力指示灯；12—安全框；13—箱；14—平台

(3) 耐冲击强度测试

在充填、装箱、运输等流通过程中，玻璃包装容器经常受到冲击载荷，从而在容器内部形成振动波。虽然这种振动波在玻璃和内装物中传播时会被减小，但由于这种振动波的传播方向在容器的各个方向是不相同的，因而会相互干涉而产生拉应力和压应力。在这些应力的作用方向上，就可能导致玻璃瓶破损。如果在冲击之前，玻璃瓶表面就存在拉应力，则破损更容易发生。

玻璃包装容器的耐冲击强度试验分为机械冲击、运行冲击、斜面冲击、水冲击以及耐热冲击试验，本小节主要介绍机械冲击强度、运行冲击强度、斜面冲击强度和落下冲击强度的测试方法。

① 冲击应力　玻璃瓶在灌装、装箱、运输、销售和使用过程中，受到的冲击次数、冲击方式、冲击波形、冲击大小等很复杂。当玻璃瓶的侧壁受到冲击后，产生局部应力、弯曲应力和扭转应力，如图 4-5 所示。局部应力导致玻璃瓶局部凹陷，四周产生抗拉应力，造成圆锥形伤痕或破损。产生弯曲应力时，整个瓶壁因受冲击而发生弯曲，内部产生拉应力，由于玻璃瓶内表面一般无伤痕，故由弯曲应力所引起的破损也不常见。扭转应力是在冲击点45°处产生的应力，虽然它比前两种应力值小得多（约 20%），但由于玻璃瓶表面常有伤痕，所以实际破损几乎全是由扭转应力所引起的。图 4-6 是在局部应力、弯曲应力和扭转应力时，玻璃瓶的破损形态。图 4-7 是冲击强度与玻璃瓶壁厚度的关系曲线，Ⅰ、Ⅱ分别表示局部破坏区域和损伤生成区域，a 是损伤生成曲线，b 是强度破坏曲线。

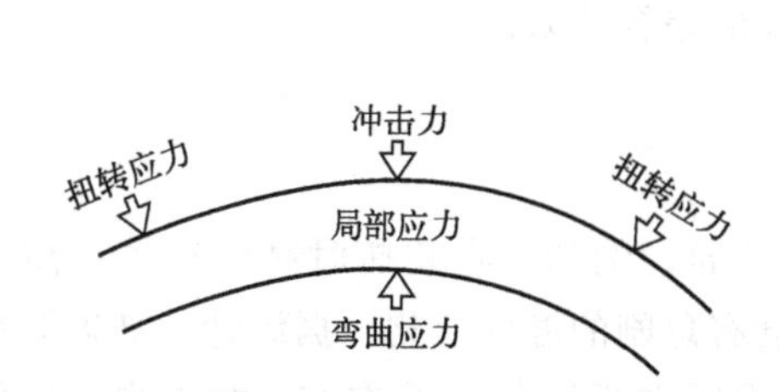

图 4-5　玻璃瓶侧壁受冲击时的应力分布

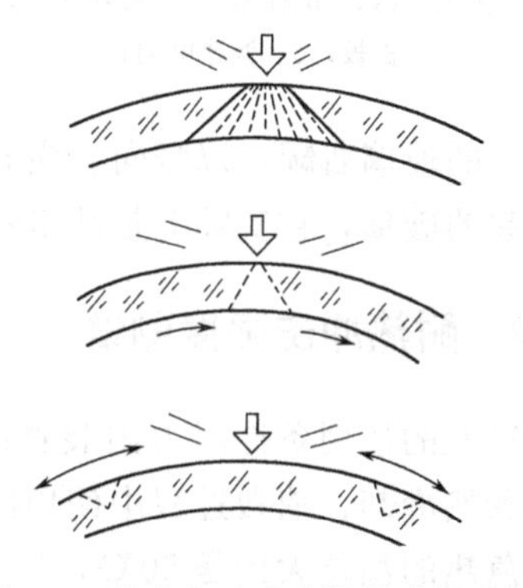

图 4-6　受冲击时玻璃瓶的破损形态

② 机械冲击强度试验　国家标准 GB/T 6552《玻璃容器 抗机械冲击试验方法》适用于玻璃瓶罐的抗机械冲击试验。机械冲击强度试验所用的试验装置如图 4-8 所示，它主要由摆锤装置、夹持装置、升降机构等组成。

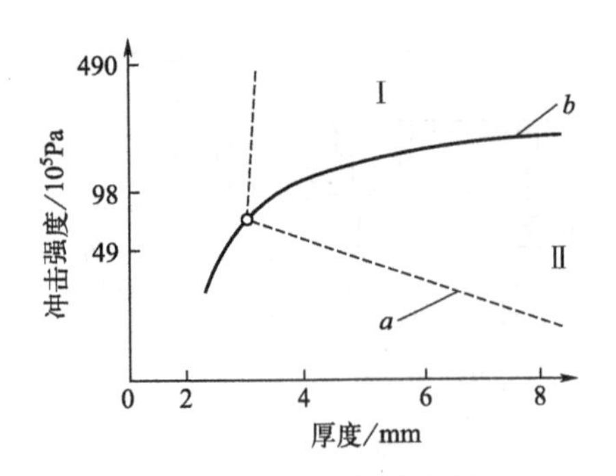

图 4-7　冲击强度与玻璃瓶壁厚度的关系曲线

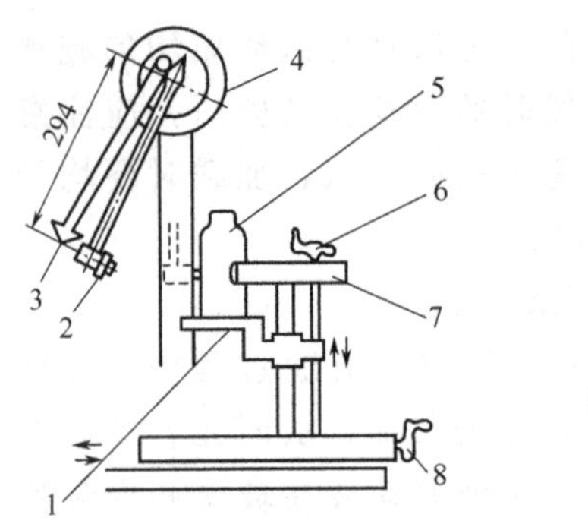

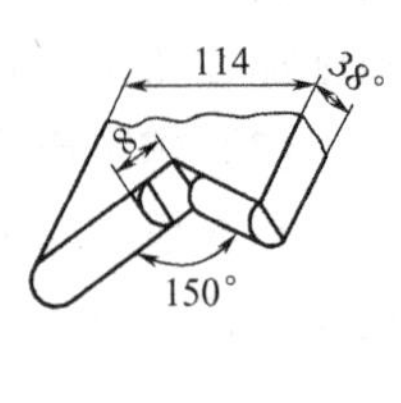

图 4-8　摆锤冲击试验原理

1—升降平台；2—打击物；3—保持子；4—刻度盘；5—试样瓶；6—高度调节手柄；7—卡板；8—水平调节手柄

机械冲击强度试验包括通过性试验和递增性试验。

a. 通过性试验　首先将试样瓶放置在支撑台上，紧靠后支座，上下调整支撑台，将玻璃瓶的打击部位调节到需要检测的位置后，水平方向调节支撑台，使摆锤处于自由静止状态，而打击物轻微触及试样瓶表面。再以规定的冲击能量重复打击瓶身周围相距约 120°的三个点，检查试样瓶有无破坏。

b. 递增性试验　与通过性试验步骤基本相同，但需要逐步提高冲击能量，重复试验，直到试样瓶破裂为止。

③ 运行冲击强度试验　试验装置如图 4-9 所示，对试样瓶按规定的容积要求，充填内装物，拧紧瓶盖。然后开动传送机构，试样瓶在传送带上相互碰撞而受到冲击，观察传送带速度与试样瓶破裂之间的关系。玻璃瓶体无破损的传送速度应该控制在 30～40m/min 范围内。

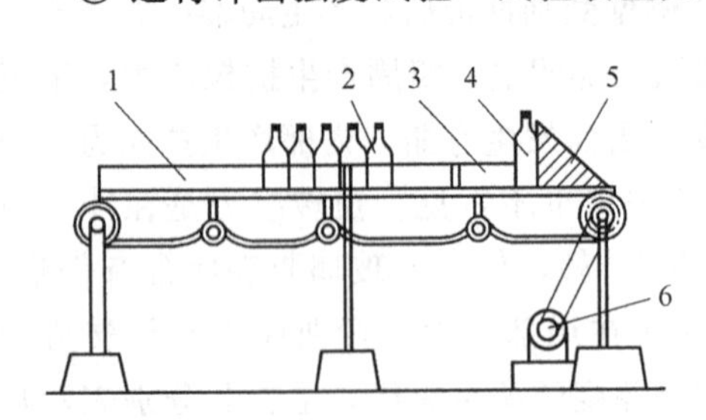

图 4-9　运行冲击试验装置

1—顶板；2,4—试样瓶；3—瓶导向槽；5—挡板；6—调速电动机

④ 斜面冲击强度试验　该试验适用于检测试样瓶充填内装物并装箱后，在流通过程中受到水平方向冲击时破裂情况，其测试方法类似于运输包装件的斜面冲击试验法，具体参考 6.2.1 小节相关内容。

⑤ 落下冲击强度试验　落下冲击强度是指整箱灌装后的玻璃瓶罐，以竖向、横向、斜向（口朝上）三种方式从 1m 高度自由跌落在木板上所引起的破损，它实际上是冲击强度与水冲强度的综合结果。

4.1.4　耐热冲击强度测试

玻璃瓶的使用条件因为内装物的不同而有所差异，例如，在装瓶时高温充填、高温杀菌，或骤然冷却、消费过程中使用冰箱等，通常会有急剧的温度变化。据统计，玻璃瓶承受急冷、急热的温差大约是 50℃，新瓶超过 50℃，而回收瓶只有 35℃左右。我国规定玻璃瓶罐的耐急冷温差指标是 39℃，而美国、日本等国家规定为 42℃。

(1) 热冲击应力

从热应力观点看，瓶壁愈薄愈好。在相同的受热（或冷）情况下，厚壁处的温差越大，热应力就越大，玻璃瓶就愈容易破裂。图 4-10 是玻璃瓶在急热急冷条件下的应力分布情况。

当玻璃瓶受到急热作用时，外表面的压应力远大于内壁面的拉应力。而当玻璃瓶受急冷作用时，外表面的拉应力远大于内壁面的压应力。若急冷或急热作用所产生的最大应力值超过玻璃的抗拉或抗压强度，则导致玻璃瓶壁破裂，这种破裂现象称为热冲击破裂。热冲击破裂通常发生在玻璃瓶身与瓶底过渡下部的外表面。因此，要求对玻璃瓶进行耐热冲击强度测试。

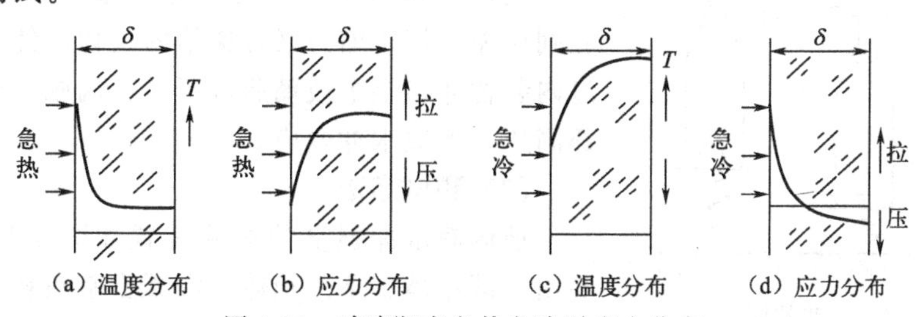

图 4-10 玻璃瓶在急热急冷时应力分布

(2) 测试方法

耐热冲击试验装置如图 4-11 所示，它主要由冷水槽、温水槽、试验笼、计时器等组成。试验原理是利用自动温度控制器把两个水槽的温度按预定温差调节好，把试样瓶放入热水槽中数分钟，然后连同瓶内的热水急速投入冷水槽中浸泡片刻取出，记录由于急剧温度变化而破裂的瓶数。

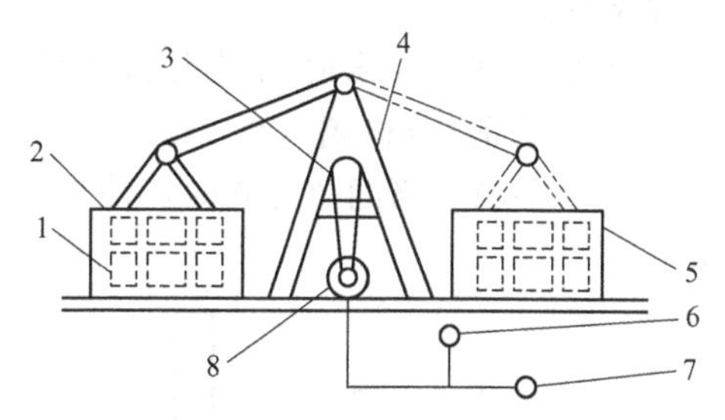

图 4-11 耐热冲击试验装置

1—试验笼；2—温水槽；3—链条；4—支架；5—冷水槽；6—计时器；7—启动开关；8—电动机

试样瓶是没有经过其他试验使用的玻璃瓶罐，并预先在一定温度、湿度条件的实验室内放置 30min 以上。冷热槽内盛水量按试样瓶的质量计算，每千克玻璃的用水量不少于 10L。槽内水温应均匀，温差不大于±1℃。

按照国家标准 GB/T 4547《玻璃容器 抗热震性和热震耐久性试验方法》进行试验。耐热冲击试验分为合格性试验、递增性试验和破坏性试验。

① 合格性试验 一般调节冷水槽的温度为 (25±1)℃，热水槽温度为冷水槽温度加上规定的受试温差。若冷水槽温度不是 25℃，则每增加（或减少）5℃，原规定的受试温差可减少（或增加）0.5℃。具体测试方法是：首先将试样瓶分隔并直立放入网篮内，确保试样瓶不能互相碰撞。然后将装有试样瓶的网篮浸入热水槽中，试样瓶被热水灌满后，槽面水位应高出瓶口 5cm 以上。试样瓶在热水槽中放置不少于 5min，随后将网篮连同盛满热水的试样瓶在 (10±1)s 内转入冷水槽中，浸泡 30s。取出试样瓶逐个检查，试验结果以受试温度、破裂数量和破裂百分数表示。

② 递增性试验 每次以恒定温差（如 5℃）逐步提高受试温差，直至试样瓶的破裂百分数达到预定值。试验结果以各次试验的温差、破裂数量和破裂百分数表示。

③ 破坏性试验 逐步提高试验温差，直至所有试样瓶破裂。试验结果以所有试样瓶破裂时的平均温差表示。

4.1.5 水冲强度测试

(1) 水冲强度

水冲强度是指玻璃瓶能够承受水冲效应所引起破损时的强度，水冲效应通常在以热灌装形式充填液体内装物的玻璃瓶体中发生。当瓶内盛装密度较大的内装物时，外包装容器（如纸箱、周转箱等）发生碰撞则会导致水冲效应。例如，当瓦楞纸箱跌落在堆码的瓦楞纸箱表面而发生碰撞，下部纸箱内的玻璃瓶突然向下移动，虽然位移很小，但由于内装物悬空，玻璃瓶与内装物之间产生空穴，如图 4-12 所示。玻璃瓶内的上部空间区域受到压缩，该压缩力又传递给内装物，使空穴破坏并通过内装物冲击整个玻璃瓶，于是玻璃瓶底部区域造成局部高压，形成水冲效应。

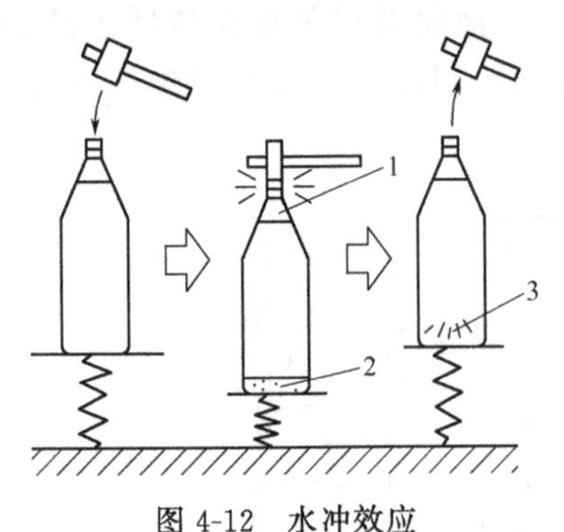

图 4-12　水冲效应

1—受压缩区域；2—形成空穴；3—内压

（2）测试方法

玻璃瓶水冲强度的试验装置如图 4-13 所示，它主要由上部箱体、下部箱体、混凝土基座和 20mm 厚钢板等组成，H 表示跌落高度。具体测试方法是：首先将玻璃容器按规定进行充填、包装，然后使上部箱体从 30～40cm 高度自由跌落。只要有一个试样瓶破损，记下跌落高度，并以此高度作为水冲强度的临界跌落高度。

为了减小跌落冲击时的最大加速度，改变瓦楞纸箱的尺寸，把瓶盖与瓦楞纸箱之间的间隙从原来的 2mm 增大到 7mm，这样由于瓦楞纸箱的缓冲作用冲击加速度减小，如图 4-14 所示，显然，当间隙为 0 时，冲击加速度较大；当间隙为 15mm 时，冲击加速度明显下降。

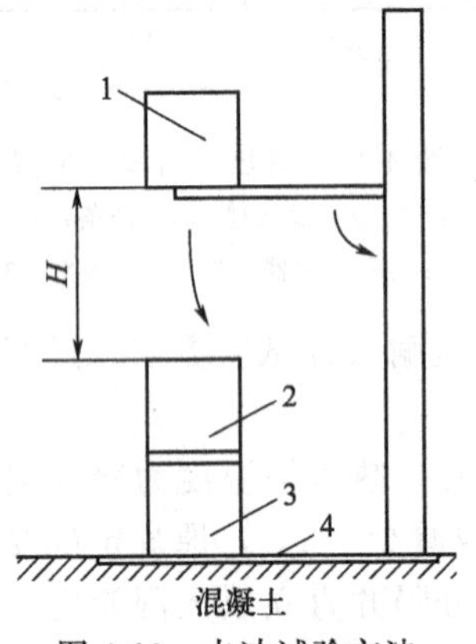

图 4-13　水冲试验方法

1—上部箱体；2—被测箱体；3—下部箱体；4—钢板

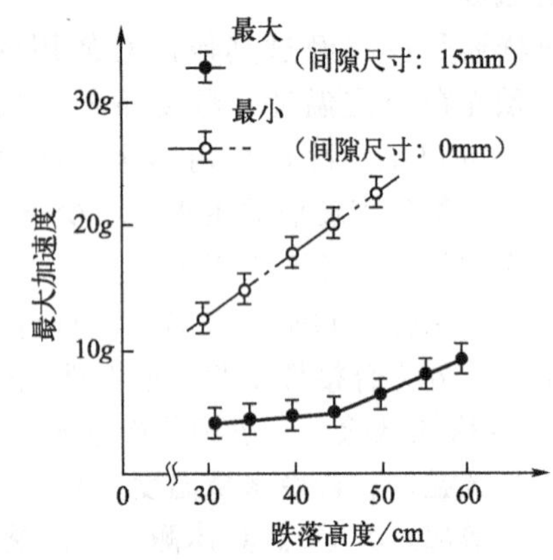

图 4-14　间隙与冲击加速度的关系

4.1.6　防止飞散性试验

对于充气或含气的玻璃瓶，有时会因不慎跌落在地面上，或受到巨大冲击而破裂。由于内压作用，玻璃瓶碎片会有飞出的危险。为了防止这一现象，在玻璃瓶的表面施以涂层（塑料涂层）或发泡塑料等来限制碎玻璃片的飞散。

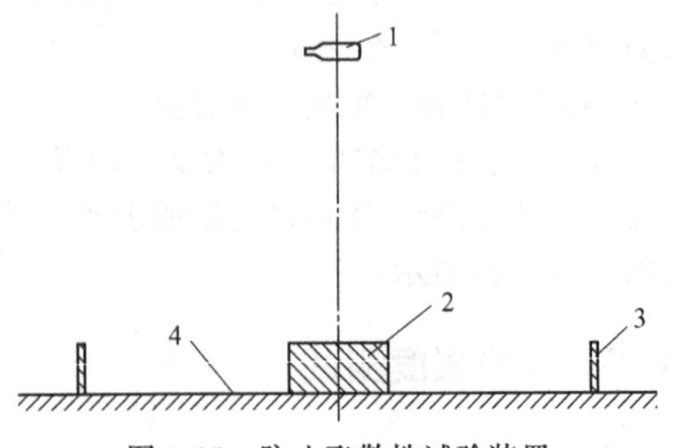

图 4-15　防止飞散性试验装置

1—试样瓶；2—冲击台座；3—圆形框；4—混凝土基座

玻璃瓶防止飞散性试验装置如图 4-15 所示，它主要由混凝土冲击台座、圆形框和

混凝土基座等组成。具体测试方法是：使试样瓶保持水平状态，从 75cm 高处自然落下，测量以落点为中心、半径 100cm 圆形框内玻璃碎片质量的百分率。试验所用液体是二氧化碳饮料，或含有相同比例二氧化碳的水，按标准量充填到已知质量的试样瓶中，温度保持在 (25±1)℃。

圆形框内散落的玻璃瓶碎片的质量百分数为：

$$\delta=\frac{m_2}{m_1}\times 100\% \tag{4-3}$$

式中 δ——圆形框内散落的玻璃瓶碎片的质量百分数，%；

m_1——玻璃瓶质量，kg；

m_2——框架内散落的玻璃瓶碎片的质量，kg。

采用上述方法试验，若玻璃瓶碎片质量的 95%以上落在圆形框内，则玻璃瓶为合格。

4.1.7 化学稳定性测试

(1) 影响因素

影响玻璃包装容器化学稳定性的因素主要包括两个方面。

① 充填物的性质、浓度、pH 值和温度等对玻璃包装容器的腐蚀。在酸性或碱性溶液长期作用下，会使玻璃表面呈薄片状剥落，形成脱片。例如 HF、HCl、H_2SO_4、HNO_3 等酸性溶液，苛性钠等碱性溶液，而且碱性溶液的腐蚀速度比酸性溶液还快。

② 有些内装物经曝光会变质，故采用有色玻璃包装容器，然而有色玻璃中掺有氧化铁、二氧化锰或一些金属盐。因而，对有色玻璃除做碱溶出性试验外，还需做金属（如铁）溶出性试验，常采用原子吸收法测定。

(2) 耐碱性能测试

碱溶法适用于检测玻璃包装容器的耐碱性，也称粉末法。这种试验方法具有较高的灵敏度、较好的重现性、设备简单、操作方便。具体测试方法是：称取一定量的一定粒度的玻璃粉末，在 121℃纯水的作用下，玻璃中的碱金属离子（也包括非碱金属离子）被浸析出来，使原来呈中性或偏酸性的侵蚀液转变成碱性。从玻璃中浸析出的碱量，由稀硫酸溶液直接滴定而获得。试验所使用的玻璃颗粒是 20～40 目，试样 10g，加入蒸馏水 50mL，在 (121±2)℃保温 30min，以甲基红溶液作指示剂，用浓度 0.01mol/L 硫酸溶液滴定，并以空白试验校正。

(3) 耐稀酸性能测试

① 试剂 包括蒸馏水或去离子水、甲基红酸性溶液和甲基红指示剂。试验试剂除另有说明外，均为分析纯级试剂。蒸馏水或去离子水，使用前应煮沸，除去二氧化碳，然后冷却待用，其 pH 值是 5.5±0.1（使用甲基红指示剂呈橙红色），否则可用 0.02mol/L 氢氧化钠溶液或 0.01mol/L 盐酸溶液校正。甲基红指示剂浓度是 0.2%，它是把 0.2g 甲基红指示剂溶于 100mL 无水乙醇中配制而成。甲基红酸性溶液的配制方法是，取 0.10mol/L 盐酸溶液 0.7mL 和 0.2%甲基红指示剂 5 滴，加入到 1000mL 容量瓶中，用蒸馏水或去离子水稀释至刻度值。应注意，甲基红酸性溶液的存放期不得超过一周。

② 测试方法 按照国家标准 GB/T 4548《玻璃容器内表面耐水侵蚀性能测试方法及分级》进行试验。具体测试方法是，首先将未经其他试验用过的玻璃瓶罐用水、蒸馏水清洗干净，再用甲基红酸性溶液冲洗几次。在室温下向试样瓶内注入满口容量 90%的甲基红酸性溶液，瓶口部覆上惰性材料或煮过的仪器玻璃皿件，然后置于水浴锅内加热。试样瓶不能与

水浴锅的底部、壁部直接接触，瓶内、外液面应保持基本一致，瓶内溶液温度必须在10～15min内达到（85±2)℃。保温30min后观察瓶内溶液的颜色，若不易分辨，可滴入0.2%甲基红指示剂2滴，再观察其颜色。对于深色试样瓶，可将溶液倒入清洁烧杯内观察。若试样瓶内溶液呈黑红色则合格，呈淡黄色则不合格。

4.1.8 密封性能测试

密封性检测是对玻璃瓶罐、盖和密封件组成的密封结构进行测试，主要包括气密性、漏水性、连续耐压性、连续耐负压性和瞬时耐内压性等测试内容。

(1) 气密性

在玻璃瓶罐内放入一定量的碳酸钙类干燥剂，然后封盖，在相对湿度100%的试验环境中放置一周以上，再用天平测定干燥剂质量，以干燥剂质量的增量表示玻璃瓶罐的气密性。

(2) 漏水性

将一定量的水注入玻璃瓶罐内，然后封盖，再将其横卧放置在调温调湿箱内。调温调湿箱内温度以打开玻璃瓶罐盖时的水温标准（约20～30℃）来控制，24h后开盖测量水量，以水量的减少量表示玻璃瓶罐的漏水性。

(3) 连续耐压性

连续耐压性的检测方法有两种。一种是用7.57L的水稀释98%的浓硫酸40.5g，在210mL的玻璃瓶罐内装入稀释溶液200mL。然后用无盖小纸盒盛装3g碳酸氢钠后放入玻璃瓶罐内，在纸盒内的碳酸氢钠尚未溶解前封盖。再将玻璃瓶罐倒置，待碳酸氢钠完全溶解后，放入65℃的水中，1h后观察有无气体由玻璃瓶罐与封盖处逸出。

另一种方法是：以碳酸氢钠和稀硫酸作用产生的二氧化碳气体注入玻璃瓶罐内，封盖后置于40℃试验环境中，一周后观察其是否漏气。

(4) 连续耐负压性

以一定量的热水灌入玻璃瓶罐中，封盖后水温是90℃，然后将其放入常温真空试验器中，24h以后再测定真空度的变化。

(5) 瞬时耐内压性

玻璃瓶罐封盖后，以0.9MPa的水或氮气注入容器内加压，观察其是否密封。

4.1.9 其他参数测试

玻璃瓶罐其他参数测试项目包括容量、厚度和垂直轴偏差检测。

(1) 容量检测

玻璃瓶罐的满口容量是一项重要指标，要定时抽查。目前多采用容量比较法，比较试样瓶与同型号标准样瓶的容量。检测时，首先把一个标准样瓶夹在检测夹具上，校准机内汽缸，使汽缸容量与标准样瓶相等。然后卸下标准样瓶，装上试样瓶，对已校准的机内汽缸和试样瓶同时施加微小的振荡气压。如果两者容量不同，便产生压力差，差值通过传感器转换成电信号，经放大后驱动一个小型伺服从动调节活塞进行平衡，直到压力差消失为止。活塞的最终位置以差值的形式显示在比较器的面板上，该差值可以表示相对于标准样瓶的容量差值，也可以表示成试样瓶的实际容积。

(2) 厚度检测

玻璃瓶罐的壁厚检测方法较多，这里主要介绍壁厚分析器检测法。壁厚分析器采用电容

式传感器来检测瓶壁厚度，利用弹簧压力将传感头压在试样瓶的外表面，这时传感器的有效电容取决于传感头有效作用区域（有效区域尺寸约是6mm×6mm）的玻璃平均厚度。测出的有效电容经过电子电路转换成线性的电压输出，经放大后被记录仪记录、显示。

壁厚分析器检测法分为三种形式，即垂直扫描法、固定高度扫描法和薄点检测法，测试装置如图4-16所示，它主要由高度调节机构、限位器、锥形压头、电容式传感器、可旋转对中卡头、薄点检测旋钮、选择开关、扫描记录仪等组成。

① 垂直扫描法　检测时随着卡盘的转动，传感头沿着立杆作垂直移动，要求卡盘每转一圈，传感头垂直移动7mm，沿螺旋线记录试样瓶的厚度。

② 固定高度扫描法　利用高度调节机构将传感头调整到所要检测的高度，随着卡盘的转动，传感头可测出试样瓶在该高度处的厚度分布情况。

③ 薄点检测法　利用试样瓶做旋转运动、传感头作垂直移动的方法对玻璃瓶厚度进行检测。当遇到受检部位的厚度小于预定厚度时，检测自动停止并显示瓶壁薄点的位置。

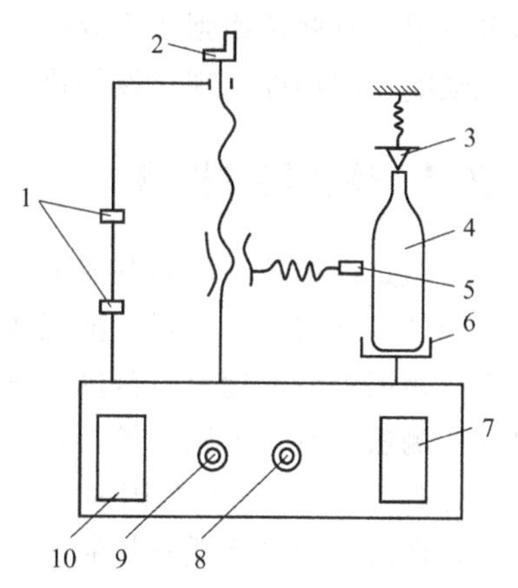

图4-16　壁厚检测装置

1—限位器；2—高度调节机构；3—锥形压头；4—试样瓶；5—传感头；6—可旋转对中卡头；7—手动扫描指示；8—选择开关；9—薄点检测旋钮；10—扫描记录仪

(3) 垂直轴偏差检测

玻璃瓶罐的垂直轴偏差是指瓶口的中心到通过瓶底中心垂线的水平偏差。检测装置由带有夹紧装置的旋转底盘和带有一个百分表或读数显微镜的垂直立柱组成，也可选用由V形块底板和带有水平尺或百分表的垂直立柱组成。

按照国家标准GB/T 8452《玻璃瓶罐垂直轴偏差试验方法》进行检测。具体测试方法是，将试样瓶夹在水平板上，旋转底板360°。若选用V形块测量，则将试样瓶紧靠在V形块上，测量时在与水平面成45°方向对试样瓶施加一个向下的压力，并旋转试样瓶360°，记录瓶口边缘外侧与固定点的最大距离和最小距离，取它们之差的一半作为垂直轴偏差，精确到0.1mm。

4.2　药用玻璃包装容器性能测试

玻璃包装容器在药品包装中也有广泛应用，如安瓿、抗生素瓶、输液瓶等。医用安瓿、抗生素瓶、输液瓶等玻璃包装容器，应具备优良的抗水、抗酸、抗碱性，并要求在一定的温度条件下加热或长时间储存中性溶液时，溶液的pH值不变。世界各国对药用玻璃包装容器的检验都有严格的标准及试验方法，我国国家标准中对药用玻璃包装容器的技术指标及试验方法都有明确规定，其基本测试项目包括玻璃质量检测、玻璃理化性能检测。本节以安瓿为例，介绍药用玻璃包装容器性能测试。输液瓶、抗生素瓶等性能测试与安瓿基本相同，只有个别的微小差异。

安瓿是盛装注射剂的玻璃包装容器，分为无色透明和棕色两种，外形有直颈、曲颈和双联三种，规格尺寸有1mL、2mL、5mL、10mL和20mL五种。由于安瓿内的药剂是直接注射到人体的肌肉或血液内，故对卫生性、安全性要求很高，对玻璃理化性能要求更高。注射剂药品一般都有1～2年的有效期，有的甚至更长。在有效期内，要求玻璃不与药剂发生作用，不改变药剂的性能及疗效。另外，由于注射剂药品本身大都具有酸性或碱性，有些药品还具有强碱性，有些则要求避光，在灌装注射剂时还要经过高温（我国规定是121℃以上）消毒杀菌，有些药物则要采取冷冻干燥存放或低温存放等。因此，必须对安瓿的规格尺寸、外观缺陷、清洁度、理化性能进行严格的质量检测。

4.2.1 规格尺寸检测

安瓿是经过拉制法而制成的一类医用玻璃包装容器，其尺寸主要包括身长、瓶丝长度、瓶壁厚度、开口径、丝径、泡径等。利用游标卡尺和千分尺等量具可进行相应尺寸的测量，厚度可用测管仪和超声波测厚仪来测定，也可以采用四点自动检测法检测安瓿的尺寸。四点自动检测法是利用电脑系统，对安瓿的开口径、丝径、泡径和颈径进行精确的控制，合格率几乎达到100%。而有些国家则采用三点自动检测法，对安瓿的丝径、泡径和颈径进行自动检测，而对开口径无质量控制。

4.2.2 外观缺陷检测

安瓿的外观缺陷分为两大类，一类是玻璃本身的缺陷，主要表现为色泽、结石、透明节点、气泡线、条纹线等。另一类是安瓿的制造缺陷，如丝歪、丝扁、歪底、吸底、瓶底气泡以及爆裂纹等，而爆裂纹是不允许存在的。

检验安瓿的外观缺陷，一般是根据质量标准直接目测。丝歪、丝扁、吸底可用游标卡尺测量，也可采用光电方法进行检测。利用光束照射安瓿，从安瓿的反射、折射或透射的光信号，经过光电转换处理后，与给定的标准公差进行比较，合格的安瓿通过，不合格的安瓿被剔除掉。对裂纹、结石、气泡、薄厚不均等缺陷也可用光电法检测。另外，还可以利用电容性检测法、气压检验法、热辐射检验法和放射性检验法等检测安瓿的外观缺陷。

4.2.3 清洁度检测

清洁度检测是指检验玻璃管中的尘土或玻璃屑。在制瓶时，这些尘土或玻璃屑在高温条件下，黏附在安瓿的瓶肩或瓶身底部等受热部位，尤其在瓶肩最为严重，俗称麻点。当安瓿灌装注射剂后，经过高温消毒灭菌以及注射液的长期浸泡，部分黏结不牢固的尘土或玻璃屑脱落而混入药液中，这些安瓿对人体健康有严重危害。

安瓿清洁度的检测方法是，首先将安瓿割丝、圆口，然后冲洗安瓿并向其内放入少量蒸馏水，再放入121℃的热压锅内蒸煮0.5h，取出冷却后，用肉眼观察麻点数量。另外，在检验清洁度的同时，还应观察安瓿外壁是否有油状物、半透明状物或红粉等。

4.2.4 理化性能测试

安瓿理化性能测试包括甲基红中性试验、耐碱性试验、耐酸性试验、内应力检测、热稳定性检测和密封性检测等项目。

(1) 甲基红中性试验

安瓿的甲基红中性试验主要是测定安瓿在微酸性溶液中，经过高温高压消毒后，玻璃析

出的碱量。该试验通常以甲基红溶液作指示剂，观察甲基红溶液颜色的变化，从而判断玻璃表面析出的碱量。

按照国家标准 GB/T 4771《药用玻璃及其玻璃容器碱渗出量试验方法》进行试验。具体测试方法是：首先向安瓿注入 pH 值为 4.2±0.5 的甲基红溶液，经熔封后在（121±2)℃、1 个大气压的消毒锅内保温 0.5h 后，安瓿内甲基红溶液不呈现黄色为合格，即 pH 值小于 6.2 为合格。

甲基红溶液的配制方法是，首先称取 0.04g 甲基红，加入浓度 95%的乙醇 75mL 和适量（约 3.75mL）的 0.02mol/L 氢氧化钠，使其 pH 值为 5.2，再加入新煮沸的冷蒸馏水至 100mL。取上述浓甲基红溶液适量（约 8.3mL)，使 pH 值为 4.2，再加入蒸馏水至 1000mL。配制溶液时不宜反复调节 pH 值，以免引入过多负离子而影响 pH 值的准确性。另外，试验时室温不宜过低，如室温低于 20℃时，甲基红溶液易产生沉淀而影响测定的精度。

（2）耐碱性试验

安瓿的耐碱性试验方法分耐碱脱片法和碱溶法两种。

① 耐碱脱片法　脱片指安瓿或其他玻璃容器中呈闪光的悬浮的玻璃薄膜。根据安瓿的不同使用要求，可选择下列中任一项进行试验，一种是在浓度 0.0075mol/L 氢氧化钠溶液中脱片率不超过 2%；另一种是在浓度 0.001mol/L 氢氧化钠溶液中不能有易见到的脱片。

具体检测方法是：将安瓿清洗、圆口，灌入经过滤孔 5～15μm 的垂熔玻璃漏斗过滤的浓度 0.0075mol/L 或 0.001mol/L 氢氧化钠溶液，熔封后在日光灯下检查、剔除含有玻璃屑、纤维及质点等异物的安瓿，放入高压消毒锅中，在 15min 内升高到 121℃，保温 0.5h，取出后自然冷却或放置 24h 后，在 40W 日光灯下检查其“脱片”。

试验所使用的氢氧化钠溶液，需要先配制成浓度为 0.5mol/L 的氢氧化钠溶液，然后用苯二甲酸氢钾标定，再配制成浓度 0.0075mol/L 或 0.001mol/L 的氢氧化钠溶液。所使用的蒸馏水需新鲜煮沸放冷，不能含有 CO_2 气体。

② 碱溶法　利用碱溶法检测安瓿的耐碱性方法，与一般包装用玻璃容器的试验方法相同，具体参考 4.1.7 小节相关内容。

（3）耐酸性试验

玻璃与酸的反应主要是离子扩散过程，即酸中的氢离子或玻璃中的碱金属离子互相扩散。由于酸不直接与玻璃起反应，而是通过水的作用侵蚀玻璃，而浓酸的含水量低，故浓酸对玻璃的侵蚀力低于稀酸。一般情况下，玻璃的耐酸能力优于耐碱能力。

安瓿的耐酸性要求是在浓度 0.01mol/L 盐酸溶液中不能有易见到的脱片。安瓿耐酸脱片法的试验过程与耐碱脱片法基本相同，其区别是耐酸脱片法需要给安瓿注入浓度 0.01mol/L 的盐酸溶液。

（4）内应力检测

在安瓿的制造过程中，需要退火处理，因而总会存在不同程度的内应力。玻璃的退火温度要合适，温度过高则安瓿产生鼓底、歪丝等外观缺陷；而温度过低则应力不能很好消除，影响质量。

安瓿内应力的测试方法与一般包装用玻璃容器的试验方法相同，具体参考 4.1.2 小节所介绍的偏光法。由于安瓿瓶壁较薄，对应力要求不是很严，在偏光应力仪上无色安瓿允许呈紫红色至微蓝色，棕色安瓿允许呈紫红色至微绿色，即应力等级是 4 级。

（5）热稳定性检测

对安瓿进行耐碱脱片试验时，同时测试安瓿的热稳定性。观察受热冲击后安瓿的爆裂数量。1～2mL 的安瓿的爆裂率应不大于 1%，5～20mL 安瓿的爆裂率应不大于 2%。

(6) 密封性检测

通常采用减压法检测安瓿的密封性，即在灭菌箱中抽真空，如有漏气安瓿内部空气也被抽出，着色溶液就被吸入到漏气安瓿中而使药液染色。这种方法的缺点是可能漏检。如果安瓿的裂缝小于 14μm，大气压力不易使着色溶液进入漏气安瓿，或者虽然有微量色素进入但不易被肉眼观察到。一般情况下，减压法检漏的精度是 5μm。

利用高频电火花探测仪对安瓿检漏，具有很高的灵敏度。它是将高频、高压电流施加于安瓿外部，如果安瓿存在裂缝或孔眼，电流会发生变化，从而检测出不合格安瓿。日本日华电测株式会社生产的 HDAH 型电子检漏仪，其检测精度很高，直径小于 0.85μm 的微孔、阔度只有 0.5μm 的裂缝均可检测，检测速度可达每小时 18000 支安瓿。该仪器对瓶内药液无任何污染，有色安瓿或有色溶液都不影响检测精度。该仪器功率只有 5kW，耗电少，总重 900kg，配备有多种安全装置。

4.3 塑料包装容器性能测试

根据原料和加工成型方法的不同，塑料包装容器有三种分类方法。根据所用原料分，主要有低密度聚乙烯（LDPE）、高密度聚乙烯（HDPE）、聚丙烯（PP）、聚氯乙烯（PVC）、聚苯乙烯（PS）、乙烯-乙酸乙烯酯共聚物（EVA）、热塑性聚酯（PET）等。根据加工成型方法分，主要有吹塑成型、挤出成型、注射成型、拉伸成型、真空成型和压缩成型等。根据形状、结构及用途不同，可分为瓶类、罐类、桶类、袋类和大型塑料容器。

塑料包装容器与玻璃、金属、陶瓷、木质容器相比，具有重量轻、柔软、弹性好、耐化学药品腐蚀性强、易成型、便于用户选择等优点。但是，塑料包装容器还存在一些缺点，如在高温下易变形，成型后易收缩变形，容器表面易产生细小伤痕，气候适应性差，易产生静电反应等。因此，对塑料包装容器进行性能测试很重要。本节主要介绍塑料包装容器的力学性能、密封性、卫生性和耐药性等测试内容。

4.3.1 力学性能测试

(1) 跌落试验

对于箱类塑料包装容器，需要进行常温实箱跌落试验和低温空箱跌落试验，跌落后不允许产生裂纹。

① 常温实箱跌落试验　在常温条件下，给塑料容器装入实际内装物或模拟物，提升一定的高度后，按规定的次数自由跌落。通常采用底面跌落法。

② 低温空箱跌落试验　首先将塑料容器试样在（−10±2)℃的环境中放置 4h，然后从 2m 高处自由跌落，使试样底面的一对长边、短边及它们的夹角依次着地，各跌落一次，即对容器底面进行面跌落和角跌落。对于瓶类、桶类塑料包装容器，其跌落方法是：首先将容器装满（20±5)℃的水，然后从 1.2m 高处分别用底面和侧面跌落至水泥地面，不得破损和泄漏。

(2) 堆码试验

① 周转箱堆码试验　将一只空的周转箱试样口部向上放置，然后在上面放置加载平板

和重物，加载平板与重物总重量是2500N，加载持续时间是72h。试验结束后，测量试样箱口部两长边中点处加载平板的高度变化量，计算箱体高度变化率。周转箱堆码试验要求，箱体高度变化率不得大于2%。

② 塑料桶堆码试验　首先向三个试样桶装入公称容量的水，然后将它们简单重叠堆码，容器四周不能有支撑，在常温下放置48h后检查，塑料桶不得发生倒塌。

4.3.2　密封性能测试

塑料包装容器的密封性能是一项重要的指标，主要评价对气体、蒸气以及液体的渗透和泄漏。

(1) 渗透和泄漏

① 渗透　它是指气体或蒸气由于高浓度区域的吸附（或吸入）作用而直接穿过包装材料，通过材料的壁向低浓度方向扩散，然后从低浓度的一面吸收的过程。渗透速度与聚合物的性质、厚度有关，并受相对湿度的影响。气体或蒸气的渗透可以穿过密封衬垫（或塑料封合物）的壁面，如图4-17(a) 所示；也可以穿过封合物的上部表面，如图4-17(b) 和图4-17(c) 所示。渗透大多出现在无盖垫的塑料封合物的封合处［如图4-17(c)］和热封口部分的热封层［如图4-17(d)］。

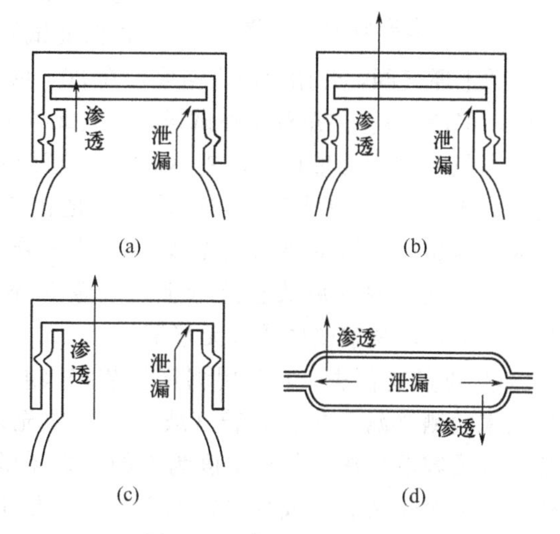

图4-17　渗透和泄漏示意

为了减少塑料容器中气体或蒸气的渗透，容器可以做得厚一些，封合物的材料应具有一定的阻隔性。在无衬垫的封合物中，通常采用较厚的结构或各种不同的几何形状。为了减少热封处气体或蒸气的渗透，封口应较宽或使热封层的材料对渗透具有一定的阻隔性能。

② 泄漏　它是指气体或蒸气穿过材料或包装容器中有限的间断点的过程。这些间断点可以是塑料薄膜上的一个针孔，也可以是瓶的边缘或泡罩底部的一个裂缝，或瓶盖和瓶颈端部之间的微小裂口，也可能是热封区域内两层材料之间的微小毛孔。泄漏速度取决于裂口尺寸与气体或蒸气分子尺寸的比值，以及封合系统的局部压力和总压力。由于试样在加热和降温时出现膨胀收缩现象，所以环境温度对试样的泄漏速度有明显的影响。大多数密封容器不只是由一种材料组成，而是由多种材料组成，通常很难保证这些材料具有相同的热膨胀系数。因此，周围温度升高或降低时，封合物可能频繁地被疏松或紧缩，泄漏就可能出现在瓶颈端部和有衬垫的塑料封合物的间隙部位［如图4-17(a) 和图4-17(b)］，也可能出现在瓶口和无盖垫封合物的间隙部位［如图4-17(c)］，或出现在有皱纹或不完善的热封区域［如图4-17(d)］。

为了减少包装容器中气体或蒸气的泄漏，可改变无盖垫封合物的几何设计，或增加有盖垫封合物盖垫的厚度，减少封合物与容器接触部分的间隙或裂缝。

为了减少热封处气体或蒸气的泄漏，必须优化包装工艺参数，如加热或冷却过程中对试样的张紧与夹持压力、温度及停留时间；热封层的厚度（太厚则不利于热传导，太薄会导致热封不完善）；薄膜层厚度（太薄会产生针孔而出现泄漏，太厚则热量过快地从热封区域传递，影响热封质量）。

(2) 塑料包装袋密封性试验

试验方法分真空试验法和重量变化法两种。

① 真空试验法　该方法主要适用于含气量较多的包装袋。对于因水的影响而使包装袋的强度下降较大时，不能采用此方法。真空法渗漏试验装置如图 4-18 所示，它主要由真空圆筒、试样支撑架、真空表等组成。真空圆筒是透明容器，且可以完全密封，能够承受一个大气压。真空圆筒上部设有排气、通气、抽气阀门。试样支撑架放置在真空圆筒的试验液中，通过试样支撑架可很容易地观察到试样是否渗漏。具体测试方法是：首先在试样袋中装入实际内装物或类似的内装物，热封好试样袋。每组试验需要至少 5 个试样袋。然后在透明的真空圆筒中，放上适当的试验液（如水或着色水）后，把放置试样袋的支撑架轻轻地浸入溶液中，并保证试样袋表面距液面不小于 25mm。再把真空圆筒盖好，关上通气阀，开始启动真空泵，在 30～60s 内，减压到 1.33×10^4Pa 时，关闭真空泵和真空阀，保持 30s。注意观察在试样袋中有无气泡溢出，试验后打开试样袋，观察有无水渗入。

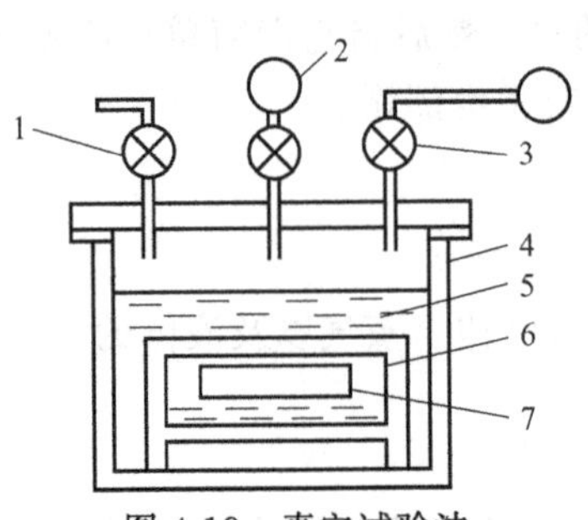

图 4-18　真空试验法

1—通气阀；2—排气阀；3—真空阀；4—真空圆筒；5—试验液；6—支撑架；7—试样袋

当包装袋含气量较少，或不能用真空法测定时，可采用简单方法进行检测，测试原理如图 4-19 所示。把内装物从袋中取出，把包装袋清洗干净，作为试样袋。每组试验需要至少 5 个试样袋。在试样袋中装入试验液，封好后放在滤纸上，放置 50min，再翻过来放置 50min，观察试样袋有无渗漏。

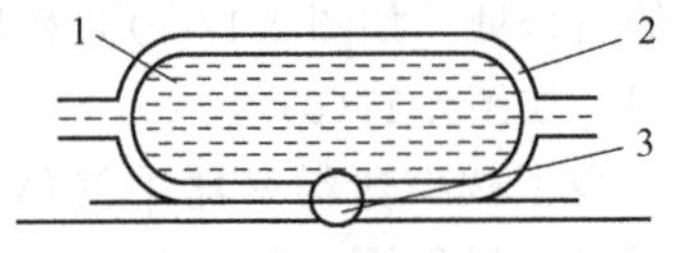

图 4-19　渗漏试验法

1—试验液；2—试样袋；3—渗漏处

② 重量变化法　它利用测定包装袋（或容器）重量的变化来检测渗漏。在包装袋（或容器）中充入液体，将包装袋（或容器）放入相对湿度为 0 的干燥器里，由于渗漏包装袋（或容器）的重量会发生变化。定期对包装袋（或容器）称重，由重量-时间曲线的斜率可得到试样在稳定状态下的渗透速度。正斜率表示重量增加，负斜率表示重量损失。

(3) 塑料瓶密封性试验

向试样瓶内注入公称容量的水，然后将瓶盖按实际包装状态封严，瓶口向下倒置 12h，检查是否泄漏。

(4) 塑料桶密封性试验

向试样桶内注入公称容量的水，并拧紧桶盖。对于小口径塑料桶，横放在平地上 4h 后，检查是否泄漏。对于大口径塑料桶，则在 (120±10)s 和左右倾斜 45°角的范围内，匀速往复摇动 20 次后，检查是否泄漏。

(5) 危险品包装桶密封性试验

对于小口径危险品包装桶，通过在桶盖或桶体侧面安装密封接头，向试样桶内充气达到规定压力后，30s 内检查有无气泡产生。对于大口径危险品包装桶，向试样桶内注入公称容量的水，然后置于平地上滚动，在 20min 内滚动 2 次，每次距离是 5m，检查是否泄漏。

例如，济南兰光机电技术有限公司生产的 LSSD-01 型泄漏与密封强度测试仪，通过对塑料、玻璃包装容器内侧施加压力，检测软包装件的抗压能力、密封程度以及泄漏指标，从而达到检测其完整性和密封强度的目的。MFY-01 型密封试验仪是利用真空试验法检测塑料、玻璃包装容器的密封性能。

4.3.3 卫生性检验

塑料包装材料和容器的卫生性要求主要是针对医药包装和食品包装提出的。塑料的毒性主要是由残留单体（如氯乙烯、丙烯腈、苯乙烯等）、添加剂（金属系稳定剂、抗氧化剂、增塑剂等）、残留催化剂（金属、过氧化物等）所造成的。

我国食品接触用塑料材料及制品的通用理化指标如表 4-4 所示。

表 4-4 食品接触用塑料材料及制品的通用理化指标①

项目	指标
总迁移量②/(mg/dm^2)	≤10
高锰酸钾消耗量③/(mg/kg) 蒸馏水(60℃,2h)	≤10
重金属(以 Pb 计)/(mg/kg) 4%(体积分数)乙酸(60℃,2h)	≤1
芳香族伯胺迁移总量④/(mg/kg)	不得检出 (检出限=0.01mg/kg)
脱色试验⑤	阴性

① 母料应按实际配方与树脂或粒料等相关原料混合并加工成最终接触食品的塑料材料及制品后进行检测。

② 婴幼儿专用食品接触用塑料材料及制品应根据实际使用中的面积体积比将结果单位换算为 mg/kg，且限量为≤60 mg/kg；对淀粉含量≥40%的淀粉基塑料材料及制品，如果按规定选择的食品模拟物测得的总迁移量超过限量，应按照 GB 31604.8 测定三氯甲烷提取物，并以测得的三氯甲烷提取量进行结果判定。

③ 不适用于淀粉含量≥40%的淀粉基塑料材料及制品。

④ 仅适用于含有芳香族异氰酸酯和偶氮类着色剂等可能产生芳香族伯胺类物质的食品接触用塑料材料及制品。

⑤ 仅适用于添加了着色剂的塑料材料及制品。

食品包装中常用的塑料主要是聚乙烯、聚丙烯、聚苯乙烯、聚酯及聚氯乙烯等。半硬质和软质的聚氯乙烯中增塑剂的含量都比较高。有些制品的溶出值可达百万分之几千以上。虽然食品包装用聚氯乙烯制品都使用的是无毒增塑剂，但这样大的溶出量，不仅是毒性问题，而且对食品的感官性能的影响也很大。因此软质聚氯乙烯制品使用在含脂肪类食品包装上是不适合的，直接接触其他食品也应该尽量避免。目前世界各国均以模拟溶剂测定食品污染程度，并根据污染程度来限制塑料包装容器及材料的使用。现以聚氯乙烯的卫生性检验为例做介绍。

(1) 试样处理

① 试样预处理　将试样用洗涤剂洗净，用自来水冲洗干净，再用水淋洗三遍后晾干备用。

② 浸泡条件　浸泡液量以 $1cm^2$ 试样用 2mL 浸泡液来计算。浸泡液以及浸泡方式分四种类型。

a. 用水浸泡，在 60℃条件下保温 30min。

b. 用 4%乙酸浸泡，在 60℃条件下保温 30min。

c. 用 20%乙醇浸泡，在 60℃条件下保温 30min。

d. 用正己烷在常温（20℃左右）条件下浸泡 30min。

(2) 氯乙烯单体的含量

根据气体有关定律，将试样放入密封平衡瓶中，用溶剂溶解。在一定温度条件下，氯乙烯单体扩散，达到平衡时，取溶液上部气体注入气相色谱仪中测定。本方法最低检出极限是 0.2mg/kg。

(3) 高锰酸钾消耗量

试样用水浸泡后，测定其高锰酸钾消耗量，表示可溶出有机物质的情况。所用试剂是

0.0100mol/L 高锰酸钾标准溶液、0.0100mol/L 草酸标准溶液以及 1∶2 的硫酸。通过滴定法可求消耗的高锰酸钾量。

(4) 蒸发残渣

试样用各种溶液浸泡后，蒸发残渣表示在不同浸泡液中的溶出量。水、4%乙酸、20%乙醇、正己烷四种溶液是分别模拟试样接触水、酸、酒、油等不同性质食品的情况。将浸泡液在水浴上蒸干，在 105℃干燥 2h。然后在干燥器中冷却半小时后称重，再在 105℃干燥 1h，取出后再在干燥器中冷却 0.5h，称至恒量，即蒸发残渣量。

(5) 重金属

浸泡液中重金属铅与硫化钠作用，在酸性溶液中形成黄棕色硫化铅，与标准铅溶液（浓度是 10mg/mL）比较，其颜色不得更深，判断重金属量是否符合标准。也可通过光谱分析法来测得重金属含量。

(6) 退色试验

取洗净待测食具一个，用沾有冷餐油和 65%乙醇的棉花，在接触食品部位的小面积内，用力往返擦拭 100 次，棉花上不得染有颜色。

4.3.4 耐药性测试

(1) 药品渗透性

试样采用外径（47.22±0.78)mm、高（107.95±1.119)mm 的小塑料瓶，表面积是 $154cm^2$。每组试验需要 3 个试样瓶。在温度（23±2)℃条件下处理 24h 后，在容器中注入药品溶液，测量其重量。然后将试样瓶放入（23±2)℃或（50±1)℃的恒温箱中，恒温箱中的空气流速是 $8.5\sim17cm^3/min$。随着时间的延长，透湿重量逐渐减少，测量其重量变化，绘制出重量-时间曲线，求出重量变化的平均值，然后计算出渗透系数。

试样瓶对药品的渗透系数为：

$$P_t=\frac{RT}{A} \tag{4-4}$$

式中 P_t——容器的渗透系数，$N\cdot cm/(m^2\cdot 24h)$；

R——容器重量变化的平均值，N/24h；

A——容器的表面积，cm^2；

T——容器的平均厚度，cm。

塑料包装容器平均厚度的计算方法为：

$$T=\frac{102W}{\rho A} \tag{4-5}$$

式中 W——塑料瓶重量，N；

ρ——容器密度，g/cm^3。

(2) 应力裂纹试验

沿纵、横向分别从试样瓶切取尺寸 38mm×13mm 的试样片 10 个，在试样片中部沿平行于长边裁切一条长 19mm、深 0.5～0.6mm 的裂纹，沿裂纹长度方向进行弯曲，依次装入黄铜架上，并使试样片架的小孔与之相对，如图 4-20 所示。然后

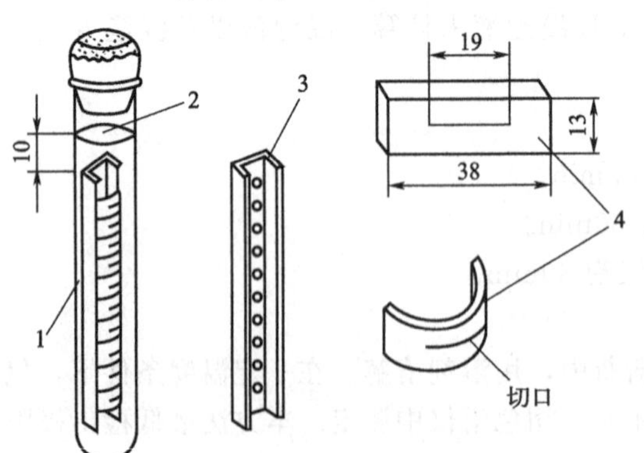

图 4-20 应力裂纹试验
1—硬质玻璃试管；2—药液；3—试样片架；4—试样片

将试样片架放入玻璃试管中，注入试验用试剂（药液），试剂高出试样架上端约 10mm，盖好瓶塞，放入（50±0.5)℃的恒温水槽中，用10个试样中有5个出现龟裂破坏的试验时间 t_{50} 表示应力裂纹试验结果。

另一种方法适合于厚度0.1～1mm的大型聚乙烯包装容器的环境应力破坏试验。这种容器在成型时，不容易产生应力变形，但装入液态内装物后，容易产生应力破坏。因此，需要进行环境应力破坏试验，试验装置如图4-21所示。试样片在药液中进行拉伸试验，试验温度是（50±0.5)℃，属于脆性破坏应力试验。

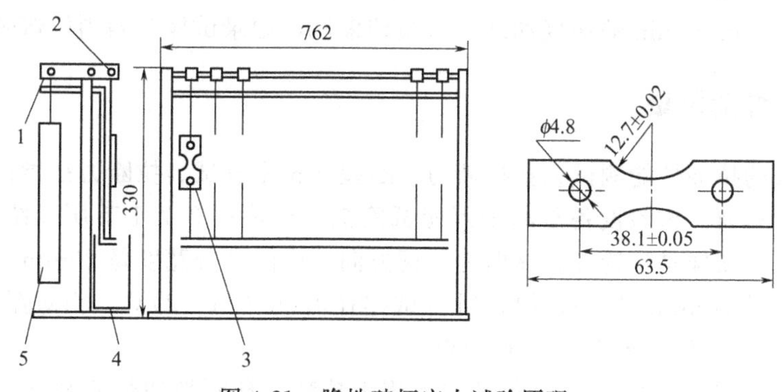

图 4-21 脆性破坏应力试验原理

1—微动开关；2—铰链连接；3—试样片；4—容器；5—载荷

所施加的应力是 800×10^4Pa、900×10^4Pa、1000×10^4Pa 三种。由所选择的应力，可计算出所需施加的载荷值。例如，选择的应力是 800×10^4Pa，则所施加的载荷值为：

$$P=\frac{800\times10^4 A}{1000} \tag{4-6}$$

式中 P——所施加的载荷值，N；

A——试样片的截面积，cm^2。

试验结果用破坏的试样片个数表示，绘制时间与破坏个数的关系曲线。

对塑料容器进行应力裂纹试验时，试样是30个。首先对试样进行预处理，在（23±1)℃条件下处理24h，然后在容器中放入试验药品或放入有害的液体，也可以放入试验药品后对容器加压。把容器放入温度（60±1)℃、空气流速 8.5～$17cm^3$/min 的恒温箱，并放置规定的时间（如72h)，观察容器破裂情况，求出破坏概率。

4.4 钙塑瓦楞箱/板性能测试

钙塑瓦楞箱是利用钙塑材料优良的防潮性能，依据瓦楞纸箱的成箱过程而制成的一种具有一定缓冲和防振性能的硬质或半硬质包装容器。钙塑材料是在具有一定热稳定性的树脂（如 HDPE、PP、PVC）中，加入大量填料和少量助剂而形成的一种复合材料。常用的填料有碳酸钙、硫酸钙、滑石粉等，可降低成本，提高钙塑材料的硬度和刚性，增加油墨的黏着力。我国生产的钙塑瓦楞箱是以聚乙烯树脂为原料、碳酸钙为填料，加入适量助剂，经压延热粘成钙塑双面单瓦楞板，再钉合而制成包装箱。由于所用原料主要是塑料，其试验方法与瓦楞纸箱的试验方法有很大区别，更多地采用塑料性能试验方法。

本节主要介绍钙塑瓦楞箱的空箱抗压强度测试，以及钙塑瓦楞板的拉伸性能、压缩性能、撕裂性能、低温耐折性等测试内容。

4.4.1 空箱抗压强度测试

试验方法可参考国家标准 GB/T 4857.4。所有试样在温度（23±2)℃、相对湿度 45％～55％的条件下预处理 4h，并在该条件下进行空箱抗压强度试验。具体测试方法是，首先将试样箱的上盖和下底用胶带封固，放置于压力试验机两个压板之间，然后启动压力试验机，对试样以（10±2)mm/min 的速度加载。试验结束后，记录试样箱四周压弯时的最大压力。

4.4.2 拉伸性能测试

钙塑瓦楞板的拉伸性能测试包括拉断力、断裂伸长率测试。拉断力是指拉伸过程中试样所能承受的最大载荷。试验设备是电子万能试验机，如选用 2.7.1 节所介绍的 XWD-5B 型电子万能试验机。试样是哑铃形，纵向为瓦楞方向，中间部分宽度是 20mm，标距（或试样有效部分长度）是 70mm。试验之前，所有试样在温度（23±2)℃、相对湿度 45％～55％的条件下预处理 4h，并在该条件下进行试验。

按照国家标准 GB/T 1040.2 进行钙塑瓦楞板拉断力和断裂伸长率测试。具体测试方法是：首先将试样夹持在上、下夹具中心，并且松紧合适。然后对试样加载，拉伸速度是(50±5)mm/min。试样断裂后，读取最大载荷和标距伸长量，计算拉断力和断裂伸长率。试验结果以 5 个试样的算术平均值表示，拉断力精确到 1N，断裂伸长率精确到 1％。钙塑瓦楞板拉断力、断裂伸长率的试验结果应满足表 4-5 所列的指标要求。

表 4-5 钙塑瓦楞板物理力学性能

项目	指标		项目	指标	
	A 级	B 级		A 级	B 级
拉断力/N	350	300	垂直压缩力/N	700	550
断裂伸长率/％	10	8	撕裂力/N	80	60
平面压缩力/N	1200	900	低温耐折性	－40℃不裂	－20℃不裂

钙塑瓦楞板的断裂伸长率为：

$$\varepsilon_t=\frac{l-l_0}{l_0}\times 100\% \tag{4-7}$$

式中 ε_t——断裂伸长率，％；

l_0——试样原始标距，mm；

l——试样断裂时标距，mm。

4.4.3 压缩性能测试

钙塑瓦楞板压缩性能测试包括平面压缩力和垂直压缩力测试。

(1) 平面压缩力测试

制作直径 ϕ(80±0.5)mm 的圆形试样 5 个。试验之前，所有试样在温度（23±2)℃、相对湿度 45％～55％的条件下预处理 4h，并在该环境条件下进行试验。

按照国家标准 GB/T 1041《塑料 压缩性能的测定》进行钙塑瓦楞板平面压缩力测试。

压力试验机的加载速度是（10±2)mm/min，以记录仪上出现的第一个峰值作为压缩负荷，即平面压缩力。试验结果以5个试样的算术平均值表示，精确到1N。钙塑瓦楞板平面压缩力的试验结果应满足表4-5所列的指标要求。

(2）垂直压缩力测试

裁取试样5片，其结构和尺寸如图4-22所示，瓦楞方向沿60mm尺寸方向。试验之前，所有试样在温度（23±2)℃、相对湿度45%～55%的条件下预处理4h，并在该条件下进行试验。

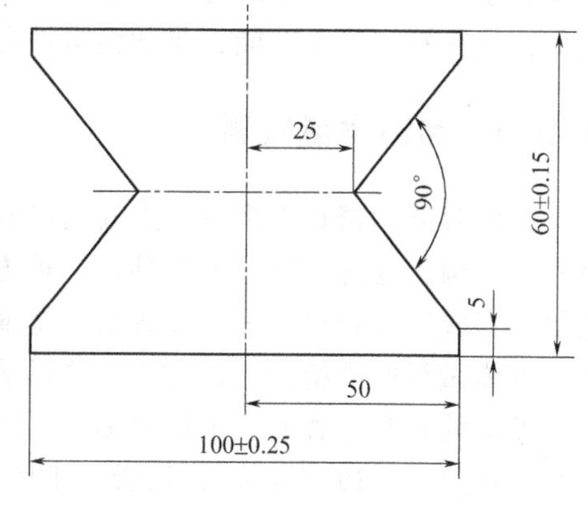

图4-22 试样形状与尺寸

按照国家标准GB/T 1041《塑料 压缩性能的测定》进行钙塑瓦楞板垂直压缩力测试。具体测试方法是：将试样按瓦楞方向垂直的方向放置于压力试验机的两个压板之间，并使试样中心与两压板中心线重合。试验速度是（10±2)mm/min。读取试样中部缺口处压弯曲时的最大压力值作为垂直压缩力。试验结果以5个试样的算术平均值表示，精确到1N。钙塑瓦楞板垂直压缩力的试验结果应满足表4-5所列的指标要求。

(3）撕裂性能测试

制作直角撕裂试样5片，试样形状与尺寸可参考3.7节相关内容。试样的长度方向是瓦楞方向，试样直角口对准瓦楞，使撕裂方向与瓦楞方向一致。试验之前，所有试样在温度(23±2)℃、相对湿度45%～55%的条件下预处理4h，并在该条件下进行试验。具体测试方法是：将试样夹持在拉力试验机的上、下夹具上，以（200±50)mm/min的速度拉伸，直至试样撕裂，以最大拉力作为撕裂力。试验结果以5个试样的算术平均值表示，精确到1N。钙塑瓦楞板撕裂力的试验结果应满足表4-5所列的指标要求。

(4）低温耐折性能测试

试验原理是将试样在规定的条件下进行弯折，测定钙塑瓦楞板在低温条件下的断裂性能。试样是200mm×25mm的长形条，长度方向是瓦楞方向，每组取3片试样。试验之前，所有试样在温度（23±2)℃、相对湿度45%～55%的条件下预处理4h，并在该条件下进行试验。具体测试方法是，首先将试样放置于装有干冰的保温瓶内，用定时添加干冰的方法使保温瓶内的温度保持在规定值，A级钙塑瓦楞板是（－40±2)℃，B级钙塑瓦楞板是(－20±2)℃。15min后取出试样，然后用两块木板夹住试样，立即进行90°弯折，再以反方向进行180°弯折，观察、记录试样弯折处是否有裂纹。若有一片试样有裂纹，表明钙塑瓦楞板的低温耐折性试验不合格。注意，弯折试验必须在试样从保温瓶中取出后30s内完成。钙塑瓦楞板低温耐折性能的试验结果应满足表4-5所列的指标要求。

4.5 金属包装容器性能测试

金属包装容器是一种重要的包装容器，具有阻隔性能、加工性能优良，使用方便，装潢外观性好，卫生性较好等优点，在食品、茶叶、饮料、化工原料等包装中被广泛使用，如盛装饮料的两片罐，盛装液态食品的三片罐，盛装饼干、月饼、糖果、茶叶、油漆的金属罐以及喷雾罐等。但是，它的化学稳定性较差，价格较高。

金属罐是主要的金属包装容器，其检测项目除容器的尺寸和容积外，主要是气密性、耐压性、卷边质量和容器的化学稳定性及卫生性。本节主要介绍金属罐的性能测试，包括卷边质量、气密性、耐压性能、化学稳定性和卫生性等测试内容。

4.5.1 卷边质量检测

金属容器的密封多采用二重卷边结构。罐身和罐盖（或罐底）通过封罐机卷封而形成二重卷边结构。卷封方法分为两种。一种方法是金属罐体旋转，卷边辊轮自转且对罐体做径向进给，完成二重卷边。另一种方法是金属罐体固定不动，卷边辊轮绕罐体四周旋转和自转，且向罐体做径向进给运动，完成二重卷边。

卷边的外观检查通常采用目测法，金属罐不应存在假封、大塌边、锐边及快口、卷边不完全、跳封、卷边“牙齿”、铁舌及垂唇、卷边碎裂、填料挤出等缺陷。卷边的外部尺寸可用千分尺测量其宽度、厚度和罐盖厚度。卷边的内部质量采用目测检查和仪器检查，如皱纹深度、跳封、罐筒钩的尺寸等。

例如，DT-1 电子卷封投影仪适用于罐体卷封结构的尺寸检测，它由投影仪本体和显示器组成，利用现代视频技术和专门的光学系统，将罐体卷封结构经由显示器呈现在其显示屏幕上，可以由屏幕同时显示的标尺读取各结构的尺寸或由专门的测微器进行检测。这种仪器的主要技术参数如下。

① 放大倍率：30×。

② 水平视场：6mm。

③ 标尺分度值：0.1mm。

④ 读数分辨率：0.01mm。

⑤ 检测精度：±1%。

⑥ 检测罐体直径：30～300mm。

4.5.2 气密性测试

(1) 气泡法

对于低压金属包装容器，根据容器所使用的状态，确定送入容器内的空气压力。首先将所需压力的压缩空气充入密封的容器内，然后将密封容器置入水中，检查有无气泡冒出。把密封容器置入 40℃左右的水中时，气泡较易脱离，更容易发现漏气部位。

(2) 真空衰减法

在这类测试装置中，被测试的容器是密封的，而且通常装满了液体，只在容器内顶部留下一个气孔。在容器的口部插入带气封环的测试头，当加压时，气封环紧贴容器壁使产生很强的密封作用。密封的测试槽内由于空气被吸走而产生真空状态，在整个测试周期中，特殊的传感器自始至终地控制着测试槽内的真空度。

(3) 氦气检测法

这类测试装置是根据氦气作为跟踪气体对容器的各个部分均能敏感反应的原理。氦气检测设备由检测腔室、高真空腔和气体分析仪三个部分组成。试验时，氦气在容器内充分弥漫。充满氦气的容器进入真空腔内，启动真空泵，气体分析仪立即显示出氦气的百分比，少量的氦气即可触发剔除次品系统，将次品容器从另一条输送带送出。

意大利Bonfiglioli工程公司研制的一种容器渗漏检测系统，选用适当的干燥空气渗漏传感器，配以计算装置和微处理器控制的测试系统，可以适应更严格的防渗漏规范。

4.5.3 耐压性能测试

对于喷雾罐之类的高压容器，需要进行耐压试验，也称水压试验。具体测试方法是：首先用常温的水向试验容器内加压，一般情况是在没有达到1.176MPa以前30～50s内逐渐升压，在1.176～1.274MPa之间20s内逐渐升压。试验过程中观察容器的状态，不应产生变形。在达到所需压力时保持30s，容器不应发生变形。

例如，AXL-4000型罐身轴向承压力测试仪采用了PLC触摸屏显示控制，具有稳定的压缩速度，由微电脑控制系统自动采集数据，测量范围是3000N，精度为1N。

再如，ABT-100型喷雾罐耐压检测仪适用于检测罐底耐压强度（凸罐强度）和爆破强度。试样罐装满水后，罐体（铁壳材质）可自动吸附在夹头上，汽缸自动装夹试样罐，夹紧后关上安全门；然后拨动控制手柄，自动缓慢加压。当压力超过试样罐的耐压极限时，罐底及罐盖部位发生变形向外凸出，由于体积突然增大，试样罐内压力突然减少，此时压力表指针会有短暂而且明显的停滞，显示值是耐压强度。随后，压力继续缓慢上升，试样罐破裂，压力表指针迅速回零，记忆指针显示值是试样罐喷雾罐的爆破强度。

4.5.4 化学稳定性测试

金属包装容器的化学稳定性测试，根据容器是否含有内涂层而有所区别。对于没有内涂层的金属罐，要检查材料的变化；对于有内涂层的金属罐，要检查涂层状态和性质的变化，以及内装物的变化。检查涂层连续性和缺损情况的方法有硫酸铜溶液浸渍试验法、漆包等级试验法。

（1）硫酸铜溶液浸渍试验法

具体测试方法是：向容器内倒入由200g $CuSO_4$、100g浓HCl和700g水组成的试验溶液，浸泡30～120s，然后倒出溶液并用水清洗容器。在金属露出的部位，有铜析出，表明涂层不连续或有缺损。

（2）漆包等级试验法

依据金属罐的不同，采用不同配方的电解液。具体测试方法是：首先向金属罐内注入电解液，不要接触罐边缘等没有涂层的部位，然后将电极放在金属罐的中央，在电极和金属罐两端接通6V直流电压，金属罐接负极。如果有金属露出，测量仪表中就会有电流通过。利用试验装置的极性开关，罐壁上有氢气产生的部位就是金属露出部位，表明涂层不连续或有缺损。

4.5.5 卫生性检验

对于盛装液体的金属包装容器，或内表面几乎完全接触固体食品的金属瓶罐，必须做浸出试验。依据内装物的不同属性，可采用不同pH值的浸泡液浸泡，如水、4%乙酸、乙醇溶液、正庚烷等。在要求的浸泡温度下浸泡金属容器，在达到一定的时间后，测定浸出液中的铅、砷、镉等金属含量以及总的蒸发残渣和高锰酸钾消耗量等。

另外，根据需要，有些金属包装容器还需要做减压试验和针孔试验。

4.6 软包装袋性能测试

软包装容器，特别是软包装袋具有使用简单方便、计量合理、储存方便、陈列效果好、提高消费者购买欲望等优点，在食品、饮料、糖果、化肥、化工原料、矿砂以及农副产品的包装中被广泛使用。

本节主要介绍软包装袋性能测试，包括耐压强度、热封强度、密封性能、透湿性能等测试内容以及塑料编织袋跌落性能、水泥包装袋牢固度、复合包装袋适用温度等测试内容。

4.6.1 耐压强度测试

在仓储和运输过程中，由于静压力或动压力的作用可能造成塑料包装袋破损。因此，必须对塑料包装袋进行耐压强度测试。但是，对于内装物是固体或内装物有明显突起，不宜选用这种试验方法。

(1) 试验装置

塑料包装袋耐压强度的试验装置如图 4-23 所示，上下有两个加压盘，在加压盘中间放置试样袋，上加压盘的上部放置荷重，对试样袋施加压缩载荷。加压盘靠近试样袋表面部分，应光滑平整，以免把试样袋划破。放置荷重后，加压盘不能变形，要始终保持平衡。加压方式可以是重锤式、杠杆式、油压式，但必须均匀缓慢加载，而且能保持一定时间（一般是 1min）。

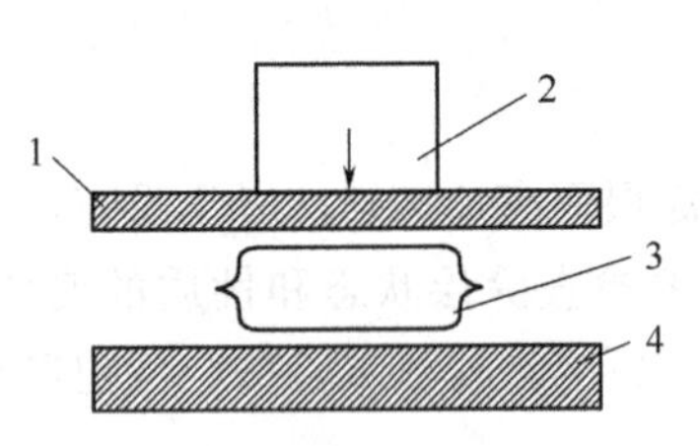

图 4-23　包装袋压缩试验示意

1—上加压盘；2—压缩载荷；3—试样袋；4—下加压盘

(2) 测试方法

试样袋的数量至少是 5 个。具体测试方法是：首先向试样袋中装入实际的内装物或类似的内装物，按包装袋的热封工艺进行热封。然后将试样袋放置在加压盘的中央位置，由上加压盘向试样袋均匀缓慢加载。压缩载荷根据包装袋的质量确定，如表 4-6 所示。试验时，压缩载荷应保持 1min，并观察内装物是否有漏出，或试样袋是否有破裂。

表 4-6　包装袋总质量和压缩载荷

总质量/g	100	100～400	400～2000	2000 以上
压缩载荷/N	196	392	588	785

4.6.2 热封强度测试

塑料包装袋的热封强度测试包括耐破试验法、静载荷试验法和拉伸试验法三种。在进行热封强度测试时，首先用热封试验机制作热封试样，然后对试样进行热封强度试验。

4.6.2.1 热封试验机工作原理

热封条件主要是加热温度、热封时间和压力。根据热封条件的不同，对热封试验机的参数进行调整。热封试验机的工作原理主要有气压式、凸轮式和脉冲式三种。

(1) 气压式热封试验机

图 4-24 是气压式热封试验机原理，首先把空气压缩机调节为设定的压力，然后把具有一定压力的空气送到汽缸内，根据热封条件，调节时间继电器至规定的时间，使电磁阀按规定的压紧时间动作，以改变汽缸内的加压方向，再把热封器的温度调至规定的温度，并进行上下运动，热封试验机按照规定的加热温度、热封时间和压力对塑料薄膜试样进行热封。

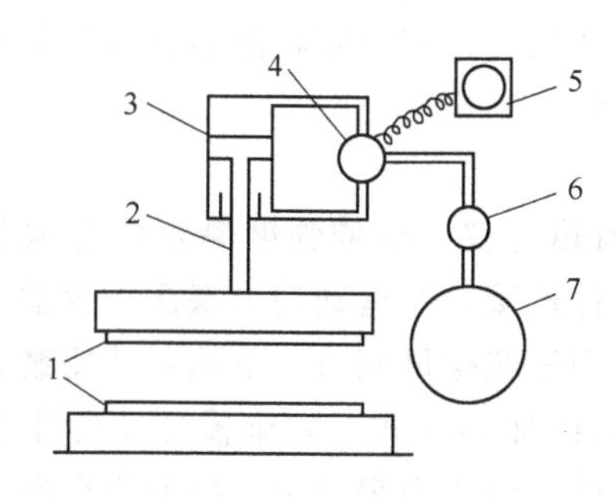

图 4-24　气压式热封试验机原理

1—热封器；2—活塞；3—加压汽缸；
4—电磁阀；5—计时器；
6—压力调节阀；7—空气压缩机

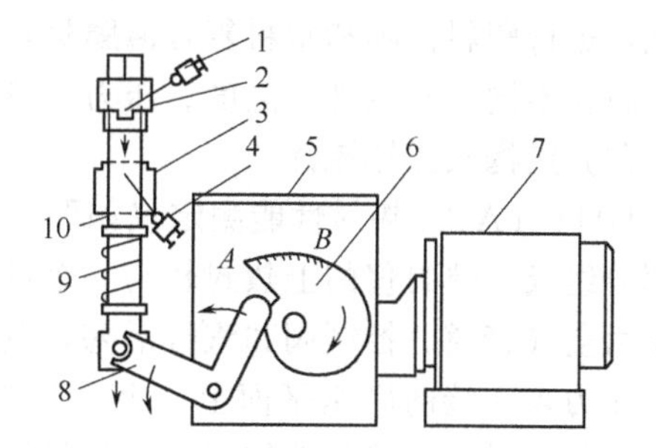

图 4-25　凸轮式热封试验机原理

1,4—热电偶温度计；2—上部加热器；
3—压紧部加热器；5—减速机；
6—变形凸轮；7—直流变速电机；
8—凸轮从动件；9—弹簧；10—加压杆

(2) 凸轮式热封试验机

它可以再现包装机热封时的温度、压力和时间，其基本原理如图 4-25 所示。当凸轮的从动件与凸轮的 AB 段轮廓接触时，从动件使上部热封器下移，压紧塑料薄膜试样。若改变凸轮的回转速度，可以在 0.1～1s 范围内任意调节压紧时间。调节支撑下部热封器的弹簧，可以使压力保持一定值。

(3) 脉冲式热封试验机

图 4-26 是脉冲式热封试验机原理，先夹紧塑料薄膜试样，然后使镍铬电阻丝短时通电，形成热量（或热能）脉冲。热量传递到塑料薄膜试样，在适当的温度条件下进行热封。脉冲式热封试验机的参数是通电电压、通电时间、温度和压力，可以根据试验条件进行调节，也可以利用计算机进行模拟。

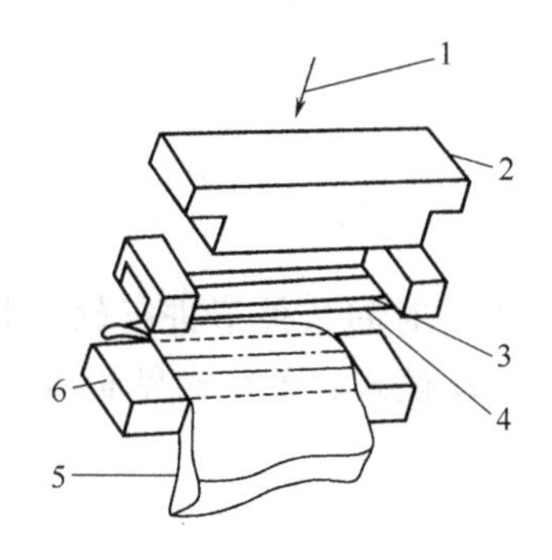

图 4-26　脉冲式热封试验机原理

1—压力源；2—可移动的冷却夹头；3—电阻丝；
4—聚四氟乙烯夹衬；5—试样；6—弹性夹头

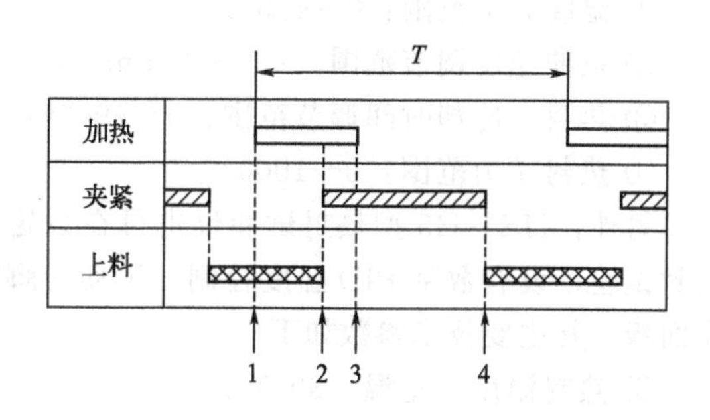

图 4-27　脉冲式热封试验机工作循环过程

1—开始加热；2—封口位置；3—停止加热；
4—封口冷却完成封口

脉冲式热封试验机的工作循环过程如图 4-27 所示，图中起始点选在脉冲加热器开始加热时，当被封材料到达封口位置时，夹头夹紧。当脉冲式加热器停止加热时，夹头仍保持夹紧状态，使封口冷却以完全封合。当封合完成后，夹头打开，新材料送入，开始下一个循环。必须考虑所有这些动作，以精确模拟脉冲式热封试验机的工作过程。

4.6.2.2 HOT-TACK 热封性能测定仪

HOT-TACK 热封性能测定仪是一种重要的塑料薄膜热封仪，用于塑料热封性能的综合测试，进行塑料薄膜和塑料复合薄膜材料的热封以及拉伸试验，测试塑料薄膜和塑料复合薄膜材料在不同热封条件（温度、压力、热封时间）下的强度等。

(1) 结构及工作原理

HOT-TACK 热封性能测定仪如图 4-28 所示，它由热封仪、拉伸强度测定仪和操作控制部分组成。热封仪的上热封轨与一个可上下运动的冲杆连接，其运动动力来源于仪器后部的压力空气管道、控制阀和汽缸活塞，热封力的大小可用滚花螺母调节。下热封轨安装在一个与压力表连接的底座平面上。上、下热封轨采用热电偶加热方式，完全模拟实际生产条件。当热封时，上热封轨加压，下热封轨将其实际压力传递给压力表显示。拉伸强度测定仪上安装有试样偏心夹紧装置、测力传感器、电动机、电磁离合器等。装夹试样后，测定仪后部的汽缸活塞将测定仪推动 90°，使其处于上、下热封轨之间。当热封结束后，汽缸又将测定仪拉回原位，同时热封仪按预定的冷却时间将试样拉断，力值由传感器传递给操作控制单元的显示器上，而试样热封压力可在压力表上读取。

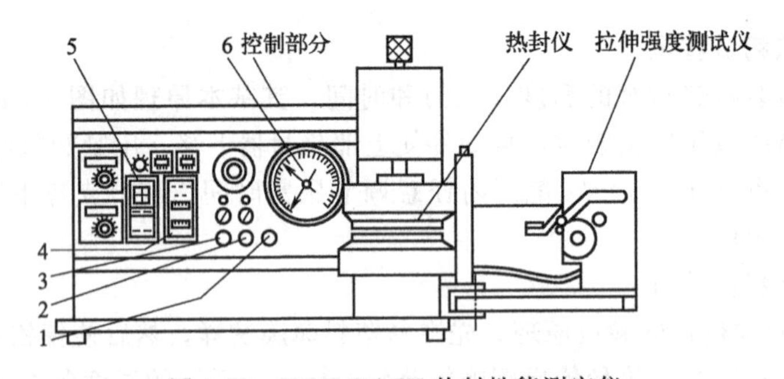

图 4-28 HOT-TACK 热封性能测定仪

1—拉伸选择开关；2,3—热封压力键；4—监控器；5—显示器；6—压力表

(2) 主要技术参数

① 温度调节范围：0～450℃。

② 拉伸速度调节范围：2.5～25mm/min。

③ 热封、冷却时间调节范围：0～99.99s。

④ 热封压力范围：0～1000N。

另外，HST-H5 型热封试验仪也可在设定的温度、压力、时间条件下进行软包装材料热封试验，设有数字 PID 温度控制、手动与脚踏两种试验启动模式、菜单式界面和 PVC 操作面板，其主要技术参数如下。

① 热封温度：室温～300℃。

② 温控精度：±0.2℃。

③ 热封时间：0.1～999.9s。

④ 热封压力：0.05～0.7MPa。

⑤ 热封面：150mm×10mm（可设定）。

⑥ 气源压力：0.05～0.7MPa。

(3) 操作方法

① 热状态，即热封后立即进行拉伸试验。

a. 打开拉伸试验选择开关。

b. 关闭冷却时间选择开关。

c. 按下监控器上绿色键，使数字显示器清零。

d. 按下“开动”按钮，气阀开动将热封仪推进到热封轨之间进行试样热封。热封结束后，热封轨张开，电机旋转，电磁离合器工作，拉伸仪进行试样拉伸试验。

e. 按下“停止”按钮，拉伸仪停止运转。

② 冷状态，即热封后冷却一定时间进行拉伸试验。

a. 打开拉伸试验选择开关。

b. 关闭冷却时间选择开关。

c. 按下监控器上绿色键，使数字显示器清零。

d. 按下“开动”按钮，气阀开动将热封仪推进到热封轨之间进行试样热封，热封结束后，开启热封轨，使拉伸仪复位，电机和电磁离合器工作，进行试样拉伸试验。

e. 按下“停止”按钮，结束拉伸仪运转。

③ 单独拉伸试验。

a. 将试样热封上导向辊转向后方，取掉下导向辊，并将试样定位架转向后方。

b. 打开拉伸试验选择开关。

c. 关闭热封选择开关。

d. 按下监控器上绿色键，使数字显示器清零。

e. 按下“开动”按钮，电机和电磁离合器工作，进行试样拉伸试验。按下“停止”按钮，电机和电磁离合器停止工作。

f. 记录数字显示器的力值。

④ 单独热封试验。

a. 关闭热封、拉伸试验选择开关。

b. 踩脚踏板进行试样热封控制，热封结束后，热封轨张开，停止工作。

⑤ 紧急制动开关。按下“紧急制动”键，热封轨立即张开，热封仪摆动而无压力，使之处于原始位置。

例如，对于三层复合牛奶黑白膜，温度、时间、压力分别对热封强度的影响关系测试分析结果如表4-7～表4-9所示。其中，表4-7是热封压力150N，时间分别选取0.5s、1.0s、1.5s条件下，热封温度和时间变化对热封强度的影响。显然，当热封温度小于130℃时，随着温度的升高时，热封强度随之升高；当温度到达130℃以后，随着温度继续升高，热封强度不再继续升高，反而有降低的趋势。

表4-7 热封强度测试分析结果（1）

热封时间/s	110℃	120℃	130℃	140℃	150℃	160℃
0.5	2.90	17.55	25.34	24.2	23.72	25.52
1.0	13.32	25.90	26.31	25.33	25.18	26.55
1.5	13.32	27.05	26.93	27.74	26.63	26.29

表 4-8 是热封时间 0.5s，压力分别选择 50N、150N、250N 时，热封温度、压力变化对热封强度的影响。显然，当温度较低（小于 130℃），热封强度随着温度的升高而增大，压力较大，热封强度也较大；当温度较高（大于 130℃）后，热封强度趋于稳定，但有下降的趋势，此时压力对热封强度的影响减弱，热封强度不再随着压力的变化，出现较大的变化。

表 4-8　热封强度测试分析结果（2）

热封压力/N	110℃	120℃	130℃	140℃	150℃	160℃
50	4.46	17.05	26.85	26.21	26.61	26.16
150	2.90	17.55	25.34	24.20	23.72	25.52
250	5.27	23.15	26.52	26.38	26.74	26.72

表 4-9 是热封温度 140℃，压力分别选取 50N、150N、250N 时，热封时间、压力变化对热封强度的影响。当压力较小时（50N）热封时间的变化对热封强度的影响较小，随着压力增大至 150N，热封时间对热封强度的影响较大，而压力继续增大，热封时间对热封强度的影响又减弱了。

表 4-9　热封强度测试分析结果（3）

热封压力/N	0.5s	1s	1.5s
50	26.21	26.28	27.01
150	24.20	25.33	27.74
250	26.38	25.89	26.67

4.6.2.3　耐破试验法

（1）试验原理

将三边热封、一边开口的试样袋在开口袋密封试验仪上缓慢充气，或将四边热封、有充气孔的试样袋缓慢充气，直到热封部分破裂或试样袋的其他部分破裂，压力下降为止，记下破裂时的充气压力。试验设备主要包括开口袋密封试验仪或空气压缩机、阀门、压力表等。

（2）试样制作与处理

根据试验设备规格，制作内尺寸 100mm×100mm、三边热封、一边开口的试样袋，或四边热封袋，四边热封袋的一面装有充气孔。试样袋的热封工艺应与实际生产工艺相同。每组试验需要 5 个试样袋。

（3）测试方法

将试样袋装在开口袋密封试验仪上，或与充气装置连接，对试样缓慢充气，充气速度应控制在每秒的压力增加不超过 1kPa，直到热封部分出现破裂，记下破裂时的充气压力。试验结果用所有试样袋破裂时充气压力的平均值表示。若试样袋材料破裂，而热封部分没有破裂，试验报告中应对此情况作以说明，并报告破裂时的压力值。

4.6.2.4　静载荷试验法

（1）试验原理

将热封试样未热封端的两层展开，一端固定在支架上，另一端悬挂规定负载，使热封部分承受恒定的静载荷，经过规定时间后，卸去载荷，观察热封处是否被剥离或断裂。试验设备主要包括固定支架、可加载夹头和砝码。

(2) 试样制作与处理

裁切150mm×300mm试样，以长边之中线对折叠合，在距折缝10mm的平行线处热封，也可在无折缝的300mm长缝内10mm处热封。热封宽度取5mm，或按生产中的实际尺寸。热封工艺与实际生产工艺相同，或按该试样的最佳热封条件进行热封。沿垂直于热封方向，裁掉20mm端边后，裁切25mm宽的试样3个。试验之前，所有试样应在温度(23±2)℃、相对湿度45%～55%的环境中至少放置4h。

(3) 测试方法

将试样展开，一端固定在支架上，另一端夹上加载夹头，然后在夹头上采用砝码施加静载荷，不应产生冲击力。试验时，应保持试样的热封部分与拉伸方向垂直，砝码不应产生摆动。静载荷的大小、加载时间和试验温度的选择参考表4-10所列关系。在GJB 145中规定，静载荷是4.9N，加载时间是5min。试验结束后，应轻轻地取下砝码，检查热封部分的剥离、破裂情况。试验结果包括热封部分的分离长度、热封分离长度占总热封宽度的百分比，以及热封强度是否合格。GJB 145中规定，3个试样热封分离均不超过50%为合格。

表4-10 静载荷、加载时间与试验温度的关系

试验温度/℃	静载荷/N	加载时间/min
23±2	15.7	5
38±2	8.8	60
70±2	2.7	60

4.6.2.5 拉伸试验法

(1) 试验原理

将热封试样未热封端的两层展开，并将它们分别固定在拉伸试验机或量程合适的万能材料试验机上，使热封部分承受拉伸载荷。热封部分在分离之前的最大拉伸载荷就是试样的热封强度。对于不同的塑料薄膜，其热封强度与拉伸速度的关系如图4-29所示。

试验设备是拉伸试验机或量程合适的万能材料试验机，量程选择应使热封强度在量程的

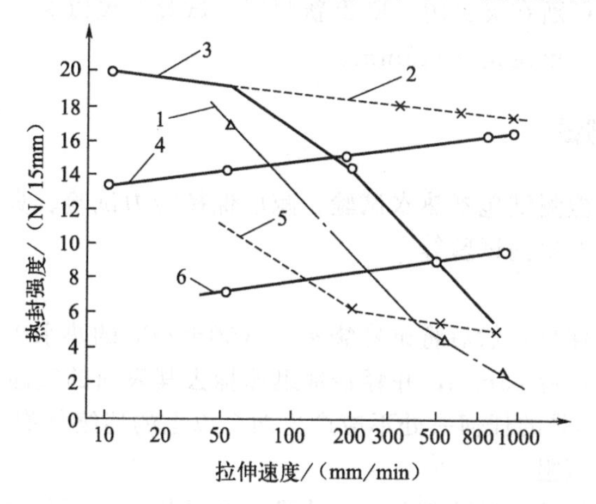

图4-29 热封强度与拉伸速度的关系

1—聚氯乙烯（0.05mm）；2—聚丙烯（0.03mm，无拉伸）；3—高密度聚乙烯（0.07mm）；
4—聚乙烯（0.06mm）；5—聚丙烯（0.03mm，双向拉伸）；
6—低密度聚乙烯（0.03mm）

15%～85%范围内。

(2) 试样制作与处理

在塑料软包装袋侧面、背面、顶部或底部，沿与热封部分垂直的方向裁取试样，作为相应部位的热封试样，如图 4-30 所示。试样宽度是 (15±0.1)mm，展开长度是 (100±1)mm。每个热封部位切取试样 10 条，且至少取自 5 个塑料包装袋。

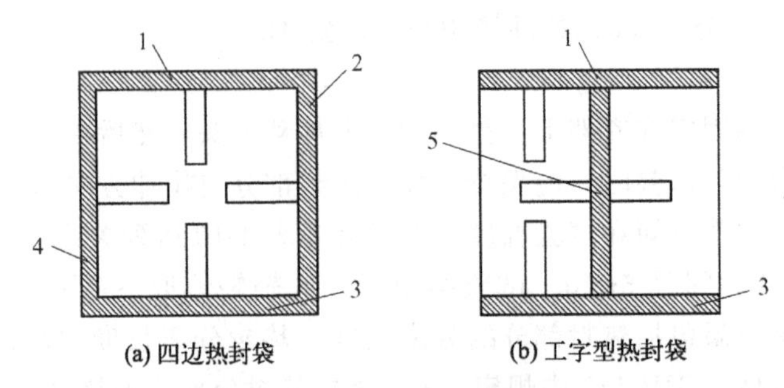

图 4-30 试样片采样位置

1—顶部；2，4—侧面；3—底部；5—背面

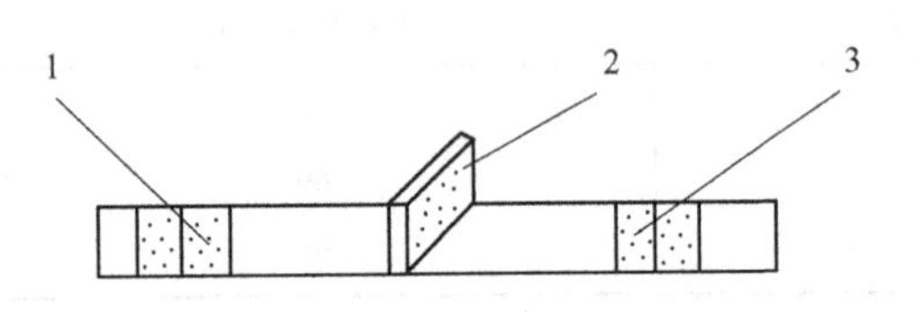

图 4-31 试样片采样位置

1，3—黏结带；2—热封部分

如果试样展开长度小于 (100±1)mm，用玻璃纸黏结带黏合一块与塑料包装袋相同的材料，如图 4-31 所示，以保证试样长度 (100±1)mm。

试验之前，所有试样应在温度 (23±2)℃、相对湿度 45%～55%的环境中至少放置 4h，并在该条件下进行试验。

(3) 测试方法

将未热封端的两层试样展开成 180°，然后将试样两端固定在试验机的上、下夹头上，夹具距离是 50mm，以 (300±20)mm/min 的速度对试样进行拉伸。试验过程中，应保持试样的热封部分与拉伸方向垂直，使热封部分受到 T 形剥离力，直到热封部分断裂为止。如果热封部分未断裂或试样断在夹具内，则重新测试。试验结果以 3 个试样最大拉伸载荷的算术平均值表示热封强度，单位是 N/15mm。

4.6.3 密封性能测试

软包装袋的密封性能测试包括热水试验、减压保持能力试验、真空室试验、压力保持试验、挤压检漏试验和静态检漏试验等。

(1) 热水试验

试验方法是密封试样袋，然后将试样袋浸入 (60±2)℃的热水中，试样袋表面最高处距水面的深度距离至少应保持 25mm，并轻轻地迅速抹去其表面的气泡。再将试样袋在水面下翻转。在 2min 内，试样袋的任何一处不应产生两个以上的连续气泡。

(2) 减压保持能力试验

试验方法是将密封的试样袋顶部开一个小孔，再选用下列两种方法之一进行试验。

① 抽气至包装内外压差为 20～30kPa，10min 后观察测量仪表或压力表，压力的回升率不得超过 25%。

② 抽气至包装薄膜紧贴在内装物上，然后密封抽气孔，在常温条件下保持 4h。若包装

薄膜仍紧贴在内装物上，则密封性合格。若包装薄膜张力减小，产生松弛，不再紧贴在内装物上，则包装袋必然存在漏气孔洞或密封不良。

(3) 压力保持试验

压力保持试验也称充气试验。试验方法是在试样袋上接一个充气管并装上压力表，将接管口密封，然后对试样袋充气。达到规定压力后，使试样袋在该气压条件下保持30min。也可以在试样袋充气后浸入水中，或在接缝处涂上肥皂水，观察有无气泡冒出。若有连续气泡冒出，则试样袋不合格。

如果软包装袋充气压力过大，则会使热封部位破裂。对无具体充气压力规定的软包装袋，以耐破强度的0.5倍作为压力保持试验时的充气压力。若已知平面边缘热封软包装袋的热封强度，则压力保持试验时的充气压力为：

$$P=\frac{S(L+W)}{LW} \tag{4-8}$$

式中　P——充气压力，即试样袋内外压差，Pa；

S——试样的热封强度，N/m；

L——试样长度，m；

W——试样宽度，m。

(4) 真空室试验

对小型试样袋可利用玻璃真空干燥器，外接真空表、真空泵和阀，也可使用真空密封试验仪。对大型试样袋，可根据试样情况和试验要求加工专用试验设备。试验方法和试验装置可参考4.3.2小节相关内容。若对真空度无具体规定，可按式(4-8)计算真空度，或以耐破强度的0.5倍作为真空度。

若试样不能浸水时，真空室可以不装水，相应的测试方法是：首先将试样放入真空室内，再将真空室抽至与上述相同的真空度，关闭抽气泵和真空室的阀门，保持30min，以真空室的真空度下降不超过试验真空度的25%为合格。用此法试验时应在试验前检查真空室系统的密封性。

(5) 挤压检漏试验

试验方法是在试样袋热封时，尽可能多地向试样袋内封入空气。然后将试样袋浸入在室温的水中，其顶部距水面约50mm。用手或机械装置挤压试样袋，观察试样袋，尤其是热封部位是否有气泡冒出。在使用机械装置挤压时，应保证装置对试样袋不产生损伤。

对大型试样袋，也可将试样袋的热封部位以及容易漏气的部位涂上起泡剂，然后挤压试样袋，观察试样袋是否有气泡冒出。若有连续气泡冒出，则表明试样袋漏气。

(6) 静态检漏试验

试验方法是首先向试样袋内装入水或其他液体，如食用植物油、酱油等，按要求密封试样袋。然后将密封好的试样袋分别按直立、倒置、一侧面着地、一端面着地、另一侧面着地、另一端面着地等6种方式放置15min，并检查试样袋是否渗漏。当按直立、倒置、一端面着地、另一端面着地等放置方式不能稳定放置试样袋时，可用适当的挡板、挡块等，使试样袋保持稳定放置。

(7) 试验方法比较

在进行软包装密封性能测试时，应根据具体的包装结构和尺寸、内装物的性质和特点等已知条件，仔细地选择合适的试验方法。

① 利用浸水的压力保持试验和真空室试验，能测定在规定的压差下包装的密封性能，

灵敏度高，而且能找出包装袋的漏气部位。但是，这两种试验方法对设备要求高，尺寸大的包装袋受到限制。

② 挤压检漏试验和热水试验方法简单，但不能控制包装袋的内外压差，适用于含气密封的包装袋。

③ 减压保持能力试验不能用来确定泄漏部位，也不能确定尺寸大的包装袋有无细微的漏气，可作为小型的真空包装袋的密封性试验方法。

④ 静止检漏试验仅适用于确定当试样置于不同位置时，内装液体是否发生渗漏的液体包装袋的质量检验。

4.6.4 透湿性能测试

软包装袋的透湿度指在规定的湿热试验条件下，在一定的时间（通常是 30d）内透入内部空气保持干燥状态的包装袋内的水蒸气量，单位是 g/30d。

(1) 试验原理

软包装袋透湿度的试验原理是：将试样袋封装规定量的干燥剂后，置于规定的温湿度环境中，使试样袋内外保持一定的水蒸气压差，通过对试样袋的定期称量，测定透过试样袋的水蒸气量，并计算透湿度。试验设备主要有湿热试验箱和称量天平，湿热试验箱应能将相对湿度控制在 88%～92%，温度保持在 (40±1)℃。对于小型试样袋，称量天平的灵敏度是 1mg。当试样袋质量大于或等于 1kg 时，称量天平的灵敏度应不低于试样袋质量的万分之一。

(2) 测试方法

按照国家标准 GB/T 6982《软包装容器透湿度试验方法》进行试验。试样袋内需放入干燥剂 80～100g。若试样袋较小而不能容纳 80g 干燥剂，则应装入其容量的一半。首先对细孔硅胶干燥剂进行干燥处理，装入试样袋，按实际的密封工艺对试样袋密封。然后对试样袋预热处理，进行一次称量后，立即转入相对湿度 88%～92%、温度 (40±1)℃ 的湿热试验箱内进行湿热试验。试验过程中要定期称量，并绘制出增量-时间曲线。试验应持续到增量-时间曲线上至少有三个连续点成一直线为止。在按照 GB/T 6982 规定的任一种方法称量时，都应保证在整个试验中，每次的称量方法相同、试样袋从试验箱内取出的时间相同。

求出增量-时间曲线中连续三点成一线的斜率，将其换算成每 30d 的透湿度值，即软包装袋在恒定透湿期间的透湿度。为了便于与其他类型的包装容器进行透湿性能的比较，通常将软包装袋的透湿度换算成表面积是 $1m^2$ 时的透湿度，单位是 $g/(m^2 \cdot 30d)$ 或 $g/(m^2 \cdot 24h)$。试验结果以所有试验袋透湿度的平均值表示，取两位有效数字，并给出最大值和最小值。

4.6.5 塑料编织袋跌落性能测试

塑料编织袋，特别是复合塑料编织袋，适用于化肥、合成材料、炸药、粮食、食糖、盐、矿砂、水泥等各种粉状、颗粒物料的包装，但不适用于有棱角的坚硬块状物料。

(1) 试验原理

本试验方法适用 A、B、C 三种型号的塑料编织袋、复合塑料编织袋，如以塑料编织布为基材，经流延法复合或制成的布/塑复合袋、布/塑/纸复合袋。A 型袋装 25kg 的聚烯烃树脂，B 型袋装 40kg 尿素或密度相当的物料，C 型袋装 50kg 尿素或密度相当的物料。充填

系数是80%～85%。试验原理是：对试样袋进行垂直冲击跌落试验，检测塑料编织袋的强度。试验设备主要包括提升装置、释放装置和冲击面。提升和释放装置不能损伤试样袋，且能保持试样袋的跌落姿态，冲击面为平整的水泥地。

(2) 测试方法

试样袋装入实际内装物或密度相当的代用物料，充填系数是80%～85%，每组试验取3个试样。按照GB/T 4857.5《包装 运输包装件 跌落试验方法》进行试验，环境条件是常温、常湿。塑料编织袋的跌落高度是1.2m，而复合塑料编织袋的跌落高度参考GB/T 4857.5的规定，如表4-11所示。

表4-11 跌落高度与包装件质量和运输方式的关系

运输方式	包装件质量/kg	跌落高度/mm	运输方式	包装件质量/kg	跌落高度/mm
公路 铁路 空运	<10	800	水运	<15	1000
	10～20	600		15～30	800
	20～30	500		30～40	600
	30～40	400		40～45	500
	40～50	300		45～50	400
	50～100	200		>50	300
	>100	100			

具体测试方法是，第一个试样袋按垂直、平向、侧向的试验顺序各跌落一次，第二个试样袋按平向、侧向、垂直的试验顺序各跌落一次，第三个试样袋按侧向、垂直、平向的试验顺序各跌落一次。每次跌落后，应检查试样袋的破损情况。试验结束后，三个试样袋均应不破裂，内装物料不产生漏失。

4.6.6 水泥包装袋牢固度测试

(1) 试验原理

水泥包装袋牢固度的试验原理是：将满装试验用标准砂的水泥包装袋提升至1m高度，然后自由跌落，使其受到类似包装水泥后可能受到的冲击力，检测水泥包装袋的牢固程度。试验设备主要包括电热干燥箱、试样袋支架、跌落试验机。

(2) 测试方法

每组试验取5个试样袋。在试样袋装入标准砂之前，需对试样袋进行预处理。对复合袋(60℃等级的除外)，应在预定的恒温条件下处理4h，然后在实验室内冷却4h。对纸袋和60℃等级的复合袋，应在实验室内放置4h以上。

试验在常温常湿条件下进行。按国家标准GB/T 9774《水泥包装用袋》附录C进行试验。首先向袋内灌装FD50型标准砂(50±1)kg，或FD45型标准砂(45±1)kg。然后将装好标准砂的试样袋平放在跌落试验机的底板中心位置，正面朝下，并使标准砂分布均匀。随后提升试样袋到1m高度，启动释放装置，使其自由跌落，检查试样袋的破损情况。试样袋的破损检测方法是：裂口或开口大于50mm，或逆止口外翻，或复合袋的复合层分离部分面积大于10cm^2，或总分离层面积大于100cm^2均为破损。如果包装袋没有破损，则反复进行跌落试验，直到试样袋破损。以平均未破损的跌落次数作为每组试样袋的牢固度，计算至小数点后一位。

4.6.7 复合包装袋适用温度测试

(1) 试验原理

该试验方法是根据水泥包装用复合袋的性能测试而制定的，也适用于其他复合包装袋。试验原理是：将复合包装袋试样放置于电热干燥箱内，在预定温度条件下进行恒温处理至预定时间，然后测量其尺寸变化，并观察其外观变化，以此判断复合包装袋的适用温度。试验设备主要包括电热干燥箱、试样袋支架和长 1m、精度 1mm 的钢板尺。

(2) 测试方法

每组试验取 5 个试样袋，在胶口面纵、横向中轴线上做好测量标记。纵向标记长度约 600m，横向标记长度约 400mm，然后精确测量实际长度。

按照国家标准 GB/T 9774 附录 C 进行试验。将试样袋侧立于试样袋支架上，放在电热干燥箱内，在规定的温度条件下恒温放置 1h。水泥包装用复合袋适用灌装的水泥温度分为 120℃、90℃和 60℃三个等级，试验规定温度应与对应的等级温度相一致。试样袋在电热干燥箱内恒温处理后，取出并在室内冷却 20min，再测量纵向标记、横向标记的实际长度，并观察其外观变化。如果所有试样袋的纵向、横向平均收缩率不小于 3%，或试样袋发脆、开胶，则不能在本等级温度使用。

试样袋的纵向（或横向）收缩率为：

$$S_t=\frac{l_0-l_t}{l_0}\times 100\% \tag{4-9}$$

式中 S_t——试样袋的纵向（或横向）收缩率，%；

l_0——试验前标记长度，mm；

l_t——恒温处理后标记长度，mm。

4.7 周转箱性能测试

本节主要介绍塑料物流周转箱、食品塑料物流周转箱、瓶装酒/饮料塑料周转箱的基本特征检测和物理性能、卫生性能、印刷性能等测试内容。

4.7.1 塑料物流周转箱性能测试

采用聚烯烃塑料为原料、注射成型法生产的塑料物流周转箱，需要在脱模 24h 之后取试验样品，并且需在室温状态下放置 6h 后可以进行试验。内装物的质量不超过 70kg 的塑料物流周转箱的测试试验主要包括基本特征、侧壁变形率、空箱压力性能、振动性能、跌落性能、悬挂性能等项目。

(1) 基本特征检测

塑料物流周转箱的基本特征检测包括规格尺寸、质量、外观、堆码配合等测量分析。

① 规格尺寸检验　采用精度为 1mm 的通用量具测量塑料物流周转箱的长度、宽度和高度。长度和宽度的测量部位均在箱体上口，试样的长度和宽度为其外形四角圆弧与直边切点的两条连线的最大值，其规格尺寸的最大上、下偏差如表 4-12 所示。计算端手凸出的试样长度时，应再加上两个端手凸出的数值。高度的测量部位应在四角，结果取 4 个数值的最大

值，精确到1mm。

表 4-12 尺寸偏差要求

项目	要求		
最大上偏差	产品公称尺寸的+0.5%		
最大下偏差	按产品公称尺寸分段取相应的偏差率，采用累进法计算偏差之和		
	公称尺寸 小于200mm	公称尺寸 200～400mm	公称尺寸 大于400mm
	−1.5%	−1.25%	−1%

② 质量检测 采用精度为5g的通用衡器称量，并计算与额定质量的百分比值，要求质量偏差不超过额定质量的±3%。

③ 外观检测 在自然光线条件下目测和应用相应的量具测量，分析塑料物流周转箱的表面、色差、浇口、标志区，具体要求如表4-13所示。

表 4-13 塑料物流周转箱的外观要求

项目	要求
表面	完整，无残缺变形，光滑平整，边角及端手部位无毛刺，无飞边，无起泡
色差	无明显色差，同一批次产品色泽基本一致
浇口	浇口应修平，不影响周转箱使用
标志区	粘贴区应轧花处理，标签架应牢固

④ 堆码配合检查

a. 堆码配合 将一只试样置于平地，另一只试样放在其上面，配合部位对准后，检查2个试样是否能正常堆码。取3个试样，检查其互换性。

b. 抗滑垛 将试样堆垛于平地，堆垛高度不小于2m，提升起箱底的一条短边，使箱底与地平面成5°夹角，检查其是否滑垛。

(2) 侧壁变形率测试

采用精度为0.05mm的通用量具测量，测量方法如图4-32所示。首先，确定试样被测面上变形最大点，使直尺的方向与箱口平面平行，且直尺平面与被测面垂直，测得直尺下端到该点的距离即为被测面的侧壁变形量。选用直尺的长度与被测面的直线长度一致。塑料物流周转箱的侧壁变形率都应不大于1.0%。

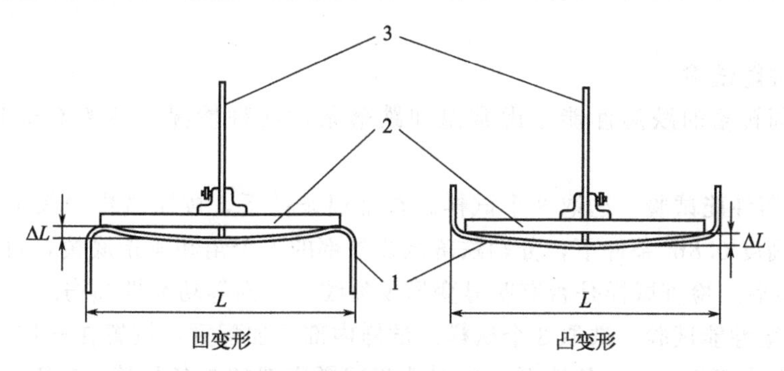

图4-32 箱体侧壁变形量的测量原理图

1—试样；2—直尺；3—量具

试样被测面的侧壁变形率的计算方法为：

$$A=\frac{\Delta L}{L}\times 100\% \tag{4-10}$$

式中　A——试样被测面的侧壁变形率，%；

L——被测面所在的箱侧面的长度，mm；

ΔL——被测面的侧面变形量，mm。

(3) 空箱压力性能测试

空箱压力性能测试包括通用箱、折叠箱、斜插箱的压力性能试验，以及这三种箱型的顶盖压力性能试验。

① 通用箱/折叠箱的压力性能试验　选取 3 个试样，参考国家标准 GB/T 4857.4 进行试验。对于折叠箱在进行测试时，应当用适当装置对侧壁进行支撑，避免受压时侧壁回折。试验结束后，检查试样是否有明显变形及裂纹、破损等功能性损伤。

空箱压力载荷的计算公式为：

$$F=W\times 9.8\times (N-1)\times 2 \tag{4-11}$$

式中　F——压力载荷，N；

W——额定承载内装物的质量与样箱的质量之和，kg；

N——允许堆码的层数；

2——劣变系数。

② 斜插箱的压力性能试验　以 2 个试样为 1 组，共取 3 组试验样品。每组试样的顶盖向上堆码，居中放置在压力试验机下压板上，参考国家标准 GB/T 4857.4 进行试验。试验结束后，检查被验样品是否有明显变形及裂纹、破损等功能性损伤。斜插箱的压力载荷的计算公式与通用箱、折叠箱相同。

③ 顶盖压力性能试验　选取 3 个试样，分别将试样的顶盖向上放置在压力试验机下压板上，将一块宽度和高度为 90mm 的长硬木块沿试样长度方向居中放置，并且这块硬木距离试样两端的距离为 50mm。参考国家标准 GB/T 4857.4 进行试验，承载载荷选取 0.9kN。试验结束后，检查试样的顶盖是否有明显变形及裂纹、破损等功能性损伤。

(4) 振动性能试验

在试样内均匀填装额定承载质量的沙袋或实际内装物，将试样的顶盖向上居中放置在振动台台面上，堆码层数采用标称堆码层数或按堆码高度不小于 2m 计算。参考国家标准 GB/T 4857.7 进行试验，振动持续时间为 60min。试验结束后，检查试样有无裂纹、破损等功能性损伤。

(5) 跌落性能试验

塑料物流周转箱的跌落性能考虑常温和跌落条件两种情况，参考 GB/T 4857.5 进行试验。

① 常温跌落性能试验　选取 3 个试样。在常温条件下，按照试样的额定承载质量填装沙袋，在跌落高度 0.8m 条件下，分别跌落试样外部的 4 个角和 4 条底棱，每个部位各跌落 1 次。试验结束后，检查试样是否有明显变形及裂纹、破损等功能性损伤。

② 低温跌落性能试验　选取 3 个试样。试样内部不加配重，放置在 −18±2℃ 的环境下处理 24h。在跌落高度 1.8m 条件下，分别跌落试样底部的 1 条长棱、1 条短棱以及它们的夹角，每个部位跌落 1 次，跌落试验应在 10min 内完成。试验结束后，检查试样是否有明

显变形及裂纹、破损等功能性损伤。

（6）悬挂性能试验

选取 3 个试样。在常温条件下，用吊钩吊住试样的端手部位，使吊绳的夹角为 60°±3°。试样按额定质量的 1.5 倍均匀配重，如图 4-33 所示。吊钩是用宽 70mm 的钢板弯成，要有足够的强度保证试验过程不变形，吊绳是延伸率较小的绳子或钢丝绳。吊起后开始计时，10min 后放下试样，检查试样是否有裂纹、破损等功能性损伤。

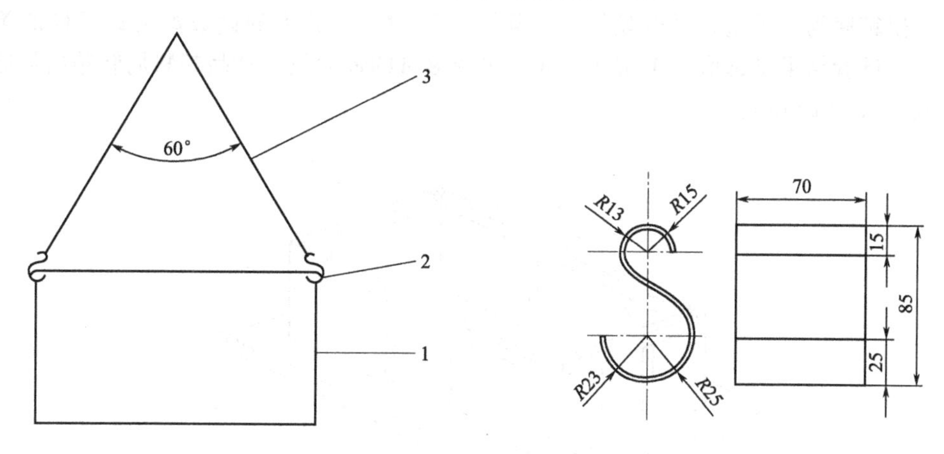

图 4-33　悬挂试验原理图

1—试样；2—吊钩；3—吊绳

4.7.2　食品塑料周转箱性能测试

本部分的测试方法适合于采用聚烯烃塑料为原料、注射成型法生产的无内格的食品塑料周转箱。

（1）规格尺寸检测

具体测试方法与塑料物流周转箱的规格尺寸检测方法相同。

（2）质量检测

具体测试方法与塑料物流周转箱的质量检测方法相同。

（3）外观检测

食品塑料周转箱的外观检测是在自然光线条件下目测和应用相应的量具，测试分析表面、黑色杂质、色差和浇口等质量，具体要求如表 4-14 所示。

表 4-14　食品塑料周转箱的外观要求

项目	要求
表面	完整无裂损，光滑平整，不允许有明显白印，边沿及端手部位无毛刺
黑点杂质	箱体各面每 500cm² 面积内，长度 0.5～2.0mm 的黑点杂质不多于 5 个，并分散分布，不允许有长度大于 2.0mm 的黑点杂质
色差	无明显色差，同批产品色泽基本一致
浇口	不影响箱子平置

（4）堆码配合检测

具体测试方法与塑料物流周转箱的堆码配合、抗滑垛的检测方法相同。

(5) 箱体变形测试

① 侧壁变形率测试　该试验方法与塑料物流周转箱的侧壁变形率测试方法相同。

② 箱底承重变形量测试　箱底承重变形量的测量装置如图 4-34 所示，它由平板、支架、搁条、砂袋和百分表等组成，其中，搁条的长度按照周转箱的长度、宽度选择。在常温条件下，首先按照实际堆码方式把 1 个试样放置于试验框架上。再将百分表置于平板上并校正零位，使撞针对准试样底部中心部位。然后把 15 个砂袋（每个砂袋质量为 1kg）放入样箱内，使箱底均匀承重，并开始计时，至 15min 时，百分表的读数即为该试样的箱底承重变形量。试验结果是选取 3 个试样箱底承重变形量的最大值。食品塑料周转箱的箱底平面变形量应不大于 10mm。

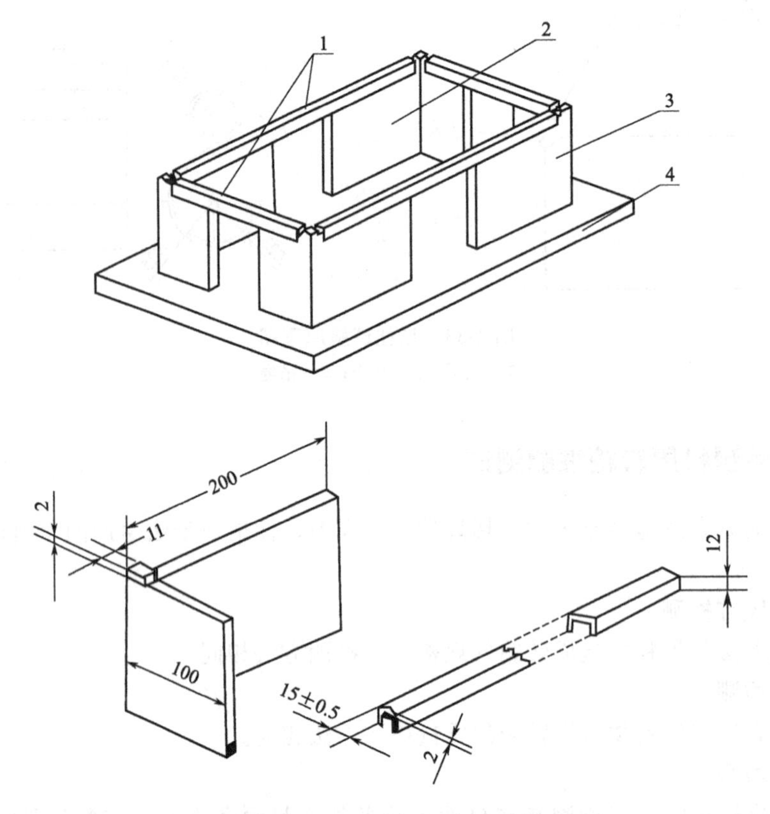

图 4-34　箱底承重变形量的试验原理图

1—搁条；2—右支架；3—左支架；4—钢板

③ 收缩变形率测试　箱体收缩变形率的具体测试方法是，首先采用精度为 1mm 的通用量具测量试样上口的两条内对角线长度。然后将其全部浸没于（65±5)℃的保温水槽内，并开始计时，至 10min 取出试样。最后，在常温条件下放置 30min，测量试样内对角线的长度。计算每条对角线的变化量，取最大值作为该试样的收缩变形量，试验结果选取 3 个试样收缩变形率的最大值。食品塑料周转箱的收缩变形率应不大于 1.0%。

试样的收缩变形率的计算公式为：

$$B=\frac{|L_0-L_1|}{L_0}\times 100\% \tag{4-12}$$

式中　B——收缩变形率，%；

L_0——试验前的内对角线长度，mm；

L_1——试验后的内对角线长度，mm。

(6) 跌落性能测试

参考 GB/T 4857.5 进行试验。

① 常温实箱跌落试验　在常温条件下，将均匀承重 20kg 的试样提升至跌落高度 1.2m，使试样底面与冲击面保持平行，连续跌落 3 次。试验结束后，检查试样是否产生裂纹。

② 低温空箱跌落试验　选取 3 个试样。试样在 -10 ± 2℃环境下放置 4h，再将其提升至跌落高度 2m，并使试样底面的 1 条长边、1 条短边以及它们的夹角依次跌落 1 次，跌落应在 10min 内完成。试验结束后，检查试样是否有裂纹。

(7) 堆码性能测试

选取 3 个试样。参考国家标准 GB/T 4857.3 进行试验。将一个空箱口部向上平置，加载平板与重物的总重量为 2500N，加载持续时间 72h。测量试样箱体口部 2 个长边的中点处加载平板的高度变化量，精确到 0.01mm，并计算箱体高度变化率。食品塑料周转箱的箱体高度变化率应不大于 2.0%。

箱体高度变化率的计算公式为：

$$C=\frac{\Delta h}{H}\times100\% \tag{4-13}$$

式中　C——试样高度变化率，%；

H——试样高度，mm；

Δh——承载后试样高度的平均变化量，mm。

(8) 悬挂性能测试

要求试样在均匀承重 60kg 条件下进行悬挂性能测试，具体测试方法与塑料物流周转箱的悬挂性能测试方法相同。试验结束后，检查试样是否产生裂纹。

(9) 卫生性能测试

选取 10 个试样，参考国家标准 GB/T 31604《食品安全国家标准　食品接触材料及制品迁移试验通则》进行试验。对于直接接触食品的周转箱，应符合食品包装用塑料材料的卫生标准。

(10) 印刷性能测试

食品塑料周转箱的印刷性能要求印刷字样图案清洗、完整，不允许油墨脱落。对这种周转箱的印刷性能的具体测试方法是，首先，取印刷 48h 后的 3 个试样，利用锋利刀片在印刷面上划“#”字线，平行间隔 5mm。其次，把宽度为 25mm、黏着力为 200±20N 的医用胶布贴在箱体印刷部位，覆盖面积不小于印刷面积的 2/3，并用小滚筒慢速在胶布上单向滚压 2 次。最后，在胶布的一端以与箱表面约 90°夹角的方向快速拉开，检查油墨是否脱落。

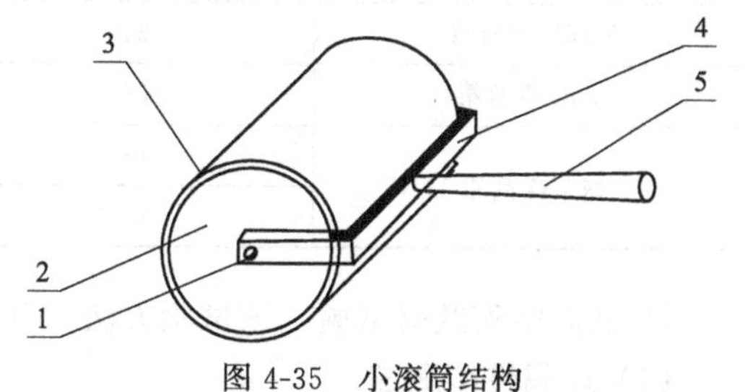

图 4-35　小滚筒结构

1—螺丝；2—滚筒；3—橡胶层；4—支架；5—手柄

小滚筒的结构如图 4-35 所示，滚筒的宽度为 60mm、直径为 50mm，外层包覆橡胶，除手柄外质量为 850g。

4.7.3 瓶装酒/饮料塑料周转箱性能测试

本部分的测试方法适合于采用聚烯烃塑料为原料、注射成型法生产的有内格的瓶装酒、饮料塑料周转箱。

(1）规格尺寸检测

具体测试方法与塑料物流周转箱的规格尺寸检测方法相同。

(2）质量检测

具体测试方法与塑料物流周转箱的质量检测方法相同。

(3）外观检测

瓶装酒、饮料塑料周转箱的外观检测是在自然光线条件下目测，分析表面、色差和浇口等质量，具体要求如表 4-15 所示。

表 4-15 瓶装酒/饮料塑料周转箱的外观要求

项目	要求
表面	完整无裂损，光滑平整，不允许有明显白印，边沿及端手部位无毛刺
色差	无明显色差，同批产品色泽基本一致
浇口	不影响箱子平置

(4）堆码配合检查

具体测试方法与塑料物流周转箱的堆码配合、抗滑垛的检测方法相同。

(5）箱体变形测试

① 侧壁变形率测试　该试验方法与塑料物流周转箱的侧壁变形率测试方法相同。

② 内格变形量测试　把箱体平置，将空瓶置于任一内格开口的正中位置，在不加外力的条件下，检查空瓶能否自动地滑入内格。

(6）跌落性能测试

① 常温实箱跌落试验　模拟瓶的数量与试样的空格数量要一致，模拟瓶质量和跌落高度的推荐值如表 4-16 所示。具体试验方法与食品塑料周转箱的常温实箱跌落测试方法相同。

表 4-16 模拟瓶质量和跌落高度的推荐值

瓶装酒/饮料箱分类	规格/瓶	模拟瓶质量/g	跌落高度/m
0.25L 小瓶箱	24	575	0.8
0.25L 高瓶箱	24	700	0.8
0.35L 中瓶箱	24	675	0.7
0.5L 酒瓶箱	24	900	0.7
瓶装啤酒箱	12	1200	0.7
	24	1200	0.7

② 低温空箱跌落试验　该试验方法与食品塑料周转箱的低温空箱跌落测试方法相同。

(7）堆码性能测试

该试验方法与食品塑料周转箱的堆码性能测试方法相同。

(8）悬挂性能测试

该试验方法与食品塑料周转箱的悬挂性能测试方法相同。

(9）印刷性能测试

该试验方法与食品塑料周转箱的印刷性能测试方法相同。

4.8　集装器具性能测试

本节主要介绍平托盘、箱式托盘、集装箱、集装袋和纸护角等集装器具的性能测试内容。

4.8.1　平托盘性能测试

平托盘性能测试包括抗弯强度试验、压缩试验、跌落试验和吊装试验等检测项目。

(1) 抗弯强度试验

试验原理是将平托盘两端的纵梁水平支承，在托盘面板上的两个规定位置施加集中载荷，测量其弯曲变形情况。试验设备是3～5t的压力试验机，加载用的两根上枕梁选用外径76mm、壁厚6mm的无缝钢管，支承用的下枕梁是两根10号槽钢对焊而成的方形钢管。具体测试方法是，按简支梁的形式将平托盘安置在下枕梁上，并将托盘纵梁的内侧与下枕梁内侧对齐，此时下枕梁内侧之间的距离就是支承距。在托盘面板中心线的两侧1/4支承距的位置上，分别放置两根加载用上枕梁，如图4-36所示。试验载荷是托盘载重量的1.5倍，加载速度是98N/s。当加压载荷达到托盘载重量的1.5倍时，用千分表测量托盘下铺板中间位置的挠度。卸载30min后，再用千分表以同样的方式测量托盘中部的残余挠度。

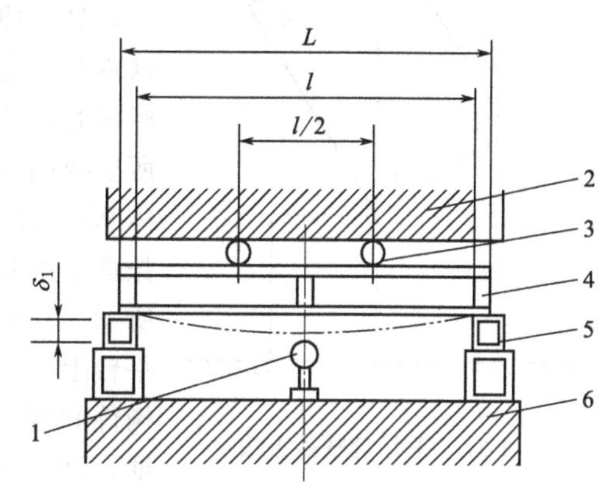

图4-36　平托盘抗弯强度加载方法

1—千分表；2—上压板；3—上枕梁；4—平托盘；5—下枕梁；6—下压板

试验结果用托盘下铺板中间位置的挠度（δ_1）、托盘中部的残余挠度（δ_2）和残余挠曲率（φ）表示。残余挠曲率的计算公式为：

$$\varphi=\frac{\delta_2}{L}\times100\% \tag{4-14}$$

式中　φ——残余挠曲率，%；

δ_2——托盘中部的残余挠度，mm；

L——托盘宽度，mm。

对木制联运平托盘，抗弯强度试验结束后，要求残余挠度应小于18mm、残余挠度曲率应小于±1.0%。

(2) 压缩试验

该试验适用于木制、钢制、塑料及复合材料制成的平托盘。试验原理是将托盘纵梁的上、下位置用垫木垫好后，放置于压力试验机上、下压板的中间位置后施加压力，根据纵梁部位的变形量确定托盘纵梁的刚度。试验设备包括压力试验机、两根垫木和千分表。具体测试方法是，将托盘一端的纵梁部位放置在压力试验机下压板的中间位置，在该纵梁部位的上、下位置分别放置一根垫木，并使上、下垫木与纵梁的中心线重合。启动压力试验机，使压力试验机的压板通过上、下垫木对托盘的纵梁部位施加载荷。当加压载荷达到规定试验载荷时，用千分表测量托盘纵梁部位的压缩变形情况。

试验压力载荷的计算公式为：

$$P=\frac{4W}{n} \tag{4-15}$$

式中 P——试验压力载荷，kN；

W——托盘载荷量，kN；

n——托盘纵梁根数。

卸载后，观察托盘纵梁部位有否破损。采用同样的方法，对托盘另一端的纵梁部位进行压缩试验。试验结果取托盘两端纵梁压缩变形的平均值，同时报告纵梁受压后的破损情况。

(3) 跌落试验

试验原理是将平托盘提升至一定高度，然后使其自由跌落到冲击面上，测定空托盘在使用过程中发生垂直跌落时的耐冲击强度。试验设备为符合国家标准 GB/T 4857.5 所要求的提升和释放装置以及混凝土地面或钢制平台。具体测试方法是，首先测量托盘载货面的对角线长度，然后将托盘对角起吊，使托盘对角的下棱边离地面 1m，如图 4-37 所示。随后释放托盘，使其自由跌落在混凝土地面或钢制平台上。平托盘底部的四个角依次跌落一次后，检查托盘构件和接合部件有无异常，并测量托盘载货面的对角线长度，计算对角线长度变化率。

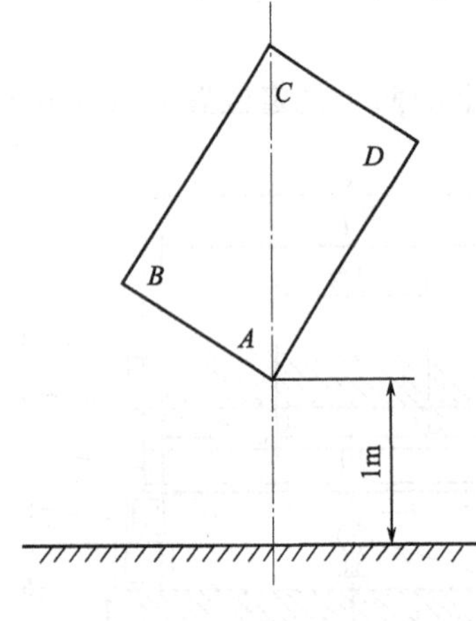

图 4-37 平托盘跌落方法

托盘载货面的对角线长度变化率（ψ）的计算公式为：

$$\psi=\frac{AC-A'C'}{AC}\times 100\% \tag{4-16}$$

或

$$\psi=\frac{BD-B'D'}{BD}\times 100\% \tag{4-17}$$

式中 ψ——托盘载货面的对角线长度变化率，%；

AC、BD——跌落前对角线长度，mm；

$A'C'$、$B'D'$——跌落后对角线长度，mm。

对木制联运平托盘，跌落试验后对角线长度变化率应不大于±1%。试验结果应报告托盘跌落后各部分的破损情况，以及托盘载货面的对角线长度变化率。

(4) 吊装试验

试验原理是将托盘装载规定的负荷后，吊离地面一定的时间，然后放下，测定托盘的吊装性能。试验设备是载重量合适的叉车和吊车。具体测试方法是，将托盘放置在平整的水泥地面上，加上 2 倍载重量的负荷，负荷的放置应均匀。用叉车将加载的托盘叉举离地面 5min 以上，然后降至地面。对 Da 型、Db 型托盘，应在两个侧面各进行 1 次叉举试验。对四面进叉型托盘，应在四个侧面各进行 1 次叉举试验。对两面进叉型托盘，应分别在两个侧面加载后进行叉举试验。对 Db 型托盘，进行叉举试验之后，还须进行起吊试验。试验载荷的大小与叉举试验相同，将吊绳插入托盘的吊槽内，用吊车将加载的托盘举离地面 5min 以

上，然后将托盘放回地面。起吊时，托盘四角应同时离开地面，整个托盘应保持水平。试验结束后，检查托盘的变形情况，托盘应无破损和永久性变形。

4.8.2　箱式托盘性能测试

箱式托盘性能测试包括垂直载荷试验、水平载荷试验、水平冲击试验和堆码试验等检测项目。

(1) 垂直载荷试验

试验原理是将箱式托盘水平放置在支撑架上，给托盘加载到规定的载荷时，测定托盘载货面的最大挠度。试验设备包括支撑架和千分表，支撑架可由两根工字钢组成。在水平的硬质地面上，放置平行的两根工字钢，工字钢上放置试验用箱式托盘，使托盘的纵梁与工字钢中心线对准，如图4-38所示。

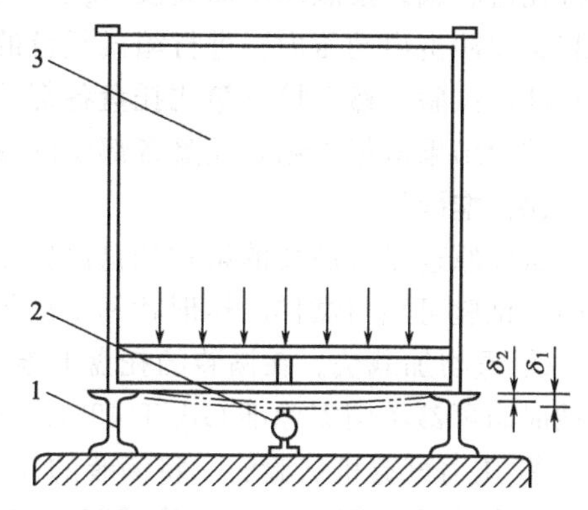

图4-38　箱式托盘垂直载荷试验

1—支撑工字钢；2—千分表；3—箱式托盘

具体测试方法是，在箱式托盘的载货面上施加2.5倍托盘载重量的均布载荷，测定托盘底部在试验载荷下的最大挠度（δ_1）。卸载30min后，测定托盘的残余挠度（δ_2）。试验结果用最大挠度（δ_1）和残余挠度（δ_2）来表示箱式托盘的承载能力。

(2) 水平载荷试验

试验原理是将箱式托盘的侧板以水平方向悬空放置后，施加规定的均匀载荷，对箱式托盘的变形情况进行测量。试验设备包括固定夹具和千分表。图4-39是箱式托盘水平载荷试验原理图，把箱式托盘固定夹具上，使箱式托盘的侧板水平放置，要求固定牢固，加载时箱式托盘的底部不能偏斜，试验时处于垂直方向。试验时，在托盘的侧板上施加托盘载重量0.4倍的均匀载荷，测量图4-39中下部侧板6个位置的挠度。卸载30min后，再测量上述6个位置的残余挠度。试验结果用箱式托盘4个侧面的挠度和残余挠度表示。

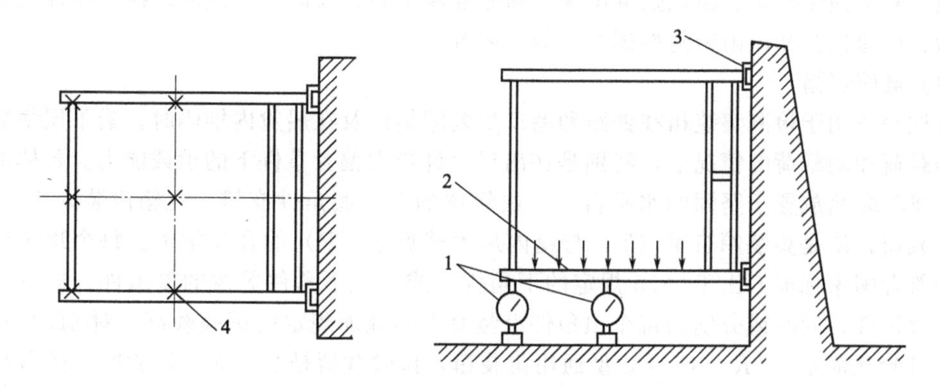

图4-39　箱式托盘水平载荷试验

1—千分表；2—箱式托盘试验测面；3—固定夹具；4—测量位置

(3) 水平冲击试验

试验原理是将箱式托盘满装后，放在试验设备上，使之经受规定冲击加速度的水平冲击。试验设备是斜面冲击试验机或水平冲击试验机。

① 斜面冲击试验机试验 采用斜面冲击试验机进行测试时，将箱式托盘放置在斜面冲击试验机的台车上，托盘的冲击侧面应与台车前沿齐平，或伸出台车前缘距离不大于 50mm。然后将装好砂或其他物料的瓦楞纸箱放入箱式托盘内，使质量与托盘载重量相同，而且装载的体积与托盘内部尺寸相同。再将台车提升到预定高度后释放，使冲击速度达到 1.5m/s，小车受 $3g$ 的冲击加速度。冲击加速度可通过在斜面冲击试验机冲击面上放置缓冲材料或缓冲装置来调节。

② 水平冲击试验机试验 采用水平冲击试验机进行测试时，将箱式托盘放在水平冲击试验机的台车上，托盘侧板应紧贴在台车的隔板上。采用与用斜面冲击试验机试验相同的方法将托盘满载。按照冲击加速度 $3g$、冲击速度 1.5m/s 的半正弦波，并选择合适的脉冲程序装置和冲击启动压力，进行箱式托盘的水平冲击试验。箱式托盘的 4 个侧面都应进行一次水平冲击试验，然后检查箱式托盘各部分是否发生变形和破损。

试验结果应报告箱式托盘各部位的变形和破损情况。

(4) 堆码试验

试验原理是将满装的箱式托盘放置在硬质平地上，托盘上施加规定的载荷，放置一定的时间。试验可用与试样同样形状和质量的重物加载，也可用压力试验机加载。

① 重物加载法。在满装的托盘上施加与托盘形状和质量相同的重物，加载时不能偏载。加载时间可参考国家标准 GB/T 4857.3 所提供的试验参数和计算公式。

② 压力试验机试验法。将满装的托盘放置在压力试验机下压板的中间位置，再将试验机的压力值调节到规定的试验载荷。启动压力试验机，以 10±3mm/min 的速度对试样加压，直到达到规定的试验载荷。试验持续时间与重物加载法相同。

试验结束后，检查托盘各部分是否变形、断裂，侧板是否鼓起或凹陷。试验结果应报告试验后托盘各部位的变形、断裂等情况。

4.8.3 集装箱性能测试

集装箱性能测试包括堆码试验、顶部起吊试验、底部起吊试验、纵面栓固试验、端壁强度试验、侧壁强度试验、箱顶强度试验、箱底强度试验、横向刚性试验、纵向刚性试验、叉举试验、扭曲试验和风雨密封性试验等测试内容。

(1) 堆码试验

该试验适用于检测集装箱在铁路和港口集装箱场以及在船舱内堆码时，最下层集装箱在承受静载荷和动载荷的情况下，特别是在出现允许最大偏置条件下的承载能力。具体测试方法是，将集装箱放置于坚固的水平台上，由箱体的四个底角件支撑。在箱内装入 $1.8R-T$ 的均布载荷，R 是集装箱自重（T）与箱内最大载重量（P）的合计重量。每个顶角件上放置一个符合国家标准 GB/T 1835 规定的下角件，或与该下角件等效的模拟件。通过这些下角件或模拟件，同时或分别向每个顶角件沿竖直方向施加规定的试验载荷。对 5D 型通用集装箱，试验载荷是 $0.9R$；对 1CC 型通用集装箱，试验载荷是 $2.25R$。试验时，外载荷通过垫在中间的下角件或模拟件施加于被测箱体，每个角件或模拟件应在同侧方向偏置，横向偏 25.4mm、纵向偏 38mm。试验时，观察和测量集装箱底部结构和各角柱的变形情况，底部结构任何部位的变形都不能低于底角件底面以下 6mm。

(2) 顶部起吊试验

该试验适用于检测集装箱由 4 个顶角竖直起吊，或用吊索与铅垂线呈 45°角起吊时的承

载能力，以及箱底结构承受箱内载荷在起吊作业加速作用下产生的各种载荷的承载能力。具体测试方法是，在集装箱内装入 $2R-T$ 的均布载荷，R 是集装箱自重（T）与箱内最大载重量（P）的合计重量。用规定的方式将集装箱四顶角同时向上平稳起吊。5D 型通用集装箱用吊索起吊，吊索与铅垂线夹角 45°。1AA 型和 1CC 型通用集装箱通过 4 个顶角竖直向上起吊。集装箱吊起后应悬吊 5min，再平稳放下，观察箱体变形情况，并测量箱底结构的变形。

(3) 底部起吊试验

该试验适用于检测集装箱承受底部起吊时的承载能力，以及箱底结构承受箱内载荷在起吊作业加速作用下产生的各种载荷的承载能力。具体测试方法是，在集装箱内装载 $2R-T$ 的均布载荷，通过四个底角件的侧孔平稳起吊。R 是集装箱自重（T）与箱内最大载重量（P）的合计重量。起吊过程中，起吊力作用线应平行于集装箱侧壁，而且与角件外侧表面之间的距离不大于 38mm，但不得与箱体其他任何部位接触。对不同类型的通用集装箱，起吊力作用线与水平面的夹角也不同，5D 型通用集装箱是 60°角，1CC 型通用集装箱是 45°角，1AA 型通用集装箱是 30°角。起吊后持续 5min，再平稳放下，观察箱体变形情况，测量箱底结构的变形。

(4) 纵向栓固试验

该试验适用于检测栓固在高速行驶车辆上的满载集装箱，在紧急制动或发生冲撞挂钩的情况下，箱体承受水平动载荷的能力。具体测试方法是，首先在集装箱内装载 $R-T$ 的均布载荷，用箱体同一端的两个底角件的底孔将集装箱固定在刚性支座上。R 是集装箱自重（T）与箱内最大载重量（P）的合计重量。然后通过另一端的两个底角件的底孔同时施加 $2R$ 的水平力，即每个底角件施加载荷 R。先施加压力，后施加拉力。试验结束后，观察箱体变形情况，测量两根下侧梁的长度变化。

(5) 端壁强度试验

该试验适用于检测固定在行驶的车船上的满载集装箱在紧急制动或发生冲撞的情况下，端壁对动载荷的承载能力。具体测试方法是，在集装箱的端壁可以自由变形的条件下，从箱内对一个端壁施加规定的均布载荷。对 5D 型通用集装箱，施加的载荷为 $0.6P$；对 1CC 型通用集装箱，施加的载荷为 $0.4P$。若两个端壁是对称结构，只对一个端壁做试验。若两个端壁不对称（如一端设有箱门等），则需要对两个端壁分别进行试验。试验结束后，观察并测量该端壁的变形情况。

(6) 侧壁强度试验

该试验适用于检测满载的集装箱在车、船行驶时，其侧壁对动载荷的承载能力。具体测试方法是，在侧壁和纵向构件可以自由变形的条件下，从箱内对一个侧壁施加 $0.6P$ 的均布载荷。若两个侧壁是对称结构，可只对一个侧壁做试验。若两个侧壁不对称，则需要对两个侧壁分别进行试验。观察并测量该端壁的变形情况。

(7) 箱顶强度试验

箱顶强度试验只适用于具有箱顶强度要求的集装箱，它适用于检测集装箱顶部承受工作人员在其上工作时所产生的载荷的能力。具体测试方法是，对于 5D 型通用集装箱，在箱顶结构最薄弱处（一般是在中心部位）300mm×300mm 的面积上，施加 1.47kN 的均布载荷。对于 1CC 型通用集装箱，在箱顶结构最薄弱处（一般是在中心部位）600mm×300mm 的面积上，施加 2.94kN 的均布载荷。试验过程中应观察、测量箱顶变形情况。

(8) 箱底强度试验

该试验适用于检测集装箱的箱底底板对叉车作业或其他车辆进箱作业所产生的集中动载

荷的承载能力。具体测试方法是，将集装箱放置在坚固的平台上，由4个底角件支撑，使箱底结构可以自由变形，使用叉车或模拟轮胎车进行试验。车辆的轴载荷是53.508kN，故轮载荷是26.754kN。要求在185mm×100mm范围内，轮胎与底板的接触面积不超过142cm^2。试验车辆在箱底板上以不同轮迹往返三次，每次行驶时，试验车辆应通过集装箱底板的整个长度。试验过程中应观察、测量箱底结构的变形。若集装箱的箱底板是木质结构，还应检查木板有无断裂等情况。

(9) 横向刚性试验

该试验适用于检测固缚于船舶甲板上的集装箱的端壁结构对船舶晃动和颠簸时所产生的动载荷的承载能力。具体测试方法是，将空集装箱的4个底角件放置在同一水平面的四个刚性支座上，对箱体同一侧的两个顶角件分别或同时各施加150kN的力。作用力应平行于底面和两个端面，先施加推力，后施加拉力。施力时，被施力顶角件同一端对角的底角件应利用其底孔进行横向固定，并对两个底角件进行竖向固定。若两个端壁是对称结构，只对一个端壁做试验。若两个端壁不是对称结构，则需要对两个端壁分别进行试验。施力中，1CC型通用集装箱两个端框架的对角线长度的变化量之和不能大于60mm。对设有端门的框架要求相同。试验过程中应观察、测量端壁的变形情况。

(10) 纵向刚性试验

该试验适用于检测固缚于船舶甲板上的集装箱的侧壁结构对船舶晃动的和颠簸时所产生的动载荷的承载能力。具体测试方法是，将空集装箱四底角件放在处于同一水平面的四个刚性支座上，对箱体同一端的两个顶角件分别或同时各施75kN的力，作用力应平行于底面和两个侧面，先向另一端施加推力，后向相反方向施加拉力。施力时，应利用底角件的底孔进行竖向固定，并对被施力顶角件同侧对角的底角件进行纵向固定。若两个侧壁结构相同，只对一个侧壁做试验。若一个侧壁结构相对其竖向中心线的两侧不对称，此侧壁的两端都应进行试验。施力中，1CC型通用集装箱顶角件相对底角件的相对位移，在集装箱长度方向不能大于25mm。试验过程中应观察、测量侧壁变形情况。

(11) 叉举试验

该试验适用于检测用叉车搬运空箱和重箱时，集装箱对叉举载荷的承载能力。对于叉举重箱试验，首先在集装箱内应装入$1.25R-T$的均布载荷。然后将两根宽度为200mm的叉齿沿叉举重箱用的叉槽中心线水平插入(1828±3)mm，并支承箱体，叉举5min后平稳放下。对设有叉举空箱用的叉槽，其试验方法同上，但箱内装载的均布载荷是$0.625R-T$。试验过程中应观察、测量箱底变形的情况。

(12) 扭曲试验

扭曲试验也称不平地试验，它适用于检测集装箱在不平地条件下作业的适应性，也可检验集装箱从一种运送设备转移到另一种运送设备时，传送带表面并非同一平面时的集装箱的承受能力。具体测试方法是，将利用均布载荷方法满载的集装箱处于三个底角件支撑、一个底角件悬空的状态。门端的左底角件、右底角件各悬空试验一次。试验过程中，检查箱门是否可以自由开闭、其他部位有无变形。

(13) 风雨密封性试验

该试验适用于检测集装箱在风雨条件下，所有表面及接头、接缝处是否渗漏。具体测试方法是，用一个喷嘴或与其等效的几个喷嘴，垂直地在箱体外表面所有接缝处和门孔的周边进行喷水，喷水顺序自下而上。喷嘴内径是12.5mm，出口水压是100kPa，喷嘴距集装箱表面1.5m，喷嘴移动速度是100mm/s。试验结束后，集装箱内不能出现渗漏现象。

4.8.4 集装袋性能测试

本节主要介绍集装袋、出口柔性集装袋、出口商品运输包装柔性集装袋的基本特征检测和物理机械性能等测试内容。

4.8.4.1 集装袋性能测试

集装袋性能测试包括袋体尺寸测量，基布、吊带吊绳、连接部性能，整袋的周期性提吊试验、垂直跌落试验、加压试验、倾倒试验、正位试验、撕裂传播试验等检测项目，适用于容积在0.5～2.3m^3之间、载重在500～3000kg之间的集装袋。

(1) 规格尺寸测量

从制造集装袋的基材或在袋体上选取试样。试验在温度为（20±2)℃、相对湿度为65%±5%的条件下进行，在试验之前1h应将试样放置于该环境条件。

在基布不拉伸的状态下，将集装袋摊平，圆形集装袋测量两个不同部位的直径，并取平均值，再由折径换算成所需要的直径。方形集装袋测量两个相邻侧面的上边和下边，求其边长平均值。集装袋的高度是测量袋主体的上底至下底的两个不同部位的高度，并求其平均值。

(2) 物理机械性能检测

① 基布性能测试方法　从基布的纵、横向上分别取宽度60mm、长度300mm的试样各5片，每片试样再精确到50mm宽，如遇到最后一根丝超过半根则保留，否则应除去。

a. 抗拉强度及伸长试验　在试样中心划上100mm的标线，在标线外各约25mm的位置装在抗拉试验机的夹具上，以约200mm/min的速度拉伸，直到试样断裂为止，测出此时的最大负荷和这时的标线间距。

伸长率的计算方法为：

$$\delta=\frac{L-100}{100}\times100\% \tag{4-18}$$

式中　L——最大负荷时的标线间距，mm。

b. 耐寒性试验　从基布的纵、横方向上取宽度20mm、长度100mm的试样各2片，把该试样放在−35℃的恒温箱内2h以上，取出后沿长度方向将试样对折，查看基布材料有无损伤、裂痕及其他异常情况。

c. 耐热性试验　从基布的纵、横方向上取宽度20mm、长度30mm的试样各2片，将其表面重叠起来，在其上面施加9.8N的负荷，放入80℃的烘箱内1h，取出后立即将2块重叠试片分开，检查表面有无粘着、裂痕等其他异常情况。

② 吊带吊绳性能测试方法　在集装袋吊环处截取适当长度的吊带试样，吊带试样至少为两块。

a. 伸长试验　将试样装在抗拉试验机上，施加196N的涨紧负荷后，划出200mm间距的标线，以约100mm/min的速度拉伸，当负荷达到抗拉强度F的30%时，测出标线的间距。

伸长率的计算方法为：

$$\delta=\frac{L-200}{200}\times100\% \tag{4-19}$$

式中　L——负荷达到抗拉强度F的30%时的标线间距，mm。

b. 抗拉强度试验　将试样装在夹具间距为 220mm 的抗拉试验机的夹具上，以约 100mm/min 的速度拉伸，测出断裂时的抗拉强度。

③ 连接部抗拉强度测试　从缝制试样上裁取缝向宽度 60mm、垂直缝向长度 300mm、耳部宽度 25mm 的试样 5 块，再精确到 50mm 宽度，如遇到最后一根超过半根则保留，否则应除去，如图 4-40 所示。在剪取耳部及试片中央部分时，要注意不可切断缝线，也不可出现伤痕。再将试片装在夹具上，夹具上的距离为 200mm，拉伸速度为 200mm/min，测出断裂时的抗拉强度。

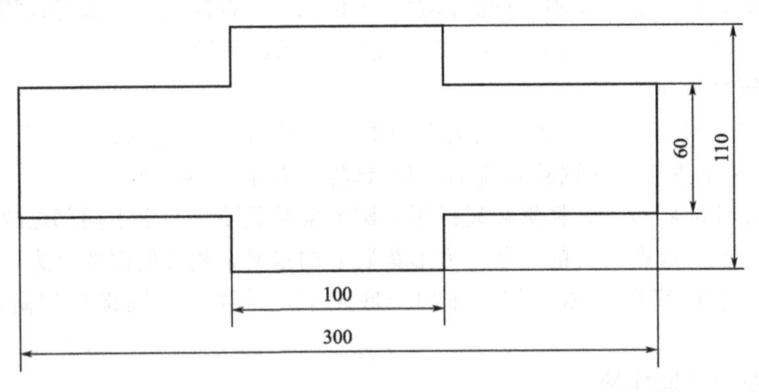

图 4-40　缝边和缝底示意图

④ 整袋性能测试方法

a. 周期性提吊试验　将内容物均匀地填入集装袋至满负荷，挂上相当于最大载荷 2 倍的负荷，有限期用袋做 70 次，一次性用袋做 30 次，反复提升集装袋。主要是观察内容物和袋体是否有异常情况发生，连接部是否破损，若无破损则表示通过此项试验。

b. 垂直跌落试验　将满负荷的集装袋用起吊设备使之吊起，袋底部离开地面 0.8m 以上，然后向坚硬平整的地面一次垂直落下。如果内容物无溢出，袋体无破损情况，则表示通过此项试验。

c. 加压试验　把满负荷的集装袋放在加压机上进行加压试验，所施加的压力为集装袋满载重量的 4 倍，或者采用静载方法，即 4 层满载袋的自重，加压时间为 8h 以上。试验过程中，内容物不溢出，袋体无破损情况，则表示集装袋通过此项试验。

d. 倾倒试验　把满负荷的集装袋堆叠，高度为 3 层，然后用绳索扣住顶袋并将其拉倒，再观察其性能。在此试验中，集装袋不发生基布和缝线部位的破损情况以及其他异常情况，则表示集装袋通过此项试验。

e. 正位试验　使满负荷的集装袋旁侧横卧在地，用起吊设备挂上集装袋的 1 个或 2 个吊耳（如果有 4 个吊耳），至少以 0.1m/s 的速度吊提到直立位置，并使之充分离地。试验过程中，集装袋的袋体以及袋体和吊带的缝接部分不发生异常情况，则表示集装袋通过此项试验。

f. 撕裂传播试验　把满负荷的集装袋直立在地面，在袋的侧面偏下任意部位以 45°通过集装袋主轴划一长为 100mm 的切口，然后将此袋吊离地面，保持 5min 以上再降至地面。如果切裂伤口长度的传播不超过 25%，则表示集装袋通过此项试验。

4.8.4.2　出口柔性集装袋性能测试

出口柔性集装袋性能测试包括基本特征测量，基布、吊带的物理机械性能，成品型式的顶部吊提试验、垂直冲击跌落试验、撕裂传播试验、倾倒试验、正位试验、堆码试验、周期

性提吊试验等检测项目。

(1) 基本特征检测

① 规格尺寸　具体测量方法与集装袋的袋体规格尺寸的检测方法相同。

② 编织（经纬）密度　将集装袋（基布不拉伸）平铺于平坦光滑的台面上，在袋体上、下两个不同部位圈定 100mm×100mm 两方块，方块外边线与袋边线须大于 100mm，目测方块的经、纬根数，取其平均值。测取根数时，当讫点最后不足一根时作一根计。

③ 纤度　在成品编织条轴上取试样 9000m，用纱框测长仪绕取 10 个试样，每个试样 90m，在精度为 0.001g 天平上称重，精确到 0.01g。口数值应取 10 个试样的平均值。

口数的计算公式为：

$$D=9000\times M/90 \tag{4-20}$$

式中　D——口数；

M——90m 试样质量，g；

90——试样长度，m；

9000——9000m 定长。

④ 袋体质量　将精度为 10g 的衡器（电子秤）置于平稳桌面上，校正水平和零点，对抽取的试样逐次称量，计算 10 个试样的算数平均值。

(2) 物理机械性能检测

① 基布抗拉强度　在集装袋的袋体上裁取宽度 60mm、长度 300mm 的试样五片，再精确到 50mm 宽度，如遇到最后一根超过半根则留之，否则应除去。将试样装在抗拉试验机的夹具上，间距为 150mm，以约 100mm/min 的速度拉伸，直到试样断裂为止，测出此时的最大负荷，并计算出纵、横向抗拉强度的平均值。

② 吊带抗拉强度　在集装袋吊环处截取适当长度的吊带试样 3 片以上。将试样装在间距为 220mm 的抗拉试验机夹具上，以约 (100±20)mm/min 的速度拉伸，测出试样断裂时的最大负荷，并计算抗拉强度的平均值。

③ 基布抗紫外线试验　从集装袋的袋体截取试样，一般取经向、纬向各三片，吊带可直接截取 3 片，规格为 600mm×60mm，在两端做好标记，以保证对比试验准确。紫外线照射及气候老化对样片的断裂强度影响的试验，参考国家标准 GB/T 16585《硫化橡胶人工气候老化（荧光紫外灯）试验方法》进行。试验采用 B 型荧光紫外线灯，持续时间为 144h。试验周期是 50℃～70℃之间用紫外线照射 8h 与 50℃冷凝条件下 4h 交替进行，最后试样按标准测定断裂强度。若试样的断裂强度达到原始断裂强度的 50%则为合格。

④ 基布耐寒性试验　具体测试方法与集装袋的耐寒性检测方法相同。

⑤ 基布耐热性试验　具体测试方法与集装袋的耐热性检测方法相同。

⑥ 成品型式试验

a. 顶部吊提试验　将内容物（或模拟物）均匀地填入集装袋至规定负荷。将吊带挂在试验机吊具上，缓缓提升至试样袋完全离开地面，并按 6 倍负荷吊提，达到要求载荷时停止吊提，保持 5min，若载荷下降，应随时增加并保持恒定。集装袋无破损、内容物无洒漏，吊带无断裂，则该项试验合格。

b. 垂直冲击跌落试验　将装载内容物（或模拟物）至规定负荷的试样袋挂在释放吊钩上，缓缓提升到离地面 0.8m，使之稳定，然后释放吊钩，使试样袋自由跌落。若试样袋无破损，内容物无洒漏，则该项试验合格。

c. 撕裂传播试验　将装载内容物（或模拟物）至规定负荷的试样袋直立于地面上，在

试样袋一侧偏下部位，与垂线成45°划一长度为100mm的切口，在试样袋上面施加均匀分布的相当于载荷2倍的负荷，然后将试样袋吊离地面，保持5min。切口传播长度不超过原切口的25%，则该项试验合格。

d. 倾倒试验　将内容物（或模拟物）均匀地填入集装袋至规定负荷。放置在0.8m高度的拽落架上，吊起拽落架上的活动板一端，使试样袋沿一个方向跌落于地面上。试样袋基布和缝制部位无破损，或者倾倒时少量内容物漏出，但不再继续洒漏，该项试验合格。

e. 正位试验　将装载至规定负荷内容物（或模拟物）的试样袋侧放在试验地面上（或倾倒试验合格的试样袋），用起吊设备吊起靠近地面一个或两个吊耳（如有四个吊耳），至少以0.1m/s的速度吊提到直立位置，并使之充分离开地面。集装袋的袋体和吊带无破损，则该项试验合格。

f. 堆码试验　将装载至规定负荷内容物（或模拟物）的试样袋放置于水平硬质地面上，用堆码试验机在试样袋上加载一定质量，并保持恒重24h。试样袋袋身无破损，内容物不洒漏，则该项试验合格。

加压质量的计算方法为：

$$P=1.8m\left(\frac{3}{h}-1\right) \tag{4-21}$$

式中　P——加压质量，kg；

h——单件集装袋的实际高度，m；

m——单件集装袋毛重，kg；

3——堆码高度，m；

1.8——堆码安全系数。

g. 周期性提吊试验　具体测试方法与集装袋的周期性提吊性能检测方法相同。

4.8.4.3　出口商品运输包装柔性集装袋性能测试

出口商品运输包装柔性集装袋性能测试包括外观检测和顶部吊提试验、倾倒试验、垂直冲击跌落试验、正位试验、撕裂传播试验等检测项目。

(1) 外观检测

出口商品运输包装柔性集装袋检验项目主要包括吊带长度偏差、破洞、复合质量、缝合质量、稀档、错织、印刷、标志等，技术要求如表4-17所示，外观检验合格批准则如表4-18所示。缺陷个数小于或等于合格判定数，该批集装袋外观检验合格。

表4-17　出口商品运输包装柔性集装袋检验项目及技术要求

检验项目	技术要求	备注
标志	按国家标准GB/T 191《包装储运图示标志》规定	应印有商检部门规定的代码、代号
印刷	图案、文字、标记正确清晰，位置准确	
吊带长度偏差	吊带要求等长，极限偏差为40mm	
复合质量	涂膜不允许有开裂、缺膜、分层、气泡、硬块	
缝制质量	缝制平直，无脱针、断线，无浮线、吊针，起针和落针处回针不少于3针	
破洞	基布在同一处经纬线不允许断2根	
稀档	在100mm² 内经纬线不允许少2根	任意圈定两处测经纬密度，不足一根按一根计
错织	基布经纬线不允许明显错织	

表 4-18 出口商品运输包装柔性集装袋外观检验合格批准则

批量/条	批量数/条	缺陷个数	
		合格判定数	不合格判定数
<281	8	10	11
281～500	8	10	11
501～1200	13	14	15
1201～3200	13	14	15
3201～5000	20	21	22

(2) 物理机械性能检测

① 顶部吊提试验 具体测试方法与出口柔性集装袋的顶部吊提试验检测方法相同。

② 垂直冲击跌落试验 具体测试方法与出口柔性集装袋的垂直冲击跌落试验检测方法相同。

③ 倾倒试验 具体测试方法与出口柔性集装袋的倾倒试验检测方法相同。

④ 正位试验 具体测试方法与出口柔性集装袋的正位试验检测方法相同。

⑤ 撕裂传播试验 具体测试方法与出口柔性集装袋的撕裂传播试验检测方法相同。

4.8.5 纸护角性能测试

本节主要介绍纸护角的基本特征检测和含水率、纵向抗压、抗弯性能等测试内容。测试方法规定了包装用L型纸护角产品的试验方法、技术要求，适用于以纸和纸板为原料通过挤压成型而制成的用于包装件边缘保护的高强度刚性纸护角。

(1) 基本特征检测

① 试样的预处理环境及试验环境 按照国家标准 GB/T 10739《纸、纸板和纸浆 试样处理和试验的标准大气条件》将待测试样放置在温度为（23±2）℃，相对湿度为 50%±5% 的环境条件下至少处理 72h。

② 外观检测 在自然光线充足的环境或等效的照明条件下，距试样 300mm 进行目测。纸护角外观颜色应为白色或棕色等纸张本色，可根据客户要求采用茶板纸、牛皮纸、白板纸等不同纸张。

a. 纸护角表面光滑、平整坚固，面纸无皱折、无透胶、无起泡、无脱胶、无裂口、无孔洞、无斑点、无污损、无翘角、无机械损伤。

b. 纸板叠层无脱胶。剥离时纸板粘合面不应分离。

c. 纸护角两端面切割边齐整、光滑平整、无明显的毛刺，且相互垂直，切口裂损的宽度不得超过 2mm。

d. 纸护角表面应平整，每米长的单根纸护角轴向翘曲不得大于 15mm。

e. 印刷图字清晰均匀、附着牢固、无跑墨、无野墨。

③ 规格尺寸测量 纸护角的外形尺寸应在明亮光线下使用合适的通用量具进行测量，其规格尺寸及偏差应符合表 4-19 的要求。

表 4-19 L 型纸护角尺寸及偏差

项目	公称尺寸/mm	偏差/mm
边宽	20,30,35,40,45,50,55,60,70,80,90,100	±1

续表

项目	公称尺寸/mm	偏差/mm
厚度	1.0,1.5,2.0,2.5,3.0,3.5,4.0,4.5,5.0,6.0,7.0,7.5,8.0	−0.2～+0.4
长度	≤500	±1
	>500	±2

a. 纸护角边宽　用精度不低于0.1mm的通用量具进行测量。边宽测量部位沿长度方向任意100mm间隔测量一次共测量三个点，取其三次的平均值。边宽精确到0.1mm。

b. 纸护角厚度　用精度为0.02mm的游标卡尺测量，沿长度方向任意100mm间隔测量一次共测量三个点，取其三次的平均值。厚度精确到0.1mm。

c. 纸护角长度　用精度为1mm的卷尺或钢板尺等通用量具测量。长度测量部位在纸护角的顶角处。长度精确到1mm。

④ 角度测量　用精度为1°通用量角器或专用测试装置测量，角度测量部位在纸护角的外侧，精确到1°，要求外角为90°±3°。

⑤ 质量检测　使用精度误差不大于0.1g的天平或电子秤进行称重，纸护角的每米质量采用单位g/m表示。等边L型纸护角的质量应不低于表4-20中的规定。

表4-20　等边L型纸护角每米质量

边宽/mm	厚度/mm										
	2	2.5	3	3.5	4	4.5	5	5.5	6	7	8
30×30	77	97	116	135	154						
35×35	85	105	130	155	180	205	230				
40×40	100	127	154	181	208	235	262				
45×45	120	150	180	210	240	270	300				
50×50	140	180	210	240	270	300	330	360	390		
55×55	153	191	229	267	306	344	382	420	458		
60×60	167	208	250	292	333	375	417	458	500		
70×70	175	219	263	306	350	394	438	481	525	613	700
80×80	200	250	300	350	400	450	500	550	600	700	800
90×90	225	281	338	394	450	506	563	619	675	788	900
100×100	250	313	375	438	500	563	625	688	750	875	1000

（2）含水率检测

出厂纸护角的含水率要求12%±2%。参考GB/T 462《纸、纸板和纸浆　分析试样水分的测定》进行纸护角的含水率测试。

① 快速水分测定法　利用快速水分测定仪在每根纸护角不同部位测量三个点，最后求其五根试样的平均值。

② 烘箱测定法　从每根试样的不同部位称取约50g试样（精确到0.001g），制成小碎块置于已知质量的称量瓶（或铝盒）中，在（105±2)℃的恒温干燥箱内干燥，直到试样的质量恒定在固定值上，即在相隔至少1h后测定的两个值之差小于原试样质量的0.2%，记录干燥后的质量。含水率的测试结果准确至0.1%。

纸护角的含水率的计算方法为：

$$X=\frac{m_1-m_2}{m_1}\times 100\% \tag{4-22}$$

式中 X——含水率，%；

m_1——干燥前试样的质量，g；

m_2——干燥后试样的质量，g。

(3) 物理机械性能测试

对于厚度3mm或边宽30mm以下的纸护角产品不作物理机械性能要求。

① 纵向抗压试验 从纸护角的任意部位截取300mm长度的试样5根。试样的端面光滑平整、无磨损，且与侧面垂直。将试样垂直放置于压缩试验机两平板的中央，活动板以(10±2)mm/min的速率压缩试样直至压溃，记录压溃时的抗压最大值。取5根试样的平均值。纵向抗压性能采用单位N表示，等边L型纸护角的抗压能力不得低于表4-21的规定。

表4-21 纸护角纵向抗压性能

边宽/mm	厚度/mm					
	3	4	5	6	7	8
35×35	800	1200	1600	2000	2400	2800
40×40	1000	1400	1800	2200	2600	3000
45×45	1200	1600	2000	2400	2800	3200
50×50	1400	1800	2200	2600	3000	3400
55×55	1600	2000	2400	2800	3200	3600
60×60	1800	2200	2600	3000	3400	3800

② 抗弯试验 从纸护角的任意部位截取300mm长度的试样5根，将试样放置在间距为200mm的抗弯试验支架上，在试样的中间部位放置一个呈90°且边长120mm、与试样接触面宽度为18mm、质量为2kg的加载头，如图4-41所示。加载头以(100±10)mm/min的速率对试样加载，记录压溃时的最大值。取5根试样的平均值。纸护角的抗弯性能采用单位N表示，等边L型纸护角的抗弯能力应不低于表4-22的规定。

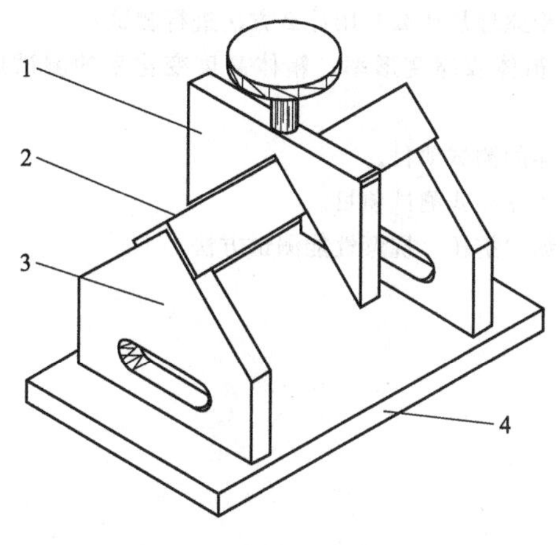

图4-41 抗弯试验支架图

1—加载头；2—试样；3—支架；4—平板

表 4-22　纸护角抗弯性能

边宽/mm	厚度/mm					
	3	4	5	6	7	8
35×35	310	490	670	850	1030	1210
40×40	420	600	780	960	1140	1320
45×45	530	710	890	1070	1250	1430
50×50	640	820	1000	1180	1360	1540
55×55	750	930	1110	1290	1470	1650
60×60	—	1040	1220	1400	1580	1760
70×70	—	1150	1330	1510	1690	1870
75×75	—	1260	1440	1620	1800	1980
80×80	—	1370	1550	1730	1910	2090
100×100	—	1480	1660	1840	2020	2200

思考题

1. 一般包装用玻璃容器性能测试项目有哪些？分别用什么方法进行测试？
2. 药用玻璃包装容器基本测试项目有哪些？分别用什么方法进行测试？
3. 如何进行安瓿理化性能测试？
4. 塑料包装容器的力学性能有哪些？
5. 塑料包装容器的卫生性检验内容有哪些？
6. 钙塑瓦楞板的性能测试项目有哪些？分别用什么方法进行测试？
7. 如何进行金属罐的气密性检测？
8. 金属罐卷边外观检查的不合格指标有哪些？
9. 软包装袋性能测试项目有哪些？分别用什么方法进行测试？
10. 塑料包装袋的热封强度测试方法有哪些？
11. 软包装袋的密封性能测试方法有哪些？各自有什么优缺点？
12. 塑料编织袋跌落性能测试的目的是什么？
13. 水泥包装袋牢固度的试验原理是什么？用什么方法进行测试？
14. 周转箱的侧壁变形率、箱体收缩变形率、箱体高度变化率的测试原理是什么？测试计算有哪些区别？
15. 简述集装袋物理机械性能的测试项目。
16. 简述出口柔性集装袋的成品型式测试项目。
17. 简述纸护角的含水率、纵向抗压、抗弯性能测试方法。

第5章 缓冲包装材料性能测试

学习指南

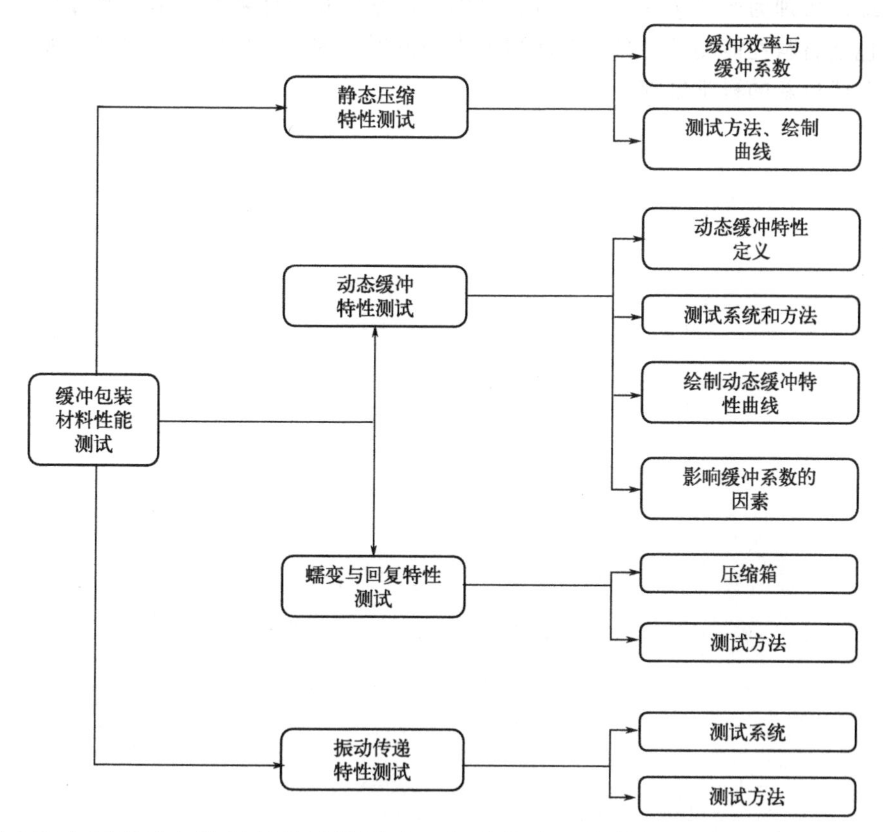

本章主要介绍缓冲包装材料的性能测试，包括静态压缩特性测试、动态缓冲特性测试、蠕变与回复特性测试和振动传递特性测试。

本章内容的重点为缓冲包装材料的静态压缩特性测试、动态缓冲特性测试、蠕变与回复特性测试和振动传递特性测试。

本章内容的难点为缓冲效率与缓冲系数、静态缓冲特性测试方法、动态缓冲特性测试方

法、振动传递特性测试方法。

缓冲包装材料自古有之，从草质、木质、纸质材料到泡沫塑料、瓦楞纸板、蜂窝纸板、纸浆模塑制品、气泡塑料薄膜，其应用领域和范围不同。面对日益严峻的全球生态环境形势，我们要推广绿色包装材料，开发绿色包装技术，突破绿色贸易壁垒，发展适用于循环经济、低碳环保、节能减排的包装科技，肩负科技创新、科技强国的光荣使命。随着越来越多的新型包装材料的发现和使用，我国的包装材料种类更加丰富，包装行业全面推进绿色化、低碳化，推进各类资源节约集约利用，加快构建废弃物循环利用体系，满足现代化包装强国的高质量发展需求，建成科技含量高、经济效益好、资源消耗低、环境污染少、人才资源优势得到充分发挥的新型包装工业体系。

教育、科技、人才是全面建设社会主义现代化国家的基础性、战略性支撑。必须坚持科学技术是第一生产力、人才是第一资源、创新是第一动力，深入实施科教兴国战略、人才强国战略、创新驱动发展战略，坚持创新在我国现代化建设全局中的核心地位。改革开放以来，我国包装行业已牢固树立了创新驱动发展的理念，科研开发、技术创新成为行业发展的强劲动力。对缓冲包装理论与技术进行不断完善的过程，反映出对缓冲包装材料的理解更为深刻的过程，通过探索更有效和更合理的表征和评价方法，科学描述材料的缓冲特性，从而揭示材料缓冲机理为产品缓冲包装设计提供的理论基础和设计依据。本章通过介绍国内外学者在缓冲包装材料性能测试与分析领域研究中的发展与创新，拓展学生的创新视野，培养求知探索、钻研创新的科学精神。

缓冲包装材料是缓冲包装件的介质层，能够吸收冲击和振动的能量，具有抑制冲击和振动、减少或防止包装件破损的作用。泡沫塑料、瓦楞纸板、蜂窝纸板、纸浆模塑制品、气泡塑料薄膜、气垫袋、粘胶纤维缓冲材料和纸垫等是目前常用的一些缓冲包装材料。本章主要介绍缓冲包装材料的性能测试，包括静态压缩特性测试、动态缓冲特性测试、蠕变与回复特性测试和振动传递特性测试。

5.1　静态压缩特性测试

缓冲包装材料的静态压缩试验是采用在缓冲包装材料上低速施加压缩载荷的方法而求得缓冲包装材料的静态压缩特性及其曲线。通过静态压缩试验，首先得到缓冲包装材料的应力-应变曲线，计算出单位体积变形能（e）、缓冲系数（C），从而得到缓冲系数-应变（C-ε）曲线、缓冲系数-变形能（C-e）曲线，再从变形能角度评价缓冲包装材料的静态缓冲特性。这些数据和曲线可用于缓冲包装设计。

5.1.1　缓冲效率与缓冲系数

缓冲效率、缓冲系数是评价缓冲包装材料的冲击吸收性的两个重要概念，对缓冲包装设计具有指导意义。不同的缓冲包装材料具有不同的弹性特性，对冲击能量的吸收性也不同。在流通过程中，当包装件满足产品所承受的冲击强度小于脆值时，若单位体积缓冲包装材料所吸收的冲击能量越多，则包装件所需用的缓冲包装材料也越少，在相同流通条件下的运输费用和包装成本也越低。

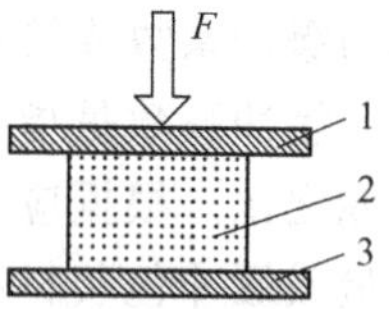

图 5-1　静态压缩试验原理

1—上压板；2—试样；3—下压板

（1）缓冲效率

图 5-1 是缓冲包装材料的静态压缩试验原理，上压板对试样施加载荷，加载速度控制在（12±3）mm/min 范围内，几乎接近于静态加载。

缓冲效率是一个无量纲的物理量，指在压缩状态下单位厚度的缓冲包装材料所吸收的能量（E/T）与压缩载荷之比，即：

$$\eta=\frac{E/T}{F}=\frac{E}{FT} \tag{5-1}$$

式中　η——缓冲效率；

T——试样厚度；

F——压缩载荷；

E——试样所吸收的能量。

式(5-1) 表明，缓冲效率越大，单位体积缓冲包装材料所吸收的能量就越多，则包装件所需用的缓冲包装材料就越少。但是，实际使用的泡沫塑料、瓦楞纸板等缓冲包装材料，当它们沿厚度方向承载变形时，最大压缩变形量不应超过其变形极限；否则包装件发生“穿底”现象，缓冲包装材料或结构的刚度急剧增加，失去缓冲特性，不能再发挥对产品的冲击防护作用。因此，需要给出缓冲包装材料在压缩变形极限时的缓冲效率，即理想缓冲效率。

理想缓冲效率是指在压缩变形极限时，缓冲包装材料单位变形量所吸收的能量（E/d_b）与压缩载荷（F）之比，即：

$$\rho=\frac{E/d_b}{F}=\frac{E}{Fd_b} \tag{5-2}$$

式中 ρ——理想缓冲效率；

d_b——缓冲包装材料的压缩变形极限。

比较式(5-1) 和式(5-2)，得：

$$\frac{\eta}{\rho}=\frac{d_b}{T}<1 \tag{5-3}$$

因此，对于给定的缓冲包装材料，η 与 ρ 成正比，η 值越大，ρ 值也越大。

(2) 缓冲系数

虽然缓冲效率很好地描述了缓冲包装材料在静态压缩条件下的缓冲特性，对指导缓冲包装设计很重要，但不能直接应用在具体的设计过程中。在缓冲包装动力学中，通用采用缓冲系数及其特性曲线进行缓冲包装设计。缓冲系数是缓冲效率的倒数，也是一个无量纲的物理量，记为 C，即：

$$C=\frac{1}{\eta}=\frac{FT}{E} \tag{5-4}$$

显然，当 η 取最大值时，缓冲系数 C 取最小值。因此，在缓冲包装设计中总是要求选择最小的缓冲系数或接近于最小的缓冲系数。

缓冲系数是指在静态或准静态压缩作用下，缓冲包装材料所承受的静应力与单位体积变形能之比。根据应力-应变曲线，可计算出缓冲包装材料在压缩载荷（F）作用下所吸收的能量或缓冲包装材料的变形能，即：

$$E=\int_0^x F\,\mathrm{d}x=\int_0^\varepsilon A\sigma T\,\mathrm{d}\varepsilon=AT\int_0^\varepsilon \sigma\,\mathrm{d}\varepsilon \tag{5-5}$$

式中 E——试样的变形能；

σ——试样所承受的压缩应力，且 $\sigma=F/A$；

A——试样的承载面积；

x——试样的压缩变形量；

ε——试样的压缩应变，且 $\varepsilon=x/T$。

将式(5-5) 代入式(5-4)，得到缓冲系数与压缩应力、单位体积变形能的关系，即：

$$C=\frac{1}{\eta}=\frac{\sigma}{e}=\frac{\sigma}{\int_0^\varepsilon \sigma\,\mathrm{d}\varepsilon} \tag{5-6}$$

且

$$e=\int_0^\varepsilon \sigma\,\mathrm{d}\varepsilon \approx \sum_{i=1}^{n}\left(\sigma_i\Delta\varepsilon_i+\frac{1}{2}\Delta\sigma_i\Delta\varepsilon_i\right) \tag{5-7}$$

式中 e——试样的单位体积变形能，其简化计算方法安排在第 5.1.3 小节介绍。

式(5-7) 表明，C 是 σ、e 或 ε 的函数，但 σ、e 和 ε 三个变量中，只有一个变量是独立的，确定了其中的任意一个变量，就可以从应力-应变（σ-ε）曲线求得另外两个变量。因此，缓冲系数与缓冲包装材料的应力状态关系最直接，利用应力-应变曲线，可以求得缓冲系数-应变（C-ε）曲线、缓冲系数-变形能（C-e）曲线，再从变形能角度评价缓冲包装材料的静态缓冲特性。

缓冲系数是缓冲包装设计中很重要的一个参数，现以图 5-2 所示的两条不同的力-变形量（F-x）曲线为例，对其物理意义做探讨。需要说明的是，应力-应变曲线和力-变形量曲线的形状类似。

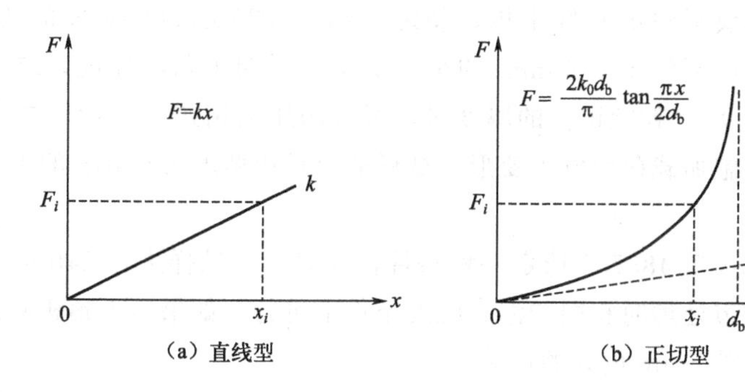

图 5-2 力-变形量曲线

假设图 5-2 所示的两类缓冲包装材料具有相同的承载能力，即它们在同一应力状态 σ_i 条件下有相同的应变 ε_i。但是，两条曲线在（σ_i，ε_i）状态下所包含的积分面积明显不同，图 5-2(a) 所示曲线所包含的积分面积大于图 5-2(b) 所示曲线所包含的积分面积，即在相同的应力、应变条件下，图 5-2(a) 所示缓冲包装材料单位体积吸收的冲击能量大于图 5-2(b) 所示缓冲包装材料单位体积吸收的冲击能量。根据缓冲系数表达式(5-6) 可知，图 5-2(a) 所示的缓冲包装材料的缓冲系数小于图 5-2(b) 所示的缓冲包装材料。因此，在相同的应力、应变条件下，选用缓冲系数小的缓冲包装材料，可节约材料、缩小包装体积、降低包装成本和运输费用。

5.1.2 测试方法

静态压缩试验适用于评定在静载荷作用下缓冲包装材料的缓冲性能，以及在流通过程中对内装物的保护能力。缓冲包装材料的形状可以是块状、片状、丝状、粒状以及成型件等形式，但不包括金属弹簧和防振橡胶。本试验所获得的数据和曲线可用于缓冲包装设计。静态压缩试验原理是，采用在缓冲包装材料上低速施加压缩载荷的方法而求得缓冲包装材料的静态压缩特性及其曲线。

(1) 试验设备

缓冲材料静态压缩试验要求压力试验机以（12±3）mm/min 的压缩速度对试样施加压缩载荷。若对丝状和粒状缓冲材料进行试验，还需要使用压缩箱。压力试验机用电机驱动、机械传动和液压传动，上压板以（12±3)mm/min 的速度匀速地移动，对试样施加压缩力。压板应平整、坚硬，最高点与最低点的高度差应不超过 1mm。当把试验最大压缩载荷的 75%施加在压板中心的 100mm×100mm×100mm 的硬木块（要求该木块有足够的强度）时，压板上任何一点的变形不得大于 1mm，而且木块不破裂。在整个试验过程中，上、下压板必须保持水平，其水平倾斜应在 2‰以内。压力试验机应配有数据显示和记录装置，所记录的载荷误差不得超过施加载荷的±2%。

(2) 试样制作与处理

试样应在已放置 24h 以上的样品中抽取。每组试样的数量应不少于 5 个。试样是规则的直方体形状，上、下面尺寸至少是10cm×10cm，厚度应不小于2.5cm。若缓冲包装材料的厚度小于2.5cm，可用两层或多层叠置以达到需要厚度。

测量试样的长度和宽度时，用精度不低于0.05mm的量具，分别沿试样的长度和宽度方向测量两端及中间三个位置的尺寸，求出平均值，并精确到0.1mm。测量试样厚度时，需在试样表面上放置一块平整的刚性平板，使之受到（0.20±0.02)kPa的压缩载荷。30s后，在载荷状态下用精度不低于0.05mm的量具测量试样四个角的厚度，求出平均值，并精确到0.1mm。测定丝状、粒状试样的厚度时，可采用压缩箱进行测量，要求压缩箱具有足够的强度，不能因为施加载荷而发生变形。试样的质量用精度为0.01g的天平称量，并计算其密度。

试验之前，应按GB/T 4857.2选定一种条件，并对所有试样进行24h以上的温湿度调节处理。试验应在与调节处理时相同的温、湿度条件下进行。如果达不到相同条件，则必须在试样离开调节处理条件5min内开始试验。

(3) 测试方法

按照国家标准GB/T 8168《包装用缓冲材料静态压缩试验方法》进行试验。根据是否对试样进行预压缩处理，静态压缩试验方法分为A法试验和B法试验。

① A法试验　以（12±3)mm/min的速度沿厚度方向对试样逐渐增加载荷。对于丝状、粒状试样，可利用压缩箱进行试验。压缩过程中同时记录压缩载荷及其变形量。若不能使用仪器记录连续的压缩载荷-变形量曲线，则应测出15个点以上的压缩载荷及其变形量，并把它们绘制成压缩载荷-变形量曲线。当压缩载荷急剧增加时停止试验。卸载3min后，测量试样厚度，作为试样经压缩试验后的厚度（T_j）。

② B法试验　试验之前，根据材料的性质，以试样厚度0～65%之间的某一变形量反复压缩试样10次。卸载30min后测出厚度，作为试样预压缩后的厚度（T_P）。试验时，以此作为静态压缩试验的变形原点，预压缩处理后的试验步骤与A法试验相同。

(4) 数据计算

静态压缩试验数据计算包括试样密度、压缩应力、压缩应变和静态压缩残余应变等。

① 试样密度

$$\rho=\frac{m}{LWT} \tag{5-8}$$

式中　ρ——试样密度，g/cm^3；

m——试样质量，g；

L——试样长度，cm；

W——试样宽度，cm；

T——试样厚度，cm。

② 压缩应力

$$\sigma=\frac{F}{A} \tag{5-9}$$

式中　σ——试样受到的压缩应力，10^4 Pa；

F——压缩载荷，N；

A——试样的承载面积，cm^2。

③ A法试验时的压缩应变

$$\varepsilon_a=\frac{T-T_1}{T}\times 100\% \tag{5-10}$$

式中　ε_a——A法试验时的压缩应变，%；

T——试样的原始厚度，cm；

T_1——试样在试验过程中的厚度，cm。

④ B法试验时的压缩应变

$$\varepsilon_b=\frac{T_P-T_1}{T_P}\times 100\% \tag{5-11}$$

式中　ε_b——B法试验时的压缩应变，%；

T_P——试样预压缩后的厚度，cm。

⑤ 静态压缩残余应变

$$\varepsilon=\frac{T-T_j}{T}\times 100\% \tag{5-12}$$

式中　ε——试样的静态压缩残余应变，%；

T_j——试样经压缩试验后的厚度，cm。

5.1.3　绘制静态缓冲特性曲线

由静态压缩试验可以获得缓冲包装材料的缓冲系数及其静态缓冲特性曲线。测定缓冲系数和静态缓冲特性曲线的基本程序包括以下几点。

① 测量并记录压缩应变 ε 及其增量 $\Delta\varepsilon$。

② 测量并记录与 ε 相应的压缩应力 σ 及其增量 $\Delta\sigma$。

③ 计算压缩应力增量所对应的变形能增量 Δe，以及压缩应力所对应的变形能 e。

④ 计算比值 σ/e，得到缓冲系数 C，绘制静态缓冲特性曲线，如缓冲系数-应变（C-ε）曲线、缓冲系数-变形能（C-e）曲线。

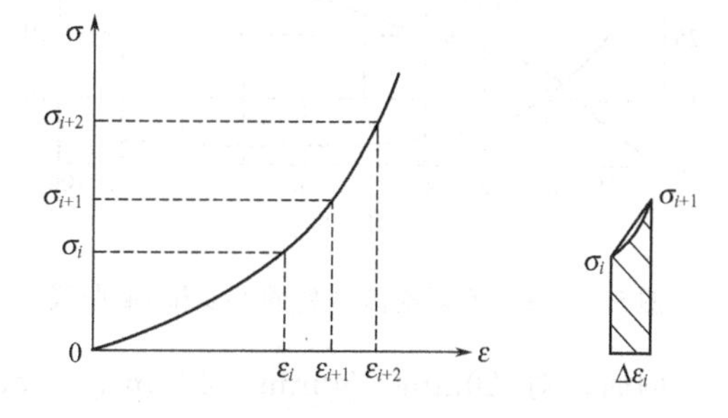

图5-3　单位体积变形能增量（Δe）的简化计算示意

Δe 为单位体积变形能增量，其大小等于每一个应变增量 $\Delta\varepsilon$ 所对应曲线包含的积分面积，如图5-3所示。Δe 的简化近似计算公式为：

$$\Delta e_i\approx\frac{1}{2}(\sigma_{i+1}-\sigma_i)\Delta\varepsilon_i+\sigma_i\Delta\varepsilon_i \tag{5-13}$$

式中　i——试验所记录的应力或应变个数，$i=1, 2, \cdots, n$。

现以密度是 0.027g/cm^3 的聚苯乙烯泡沫塑料（EPS）为例，说明由静态压缩试验法确定缓冲系数及静态缓冲特性曲线的数据处理程序。首先分别计算压缩应力增量（$\Delta\sigma$）、单位体积变形能增量（Δe）、单位体积变形能（e）和缓冲系数（C），如表5-1所示。再根据表5-1中的数据，利用MATLAB软件绘制出静态缓冲特性曲线，图5-4是聚苯乙烯泡沫塑料的应力-应变（σ-ε）曲线和缓冲系数-应变（C-ε）曲线，图5-5是缓冲系

数-变形能（C-e）曲线。

表 5-1　聚苯乙烯泡沫塑料缓冲系数的数据处理程序

ε/%	Δε/%	σ/×10kPa	Δσ/×10kPa	Δe/(N·cm/cm³)	e/(N·cm/cm³)	C
10	10	6.282	6.282	0.314	0.314	20
15	5	10.819	4.537	0.431	0.745	14.5
20	5	14.484	3.665	0.637	1.382	10.5
30	10	16.974	2.490	1.578	2.960	5.7
40	10	19.463	2.489	1.823	4.783	4.1
50	10	22.756	3.293	2.078	6.861	3.3
60	10	27.479	4.741	2.509	9.370	2.9
70	10	34.878	7.399	3.116	12.486	2.8
80	10	48.373	13.495	4.165	16.651	2.9
90	10	76.607	28.234	6.252	22.903	3.3

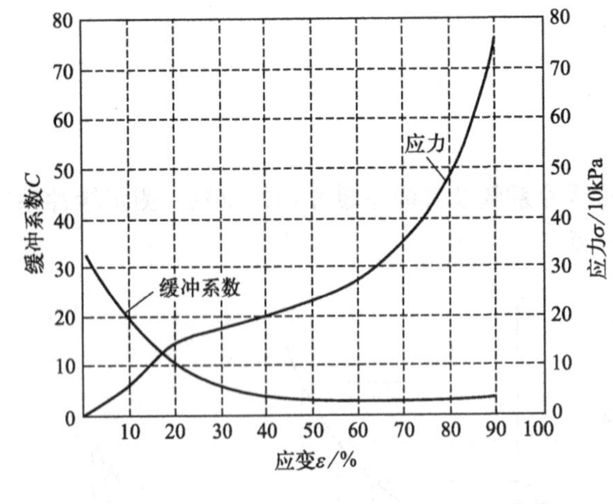

图 5-4　聚苯乙烯泡沫塑料的 C-ε 和 σ-ε 曲线

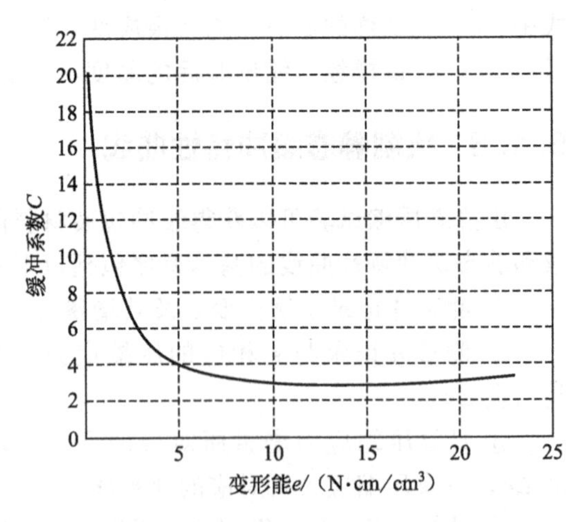

图 5-5　聚苯乙烯泡沫塑料的 C-e 曲线

例如，对 20mm、30mm、40mm、50mm 四种不同厚度蜂窝纸板，密度分别是 0.0750g/cm³、0.0620g/cm³、0.0501g/cm³、0.0442g/cm³。蜂窝夹芯为正六边形，内切圆直径 12mm，面纸是 300g/m² 再生挂面纸，芯纸为 110g/m² 再生纸。参考国家标准 GB/T 8168，按照 A 法对它们分别进行静态压缩试验，压力试验机对试样的加压速度应控制在（12±3)mm/min，几乎接近于静态载荷。试样面积是 10cm×10cm，试验之前，对所有试样进行温湿度预处理，试验条件是温度为 21℃、相对湿度为 64%。通过测试分析与数据处理，得到这四种不同厚度蜂窝纸板的应力-应变曲线、缓冲系数-应变曲线、缓冲系数-应变能曲线，如图 5-6 所示，T 代表蜂窝纸板厚度。显然，这些曲线的形状特征很相似，都包括线弹性阶段、屈服阶段和压溃阶段。线弹性变形阶段内，随着蜂窝纸板厚度的增加，应力应变曲线的斜率逐渐减小。当应力大于压缩屈服强度时，蜂窝纸板开始出现屈服，而且应变递增引起应力的增量很小，蜂窝纸板的黏性和塑性也起作用。当应力大于压溃强度时，蜂窝纸板开始出现局部失稳，应力随应变的递增而急剧上升，蜂窝纸板失去开始缓冲性能。

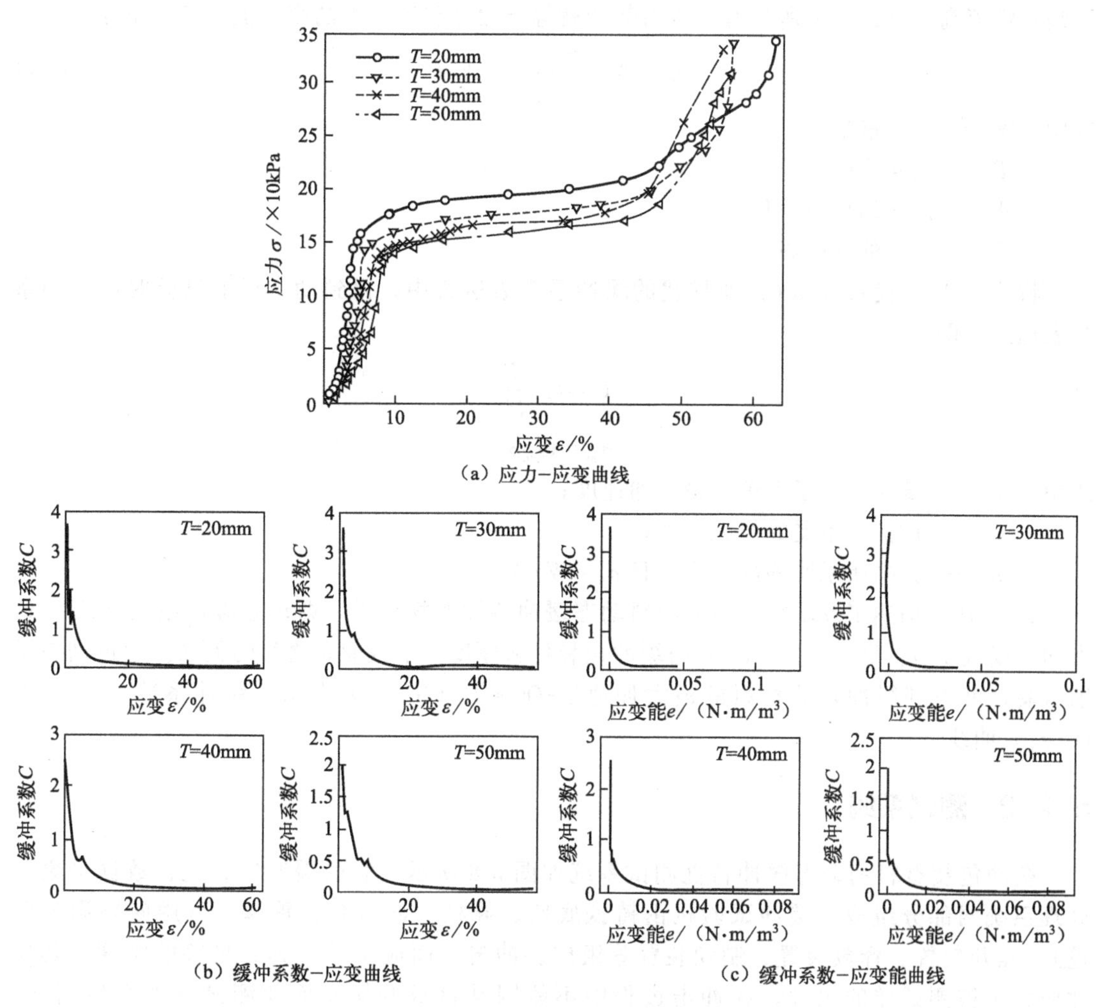

(a) 应力-应变曲线

(b) 缓冲系数-应变曲线　　(c) 缓冲系数-应变能曲线

图 5-6　蜂窝纸板的静态压缩曲线

5.2　动态缓冲特性测试

缓冲包装材料的动态压缩试验是用自由跌落的重锤对缓冲包装材料施加冲击载荷，模拟装卸过程中缓冲包装材料受到的冲击作用，求得缓冲包装材料的动态缓冲特性及其曲线，如最大加速度-静应力（G_m-σ_s）曲线、缓冲系数-最大应力（C-σ_m）曲线。这些数据和曲线可用于缓冲包装设计。

5.2.1　动态缓冲特性

动态缓冲特性是指从预定高度自由跌落的重锤对缓冲包装材料施加冲击载荷时重锤所承受的最大加速度，一般采用重力加速度的倍数 G_m 来表示。图 5-7 是动态压缩试验原理。

在缓冲包装材料受到重锤的跌落冲击过程中，如果忽略以热能形式耗散的很小一部分机械能，认为机械能守恒，则当缓冲包装材料达到最大变形量（x_m）或最大应变（ε_m）时，

重锤在跌落高度（H）处所具有的重力势能就等于缓冲包装材料的变形能（E），即：

$$E = AT\int_0^{\varepsilon_m} \sigma \mathrm{d}\varepsilon = WH \tag{5-14}$$

式中　W——重锤重量；

T——试样厚度；

A——试样的承载面积；

H——重锤的跌落高度。

将式(5-14) 代入式(5-6) 所描述的缓冲系数表达式中，得到动态压缩试验时的缓冲系数表达式，即：

$$C = G_m \frac{T}{H} \tag{5-15}$$

$$\sigma_m = G_m \sigma_s$$

式中　G_m——试样作用于重锤的最大加速度；

σ_m——试样所承受的最大应力；

σ_s——试样所承受的静应力，且 $\sigma_s = W/A$。

式(5-15) 描述了反映缓冲包装材料动态缓冲特性的物理量，即动态缓冲系数（C）、最大加速度（G_m）、最大应力（σ_m）与缓冲包装材料厚度、承载面积之间的关系。通过动态压缩试验，可得到缓冲包装材料的最大加速度-静应力（G_m-σ_s）曲线、缓冲系数-最大应力（C-σ_m）曲线。

5.2.2 测试系统

缓冲包装材料的动态缓冲特性测试系统如图 5-8 所示，它由缓冲试验机、数据采集与处理系统两部分组成。缓冲试验机由铸铁底座、导柱、冲击台、重锤（可用砝码调节质量）、提升装置、释放装置、制动装置等组成。冲击台面应平整，具有足够的刚度，其尺寸应大于被测试样的尺寸，在冲击过程中不能因其自身的振动而使测试波形发生畸变。冲击台面应与铸铁底座平行。铸铁底座应有足够的刚度，其质量应不小于冲击台最大质量的 50 倍。数据采集与处理系统包括数字滤波器、各种曲线（冲击加速度-时间曲线、最大加速度-静应力曲线、缓冲系数-最大应力曲线、动态应力-应变曲线等）的绘制以及各类数据文件的管理等。

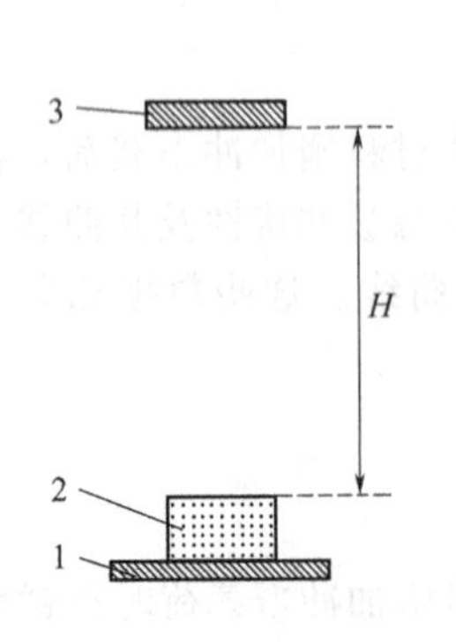

图 5-7　动态压缩试验原理

1—底座；2—试样；3—重锤

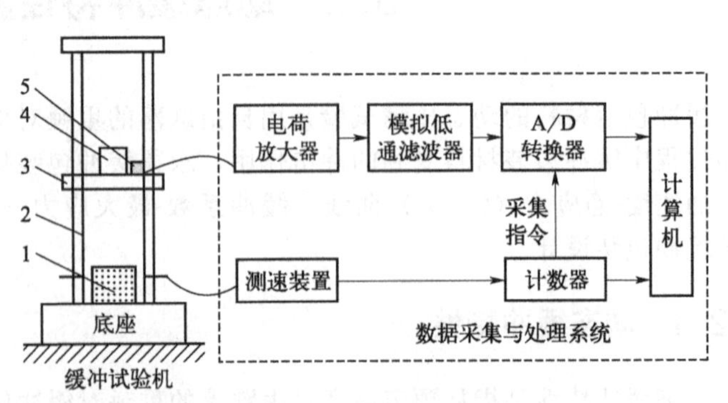

图 5-8　动态缓冲特性测试系统

1—试样；2—导柱；3—冲击台；4—重锤；5—加速度传感器

该测试系统的工作原理是：试样放置在底座的中央，滑台上固定砝码和压电加速度计，提升装置用挂钩提起滑台，至预定高度时，释放装置使挂钩脱开滑台。滑台沿导轨自由落下，冲击试样。加速度传感器首先采集试样受到跌落冲击时传递给重锤的冲击加速度信号，再经过压电加速度计转换成电荷量送入电荷放大器，电荷放大器的输出电压（模拟量）经A/D转换器转化为数字信号，存储到计算机的存储器中，由计算机软件处理，显示加速度-时间曲线。电荷放大器设有几种截止频率的模拟低通滤波器，以保证送入A/D转换器的信号满足采样定理的要求。由于冲击台与导柱之间存在摩擦，实际的冲击初速度和理论上的冲击初速度会存在误差。为保证该误差不大于国家标准要求的±2%，系统中安装了光电测速装置，在每次试验时，首先测定重锤的冲击初速度。若速度误差大于允许值，则需要调整重锤的跌落高度，保证实际的冲击初速度等于理论上的冲击初速度。由于在数据采集过程中，不可避免地存在各种干扰信号，故该测试系统中除了电荷放大器自身的二阶低通滤波器外，还设计了两级数据滤波程序。一级滤波是“程序限幅滤波”。若相邻两次采样的信号幅值变化大于某一定值，则表明被测信号已受到较大幅度的随机干扰，可采用一定的程序算法来“过滤”这种随机干扰。二级滤波是平均值滤波。

重锤从预定跌落高度自由冲击缓冲包装材料，通过固定在重锤上的加速度计获得冲击加速度-时间曲线、冲击波形、冲击持续时间及最大加速度。在不改变缓冲包装材料厚度和跌落高度的情况下，只改变重锤质量，则得到一系列最大加速度和静应力。以静应力为横坐标、最大加速度为纵坐标，可得到缓冲包装材料的一条最大加速度-静应力曲线。若保持跌落高度不变，仅改变缓冲包装材料的厚度，可得到以厚度为变量的最大加速度-静应力曲线簇。若保持缓冲包装材料的厚度不变，只改变跌落高度和重锤质量，则得到以跌落高度为变量的最大加速度-静应力曲线簇。

例如，国产的DY-2缓冲试验机适用于块状、片状或者装入压缩箱内的丝状、粒状及成型件等包装用缓冲材料作动态压缩试验，带有内置气-液增压制动装置的冲击台，有防止二次跌落的制动功能，计算机控制，界面友好，其主要技术参数如下。

① 滑台最大跌落高度：1200mm。

② 跌落质量：2～50kg。

③ 试样最大尺寸：200mm×200mm。

④ 制动起源压力：≤0.8MPa。

5.2.3　测试方法

动态压缩试验适用于评定缓冲包装材料在冲击作用下的缓冲性能以及在流通过程中对内装物的保护能力。缓冲包装材料的形状可以是块状、片状、丝状、粒状以及成型件等形式，但不包括金属弹簧和防振橡胶。本试验所获得的数据可用于缓冲包装设计。动态压缩试验原理是，用自由跌落的重锤对缓冲包装材料施加冲击载荷，模拟装卸过程中缓冲包装材料受到的冲击作用，求得缓冲包装材料的动态缓冲特性及其曲线。

（1）试样制作与处理

对试样的抽取、形状、尺寸要求、尺寸测量、质量测量、密度计算等规定，与静态压缩试验相同，具体参考第5.1.2小节相关内容。试验之前，应按GB/T 4857.2选定一种条件，并对所有试样进行24h以上的温湿度调节处理。试验应在与调节处理时相同的温湿度条件下进行。如果达不到相同条件，则必须在试样离开调节处理条件5min内开始试验。

（2）测试方法

按照国家标准 GB/T 8167《包装用缓冲材料动态压缩试验方法》进行试验。具体试验步骤如下。

① 将试样放置在缓冲试验机的底座上，并使试样中心与冲击台重心在同一垂线上，适当固定试样，但在固定时不应使试样产生变形。丝状、粒状等试样可利用压缩箱进行试验，要求压缩箱具有足够的强度，不能因为施加载荷而发生变形。

② 使预定载荷的冲击台从预定的等效跌落高度落下，冲击试样。连续冲击 5 次，每次冲击脉冲的时间间隔不小于 1min。记录每次冲击的加速度—时间曲线，计算试样在该载荷时的平均冲击加速度值。试验过程中，若未达到 5 次冲击就已确认试样发生破损或丧失缓冲能力时，则终止试验。

③ 试验结束 3min 后测量试样厚度，作为试样动态压缩后的厚度。

④ 对所有试样按照上述方法进行试验。根据需要，可改变冲击台上的砝码质量、试样厚度和等效跌落高度。为了精确地绘制出最大加速度-静应力曲线、缓冲系数-最大应力曲线，应合理地选择 5 种以上的重锤重量进行试验。若在某一次试验条件下，试样经 5 次冲击后的动态压缩残余应变已达到 10%，则在其他试验条件下使用新的试样。

（3）数据计算

① 静应力

$$\sigma_s=\frac{W}{A} \tag{5-16}$$

式中 σ_s——试样受到的静应力，10^4Pa；

W——重锤的重量，N；

A——试样承受冲击的面积，cm^2。

② 最大加速度值　以 5 次连续冲击的后 4 次的最大加速度的平均值作为每次试验的最大加速度值。

③ 最大应力

$$\sigma_m=G_m\sigma_s \tag{5-17}$$

式中 σ_m——试样所承受的最大应力，10^4Pa。

④ 动态压缩残余应变

$$\varepsilon=\frac{T-T_d}{T}\times100\% \tag{5-18}$$

式中 ε——试样的动态压缩残余应变，%；

T——试样的原始厚度，cm；

T_d——试样动态压缩试验后的厚度，cm。

⑤ 缓冲系数　动态压缩试验时，缓冲系数的计算公式如式(5-15) 所示，即：

$$C=G_m\frac{T}{H}$$

5.2.4 绘制动态缓冲特性曲线

通过动态压缩试验可以获得缓冲包装材料的缓冲系数以及动态缓冲特性曲线。现以密度是 0.035g/cm^3 的聚苯乙烯泡沫塑料（EPS）为例，说明由动态压缩试验法确定

缓冲系数及其动态缓冲特性曲线的数据处理程序。首先，由第 5.2.3 小节所给出的数据计算方法，分别计算出静应力（σ_s）、最大加速度值（G_m）、最大应力（σ_m）和缓冲系数（C），如表 5-2 所示。再根据表 5-2 中的数据，利用 MATLAB 软件绘制出动态缓冲特性曲线，图 5-9 是聚苯乙烯泡沫塑料的最大加速度-静应力曲线（G_m-σ_s），图 5-10 是缓冲系数-最大应力曲线（C-σ_m），材料厚度是 5cm，跌落高度是 60cm。

表 5-2 聚苯乙烯泡沫塑料缓冲系数的数据处理程序

σ_s/kPa	G_m/g	σ_m/kPa	C	σ_s/kPa	G_m/g	σ_m/kPa	C
0.137	65	8.918	5.42	0.490	49	24.010	4.10
0.196	56	10.976	4.66	0.686	54	37.044	4.50
0.294	48	14.112	4.00	0.980	67	65.660	5.60
0.392	47	18.424	3.92				

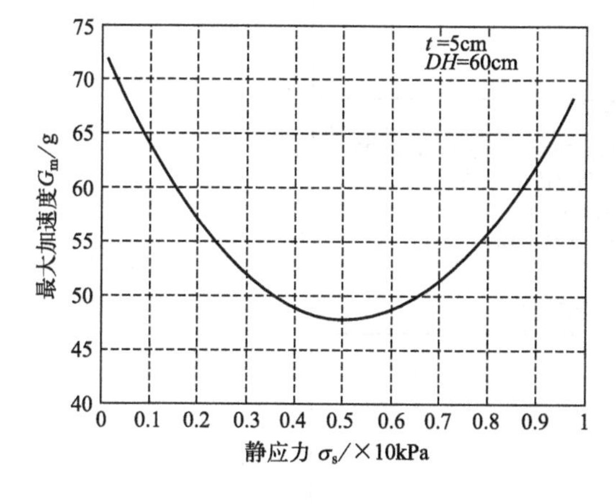

图 5-9 聚苯乙烯泡沫塑料的 G_m-σ_s 曲线

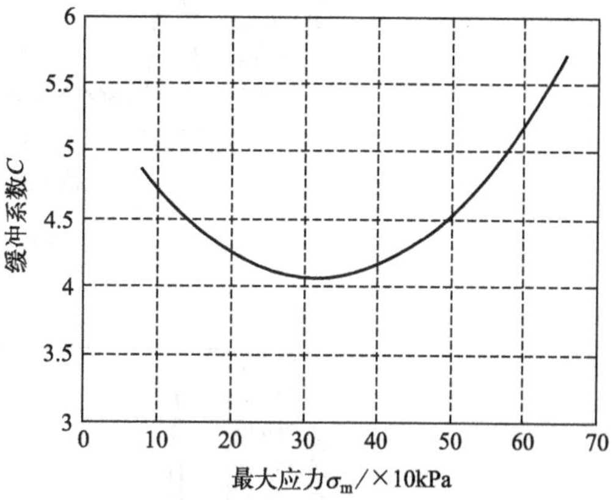

图 5-10 聚苯乙烯泡沫塑料的 C-σ_m 曲线

例如，两种 X-PLY 型瓦楞纸板的定量是 175/150/175/150/175/150/175(g/m^2)，X-PLY（A）瓦楞纸板的厚度、密度分别是 14.690mm、0.1258g/cm^3，X-PLY（B）瓦楞纸板的厚度、密度分别为 8.778mm、0.1463g/cm^3。参考国家标准 GB/T 8167，选用图 5-8 所示的动态缓冲特性测试系统，测试它们在 30cm、60cm、90cm 三种跌落高度条件下的动态缓冲曲线，分析跌落高度、纸板类型对动态缓冲特性的影响。试验温湿度是温度 23℃、相对湿度 60%。试验之前，对所有试样在该温湿度下预处理至少 24h。图 5-11 是这两种瓦楞纸板在不同跌落高度下的典型冲击加速度响应曲线，显然，在跌落冲击过程中，冲击加速度波形近似于半正弦波，而且相同的跌落高度、静应力对这两种纸板的冲击持续时间影响较小。

图 5-12 是 X-PLY 型瓦楞纸板的动态缓冲曲线，显然，动态缓冲曲线呈凹谷状，开口向上，且只有一个极值点，即随着静应力的增加，峰值加速度先减小、再增加。对于同种类型的纸板，随着跌落高度的增加，动态缓冲曲线的凹谷点向左上方偏移。相同跌落高度下，X-PLY（A）瓦楞纸板的凹谷点相对于 X-PLY（B）瓦楞纸板向左下方偏移，即 X-PLY（A）瓦楞纸板动态缓冲性能更好。

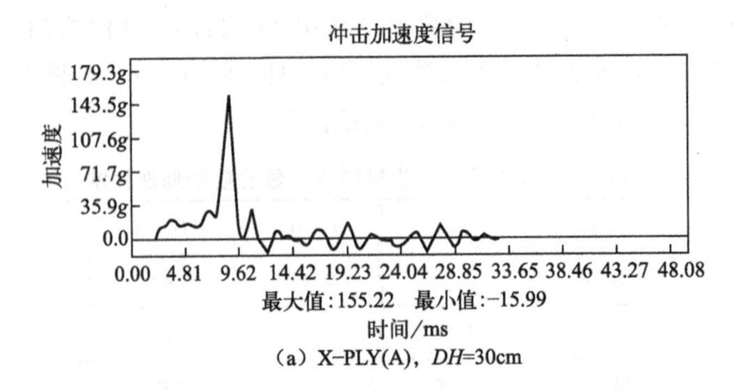

（a）X-PLY(A)，DH=30cm

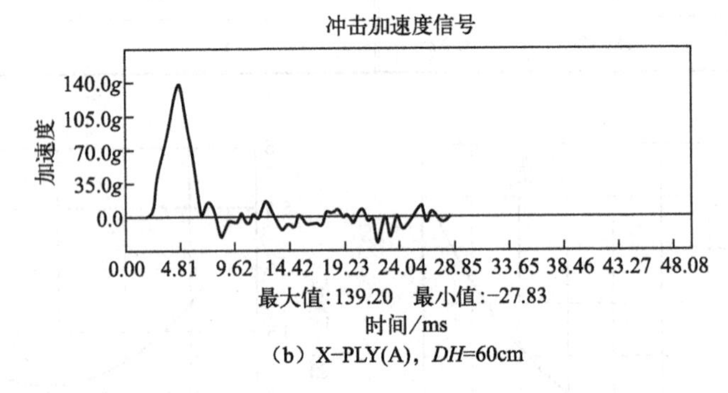

（b）X-PLY(A)，DH=60cm

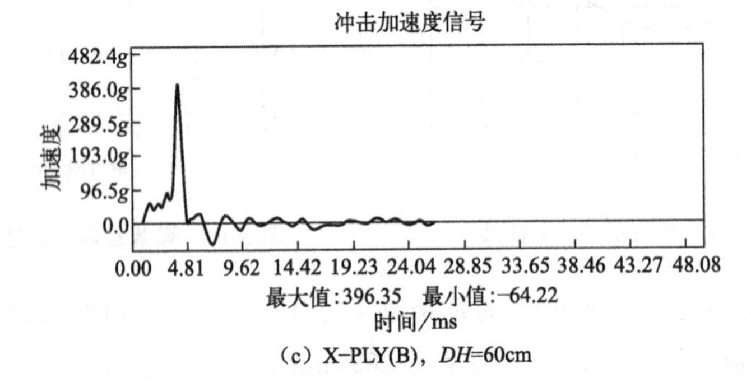

（c）X-PLY(B)，DH=60cm

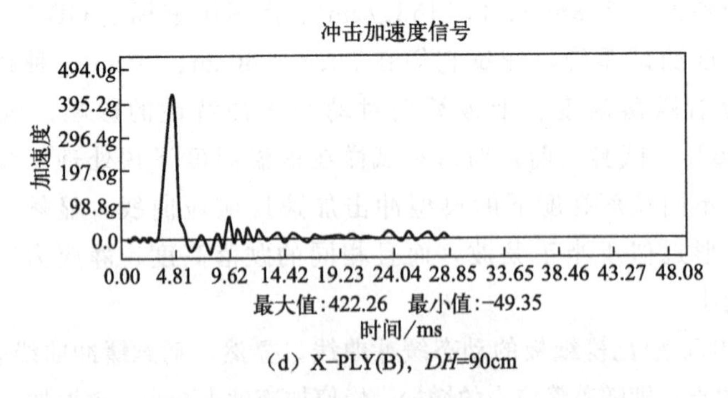

（d）X-PLY(B)，DH=90cm

图 5-11 典型的冲击加速度响应曲线

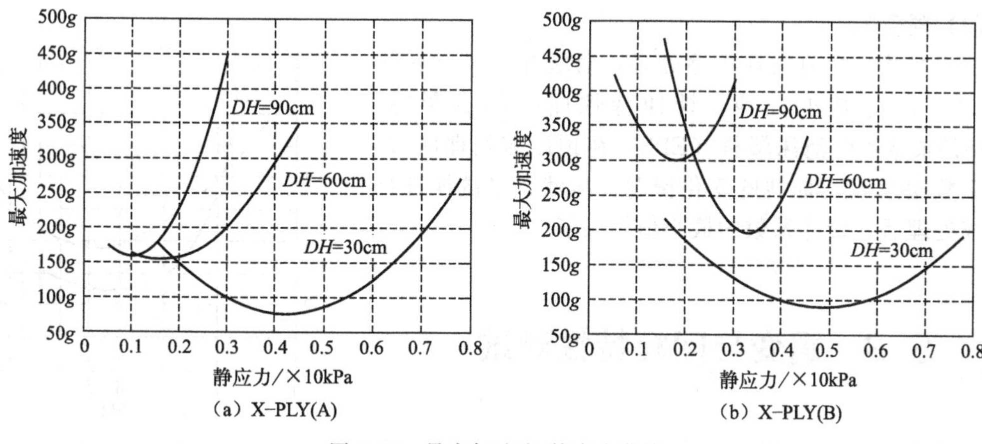

图 5-12 最大加速度-静应力曲线

5.2.5 影响缓冲系数的因素

(1) 压缩速度

绝大多数缓冲包装材料并不是完全的线弹性材料，在产生弹性力的同时，还伴随有阻力的存在，如由于材料内部存在细小的气孔以及塑性变形等，而产生阻碍弹性变形的力。一般情况下，这种源于材料内部的非弹性阻力的大小与材料的变形速率成正比，即压缩速度越大，非弹性阻力也越大。动态压缩试验的加载速率大，缓冲包装材料的变形速率是静态压缩试验时的万倍以上，故材料内部产生的非弹性阻力也急剧增大，消耗更多的冲击能量，因而得到的缓冲系数会有一定的差异。图 5-13 是聚乙烯泡沫塑料（EPE）的动态缓冲系数和静态缓冲系数。

(2) 温度

缓冲包装材料的应力-应变曲线与温度有关，温度不同时，材料的应力-应变曲线也有变化，必然影响缓冲特性及其曲线。图 5-14 是密度为 0.035g/cm^3 的聚乙烯泡沫塑料（EPE）在 68℃、25℃、−54℃时的缓冲系数-最大应力曲线，很明显，温度高时，最小缓冲系数值较高；温度低时，最小缓冲系数值较低。对于泡沫塑料类缓冲包装材料，随着温度的升高，缓冲系数的最小值也增大。

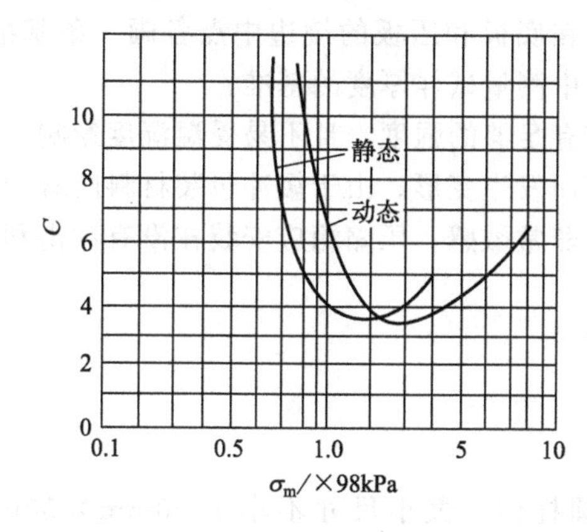

图 5-13 压缩速度对缓冲系数-最大应力曲线的影响

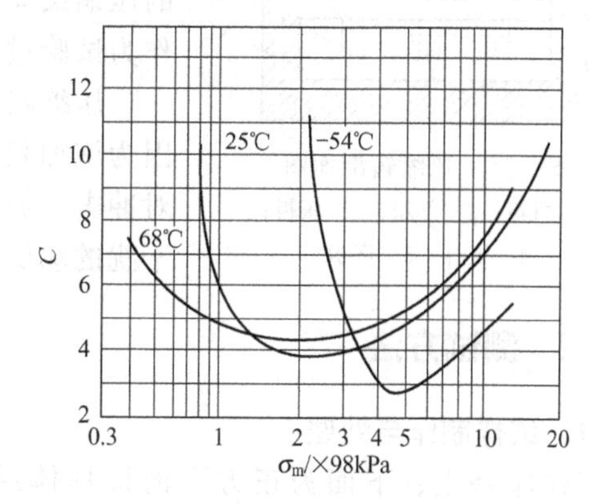

图 5-14 温度对缓冲系数-最大应力曲线的影响

(3) 预应力

试样在试验之前的预压缩处理，对缓冲包装材料的尺寸以及应力-应变曲线、缓冲特性曲线都有影响。图5-15是聚苯乙烯泡沫塑料（EPS）在预压缩处理前后，缓冲系数-最大应力曲线的变化情况。显然，对试样进行预压缩处理后，缓冲系数的最小值提高了。

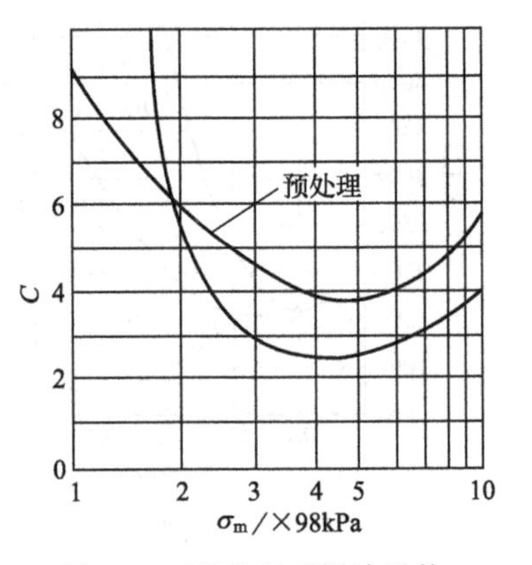

图 5-15 预处理对缓冲系数-最大应力曲线的影响

5.3 蠕变与回复特性测试

蠕变是指在保持恒定的静态压力条件下，材料沿厚度方向的变形随时间的延长而逐渐增加的一种现象。蠕变的实质是材料从一种平衡状态转化为另一种平衡状态，但材料的变形随时间延长而逐渐增加。绝大多数缓冲包装材料属于非线性弹性材料，同时具有弹性、黏性和塑性等力学特性，特别是纸类、泡沫类缓冲包装材料。在流通过程中，由于运输包装件的堆码和储存，这些材料容易产生蠕变，导致缓冲衬垫和包装箱之间出现空隙，产品容易发生二次冲击现象。蠕变试验是在规定时间内对缓冲包装材料施加恒定的静载荷，评价缓冲包装材料的厚度对应于时间的变化，从而获得缓冲包装材料的蠕变与回复特性。

5.3.1 压缩箱

蠕变试验所用设备是压缩箱，如图 5-16 所示，它由外箱、内箱、底板、压板等组装而成。外箱由 20mm 厚不易受温湿度影响的木材或其他材料制成，在外箱底部内表面上安装有一块尺寸是 160mm×200mm×6mm 的底板，它是经加工平整的铝板，其作用是支撑试样。内箱由 20mm 厚的不易受温湿度影响的木材或其他材料制成，尺寸与外箱相配合，可用重块加载，重块的尺寸与内箱相适应。在内箱和试样之间放置一块加工平整的铝板，作为测量试样厚度基准用的压板，并可提供 0.2kPa 的压缩载荷。在底板和压板的棱边中点各画一条基准线，作为试验过程中测量试样厚度的基准。

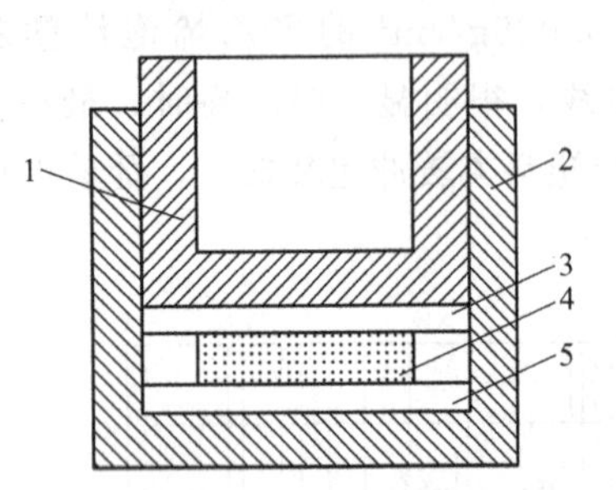

图 5-16 压缩箱剖面图

1—内箱；2—外箱；3—压板；4—试样；5—底板

压缩箱应有足够的强度，且不易受温湿度影响，不能因为施加载荷而发生变形。由于缓冲包装材料的蠕变试验对冲击、振动非常敏感，压缩箱应安装在没有冲击和振动干扰的场所。

5.3.2 测试方法

(1) 试样制作与处理

试样应是上、下面为正方形的棱柱体或圆柱体，最小尺寸不小于 50mm×50mm×25mm 或 ϕ50mm×25mm，推荐尺寸是 150mm×150mm×100mm 或 ϕ150mm×100mm。每组试样数量应不少于 5 个。对试样的抽取、尺寸测量、质量测量、密度计算等规定，与静

态压缩试验相同，具体参考第 5.1.2 小节相关内容。试验之前，应按 GB/T 4857.2 选定一种条件，并对所有试样进行 24h 以上的温湿度调节处理。试验应在与调节处理时相同的温、湿度条件下进行。如果达不到相同条件，则必须在试样离开调节处理条件 5min 内开始试验。

(2) 测试方法

按照国家标准 GB/T 14745 进行试验。根据是否对试样进行预压缩处理，蠕变与回复特性试验方法分为 A 法试验和 B 法试验。

① A 法试验　对试样不进行预压缩。将试样放置在外箱的底板上，根据预定的应变量来确定所需要的压缩载荷，将确定的载荷（含压板、内箱和重块的质量）平稳地压在试样上，载荷施加 (60±5)s 后，在加载状态下用精度不低于 0.05mm 的量具测量底板和压板基准线处的垂直距离，作为试样加载时的初始厚度（T_i）。然后在试样施加载荷 6min、1h、24h、96h、168h，以及在其他任何所需时间时测量加载状态下的试样厚度，作为规定时间间隔时的试样厚度（T_d），并处理数据、绘制材料的蠕变-时间曲线。当试样卸载后 30s、30min、24h，分别测量试样的厚度，作为恢复厚度 T_{r1}、T_{r2} 和 T_{r3}。

a. A 法试验时的蠕变

$$\varepsilon_c=\frac{T-T_d}{T}\times100\% \tag{5-19}$$

式中　ε_c——A 法试验时的蠕变，%；

T_d——在规定时间间隔时的试样厚度，mm；

T——预处理后试样厚度，mm。

b. A 法试验时的残余应变

$$\varepsilon_c=\frac{T-T_{r3}}{T}\times100\% \tag{5-20}$$

式中　ε_c——A 法试验时的残余应变，%；

T_{r3}——试样在卸载 24h 后的厚度，mm。

② B 法试验　对试样进行预压缩。以预处理后试样厚度（T）的 65%的变形量反复压缩两次，压缩速度不超过 1 次/s。待试样恢复 16h 后，再测量其厚度，作为预压缩后的试样厚度（T_P），精确到 0.1mm。预压缩后的试验步骤与 A 法试验相同。

a. B 法试验时的蠕变

$$\varepsilon_c=\frac{T_P-T_d}{T_P}\times100\% \tag{5-21}$$

式中　T_P——试样预压缩后的厚度，mm。

b. B 法试验时的残余应变

$$\varepsilon_c=\frac{T_P-T_{r3}}{T_P}\times100\% \tag{5-22}$$

另外，还可以在试样的初始厚度基础上计算蠕变，即：

$$\varepsilon_c=\frac{T_i-T_d}{T_i}\times100\% \tag{5-23}$$

式中　T_i——试样在加载时的初始厚度，mm。

例如，某 AB 型双瓦楞纸板的面纸、芯纸、里纸的定量分别是 175g/m^2、170g/m^2 和 140g/m^2，厚度是 7.05mm，试验环境温度 20℃，相对湿度分别选取 60%、70%、80%、

90%四种。经过反复比较，采用圆柱体试样，试样上、下面尺寸是ϕ9cm。试样承受的恒定载荷是18.42kPa。按照国家标准GB/T 14745进行，采用A法对这种材料进行测试分析，得到加载阶段和卸载阶段的蠕变与回复特性试验结果，如表5-3所示，并利用MATLAB软件绘制出蠕变与回复特性曲线，如图5-17所示。试验结果表明，这种AB型双瓦楞纸板的蠕变-时间曲线很复杂，在加载初始阶段，变形基本上呈线弹性（或弱非线性），蠕变阶段（从加载1～168h）的变形呈指数函数规律，而卸载阶段有明显的残余变形，相对湿度对蠕变与回复特性影响显著。故这种结构纸板的力学性质不仅表现出线弹性（或弱非线性），还具有明显的黏性和塑性特征。

表5-3 AB型双瓦楞纸板的蠕变与回复特性试验数据

相对湿度		RH 60%	RH 70%	RH 80%	RH 90%
		ε/%	ε/%	ε/%	ε/%
加载时间	6min	12.77	19.43	29.93	29.65
	1h	14.89	21.42	34.18	51.21
	2h	16.31	23.97	41.84	51.77
	18h	17.73	24.54	43.83	51.77
	24h	17.73	26.81	44.40	52.62
	36h	18.44	29.65	44.68	55.18
	48h	19.15	30.78	45.82	57.45
	72h	21.28	33.33	47.52	58.58
	96h	21.28	34.18	48.37	58.87
	120h	23.40	35.60	50.36	60.85
	144h	24.82	38.16	51.49	65.96
	168h	24.82	39.57	52.34	66.81
卸载时间	30s	17.73	19.72	21.14	46.24
	30min	13.48	18.01	18.87	44.11
	1h	12.34	16.60	17.45	43.40
	24h	7.09	12.77	14.61	38.30

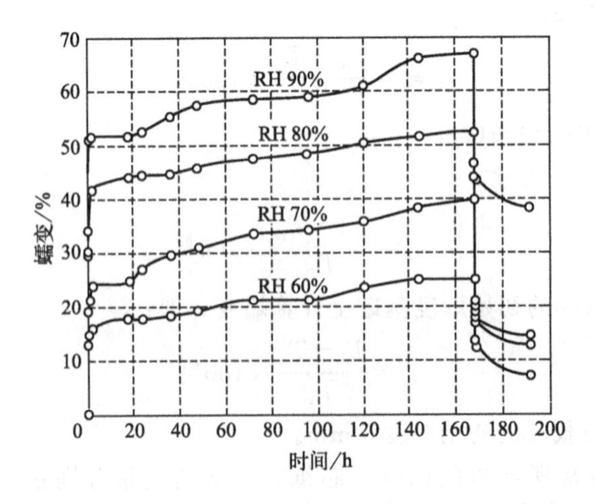

图5-17 AB型双瓦楞纸板的蠕变与回复特性曲线

5.4　振动传递特性测试

缓冲包装材料的振动传递特性是指振动传递率与频率之间的关系，而振动传递率是振动测试系统在正弦振动激励下，质量块与振动台的加速度幅值之比。振动传递特性测试适用于评定在正弦振动作用下缓冲包装材料的振动传递（隔振）特性以及对内装物的保护能力。试验所获数据可用于振动防护包装设计。

5.4.1　测试系统

缓冲包装材料的振动传递特性测试系统由振动系统和数据采集与处理系统组成，而振动系统由质量块、固定装置、振动台等组成，如图 5-18 所示，模拟包装件在正弦振动作用下缓冲包装材料的受力状态。两块试样分别放置在质量块的上下位置，将固定装置的盖板压在质量块上部的试样上并适当加固，应尽量避免质量块与试样发生分离导致试验数据的畸变。在试验中，记录在振动状态下质量块和振动台上的加速度信号，并将其绘制成振动传递率-频率曲线。

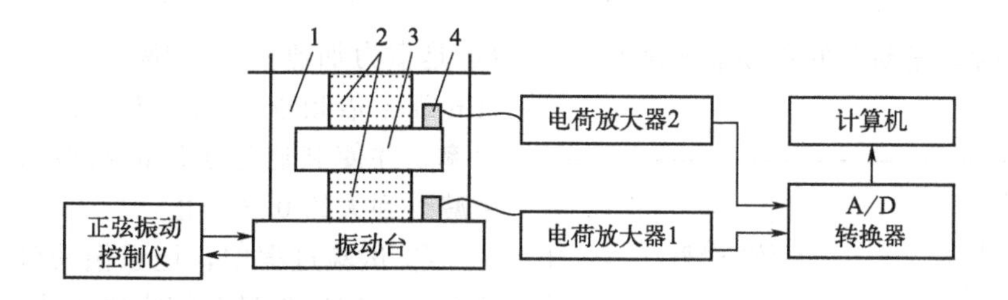

图 5-18　振动传递特性测试系统

1—固定装置；2—试样；3—质量块；4—加速度传感器

振动台应具有足够的承载能力，台面具有适当的尺寸、足够的强度和刚度，整个台面上的振动应基本均匀一致。台面能保持水平状态，静止时台面上任何两点的水平差不应超过 2mm。振动台应配备固定试样的装置以及防止试样移动的围框。固定装置应具有能够保证质量块做垂直振动的刚度和强度。固定装置与质量块之间的摩擦不应影响质量块的振动响应。固定装置的盖板表面应平整、坚硬，其表面尺寸应大于试样表面尺寸，并能对质量块上部的试样施加 0.70kPa 的静载荷。质量块由硬木或金属制成，在质量块的几何中心位置应设有安装加速度传感器的内腔。质量块应具有保证正常试验的强度和刚度。测试系统应具有足够的频率响应，在测量范围内，测试系统的精度应在±5%范围内。

DY-300-2 电动振动系统由 CE-3103 电动台、FG-2 晶体管功率放大器和 KD-3A 正弦振动控制仪组成，可以完成定频、变频（或扫描）等多种正弦振动试验。DY-300-2 电动振动系统在设计时充分考虑了运输包装试验的特点，能够真实地模拟运输环境，低频可以延伸至 2Hz，振动幅值较大，另外，对包装件进行整体运输包装试验时，试验载荷较重。控制仪随时检测振动台波形，与参考谱比较，修正驱动谱。

5.4.2 测试方法

(1) 试样制作与处理

试样是规则的直方体形状，其上、下面的尺寸都是20cm×20cm。试样的厚度根据需要选择。每组试样的数量应不少于10个。对试样的抽取、尺寸测量、质量测量、密度计算等规定，与静态压缩试验相同，具体参考第5.1.2小节相关内容。试验之前，应按GB/T 4857.2选定一种条件，并对所有试样进行24h以上的温湿度调节处理。试验应在与调节处理时相同的温、湿度条件下进行。如果达不到相同条件，则必须在试样离开调节处理条件5min内开始试验。

(2) 测试方法

按照国家标准GB/T 8169进行试验。具体试验步骤如下。

① 分别在质量块中和振动台上安装加速度传感器。

② 调节质量块的质量，对试样施加所需的静载荷。

③ 将两块试样分别放置在质量块的上、下位置。

④ 将固定装置的盖板压在质量块上部的试样上，并适当加固。一般应使上部的试样受到0.7kPa的静压力。试验过程中应尽量避免质量块与试样发生分离导致试验数据的畸变。对具有塑性的试样，可采取适当的措施消除试样的塑性变形对试验结果的影响。

⑤ 试验时，振动台的激励加速度是0.5g（g是重力加速度），扫频速率是0.5倍频程/min或1倍频程/min。从3Hz开始增加扫描频率，并使其通过系统的共振点，直到传递率减少到大约0.2为止。

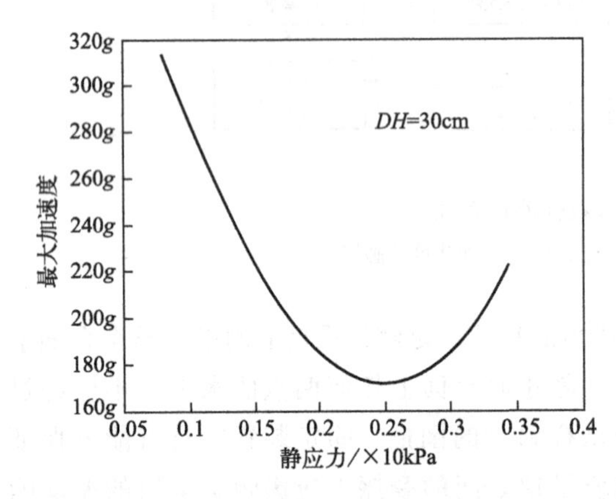

图5-19 AB型双瓦楞纸板的最大加速度-静应力曲线

⑥ 试验过程中，记录振动台台面和质量块上的加速度信号及相应的振动频率。

⑦ 计算振动传递率，绘制振动传递率-频率曲线。

例如，某AB型双瓦楞纸板的克重组成是230/150A/200/150B/280（g/m^2），A、B表示瓦楞的楞型，面纸为牛皮纸，里纸、芯纸为瓦楞原纸。试验过程中，静应力是根据双瓦楞纸板的最大加速度-静应力曲线（图5-19）选取，在该曲线的极值点左边选择1～2个静应力值，在极值点右边选择多个静应力，如2.178kPa、2.439kPa、3.049kPa、3.484kPa四种。试验环境温度21℃、相对湿度64%，扫描频率范围3～600Hz，扫描速率1倍频程/min，正弦激励加速度0.5g（g是重力加速度）。按照国家标准GB/T 8169《包装用缓冲材料振动传递特性试验方法》进行测试分析，得到振动传递特性曲线（图5-20）和试验结果（表5-4）。试验结果表明，AB型双瓦楞纸板的振动特性具有多模态性，即振动传递率曲线有多个峰值频率，而且这些峰值频率所对应的振动传递率有明显的主次之分，而且静应力值对振动传递特性有明显影响。因此，在采用这些衬垫进行缓冲防振包装设计时，应选用与静应力值相同的振动传递率曲线。

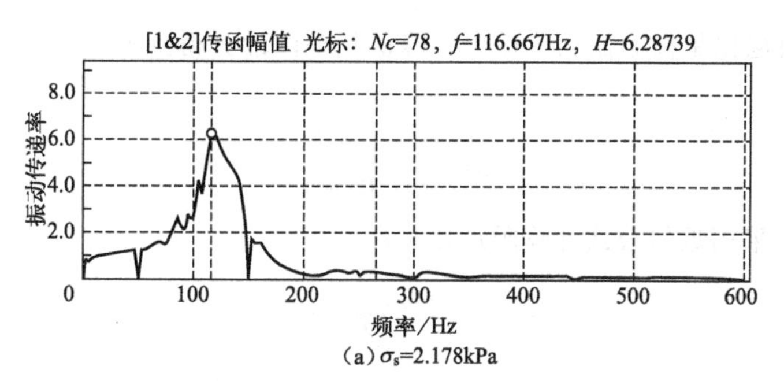

(a) σ_s=2.178kPa

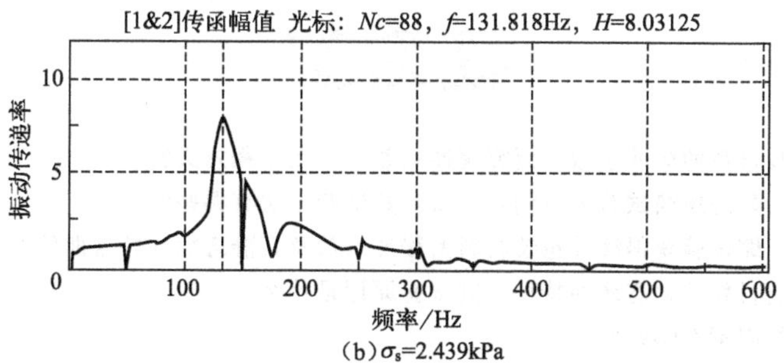

(b) σ_s=2.439kPa

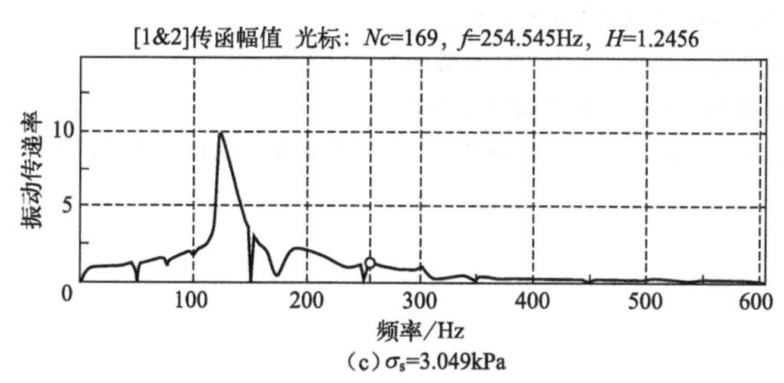

(c) σ_s=3.049kPa

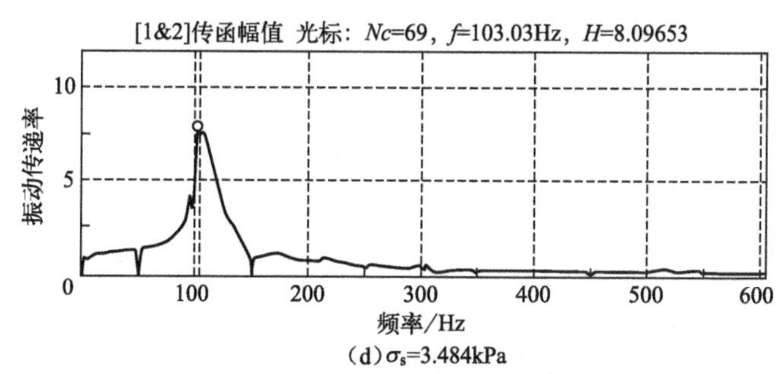

(d) σ_s=3.484kPa

图 5-20 AB型双瓦楞纸板振动传递率-频率曲线

表 5-4 AB型双瓦楞纸板振动传递特性试验结果

静应力/kPa	峰值频率/Hz	传递率	阻尼比
2.178	12	1.011	
	70	1.565	0.415
	85	2.635	0.205
	95	2.798	0.191
	105	4.208	0.122
	118	6.272	0.080
2.439	12	0.995	
	73	1.364	0.539
	97	1.814	0.330
	132	8.031	0.062
3.049	12	0.985	
	73	1.453	0.474
	97	1.966	0.295
	123	9.928	0.050
3.484	12	1.005	
	95	4.198	0.123
	103	8.097	0.062

表 5-4 中的阻尼比是根据振动传递率、峰值频率而计算得到的。如果 $T_r > 1$，则阻尼比的计算公式为：

$$\xi = \frac{1}{2}\sqrt{\frac{1}{T_r^2 - 1}} \tag{5-24}$$

如果 $T_r \leqslant 1$，采用近似公式计算阻尼比，即：

$$\xi = \frac{1}{2T_r} \tag{5-25}$$

思考题

1. 什么是缓冲包装材料的缓冲系数？研究缓冲系数有什么工程意义？
2. 缓冲包装材料的静态压缩试验的目的是什么？其试验方法有哪些？
3. 如何通过静态压缩试验获得缓冲包装材料的缓冲系数及其静态缓冲特性曲线？
4. 什么是缓冲包装材料的动态缓冲特性？其试验原理是什么？
5. 影响缓冲系数的因素有哪些？
6. 简述缓冲材料动态压缩试验的方法与步骤。
7. 什么是蠕变？蠕变与回复特性试验方法有哪些？有什么区别？
8. 简述缓冲包装材料的振动传递特性试验的步骤。
9. 什么是振动传递率？如何应用缓冲包装材料的振动传递率曲线进行缓冲防振设计？

第6章 运输包装件性能测试

学习指南

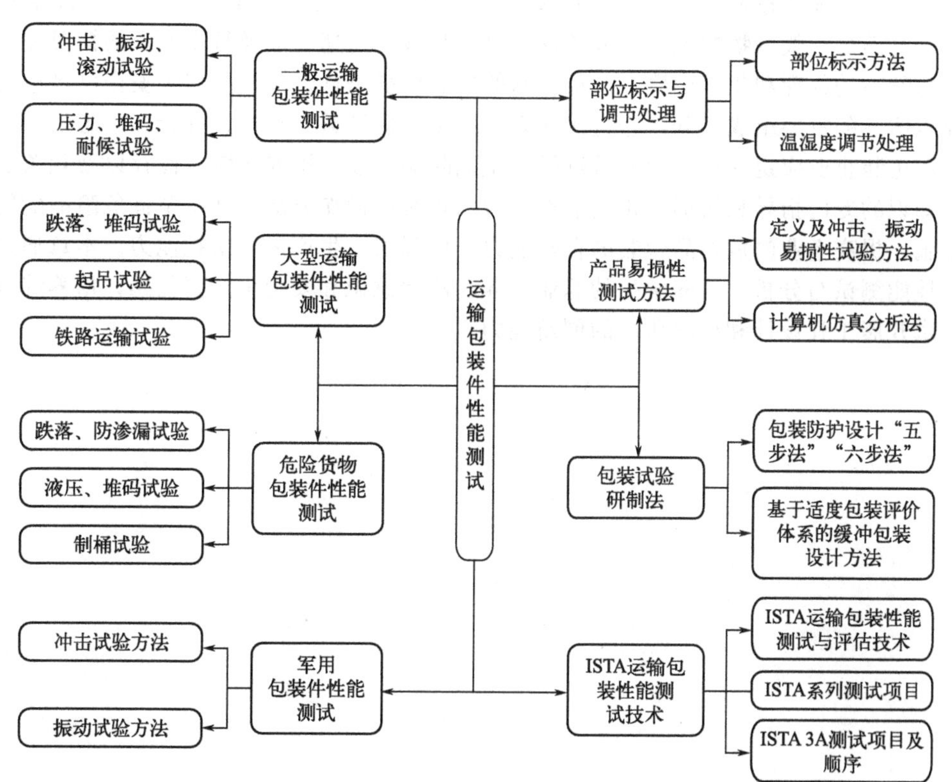

本章主要介绍一般运输包装件、大型运输包装件、危险货物包装件、军用包装件的性能测试以及产品易损性测试方法、包装试验研制法和ISTA运输包装性能测试技术。

本章内容的重点为一般运输包装件性能测试、大型运输包装件性能测试、危险货物包装件性能测试、军用包装件性能测试，以及产品易损性测试方法、包装试验研制法和ISTA运输包装性能测试技术。

本章内容的难点为一般运输包装件的冲击试验、振动试验、堆码试验、耐候试验，大型

运输包装件的跌落试验、堆码试验，危险货物包装件的跌落试验、防渗漏试验、堆码试验，军用装备运输包装件的振动试验方法、冲击试验方法，产品冲击易损性测试方法和振动易损性测试方法，包装防护设计“五步法”“六步法”，基于适度包装评价体系的缓冲包装设计方法和 ISTA 运输包装性能测试技术。

我国是一百四十多个国家和地区的主要贸易伙伴，货物贸易总额居世界第一。为了进一步推进运输物流包装行业的绿色转型，我们要全面落实新发展理念，强化物流包装绿色治理，增加绿色产品供给，培育循环包装新型模式，加快建立与绿色理念相适应的法律、标准和政策体系，推进快递包装的绿色、循环、低碳发展，加强货物贸易中的绿色包装壁垒技术科技攻关，推动以技术创新和模式创新驱动的绿色转型，开发应用新技术、新产品，培育运输物流包装发展新业态。加强标准化和规范化，优化运输包装产品供给结构，推动产业链、供应链转型升级，以提供优质的物流包装评估为使命，保证测试方法的有效性和先进性，在满足包装测试业务需求的同时，实现更高的物流质量、更低的物流成本，全面提高物流包装的安全性和稳定性。推进货物贸易优化升级，创新服务贸易发展机制，发展数字贸易，加快建设贸易强国。

我国物流业已进入高速发展时期，危险货物运输需求和运输量逐年增长。危险品在接触和处理过程中必须严格遵守相应的规则要求，其流通环节是一项技术性和专业性很强的工作，不仅要满足一般货物的包装运输条件，严防超载、超速等危及行车安全的情况发生，还要根据危险品的物理和化学性质，满足特殊的包装防护条件。危险品包装安全已经成为国家安全保障体系的重要组成部分，它直接关系到国家全局利益、经济、社会和生态发展。危险品生产和包装企业应定期对企业人员进行关于危险品包装、平安运输、储存以及相关法律法规技术知识的专门指导和培训，正确掌握危险品包装的操作方法，熟练掌握危险品的特性和应急措施，提高企业的危险品包装的自控能力，增强安全生产风险防控能力。本章通过运输包装件性能测试与分析，培养学生的职业素养、法治意识和安全生产责任感，培养综合运用测试技术开展工程设计和科学研究的创新能力。

运输包装件通常由内装物、缓冲结构或材料、包装容器等构成，例如彩电、冰箱、计算机等电子电工产品的运输包装件。在现代物流环境中，运输包装件要经过多次装卸搬运、运输、储存环节，最后到达用户或消费者。在此过程中，堆码载荷、冲击、振动以及环境温度、湿度和气压等危害因素，都可能引起包装件的破损。因此，运输包装件性能测试对于分析包装件的防护性能、改善包装设计、提高包装质量很重要。本章主要介绍一般运输包装件、大型包装件和危险货物包装件的性能测试，托盘与集装箱性能测试，以及包装试验研制法、基于适度包装评价体系的缓冲包装设计方法和ISTA运输包装性能测试技术。

6.1 部位标示与调节处理

本节介绍运输包装件的部位标示方法和试样的温湿度调节处理。

6.1.1 部位标示方法

在进行运输包装件的试验之前，首先应该对包装件或包装容器的面、角、棱编号标示，以保证受力部位的准确选择。国家标准GB/T 4857.1规定了平行六面体包装件、圆柱体包装件和包装袋的部位标示方法。

(1) 平行六面体包装件部位标示方法

平行六面体包装件部位标示方法包括面、棱、角的标示。包装件应按运输时的正常状态放置。如果包装件上有接缝，则将该接缝垂直于标注人员右方放置。若包装件的运输状态不明确，或是有几个接缝，可将印有生产企业名称的一面对着标注者。按上述规定放置的包装件，上表面标示为1，右侧面为2，底面为3，左侧面为4，近端面为5，远端面为6，如图6-1所示。

棱是由两个面相交形成的直线来表示，标示方法是在两个面的编号之间加一横线，例如用1-2标示包装件上表面1与右侧面2的相交形成的棱。角是由组成该角的三个面的编号来表示，例如用1-2-5标示包装件上表面1、右侧面2和近端面5相交形成的角。

(2) 圆柱体包装件部位标示方法

圆柱体包装件部位标示方法包括端点、棱线标示。在圆柱体上表面上作两条相互垂直的直径，四个端点分别用1、3、5、7表示。通过四点分别作与圆柱体轴线平行的四条直线，四条直线与下表面的交点分别用2、4、6、8表示。四条平行线分别用12、34、56、78线表示。圆柱体包装件部位标示方法如图6-2所示。如果圆柱体上有一个或几个接缝，要把其中一个接缝放在56侧线位置上。

(3) 包装袋的部位标示方法

将包装袋竖放，标注人员位于包装袋底部最短对称轴的延长线上，即面对投影面积最大的一面，包装袋的前面为1，右侧为2，后侧为3，左侧为4，袋底为5，袋口为6，如图6-3所示。如果包装袋有一条或两条接缝，应将包装袋的一条接缝置于标注人员的右侧2的位置。

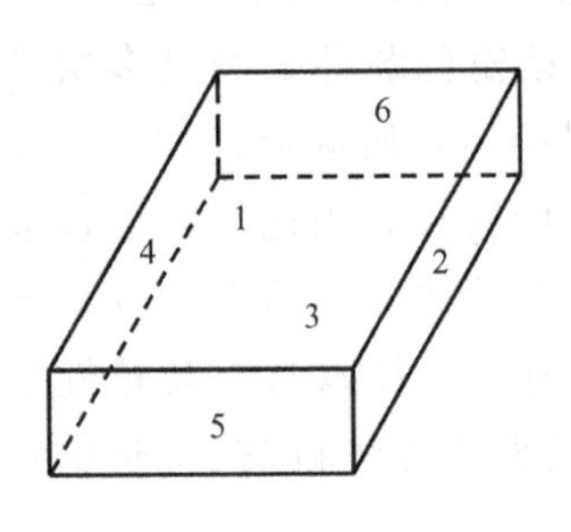

图 6-1 平行六面体包装件部位标示

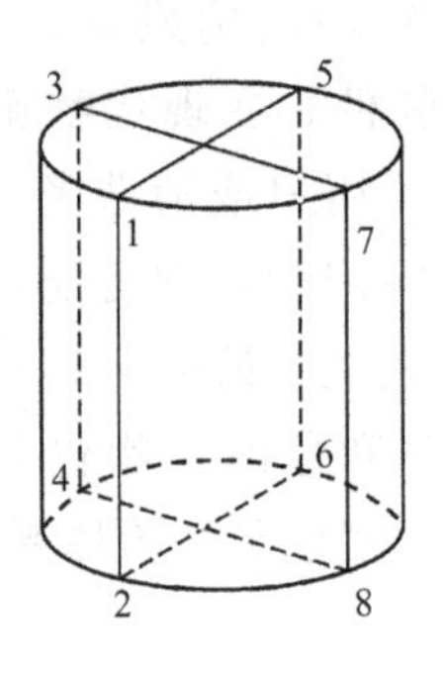

图 6-2 圆柱体包装件部位标示

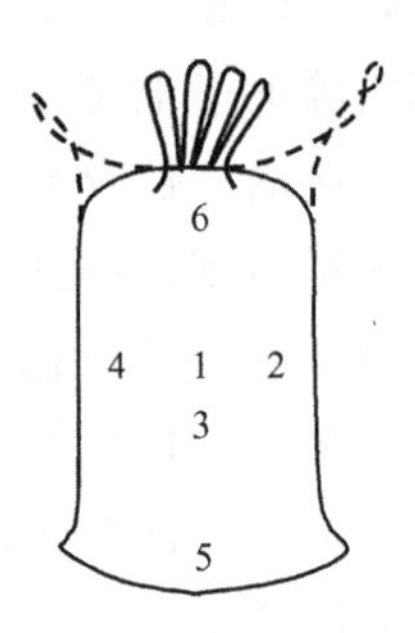

图 6-3 包装袋的部位标示

6.1.2 温湿度调节处理

绝大部分运输包装件的抗压强度、堆码性能、缓冲防振性能都与温湿度有关。因此，在进行运输包装件的试验之前，必须对包装件进行温湿度调节处理，试验也应在与温湿度调节处理时相同的温湿度条件下进行。如果达不到该要求，则必须在试样离开调节处理条件5min内开始试验。

(1) 调节处理条件

在模拟运输包装件的储存与运输环境的温度、湿度条件时，由于世界范围内的气候条件差异很大，因而对包装件的性能影响也很大。国家标准 GB/T 4857.2 规定了 8 种温湿度条件，包括三种低温条件、两种高温条件、三种常温条件，其中低温条件不考虑相对湿度，如表 6-1 所示。条件 1～3 和条件 8 的温度误差是±3℃，条件 5～7 的温度误差是±2℃，条件 4 的温度误差是±1℃。当使用条件 4 时，必须保证不出现凝露现象。

表 6-1 温湿度条件

条件	类型	温度/℃	湿度/%	适用范围
1	低温条件	−55	—	世界范围内通用
2	低温条件	−35	—	地球上两极以外的大部分地区使用
3	低温条件	−18	—	寒带以外地区使用
4	冷藏常温条件	5	85	食品、水果蔬菜等合适的保藏
5	常温常湿条件	20	65	较有代表性
6	常温高湿条件	20	90	亚湿热气候地区
7	高温条件	40	85	湿热气候地区
8	高温条件	55	30	干热气候地区

当对同类包装件或包装容器进行质量检验，或对包装件进行质量认证时，一般取标准大气条件，即温度 20℃、相对湿度 65%的气候条件进行温湿度调节处理，然后再进行试验，以保证试验结果的可比性和重现性。GJB 4403 中规定的极端高温条件是 70℃。

(2) 调节处理方法

把已经准备好的试样放在调温调湿箱（室）的工作空间内，使其顶面、四周及至少75%的底部面积能自由地与温湿度调节处理的空气相接触，处理时间应该从达到规定的处理

条件后 1h 起开始计算。在温湿度调节处理过程中不允许有冷凝水滴落到试样上。测量温湿度时，最好能连续记录，若无自动记录仪，应使每次测试记录间隔不大于 5min。相对湿度的连续波动是可能出现的，但不能超过规定值的±5%。温湿度调节处理时间可以从 4h、8h、16h、24h、48h，或 1 周、2 周、3 周、4 周中选择一种。对处理时间的选择原则，应根据包装件的大小、内装物的多少、包装容器及内装物的热容量、含湿量的大小决定，使包装件经温湿度调节处理后其温度、湿度与处理环境达到平衡。

如果试样是用具有滞后现象的材料制作的，如纤维板，则可能需要在温湿度调节处理之前先进行干燥处理。干燥处理方法是，先将试样放在干燥箱内，进行 24h 干燥，这样当其被转移到规定条件下时，试样可通过吸收潮气而达到接近平衡。当规定的相对湿度是 40%或以下时，无此必要。

6.2 一般运输包装件性能测试

包装件在流通过程中可能遇到各种危害因素的影响，必须保证其包装防护能力。本节介绍一般运输包装件的性能测试，包括冲击试验、振动试验、滚动试验、压力试验、堆码试验、耐候试验等测试内容。

6.2.1 冲击试验

冲击试验适用于评定运输包装件在流通过程受到垂直冲击、水平冲击、跌落、翻滚时的耐冲击强度，以及包装对内装物的保护能力。冲击试验分为垂直冲击试验和水平冲击试验两大类。

6.2.1.1 垂直冲击跌落试验

垂直冲击跌落试验也称跌落冲击试验，适用于评定运输包装件在受到垂直冲击时的耐冲击强度，以及包装对内装物的保护能力。跌落冲击试验原理是将试样提高到预定高度，然后使其自由跌落在冲击面上。包装件的跌落方式分为面跌落、棱跌落和角跌落三种。

(1) 跌落试验机

垂直冲击跌落试验所用设备是跌落试验机，它主要由提升装置、支撑与释放装置和冲击面等组成，如图 6-4 所示。跌落试验机分为翻板式、挂钩式、转臂式三种类型。翻板式结构比较复杂，但两翻板不容易实现同步运动，已被淘汰。挂钩式结构比较简单，使用最早，但是不能精确控制跌落姿态。转臂式结构复杂，但能精确地控制跌落姿态，目前被广泛采用。冲击面要有足够大的质量，至少是包装件的质量的 50 倍；冲击时不能产生位移；表面平整，能保证正常的面跌落、棱跌落或角跌落；坚硬，冲击时不产生变形；有足够的面积，保证冲击时试样完全落在冲击面上。

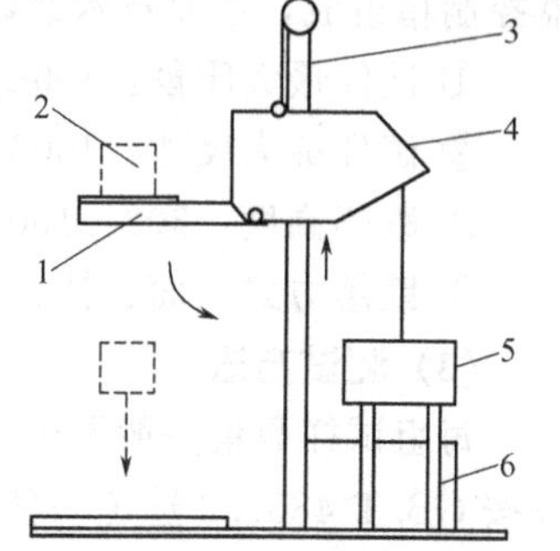

图 6-4 转臂式跌落试验机

1—摇臂；2—试样；3—提升机；4—控制台；5—滑动台；6—支架

(2) 试验参数

垂直冲击跌落试验的参数包括跌落姿态、跌落次数和跌落高度。跌落姿态分为面跌落、棱跌落、角跌落三种形式。这三种跌落姿态，都要保证试样的重心线通过被跌落的面、线、点。每个包装件的跌落姿态和每种姿态的跌落次数应按有关专业产品标准、产品的技术条件或有关协议进行。跌落高度一般也应按有关专业产品标准规定，或按双方协议进行。在无专业产品标准规定时，可参考表 6-2 给出的跌落高度与包装件的运输方式、质量之间的关系。

表 6-2　民用包装跌落高度

运输方式	包装件质量/kg	跌落高度/mm	运输方式	包装件质量/kg	跌落高度/mm
公路 铁路 空运	＜10	800	水运	＜15	1000
	10～20	600		15～30	800
	20～30	500		30～40	600
	30～40	400		40～45	500
	40～50	300		45～50	400
	50～100	200		＞50	300
	＞100	100			

军用包装对跌落高度的要求比民用包装高，可参考 GJB 2711，如表 6-3 所给出的跌落高度与包装件的质量、尺寸的关系。

表 6-3　军用包装跌落高度

包装件质量/kg	棱或直径尺寸/mm	跌落高度/mm		包装件质量/kg	棱或直径尺寸/mm	跌落高度/mm	
		A 级	B 级			A 级	B 级
10	760	900	700	35～50	1060～1270	500	400
10～15	760～830	800	600	50～65	1270～1400	450	350
15～20	830～940	650	500	65～80	1400～1520	350	300
20～35	940～1060	550	450				

在引信和弹药包装件的跌落试验中，为检测包装后产品的安全性，所选择的跌落高度更高。在 GJB 4403 中规定，对海运弹药包装要求做 12m 垂直冲击跌落试验，其他均要求做 3m 垂直冲击跌落试验。

苏州东菱振动试验仪器有限公司制造的 SY40-315 型跌落试验机由跌落试验台台体和电器控制箱组成，主要技术参数如下。

① 试件最大质量：100kg。

② 试件最大尺寸：1000mm×800mm×1000mm。

③ 跌落高度：300～1500mm。

④ 跌落方式：面、棱、角跌落，如图 6-5。

(3) 测试方法

每组试样数量一般不少于 3 件。试验之前，应按 GB/T 4857.1 对试样各部位进行编号，并按 GB/T 4857.2 选定一种条件对试样进行温湿度调节处理。按照国家标准 GB/T 4857.5 进行试验。具体测试步骤如下。

① 提起试样，使试样满足预定跌落状态。对于平行六面体包装件，面跌落时应使试样的跌落面与冲击面平行，其夹角最大不超过 2°。在棱跌落时，使试样的重力线通过被跌落

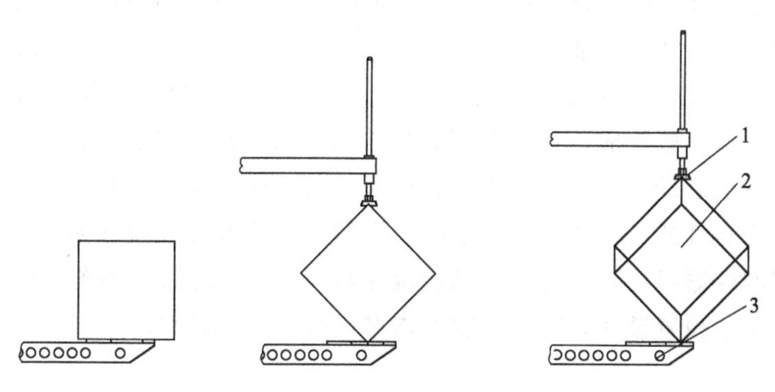

图 6-5 面、棱、角跌落

1—角、棱跌落架；2—包装件；3—托盘

的棱，构成该棱的两个平面中的一个平面与冲击面夹角的误差不大于±5°或此夹角的10%（以较大值为准），使跌落的棱与基面平行，其夹角最大不超过2°。在角跌落时，使试样的重力线通过被跌落的角，构成此角的至少两个平面与冲击面之间夹角的误差应不大于±5°或此夹角的10%（以较大值为准）。

对于圆柱体包装件，跌落姿态包括顶面与底面的跌落，与圆柱体轴线平行的12、34等线的跌落，以及边缘上1、2、3、4等点的跌落。上述三种预定跌落状态，都要使试样的重力线通过被跌落的面、线、点。

对于包装袋或包形状试样，跌落姿态包括1、3面的跌落，5、6端面的跌落，以及2、4侧面的跌落。上述三种预定跌落状态，都要使试样的重力线分别通过被跌落的面、端面、侧面。

② 提升试样至所需的跌落高度位置，提升高度与预定高度之差不得超过±2%。

③ 释放试样，使其自由跌落。

④ 试验后按产品有关标准的规定，检查包装及内装物的破损情况。必要时应对内装物进行功能试验，检查内装物是否损坏。若发生影响到产品使用的损坏，如产品漏出、包装箱散架及内装物有外观及功能上的损坏，都应判定包装件不合格。若包装上仅发生一些不影响产品使用性能的损伤，如掉漆、表面轻微擦伤、元件松动以及产品标准允许的其他破损，则可判定该包装件合格。

在某些特定运输包装件的跌落冲击试验中，可以在内装物上安装加速度传感器，检测内装物所产生的最大冲击加速度，以判定该包装件是否合格。

在检测包装后弹药安全性的跌落冲击试验时，必须在专门的试验设施内进行。当外包装出现“致命损坏”（如弹药爆炸），或内包装出现“严重损坏”（如内包装功能性损坏）以上的损坏，或者当外包装出现“严重损坏”的数量超过试样数量的1/3时，判定该包装件为不合格。

6.2.1.2 水平冲击试验

水平冲击试验模拟运输工具紧急制动、车辆连挂以及其他类似的冲击情况，适用于评定运输包装件所能承受的水平冲击力以及包装对内装物的保护能力。根据试验设备的不同，水平冲击试验分为斜面冲击试验、吊摆冲击试验、可控水平冲击试验三种形式。

(1) 斜面冲击试验

斜面冲击试验适用于评定运输包装件所能承受的水平冲击力，以及包装对内装物的保护能力。试验原理是：使试样按预定状态，以一定的速度与一个同速度方向垂直的挡板相撞，也可在试样的冲击面、棱之间插入合适的障碍物以模拟在特殊情况下的冲击。

① 斜面冲击试验机　它主要由轨道、挡板、台车机构和释放机构等组成，如图 6-6 所示。轨道由两根平行钢轨组成，与水平面夹角 10°±1°，安装在试验机机体上。挡板与轨道垂直，安装在轨道最底端。释放机构由滚轮台板、电磁铁组成，位于台车后端，使用限位开关控制，完成台车与释放机构的挂钩、上行、下行、停止及在轨道预定位置上释放等动作。在挡板下方设置有锁紧机构，当台车上的包装件与挡板碰撞之后，锁车机构在台车机构的作用下，将台车在预定位置锁住，防止二次冲击对试验结果的影响。

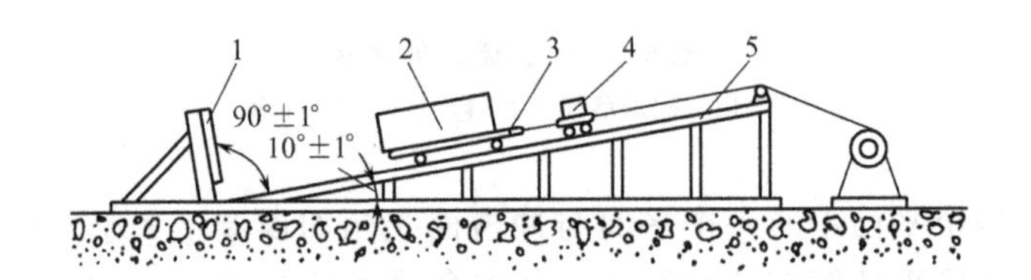

图 6-6　斜面冲击试验机

1—挡板；2—试样；3—台车机构；4—释放机构；5—轨道

② 试验参数　冲击时的瞬时速度随台车在轨道上的初始高度不同（或台车的滑行距离不同）而不同。台车的冲击速度、滑行距离，以及在轨道上的初始高度之间的关系为：

$$l=\frac{v^2}{2g\sin10^\circ} \tag{6-1}$$

式中　l——台车的滑行距离，$l=\frac{h}{\sin10^\circ}$，m；

v——冲击时的瞬时速度，m/s；

h——台车在轨道上的初始高度，m；

g——重力加速度，一般取 9.80m/s^2。

冲击速度在 1.5m/s、1.8m/s、2.2m/s、2.7m/s、3.3m/s、4.0m/s 范围内选择。一般公路运输基本值是 1.5m/s，变化范围是 1.5～2.7m/s。铁路运输基本值是 1.8m/s，变化范围是 1.8～4.0m/s。变化范围的选择由包装件的运输条件、质量、产品特点等决定。

根据产品特点与运输条件，确定所需试验的冲击面（或棱），每一个冲击面（或棱）的试验次数是 1～4 次，一般取 2 次。试验顺序一般按表 6-4 所规定的顺序。

表 6-4　水平冲击试验顺序

试验顺序	试样放置面	冲击面（或棱）	试验顺序	试样放置面	冲击面（或棱）
1	3	4	5	3	4-6
2	3	6	6	3	6-2
3	3	2	7	3	2-5
4	3	5	8	3	5-4

表 6-5 是西北机器有限公司、苏州东菱振动试验仪器有限公司、苏州试验仪器总厂制造的斜面冲击试验机的主要技术参数。

表 6-5 斜面冲击试验机的主要技术参数

技术参数	Y52200/ZF 型	SY15-200 型	SMJ-200 型
最大载荷/kg	200	200	200
冲击面板尺寸/mm	1300×1300	1600×2000	1220×1220
台车面板尺寸/mm	1100×1100	1000×1000	910×760
最大滑行长度/mm		2000	2950
最大冲击末速度/(m/s)	3.8	4.5	3.1
冲击速度误差/%	≤±5	≤±5	≤±5

③ 测试方法　每组试样数量一般不少于 3 件。试验之前，应按 GB/T 4857.1 对试样各部位进行编号，并按 GB/T 4857.2 选定一种条件对试样进行温湿度调节处理。

按照国家标准 GB/T 4857.11 进行试验。具体测试步骤如下。

a. 把试样放置在台车上，试样的冲击面（或棱）与台车前沿平齐或伸出台车前沿，距离不得大于 50mm。面冲击时，冲击面与挡板冲击面之间的夹角应不大于 2°。棱冲击时，冲击棱与挡板冲击面之间的夹角应不大于 2°。如果试样是平行六面体，则形成棱的两个面中的一个面与挡板冲击面的夹角误差应不大于±5°，或在预定角的±10%以内（两者取较大值）。

b. 根据预定冲击速度，把台车放置在轨道的相应位置，然后释放台车，使试样与挡板发生冲击。冲击速度的误差应不大于预定水平冲击速度的±5%。

c. 试验结束后，按产品有关标准的规定，检查包装及内装物的破损情况，并分析试验结果。

(2) 吊摆冲击试验

吊摆冲击试验与斜面冲击试验原理基本相同，冲击速度、试验次数和试验顺序等试验参数的选取与斜面冲击试验相同。但是，吊摆冲击试验所用的试验设备是吊摆冲击试验机，如图 6-7 所示，它主要由悬吊装置、台板和挡板等组成。

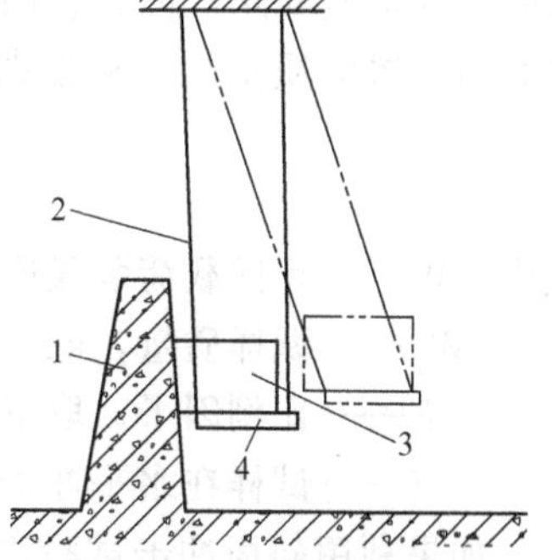

图 6-7 吊摆冲击试验机
1—挡板；2—悬吊装置；
3—试样；4—台板

试样的冲击速度与台板提升高度之间的关系为：

$$h=\frac{v^2}{2g} \tag{6-2}$$

式中 h——台板提升高度，m；

v——试样的冲击速度，m/s。

试验之前，应按 GB/T 4857.1 对试样各部位进行编号，并按 GB/T 4857.2 选定一种条件对试样进行温湿度调节处理。按照国家标准 GB/T 4857.11 进行试验。具体测试方式是，首先将试样放置在台板上，保证在台板处于自由悬吊、静止状态时，试样的冲击面（或棱）恰好接触挡板的冲击面。再按照预定的冲击速度，把台板提升到一定位置，然后释放台板，使试样水平撞击挡板。冲击速度的误差应不大于预定水平冲击速度的±5%。试验结束后，按产品有关标准的规定，检查包装及内装物的破损情况，并分析试验结果。

(3) 可控水平冲击试验

可控水平冲击试验适用于评定运输包装件在模拟车辆刹车、火车连挂作业等条件时，所

能承受的对水平冲击力以及包装对内装物的保护能力。试样按预定的状态，以一定的速度进行冲击，通过脉冲程序控制器控制所需要的冲击脉冲。

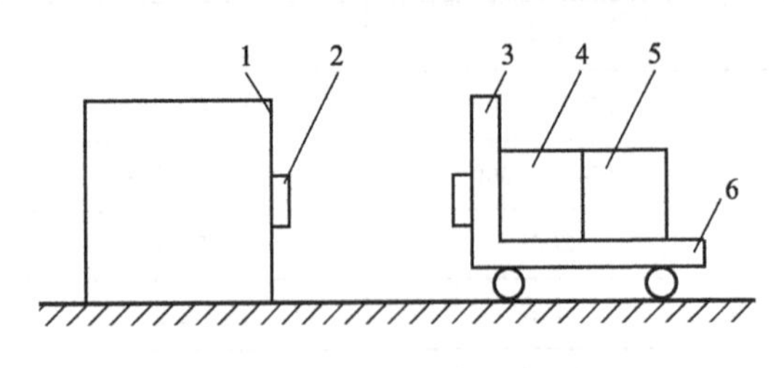

图 6-8　可控水平冲击试验机原理

1—冲击面；2—脉冲程序装置；3—隔板；4—试样；5—止回载荷装置；6—台车

① 可控水平冲击试验机　可控水平冲击试验所用试验设备是可控水平冲击试验机，也可利用安装有脉冲程序的改装后的斜面冲击试验机或吊摆冲击试验机。图 6-8 是可控水平冲击试验机原理，它由冲击面、台车、导轨、轴承、制动系统、程序控制器和控制柜等组成。台车由安装在其两侧的滚珠轴承来支撑，导轨用螺栓连到导轨支座上，台车与导轨之间是滚珠轴承。台车的前边缘设有挡板。挡板和台面都铺有一层胶合板面，以模拟实际的火车运输条件。挡板的冲击面上安装程序控制器，它与安装在减震基上的另一个程序控制器相碰撞而产生所要求的冲击脉冲。减震基由一个焊接的支撑框架、钢块和一个能量吸收汽缸组成，能量吸收汽缸安装在钢块和支撑框架之间，位于冲击平面内。另一个程序控制器安装在钢块的前表面。加速和定位系统由一个长冲程的汽缸来实现，汽缸自身用螺栓安装在专用的混凝土基础上。制动系统由制动闸组成，其作用有两个，一是作为释放装置启动台车；另一个作用是在台车回弹后将其制动以防止多次冲击。程序控制器可以产生所需的冲击波形，如梯形波和半正弦波。水平冲击试验机的所有操作都是在控制柜上进行的，通过控制柜可以控制台车的各种状态、冲击速度，记录冲击脉冲的波形。止回载荷装置是与试样相同或相似的模拟装置，冲击时，止回载荷装置对试样提供挤压力，以模拟在运输车辆中包装件后部所受到的载荷情况。

止回载荷装置的质量是由运输工具的性能和运输环境决定。如果利用斜面冲击试验机做试验，为适应非水平面，止回载荷装置的质量可适当减少。在无特殊要求的条件下，计算止回载荷装置的质量的经验公式为：

$$W=\frac{W_p F}{l} \tag{6-3}$$

式中　W——止回载荷装置质量，kg；

W_p——试样质量，kg；

F——比例因子，取 $F=0.89$，m；

l——试样在水平冲击方向的长度，m。

如果利用斜面冲击试验机做试验，为适应非水平面，止回载荷装置的质量可适当减少。

② 试验参数　试验参数包括冲击速度、冲击次数、冲击波形和冲击加速度。若无特殊规定，试样数量、试验顺序、试验次数和冲击速度等试验参数的选取，与水平冲击试验相同。

另外，还有一种选择试验参数的方法。冲击速度变化在 0.5～5.0m/s 范围内选择，变化范围的选择由包装件的运输条件、质量、产品特点等决定。公路运输时，冲击速度基本值为 1.5m/s，变化范围是 1.5～2.7m/s；冲击加速度一般在 0.1～15g（g 是重力加速度）范围内变化，脉冲持续时间在 40～800ms 范围内变化，有时可达 1s。铁路运输时，冲击速度基本值为 1.8m/s，变化范围是 1.8～4.0m/s；冲击加速度一般在 0.1～6.0g 范围内变化，最大可达 18g，脉冲持续时间从几毫秒到 300ms。当托盘包装用叉车装卸时，托盘包装将受

到水平冲击力的作用，最大水平冲击强度是 10g、50ms 和 40g、10ms 的脉冲。

冲击波形一般取半正弦波或梯形波，但在实际冲击中由于诸多因素的影响，半正弦波常伴有高次谐波和噪声。冲击次数一般取 2～15 次。表 6-6 是西北机器有限公司、苏州东菱振动试验仪器有限公司、苏州试验仪器总厂制造的水平冲击试验机的主要技术参数。

表 6-6 水平冲击试验机的主要技术参数

技术参数	Y52100-2/ZF 型	SY12-200 型	SP-40 型
最大载荷/kg	100	200	40
峰值加速度/(m/s^2)	150～1500	①半正弦波 150～3000 ②梯形波 300～500	正弦波 250～1500
脉冲宽度/ms	半正弦波 3～50	①半正弦波 2～40 ②梯形波 6～12	正弦波 1.5～6
台面尺寸/mm	500×500	900×650	460×340

③ 测试方法　每组试样数量一般不少于 3 件。试验之前，应按 GB/T 4857.1 对试样各部位进行编号，并按 GB/T 4857.2 选定一种条件对试样进行温湿度调节处理。根据产品特点与运输条件，确定冲击面（或棱），每一个冲击面（或棱）的试验次数是 1～4 次，一般取 2 次。试验顺序一般参照表 6-4 所规定的顺序。

按照国家标准 GB/T 4857.15 进行试验。具体测试步骤如下。

a. 将试样放置在台车（水平冲击试验机、斜面冲击试验机）或台板（吊摆冲击试验机）的轴向中心位置上，接受冲击的面（或棱）稳定地靠着隔板。止回载荷装置放置在试样后部，紧靠试样。如果试样是托盘包装时，不必附加止回载荷装置。

b. 根据要求的冲击加速度、冲击波形和冲击持续时间选择合适的脉冲程序控制器，按规定的冲击速度进行冲击。冲击速度误差应不大于预定水平冲击速度的±5%。

c. 试验结束后，按产品有关标准的规定，检查包装及内装物的破损情况，并分析试验结果。

6.2.2 振动试验

振动试验模拟运输包装件在流通过程中可能遇到的振动情况，检验包装是否起到隔振作用，评定包装对内装物的保护能力。振动试验分为正弦振动试验和随机振动试验两大类。按振动方向分为垂直振动、水平振动两种形式。正弦振动试验分为定频振动试验和变频振动试验两种。

6.2.2.1 振动测试系统

振动测试系统主要由振动台、控制器、传感器、电荷放大器以及显示记录装置等组成。按振动原理，振动台分为机械式、电动式、电液式三种类型。按振动方向，振动台分为垂直振动台、水平振动台，而且有些振动台既做垂直振动，还做水平振动。按包装件重量，振动台分为大振动台、中振动台和小振动台。图 6-9 是偏心式机械振动台，图 6-10 是电动式振动台，图 6-11 是电液式振动台。

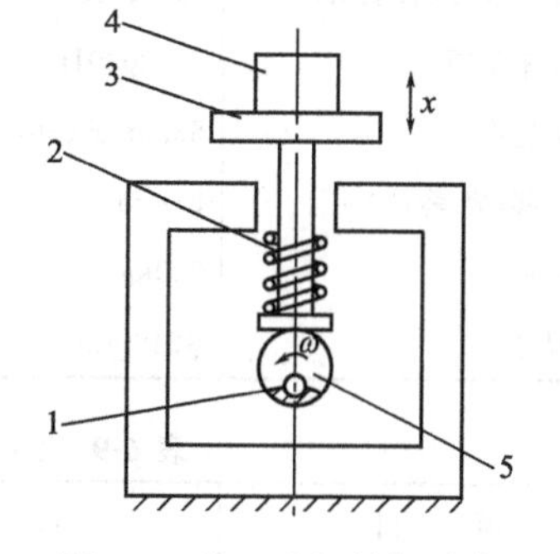

图 6-9 偏心式机械振动台
1—中心轴；2—弹簧；3—台面；4—试样；5—偏心轮

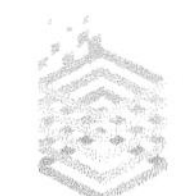

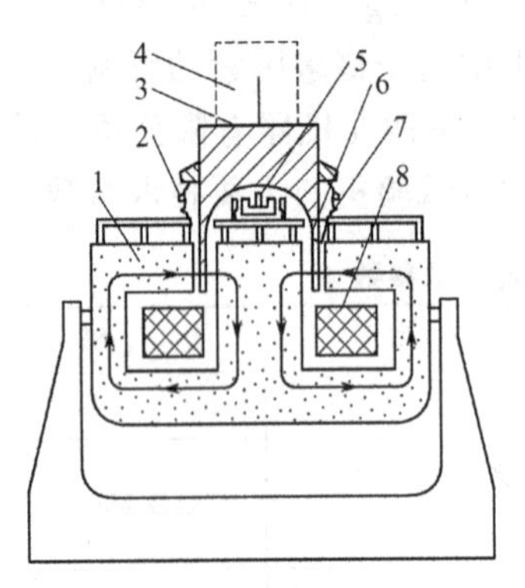

图 6-10 电动式振动台

1—磁屏蔽；2—弹簧；3—台面；4—试样；5—拾振器；6—驱动线圈；7—环形气隙；8—励磁线圈

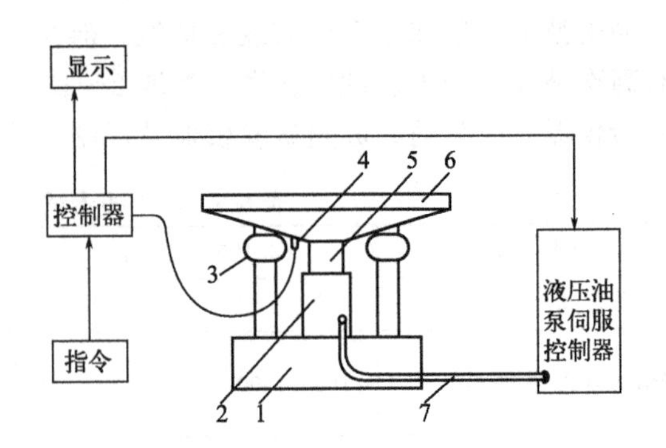

图 6-11 电液式振动台

1—底座；2—油缸；3—气囊；4—传感器；5—活塞；6—台面；7—油路

表 6-7 是苏州试验仪器总厂生产的 CE-3103 型电动式振动台的主要技术参数，而表6-8 是 DY-1000-8/S-0808 型三轴向低频运输试验电动式振动台的主要技术参数，它们能够真实地模拟运输环境，操作容易，低频可延伸到 2Hz，振动幅度大，承重载荷较大。表 6-9 是美国 Lansmont 公司生产的 1800-5 型电液式振动台的主要技术参数，表 6-10 是西北机器有限公司生产的 Y56500/ZF 型电液式振动台的主要技术参数。

表 6-7 CE-3103 型电动式振动台技术参数

项目	指标	项目	指标
额定正弦推力	2940N(或 300kgf)	最大位移(峰-峰值)	40mm
额定随机推力(有效值)	1470N(或 150kgf)	最大载荷	130kg
额定频率范围	2～2000Hz	运动部件有效质量	8kg
最大加速度	$362m/s^2$(或 37g)		

表 6-8 DY-1000-8/S-0808 型电动式振动台技术参数

项目	指标	项目	指标
额定正弦推力	9800N(或 1000kgf)	运动部件有效质量	15kg
额定随机推力(有效值)	6860N(或 700kgf)	水平滑台尺寸	800mm×800mm×45mm
额定频率范围	2～2000Hz	水平滑台最大位移(峰-峰值)	40mm
最大加速度	$653m/s^2$(66g)	水平滑台最大承载	300kg
最大位移(峰-峰值)	51mm	水平滑台上限工作频率	正弦,1500Hz;随机,2000Hz
最大载荷	300kg	水平滑台质量	45kg
台面尺寸	ϕ240mm		

表 6-9 Lansmont 1800-5 型电液式振动台技术参数

项目	指标	项目	指标
试验台尺寸	152cm×152cm	加速度范围	1～10g,精度±0.1g
振动台质量	431kg	最大载荷	在 1g 以内可达 11.36kg 在 10g 以内可达 4.54kg
额定频率范围	0.5～500Hz,精度±0.25Hz		

表 6-10 Y56500/ZF 型电液式振动台技术参数

项 目	指 标	项 目	指 标
额定推力	5000N	最大位移	25mm
额定频率范围	0～200Hz	最大载荷	250kg
最大加速度	50g	台面尺寸	800mm×800mm

6.2.2.2 定频试验

正弦定频振动试验适用于评定包装件在正弦定频振动情况下的强度以及包装对内装物的保护能力。

(1) 试验原理

正弦定频振动试验原理是，将试样置于振动台的台面上，使其按规定的振动加速度和频率经受预定时间的振动。振动状态的物理方程是：

$$a=A\omega^2 \tag{6-4}$$

式中 a——振动加速度，cm/s^2；

A——振幅，cm；

ω——振动角速度，$\omega=2\pi f$；

f——振动频率，Hz。

在包装动力学中，以重力加速度（一般取 $980cm/s^2$）的倍数表示加速度，故振动加速度

$$G=\frac{a}{g}=\frac{A(2\pi f)^2}{980}=0.04Af^2 \tag{6-5}$$

显然，由振动加速度、振幅、振动频率中任何两个已知量就可求得第三个未知量。

(2) 试验参数

公路运输的振动条件最恶劣。对于汽车运输，国内外的测试数据均表明，当频率在 3～5Hz 时存在着一个峰值，在 8～10Hz 也有一个较小的峰值。为了近似模拟实际运输情况（主要是汽车运输），正弦振动（定频）试验的振动频率范围是 3～4Hz，振动加速度是 $(0.75\pm0.25)g$。振动持续时间的基本值是 20min，根据运输条件与路程的不同，可以在 10～60min 范围内变化，具体参考表 6-11。在军品包装振动试验中，考虑到军品的运输路程都较长，一般取振动持续时间为 60min。

表 6-11 振动持续时间

振动时间/min	运输方式	路 程/km	
		正常运输条件	恶劣运输条件
10	公路	运输时间小于 1h	正常运输条件时间值的 2 倍
	铁路	运输时间小于 3h	
40	公路	1000～1500km 以内	
	铁路	3000～4500km 以内	
60	公路	超过 1500km	
	铁路	超过 4500km	

(3) 测试方法

每组试样数量一般不少于 3 件。试验之前，应按 GB/T 4857.1 对试样各部位进行编号，

并按 GB/T 4857.2 选定一种条件对试样进行温湿度调节处理。

按照国家标准 GB/T 4857.7 进行试验。具体测试方法是，根据包装件在运输过程中的受振方向，将试样按正常运输状态放置于振动台的台面上，进行振动试验。垂直振动试验时，将试样按正常运输状态放置于振动台面上，一般不做固定，试样的重心或底面中心与振动台面中心的水平距离应在 10mm 以内。由于振动时试样会跳离台面而产生移动，可采用围框将试样围住，必要时可在试样上施加一定载荷，模拟包装件在堆码底部时经受正弦振动环境的情况。水平振动时，一般应将试样固定在振动台的台面上，并对试样前后、左右两个水平方向都进行试验。试验过程中，应注意人身和设备安全。试验结束后，按产品有关标准的规定，检查包装及内装物的破损情况，并分析试验结果。

6.2.2.3 变频试验

正弦变频振动试验适用于评定包装件在变频振动或共振情况下的强度，以及包装对内装物的保护能力。

(1) 试验原理

正弦变频振动试验原理是，将试样置于振动台的台面上，在预定的时间内按规定的加速度以及扫描速率，在 3～100Hz 之间来回扫描，随后可在 3～100Hz 之间的主共振频率左右偏离 10%的范围内经受预定时间的振动。

包装件的共振频率或固有频率，是用振动试验机测定包装件在扫描过程中产生最大加速度时的振动频率来确定的。如果使用测定振动传递率的振动试验机进行试验，可通过测定包装件的振动传递率（或振动放大系数）曲线来确定，即振动传递率最大处所对应的频率就是包装件的共振频率。振动传递率（T_r）通常是指传递到内装物上的加速度（G_m）与振动台的振动加速度（G_0）之比，即：

$$T_r=\frac{G_m}{G_0}=\sqrt{\frac{1+(2\xi\lambda)^2}{(1-\lambda^2)^2+(2\xi\lambda)^2}} \tag{6-6}$$

式中 T_r——振动传递率；

ξ——包装件的阻尼比；

λ——频率比，且 $\lambda=\frac{f_0}{f_n}$；

f_0——振动台的振动频率，Hz；

f_n——包装件的共振频率或固有频率，Hz。

当 $f_0=f_n$时，$\lambda=1$，即振动台的振动频率与包装件的固有频率相等时，包装件产生共振，振动放大系数达到最大值。包装件的共振频率往往不止一个，振动传递率最大值处为主共振点，其次的峰值处为第二共振点，依次类推。

(2) 测试方法

每组试样数量一般不少于 3 件。试验之前，应按 GB/T 4857.1 对试样各部位进行编号，并按 GB/T 4857.2 选定一种条件对试样进行温湿度调节处理。

按照国家标准 GB/T 4857.10 进行试验。具体测试步骤如下。

① 按预定的状态将试样置于振动台的台面上，试样的重心或底面中心与振动台台面中心的水平距离应在 10mm 以内。试样可以固定在振动台上，也可以用围框围住。必要时可

在试样上施加一定载荷。

② 使振动台在规定时间内做垂直振动。振动台的激励加速度可在 (0.25±0.1)g、(0.5±0.1)g、(0.75±0.1)g 三种条件中选择一种。扫描速率是每分钟 1/2 个倍频程，在 3～100Hz 之间来回扫描二次，进行扫频试验。若需要，在主共振频率左右偏离 10%的范围内进行振动试验，振动持续时间是 15min。由于包装件的共振频率往往不止一个，根据需要也可在第二、第三共振频率左右偏离 10%的范围内进行振动试验。试验过程中，应注意人身和设备安全。

③ 试验结束后，按产品有关标准的规定，检查包装及内装物的破损情况，并分析试验结果。

对于军品包装振动试验，其试验参数、振动方向与民品包装明显不同。GJB 4403 中规定，从 5.5Hz 到 200Hz，再从 200Hz 到 5.5Hz 为一个扫描循环。每次循环持续 12min，共振动 6.5 次循环，振动时间共计 78min，振动加速度是 1.5g。再以 2.5g 的振动加速度，从 5.5Hz 到 200Hz 扫描半个循环。试样的上下、左右、前后三个方向都应按照上述规定分别振动一次，总振动时间为 252min。

对于运输物流包装环境复杂的情况，可采用综合试验系统进行包装件的振动试验。振动-温度-湿度三综合环境试验系统将温度、湿度气候应力试验与振动应力试验集成一体，试验过程中将温度（高温或低温、温度变化）应力、湿度应力、振动应力按规定的组合方式和周期性空间，同时或分别施加在包装材料、包装结构或包装件上。另外，振动-温度-湿度-低气压四综合环境试验系统将温度、湿度气候应力试验，振动应力试验，高海拔低气压应力试验集成一体。与单一应力作用相比，这两类综合环境试验系统具有环境模拟更真实、试验效率更高等优点，适用于电工电子产品对环境适应性、包装动力可靠性的考核与评定。

6.2.2.4 随机振动试验

包装件在流通过程中的运输振动环境很复杂，它与运输工具（车、船、飞机）、运输环境（路面、波浪、气流）、包装件（材质、固有频率）以及装载情况有关，这些因素大多是随机的，故实际的运输振动环境的能量分布在较宽的频率范围内，具有随机性。这也决定了包装件的振动属于随机振动。因此，在评价包装件在振动条件下的力学性能时，最好的振动试验方法是对包装件进行随机振动试验。

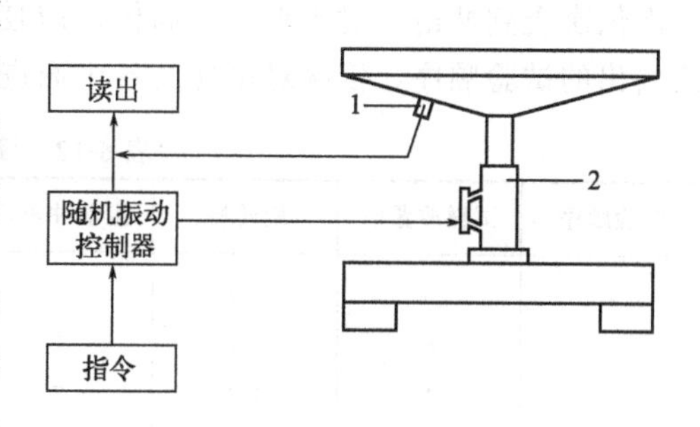

图 6-12 随机振动试验原理

1—加速度传感器；2—随机振动试验机

图 6-12 是随机振动试验原理，它主要包括特定的电液式振动试验机、随机振动控制器，试验时试样应固定在随机振动试验机台面上。另外，对于三级（或三级以上）公路汽车运输振动情况，也可选择模拟汽车运输试验台。

GJB 150.16A 中规定了公路运输环境垂直轴、横向轴、纵向轴的随机振动的功率谱密度谱线，如图 6-13～图 6-15 所示。试验时，将这三条随机振动的功率谱密度曲线分别输入随机振动控制器后，振动台就可以在随机振动控制器的控制下按标准规定进行随机振动。一般的军品包装都可按此谱线进行随机振动试验。试验时间是根据预期的总路程来确定的，试验持续时间 60min 代表实际运输距离 1600km。

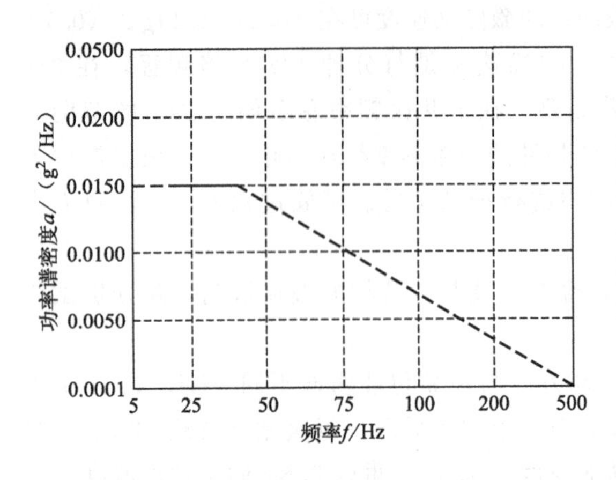

图 6-13　公路运输环境垂直轴的振动谱线

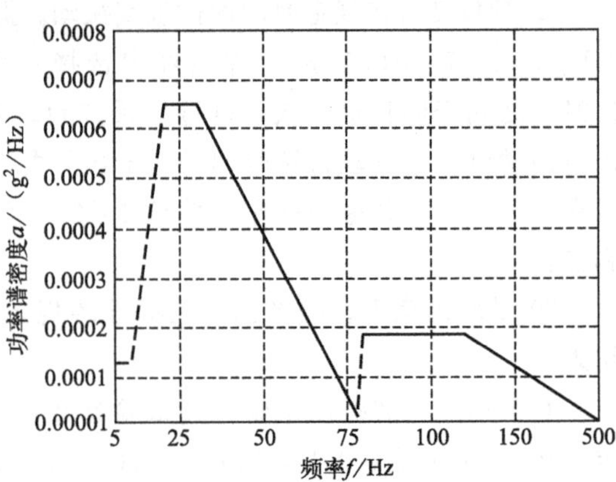

图 6-14　公路运输环境横向轴的振动谱线

6.2.3　滚动试验

滚动试验是一种特殊形式的冲击试验，它既不是垂直冲击试验，也不是水平冲击试验。根据运输包装件的大小和试验方法的不同，滚动试验分为倾翻试验、滚动试验和六角滚筒试验三种。

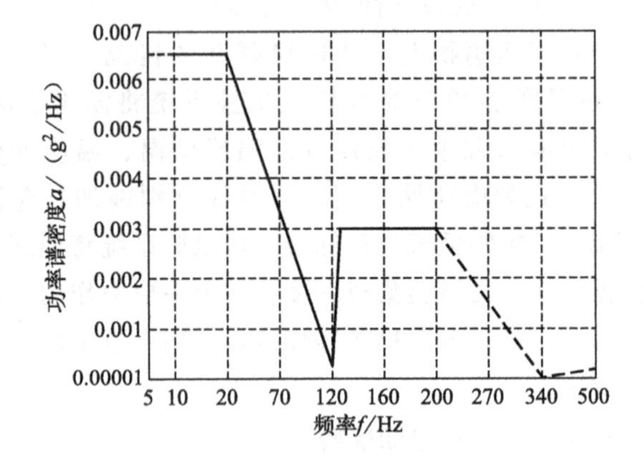

图 6-15　公路运输环境纵向轴的振动谱线

6.2.3.1　滚动试验

滚动试验适用于评定包装件在受到滚动冲击时的耐冲击强度，以及包装对内装物的保护能力。试验原理是：将试样放在水平的冲击面上，滚动试样，使试样的每一面依次受到冲击。对于平行六面体，应使试样的 3 号面与冲击面相接触，然后按表 6-12 所给出的试验顺序，依次对试样的各个面进行冲击。

表 6-12　滚动冲击试验顺序

试验顺序	试样放置面	旋转棱	滚动冲击面	试验顺序	试样放置面	旋转棱	滚动冲击面
1	3	3-4	4	5	3	3-6	6
2	4	4-1	1	6	6	6-1	1
3	1	1-2	2	7	1	1-5	5
4	2	2-3	3	8	5	5-3	3

试验之前，应按 GB/T 4857.1 对试样各部位进行编号，并按 GB/T 4857.2 选定一种条件对试样进行温湿度调节处理。

按照国家标准 GB/T 4857.6 进行试验。具体测试方法是，用人工方式或机械方式轻轻地推动试样上表面的一边，使试样绕规定的棱或边转动。当试样的重心线恰好超过该棱或边时，停止对试样施加外力，让试样依靠本身重力下落，使规定的面受到冲击。若

试样的一个表面较窄，则有时会出现连续两次以上的冲击情况，可视为分别进行的两次滚动试验。

6.2.3.2 倾翻试验

倾翻试验是滚动试验的特殊情况，适用于底面尺寸比其高度小得多的运输包装件，一般情况下要求包装件的最长边与最短边之比不小于3。这种包装件在实际储存、运输过程中可能会发生倾倒现象，不会产生翻滚，试样的1、3面不会受到冲击。因此，这类包装件的旋转棱、被冲击面与滚动试验不同，但倾翻试验方法和要求与滚动试验相同。

倾翻试验适用于评定包装件承受倾翻冲击的能力以及包装对内装物的保护能力。倾翻试验顺序如表6-13和表6-14所示，表6-13适用于高状（指高度相对底面长、宽尺寸均较大）运输包装件，而表6-14适用于扁平状运输包装件。

表6-13 高状包装件倾翻顺序

试验顺序	试样放置面	旋转棱	倾翻冲击面	试验顺序	试样放置面	旋转棱	倾翻冲击面
1	3	3-6	6	5	1	1-6	6①
2	3	3-5	5	6	1	1-5	5①
3	3	3-2	2	7	1	1-2	2①
4	3	3-4	4	8	1	1-4	4①

① 倾翻顺序适用于底面不确定的包装件。

表6-14 扁平状包装件倾翻顺序

试验顺序	试样放置面	旋转棱	倾翻冲击面	试验顺序	试样放置面	旋转棱	倾翻冲击面
1	1	1-5	5	5	1	1-6	6
2	2	2-5	5	6	2	2-6	6
3	3	3-5	5	7	3	3-6	6
4	4	4-5	5	8	4	4-6	6

试验之前，应按GB/T 4857.1对试样各部位进行编号，并按GB/T 4857.2选定一种条件对试样进行温湿度调节处理。

按照国家标准GB/T 4857.14进行试验。具体测试方法是，首先将试样按预定状态放置在冲击面上，而高状试样应以正常状态放置，对其侧面进行倾翻。对扁平状试样或底面不确定的试样，应把较小的面作为底面，对其较大的面进行倾翻。然后在高于试样重心的适当位置上施加水平力，倾斜试样直至重力线通过底棱，使其自然地失去平衡，倾翻到冲击面上，使预定面受到冲击。每倾翻一个面，检查、记录一次外包装的破损情况，完成全部试验后，开箱检查内装物的破损情况。

6.2.3.3 六角滚筒试验

在流通过程中，野蛮装卸或不慎操作等可能导致运输包装件翻滚、倾倒、碰撞等各种异常状态，且具有随机性和复杂性。一般采用六角滚筒试验模拟这种复杂的流通过程。六角滚筒试验适用于评定运输包装件在流通过程中对受到的反复冲击碰撞的适应能力以及包装对内装物的保护能力。

(1) 试验原理

六角滚筒试验原理是六角滚筒以一定速度旋转，使得包装件在六角滚筒的内表面形成一系列的随机转落，依靠导板、挡板和凸锥，使得包装件以不同的面、棱或角跌落，形成对包

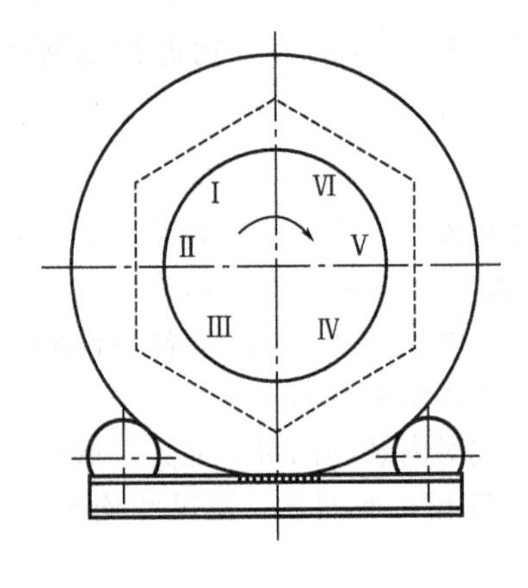

图 6-16　六角滚筒试验机

装件的不同冲击，包装件的转落顺序是不可预料的。

六角滚筒的筒体是一个空心圆柱体，如图 6-16 所示。在六面体的内表面设有不同高度和倾斜度的挡板，利用这些挡板、障碍物模拟凹凸不平的地面及尖棱、硬物等，导板的作用是限制包装件在筒体内转落的位置和方向，防止试样在试验中滚出。六角滚筒有 4260 型和 2130 型两种型号，它是以筒体内部正六面体的对角线长度来命名的。4260 型六角滚筒的旋转速度为（1±1/12）r/min，适用于最大尺寸小于 1200mm、质量小于 270kg 的运输包装件。2130 型六角滚筒的旋转速度为（2±1/6）r/min，适用于最大尺寸小于 500mm、质量小于 100kg 的运输包装件。六角滚筒顺时针匀速转一周，试样应有 6 次跌落（位置Ⅰ～Ⅵ）。当六角滚筒从初始位置通过一次障碍性的角跌落，产生较大的冲击之后，试样的运动状态就完全取决于试样的特征，如尺寸、结构、重心位置等。

试验之前，应按 GB/T 4857.1 对试样各部位进行编号，并按 GB/T 4857.2 选定一种条件对试样进行温湿度调节处理。按照国家标准 GB/T 4857.8 进行测试。根据六角滚筒试验的终止条件的不同，试验方式分为两种，一种是预定转落次数法；另一种是预定包装件的变形和破损试验法。

（2）预定转落次数法

如果无法根据包装件在流通过程中可能遇到的反复冲击、碰撞的情况来确定包装件在六角滚筒的转落次数时，一般情况下可以选取转落次数不小于 12 次。12 次以上的转落次数，对于质量在 35kg 以下的运输包装件，转落次数的计算公式为：

$$N=\frac{125-2.2m}{1.25L/l} \tag{6-7}$$

式中　N——转落次数；

m——包装件质量，kg；

L——包装件的最大边尺寸，mm；

l——包装件的最小边尺寸，mm。

（3）预定包装件的变形和破损试验法

根据包装容器和内装物的不同，按以下情况预定包装件的破损：

① 包装容器的结构散落；

② 包装容器的封口接缝处开裂；

③ 包装容器失去对内装物的某种保护能力；

④ 在不再进一步破坏包装容器的情况下，内装物的一部分从包装容器中溢出；

⑤ 其他各种损伤情况。

试验结束后，检查包装以及内装物的破损情况，分析试验结果，对该包装件的耐冲击强度和保护能力作出评价。

6.2.4　压力试验

压力试验适用于评定运输包装件在受到压力时的耐压强度，以及包装对内装物的保护能

力。该方法也适用于运输包装容器的压力试验，如纸箱压缩试验、瓦楞纸箱的压缩强度试验。压力试验原理是，将试样置于压力试验机两平行压板之间，然后均匀施加压力，直到试样产生破裂为止，或者直到载荷或压板位移达到规定值为止。根据被测包装件的位置不同，压力试验分为平面压力试验、对棱压力试验和对角压力试验三种。

6.2.4.1 压力试验机

(1) 结构及工作原理

压力试验机用来测定运输包装件以及其他非金属材料的抗压性能，它由 ALWEROW CT 30 压力机、CMU-2 控制机测量单元和 DLH 平面函数记录仪组成。压力机部分如图 6-17所示，它由机架和上、下两块压板等组成。试样放在两个压板之间，上压板稳定地安装在与传动机构连接的支架上，也可用 10°的万向联轴器连接，以保证压板与试样具有良好接触。压力试验机用直流伺服电动机驱动，可以无级调速，由蜗杆减速器驱动两根具有相同参数的梯形丝杠。上压板可以移动，由四根直立圆柱导向且具有良好的传动稳定性。电动机的驱动单元是由带有硅可控整流器控制的伺服放大器、变压器和干涉抑制滤波器组成。记录横梁运动位置的脉冲发送器由丝杠驱动。下压板支撑在四个承载元件上，其中一个在垂直方向可调。如果试样位于两个压板中央，则每个承载元件承担 1/4 的载荷。但是，压板上的载荷分布不可能是均匀的，因此承载元件是按 50%超载设计的。集中载荷应该避免，在任何一个承载元件上的力都不应超过仪器最大载荷的 35%。为了使仪器安全运行，在压板上、下运动极限位置的 5～10mm 处安装限位开关。

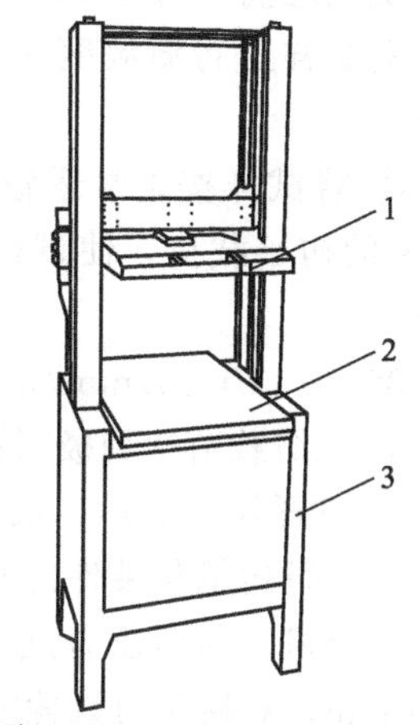

图 6-17 ALWEROW CT 30 压力试验机

1—上压板；2—下压板；3—机架

(2) 主要技术参数

① 额定压力：30kN。

② 横梁行程：1000mm。

③ 加载速度：1～50mm/min。

④ 返程速度：300mm/min。

⑤ 压板尺寸：1000mm×600mm。

(3) 校准程序

① 接通电源预热 15min。

② 将控制和测量单元上的力值显示选择器拨到“MEM OFF”位置，用其左边的“ZERO”旋钮仔细校零，然后把选择器拨到“CHECK”位置，显示器上显示的数值应与仪器规定的标定值一致，其偏差值应小于±1%。

③ 若偏差值大于±1%，可用在其后面板上载荷连接器顶面左边的微调电位器进行调节。

另外，济南兰光机电技术有限公司生产的 XYD-15K 纸箱抗压试验机也不仅适用于瓦楞纸箱、蜂窝板箱等包装件的耐压、形变、堆码试验，并可用于塑料桶（食用油、矿泉水）、纸桶、纸盒、纸罐、集装容器桶等包装容器的抗压试验。这种仪器的主要技术参数包括以下几点。

① 额定压力：15kN，45kN。

② 变形分辨率：0.1mm。

③ 加载速度：5mm/min，10mm/min，12.7mm/min。

④ 试验空间：1m（长）×1m（宽）×1.3m（高）。

6.2.4.2 测试方法

压力试验方法分为两种，一种是固定式压板压力试验法，另一种是浮动式压板压力试验法。国家标准 GB/T 4857.4 以及大部分标准试验方法，都采用固定式压板压力试验法。

(1) 固定式压板压力试验法

试验之前，应按 GB/T 4857.1 对试样各部位进行编号，并按 GB/T 4857.2 选定一种条件对试样进行温湿度调节处理。按照国家标准 GB/T 4857.4 进行试验。具体试验步骤如下。

① 将试样按正常运输时的状态置于压板中心部位，使上压板与试样接触。先施加 220N 的初始载荷，使试样与上、下压板接触良好。调整位移记录装置，以此作为记录的起点。

② 以 (10±3)mm/min 的速度均匀移动压板，载荷应加到下列两种情况之一。

a. 压缩载荷达到极限值，试样出现破裂。

b. 试样尺寸变形，或压缩载荷达到预定值。

在进行运输包装件的对角压力试验和对棱压力试验时，必须采用上压板不能自由倾斜的压力试验机。对角压力试验需备有带 120°圆锥孔的金属附件各一对，该附件孔的深度不超过 30mm。对棱压力试验需备有带直角沟槽的金属附件一对，沟槽深度与角度应不影响试样的耐压强度。试验时，将金属附件安装在上、下压板中心相对称的位置上，保证试样在试验过程中承受对棱压缩（参考第 2 章的图 2-64）和对角压缩（参考第 2 章的图 2-65）。试验过程中应采取措施，保证人身和设备的安全。

(2) 浮动式压板压力试验法

浮动式压板压力试验是在上压板可以上下自由浮动的压力试验机上进行的。具体测试方法是，将试样放在试验机底板上，然后移动可浮动的上压板对试样加压。这种压力试验方法可使上压板紧贴试样上表面，测出包装容器或包装件的耐压薄弱部位，找出设计中的缺陷。但是在浮动式压力试验机上，不能对包装件进行对棱压力试验和对角压力试验。

(3) 耐压强度

包装容器或包装件必须具有的耐压强度为：

$$P=k(n-1)W=k\left(\frac{H}{h}-1\right)W \tag{6-8}$$

式中 P——包装容器或包装件必须具有的耐压强度，N；

W——包装件重量，N；

k——安全系数；

n——包装件的最大堆码层数，且 $n=H/h$；

H——储存期间包装件的最大堆码高度，mm；

h——包装容器或包装件的高度，mm。

一般仓库堆码高度为 3～4m，汽车内堆高限为 2.5m，火车内堆高限为 3m，远洋货船舱内堆高限为 8m。安全系数按照产品包装的具体要求而确定。无具体规定时，对于木箱包装件，取 $k=3$；而对于瓦楞纸箱包装件，取 $k=2$。如果已知瓦楞纸箱包装件的储存期，则当储存期少于 30 天，取 $k=1.6$；储存期在 30～100 天之内时，取 $k=1.65$；而储存期大于

100 天时，取 $k=2$。

6.2.5 堆码试验

堆码试验实质上是一种用恒定的静载荷对包装件进行较长时间的压力试验，它适用于评定运输包装件在堆码时的耐压强度以及包装对内装物的保护能力。试验原理是将试样放在水平平面上，在试样上面施加恒定的静载荷。

国家标准 GB/T 4857.3 中要求，加载平板应坚硬，要足以承受载荷而不变形，且加载平板的尺寸比试样顶面各边至少大出 100mm。如果载荷轻，用硬质加固的木板；而载荷重时用钢板。重物与加载平板的总载荷与预定堆码载荷的误差应控制在±2%之内。还可以根据试验的特殊要求，在试样的上面、下面，或上、下两面施加合适的仿模，载荷的波动应不超过预定加压载荷的±4%。在加载时，应对试样不造成冲击。试样上的预定加压载荷可采用式(6-8) 计算，式中安全系数（k）、堆码高度（H）和试验持续时间应按照不同的包装件以及实际的流通环境而确定。在无具体规定时，安全系数可按表 6-15 规定选取，堆码高度和试验持续时间可按表 6-16 规定选取。试验过程中，应观察并记录包装件的破损情况，并分析试验结果。

表 6-15 安全系数与流通时间的关系

流通时间/天	<1	1～3	3～6	>6
安全系数	1.0	1.2	1.5	2.0

表 6-16 堆码高度及试验持续时间

储运方式	基本值		适用范围	
	堆码高度/m	持续时间	堆码高度/m	持续时间
公路	2.5	1 天	1.5～3.5	1～7 天
铁路	2.5	1 天	1.5～3.5	1～7 天
水运	3.5	1～7 天	3.5～7	1 天～4 周
储存	3.5	1～7 天	1.5～7	1 天～4 周

另外，也可以采用压力试验机进行包装件的堆码试验。采用压力试验机进行堆码试验的方法，主要是利用压力试验机所提供的压力来代替加载重物，可参考国家标准 GB/T 4857.4，并利用压力试验机上的形变记录仪，连续记录试样在堆码试验过程中的变形情况。

6.2.6 耐候试验

耐候试验适用于评定运输包装件对各种气候条件的适应能力以及包装对内装物的保护能力，它包括高低温试验、喷淋试验、浸水试验和低气压试验。

(1) 高低温试验

高低温试验适用于评定运输包装件在高温或低温的极端温度环境下的抵抗能力，以及包装对内装物的保护能力。试验原理是将试样放在能保持规定极端温度的试验室（箱）内，经历预定的时间，检查包装箱以及内装物是否保持完好。

极端温度值、试验持续时间一般应根据产品的具体要求而确定。如无具体规定时，民用

产品包装件的高温为55℃，低温为−35℃；军用产品包装件的高温为70℃，低温为−50℃。试验室（箱）内的温度变化应控制在±3℃范围内，试验持续时间为48h。试验时间应从试样放入试验室（箱）之后，试验室（箱）内的温度达到规定的极端温度时开始计时。试验结束后，检查包装箱以及内装物的外观，观察是否出现冻裂、胀裂，包装箱能否自由开启，密封包装是否由于极端温度环境而发生泄漏现象。

（2）喷淋试验

喷淋试验也称淋雨试验，适用于评定运输包装件对淋雨的抵抗能力，以及包装对内装物的保护能力。试验原理是将试样放置在喷淋试验环境中，在稳定温度条件下用水按预定的时间及速度进行喷淋，检查包装箱以及内装物是否保持完好。

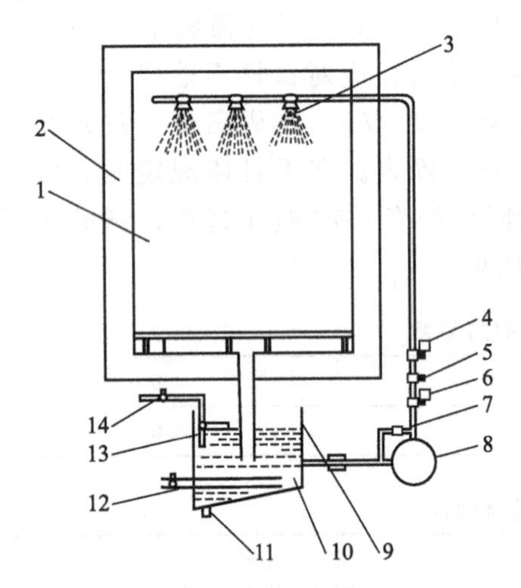

图 6-18　喷淋试验装置

1—试验室；2—外壁；3—喷水嘴；4，6—仪表；5—调节阀；7—辅助阀；8—泵；9—出水口；10—过滤装置；11—排水口；12—温度调节器；13—水量调节器；14—阀

喷淋试验所需要的试验环境条件是喷淋试验装置，应安装过滤器、水泵、安全阀、测量仪表、调节阀、喷水嘴、储水槽、通水管道，储水槽中应装有水量、水温调节装置，如图6-18所示。试验环境面积要比试样底部面积大50%，使试样处于喷淋面积之内。喷淋装置应满足（100±20）L/(m²·h）的喷水量，喷水要求充分、均匀，喷头能调节，使喷头与试样之间能保持2m的距离。用量器校准喷水速率，最大量不超过120L/(m²·h)，最小量不得低于80L/(m²·h)，必要时喷水口可设置在试验室的四角位置上，方向向上喷，使水滴不直接喷在试样上面。

按照国家标准GB/T 4857.9《包装 运输包装件基本试验 第9部分：喷淋试验方法》进行试验。在试验过程中，当整个系统喷出的水量达到稳定后，再放置试样。若没有特殊要求，喷水温度和试验环境的温度应在5～30℃之间。喷淋时间应根据包装件的防水性能以及流通环境来确定。试验结束后，检查试样的损坏情况和任何其他变化。

（3）浸水试验

浸水试验适用于评定运输包装件的耐水程度，以及包装对内装物的保护能力。试验原理是将试样完全浸于水中，保持预定的持续时间后取出，按预先确定的时间和温度沥干、干燥，检查包装箱以及内装物是否保持完好。

民用产品的浸水试验，应按照国家标准GB/T 4857.12进行。试验之前，应按GB/T 4857.1对试样各部位进行编号，并按GB/T 4857.2选定一种条件对试样进行温湿度调节处理。具体测试方法是，将试样沉入水中，试样顶部应沉入水面以下100mm。试验水温在5～40℃范围内选择，浸水过程中水温变化应控制在±2℃范围内。试样在水中的下放速度不大于5mm/s。试样在水面以下保持的时间可从5min、15min、30min或1h、2h、4h中选择。达到规定时间后，以5mm/s的速度将试样提出水面。随后将试样以工作位置放在铁栅上，各侧面都裸露，使试样沥干、干燥。裸露时间从4h、8h、16h、24h、48h、72h或1周、2周、3周、4周中选择一种。试验结束后，检查试样由浸水、沥水、干燥

引起的任何明显的损坏和任何其他变化。

军用产品运输包装件的浸水试验，应参照 GJB 150.14A 进行。试验的水温应控制在 8～28℃，水温变化应控制在±3℃范围内。试样在试验之前应在高于水温 27℃的环境下进行预处理。浸水的深度为试样顶面距水面 1m，或按有关标准或技术文件规定。浸水时间是（120±5）min。

对于密封包装件，在浸水试验中，温差及水压引起包装内外的压差，可能导致包装失去密封性而进水，一些不耐水的黏结剂、封口胶带及其他元件可能变质失效。试验结束后应检查包装件进水的情况，进水的部位和程度，进水后对内装物的危害情况，产品零部件浸水后变质失效情况，包装箱浸水后膨胀和开裂情况。

(4) 低气压试验

低气压可能导致包装失去密封性，产生漏气、漏液，甚至容器被压破。在高空条件下，低气压与低温的综合作用，可能导致某些包装材料理化特性的变化，使材料变脆，在某些机械力的作用下包装容器以及内装物容易发生破损。

低气压试验适用于评定在空运时，飞行高度不超过 3500m 的非增压舱飞机内和超过 3500m 的增压舱飞机内的运输包装件耐低气压影响的能力，以及包装对内装物的保护能力。试验原理是将试样放置于空气压力相当于 3500m 海拔高度大气压的低气压试验箱（室）内保持预定的时间，再使试验箱（室）恢复到常压，检查包装以及内装物的破损情况。如果需要，可以在试验期间将试验箱（室）的温度控制在相同高度时所具有的空气温度。气压保持时间在 2h、4h、8h、16h 内选择一种。对于不同的海拔高度，标准大气压力和海拔高度的关系如表 6-17 所示。对飞行高度超过 3500m 的非增压舱飞机内的运输包装件进行低气压试验时，可参考表 6-17 所给出的试验参数值。

表 6-17 低气压、温度与海拔高度之间的关系

海拔高度/m	气压/kPa	温度/℃	海拔高度/m	气压/kPa	温度/℃
2000	78.0	2.0	8000	36.0	−37
3000	66.0	−3.0	10000	26.5	−50
3500	65.0	−8.0	12000	19.0	−50
4000	62.8	−11.0	15000	12.0	−56
5000	52.0	−18	18000	7.5	−56
6000	47.0	−24	20000	5.5	−56

按照国家标准 GB/T 4857.13 进行试验。对于高海拔低气压的铁路运输或公路运输包装件，该试验方法也是适用的。具体测试方法是，将试样放置于低气压试验箱（室）内，以不超过 15kPa/min 的速率将气压降至（65.0±0.5）kPa，在预定时间内保持该气压，然后再以不超过 15kPa/min 的增压速率，充入符合试验箱（室）温度的干燥空气，使试验箱（室）内的气压恢复到初始状态。如果需要评定气压、温度两个试验参数同时作用对运输包装件的影响，则在试验时应将试验箱（室）内的温度保持在（−8±1）℃。试验结束后，检查包装以及内装物的变化情况，判断它们是否发生破损。

对于军用产品运输包装件的低气压试验，试验参数值要求较高，试验箱（室）内的空气压力应控制在飞行高度为4500m时所对应的大气压力（约相当于57kPa）。试验持续时间为1h，降压和增压的速率不大于10kPa/min。

6.3 大型运输包装件性能测试

大型运输包装件是一种特殊的运输包装件，是指质量在500～2000kg范围内，且至少有一条边长在120cm以上的运输包装件。大型运输包装件的性能测试包括跌落、堆码、起吊、喷淋、铁路运输等检测项目，应按照国家标准GB/T 5398《大型运输包装件试验方法》进行测试。大型运输包装件的喷淋试验方法与一般运输包装件的喷淋试验方法相同，具体参考6.2.6小节相关内容。

本节主要介绍大型运输包装件的跌落试验、堆码试验、起吊试验和铁路运输试验等测试内容。

6.3.1 跌落试验

大型运输包装件的跌落试验不能采用自由跌落冲击试验方法，而是采用支撑跌落试验方法，这是由于大型运输包装件在装卸过程中不可能产生自由跌落，与一般运输包装件的跌落情况明显不同。大型运输包装件的跌落试验也分为面跌落试验、棱跌落试验和角跌落试验。

（1）面跌落试验

大型运输包装件的面跌落试验原理如图6-19所示，将包装件放置于地面，提起一条底棱到预定的跌落高度，然后使其自由落下。试验时应将每条底棱置于地面，而使底面跌落，各不少于1次。提起包装件底棱的方法，可以利用起重机或其他提升装置提起，或是用能够保证预定跌落高度的支撑件支撑该底棱，然后用其他设备将支撑件迅速拉出。

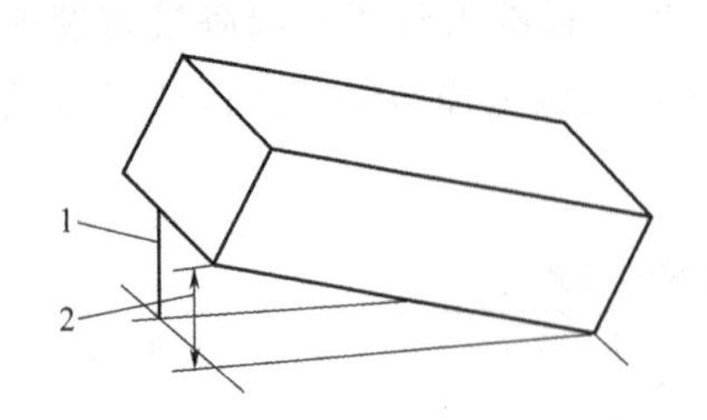

图6-19 大型运输包装件的面跌落试验原理
1—支撑件；2—跌落高度

（2）棱跌落试验

大型运输包装件的棱跌落试验原理如图6-20所示，将包装件放置于地面，然后用平垫块将包装件端面的一条底棱垫起，距离地面10～15cm。然后提起包装件底面相对一侧的底棱到预定的跌落高度，再使其自由落下。试验时，每条底棱的棱跌落不少于1次。提起包装件底棱的方法与面跌落试验相同，可以利用起重机或其他提升装置提起，或是用能够保证预定跌落高度的支撑件支撑该底棱，然后用其他设备将支撑件迅速拉出。

（3）角跌落试验

大型运输包装件的角跌落试验原理如图6-21所示，先用斜垫块和平垫块将包装件底面相邻的两个角垫起约10cm和25cm，然后将与垫起高度为25cm的角相对的底角提升到预定的跌落高度，再使其自由落下。角跌落试验时，每个底面的角跌落不少于2次。提起和释放跌落角的方法，可用起重机或其他提升装置提起，在包装件顶面上方的吊绳处安装能够迅速脱开的装置；或是用支撑件支撑起包装件的将被跌落的角，然后用其他设备将支撑装置迅速拉出。

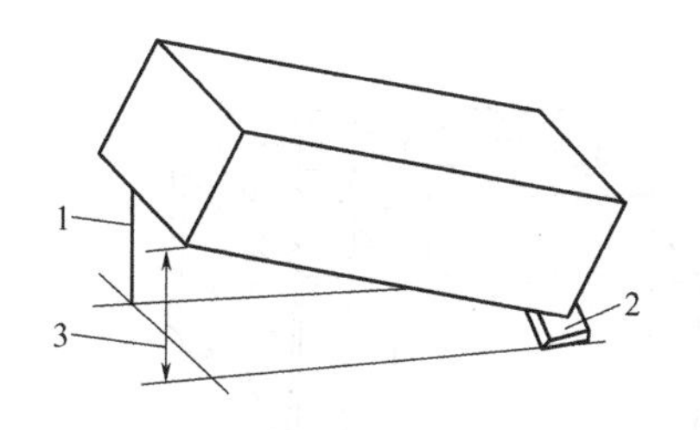

图 6-20 大型运输包装件的
棱跌落试验原理
1—支撑件；2—平垫块；3—跌落高度

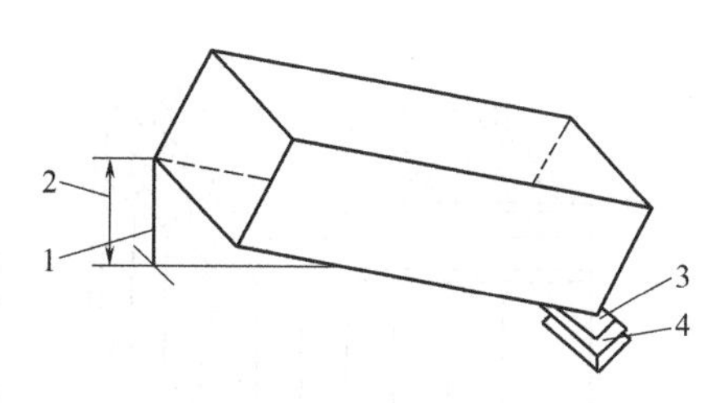

图 6-21 大型运输包装件的
角跌落试验原理
1—支撑件；2—跌落高度；
3—斜垫块；4—平垫块

(4) 跌落高度

大型运输包装件的跌落高度根据包装件的质量和流通的条件类别来确定。对于相同的包装件，在面跌落、棱跌落、角跌落试验时，跌落高度的选取是相同的，如表 6-18 所示，Ⅰ级流通条件是指装卸次数多、作业条件差的情况；Ⅱ级流通条件是指装卸次数较少、作业条件较好的情况。对于军用产品的大型运输包装件，应选用Ⅰ级类别所规定的跌落高度。

表 6-18 大型运输包装件跌落高度

包装件质量/kg	流通条件类别		包装件质量/kg	流通条件类别	
	Ⅰ级	Ⅱ级		Ⅰ级	Ⅱ级
	跌落高度/cm			跌落高度/cm	
500～1000	35	25	5000～10000	15	12
1000～2000	25	20	10000～20000	12	10
2000～5000	20	15			

(5) 试验结果

试验结束后，应测量滑木挠度、包装件各面对角线的变形以及其他破损情况。对于军品包装件，试验结束后，应检查内装物的破损情况，包括密封的内包装是否失去密封、包装内的定位件是否移位以及产品是否发生破损。

6.3.2 堆码试验

该试验适用于评定大型运输包装件在堆码时顶面、侧面和端面的承载能力以及包装对内装物的保护能力。堆码试验分为顶面承载试验和侧、端面的承载试验。

(1) 顶面承载试验

该试验模拟大型运输包装件上堆码小型包装件时顶面上受力的情况。试验原理是在包装件的顶面上施加均匀分布的载荷，按预定的载荷和试验持续时间承载。载荷的大小按 $500kg/m^2$ 确定，载荷误差应控制在预定值的 2%之内。加载方式有以下两种：

① 用木板钉成与包装件尺寸相同的围框，在里面均匀堆放沙石，如图 6-22(a) 所示；

② 用底面尺寸是 25cm×25cm 的方形箱盒，内装沙石或其他重物，每 $0.1m^2$ 放置一个方形箱盒，如图 6-22(b) 所示。

以上两种情况可根据实际情况选用。对于体积较大的包装件，也可根据情况将组装好的

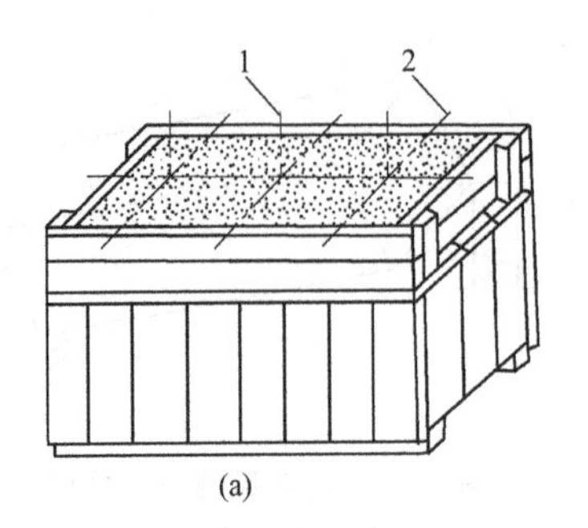

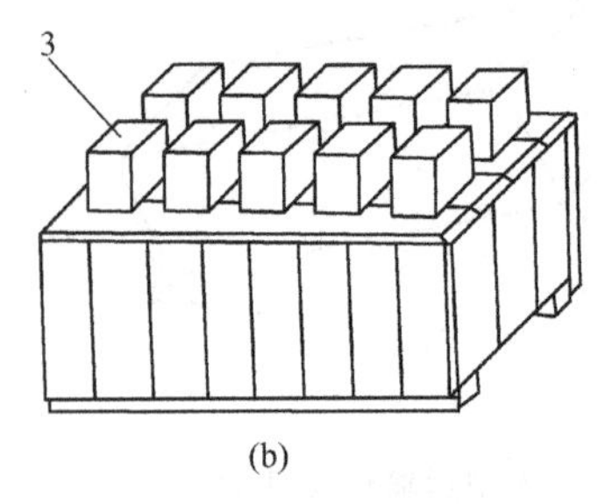

图 6-22　顶面承载试验原理

1—测量标尺；2—围框；3—重物

顶盖单独放于支承台架上进行试验，如图 6-23 所示，顶盖与支承台的结合形式应与实际包装箱的顶盖与箱体的结合形式一致。

(2) 侧、端面承载试验

该试验模拟在大型运输包装件顶面上放置加载平板（如平托盘）之后，再堆放其他包装件的堆码情况，此时包装件的侧面和端面是主要受力部位。试验原理是在包装件顶面放置有足够刚度的加载平板，将重物放于加载平板上，载荷大小和加载时间按预定的要求。加载平板的尺寸应大于包装件顶面各边 10cm。重物应均匀摆放。载荷大小应参考表 6-19所给出的侧、端面承载试验时顶面载荷量，按包装件的质量和顶面面积确定，载荷误差应不大于预定值的 2%。一般情况下，堆码时间选取 24h。对于需要远洋运输的包装件，其堆码时间选取一周。

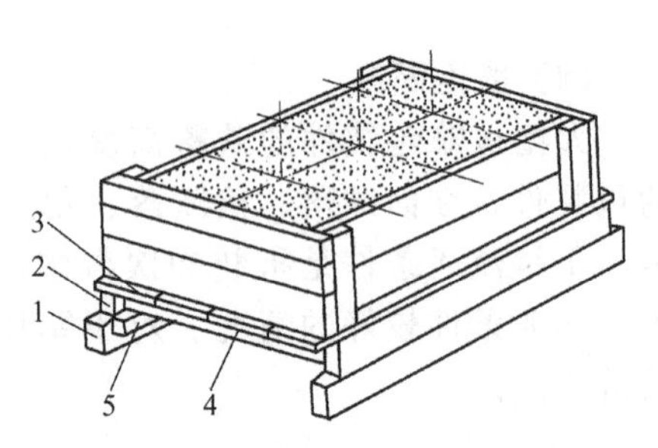

图 6-23　顶盖与支承台相结合的顶面承载方式

1—垫木；2—侧面上框架；3—顶盖；4—顶盖横梁；5—梁撑

表 6-19　侧、端面承载试验时顶面载荷量

包装件质量/kg	载荷量/(kg/m²)	包装件质量/kg	载荷量/(kg/m²)
≤10000	1500	10000～20000	2000

(3) 挠度、凹凸度测量

在加载前和卸载后，应对上框架挠度、端面和侧面对角线变形、包装件顶面凹度、包装件侧面的凹凸度进行测量，试验后还应检查包装件的其他损坏情况，判断包装件的性能，必要时应检查内装物的破损情况。

① 测量上框架挠度。在侧面两端距顶面以及端面约 3cm 处钉上钉子，钉子之间连接试验中能够保持绷紧状态的细绳，并沿细绳的位置在包装件上做出标记。试验后，测量细绳与包装件标记之间的最大距离，作为挠度值。

② 测量端面、侧面的对角线变形。测量方法与前面跌落试验后测量各面对角线变形的方法相同。

③ 顶面承载时，测量包装件顶面的凹度。选择顶面的中心部位以及其他几处预计变形较大的部位为测量点。当采用沙石堆放时，可在测量点设置垂直于顶面的标尺进行测量。当采用箱/盒等重物堆放时，可用直尺沿包装箱的宽度方向横跨在顶面上进行测量。

④ 测量包装件侧面的凹凸度。如图 6-24 所示，用挂有重锤的细绳以及直尺，测出包装件侧面最凸处（或最凹处）与底部滑木之间的垂直距离。

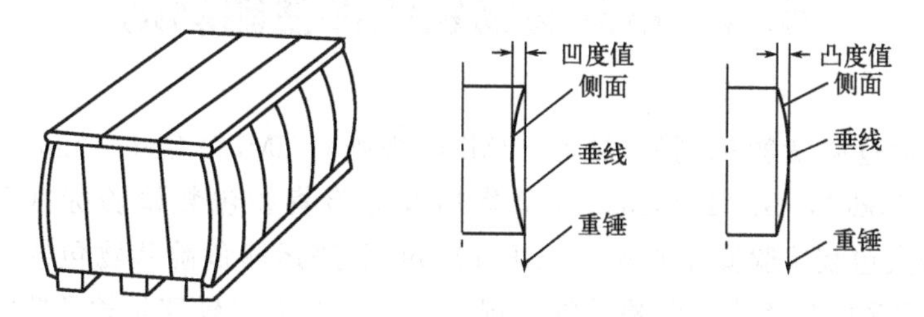

图 6-24 包装件侧面凹凸度测量

6.3.3 起吊试验

该试验适用于评定大型运输包装件在装卸起吊时的承载能力，以及包装对内装物的保护能力。起吊时的运行速度和紧急起动、制动的快慢对绳索、对包装件的挤压力增量影响很大。在正常紧急制动过程中，钢丝绳对包装箱作用力的增量，一般在 30%～50% 范围内。起吊绳索对包装箱的挤压力作用，将使包装箱产生变形甚至破损。

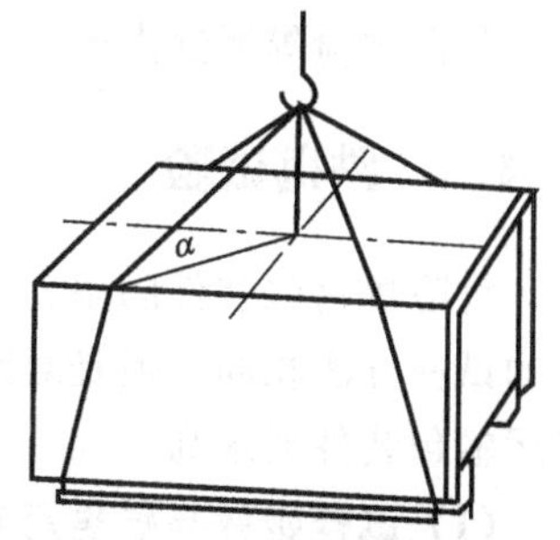

图 6-25 起吊试验原理

起吊试验原理是将钢丝绳放置在包装件滑木的预定起吊位置，按预定的起吊速度、起吊方式和次数，将包装件起吊、制动和降落。图 6-25 是起吊试验原理。具体测试方法是，钢丝绳与包装件顶面之间的夹角在 45°～50°范围内，用起吊装置以正常速度，将包装件提升至一定高度（约 100～150cm）后，再以紧急起吊和制动的方式反复上升、下降和左右运行 3～5min，再以正常速度降落到地面，重复试验 3～5 次。

起吊试验结果的记录，主要是在每次起吊前后，测量包装件端面和侧面的对角线变形和滑木挠度。起吊后滑木挠度的测量，应在包装件落于地面之前进行。另外，还应检查、记录包装件的其他破损情况。

6.3.4 铁路运输试验

该试验适用于评定大型运输包装件在铁路调车作业中，车辆连挂和驼峰溜放时的承受能力，以及包装对内装物的保护能力。铁路运输试验包括车辆连挂试验和驼峰溜放试验两种情况。车辆连挂试验方法是将一个或多个包装件按铁路运输的有关规定装载于铁路货车上，用 3～5 辆的车组冲击装有试样的试验货车。冲击速度从 3.0km/h、5.0km/h、6.5km/h、8.0km/h、9.5km/h 中选择一种，冲击速度的误差应不超过预定冲击速度的 10%。驼峰溜放试验方法是将包括装有试样的货车在内的车组，经过驼峰进行溜放。当溜放速度达到 20km/h 时制动。冲击速度的误差应不超过预定冲击速度的 10%。

车辆连挂试验和驼峰溜放试验中所产生的冲击次数应接近于包装件在运输过程中预期遇到的列车连挂和驼峰溜放次数。在试验过程中，应测量包装件以及车体上所产生的冲击加速度，测量车组连挂冲击后、溜放制动前后的速度，测量包装件各面对角线变形，检查包装件的破损情况，必要时检查内装物的破损情况。

6.4 危险货物包装件性能测试

在《国际海运危险货物规则》（简称《IMDG 规则》，IMDG Code，International Maritime Dangerous Goods Code），GB/T 19459《危险货物及危险货物包装检验标准基本规定》，GB 19432《危险货物大包装检验安全规范》，GB 19269《公路运输危险货物包装检验安全规范》，GB 19270《水路运输危险货物包装检验安全规范》，GB 19359《铁路运输危险货物包装检验安全规范》，GB 19433《空运危险货物包装检验安全规范》等文件中，对军品、民品危险货物包装件的试验要求和标准都做了明确规定。在这些文件和标准中，都给出了垂直冲击跌落试验、防渗漏试验、液压试验、堆码试验、制桶试验等五项试验方法，且内容和要求基本相同。

本节主要介绍危险货物包装件的垂直冲击跌落试验、防渗漏试验、液压试验、堆码试验、制桶试验等测试内容。

6.4.1 跌落试验

危险货物包装件的垂直冲击跌落试验在试验原理、试验设备要求等方面与一般运输包装件的试验方法相同，但是对跌落次数、方式和合格性判断都做了明确规定，其跌落高度比一般运输包装件要求高。

(1) 试样数量与跌落方式

① 对桶类、罐类圆柱形包装件，每组试样数量是 6 件。第一次跌落用 3 件试样，应以桶的凸边成对角线撞击在冲击面上。如果包装件没有凸边，则以圆周的接缝处或边缘与冲击面撞击。第二次跌落用另外 3 件试样，圆桶应以第一次跌落时没有冲击的最薄弱部位撞击在冲击面上，如密封圈或桶体纵向焊缝与冲击面撞击。

② 对箱型包装件，每组试样数量是 5 件，每件试样跌落 1 次。5 件试样的跌落方式依次是，箱底平跌落、箱顶平跌落、长侧面平跌落、短侧面平跌落、短棱跌落或角跌落。

③ 对纺织品袋和纸袋，每组试样数量是 3 件，每件试样跌落 2 次。第一次包装袋平面平跌落，第二次包装袋端面平跌落。

④ 对塑料编织袋和塑料薄膜袋，每组试样数量是 3 件，每件试样跌落 3 次。第一次袋平面平跌落，第二次袋端面平跌落，第三次袋窄侧面平跌落。对塑料包装，要求进行－18℃或－18℃以下的低温跌落试验。

(2) 跌落高度

危险货物包装件的跌落高度不是按包装件的质量及尺寸来确定的，而是随不同的包装类别而不同，这与运输包装件的跌落高度确定方法不同。危险货物分Ⅰ类、Ⅱ类、Ⅲ类三种类型，Ⅰ类是最大危险货物，Ⅱ类是中等危险货物，Ⅲ类是较小危险货物。这三类危险货物的跌落高度应参考表 6-20 规定选取。如果用水代替密度小于 $1.2g/cm^3$ 的待运液体，则跌落高度仍按表 6-20 规定选取。如果用水代替密度大于 $1.2g/cm^3$ 的待运液体，则三类包装的跌落高度分别是：Ⅰ类包装 1.5ρ(m)；Ⅱ类包装 1.0ρ(m)；Ⅲ类包装 $\rho/1.5$(m)，ρ 是待运液体的密度。

表 6-20 危险货物包装件跌落高度

类别	Ⅰ类	Ⅱ类	Ⅲ类
跌落高度/m	1.8	1.2	0.8

(3) 试验结果评定

① 盛装液体的包装件跌落之后，当内外压力达到平衡时，采用戳孔或打开封闭器的方法，包装件不应出现渗漏现象。组合包装的内包装不需压力平衡。

② 盛装固体的包装件跌落之后，只要内包装保持完好，即使顶部桶盖不再具有防漏能力，也认为包装是合格的。

③ 复合包装或组合包装跌落之后，其内、外包装不应因为破损而导致内装物从外包装渗漏，外包装也不能出现影响运输安全的任何破损。

④ 包装袋的最外层或外包装不应有任何破损。

⑤ 跌落试验时，即使封闭容器有少量液体漏出，只要以后不再渗漏也认为是合格的。

⑥ 盛装爆炸品的包装不允许出现破裂现象。

⑦ 所有试样中不允许有一个不合格。

6.4.2 防渗漏试验

防渗漏试验也称密封性试验。对所有盛装液体的包装，都需要做防渗漏试验，但组合包装的内包装不需要做此项试验。试验原理是将试样浸入水中，接通压缩空气向包装内充气，使包装内部压力达到规定值，观察是否有渗漏。每组试样数量是 3 件。试验结束后，3 件试样都无渗漏，认为包装是合格的。试验时，压力控制方法不能影响试验的有效性。在观察包装是否出现渗漏时，也可以在充气时在包装的卷边、接缝等处涂肥皂液检漏，若水中或涂肥皂液的位置有连续气泡出现，即可判定包装有渗漏。

在《IMDG 规则》和 SN 0449.3 中规定的充气压力如表 6-21 所示。对金属桶、罐的充气压力根据货物危险程度以及桶、罐大小，在 50～75kPa 范围内选值。对塑料桶、罐，充气压力应按表 6-21 规定选取。

表 6-21 防渗漏试验的充气压力

类别	Ⅰ类	Ⅱ类	Ⅲ类
充气压力/kPa	≥30	≥20	≥20

6.4.3 液压试验

所有拟盛装液体的金属容器、塑料容器和复合包装容器，都需要进行液压试验。组合包装的内包装不需做此试验。试验原理是接通液压泵，向包装容器内连续均匀地施加液压，同时打开排气阀，排尽包装容器内的残留空气。然后关闭排气阀，使液压达到规定的恒压值。每组试样是 3 件。对于金属、玻璃、陶瓷材质的容器，包括它们的封闭器，试验持续时间是 5min。对塑料、塑料复合包装，包括它们的封闭器，试验持续时间是 30min。GB 19359《铁路运输危险货物包装检验安全规范》中规定，对耐酸坛、陶瓷瓶、玻璃瓶必须做持续时间 1min、压力 300～500kPa 的液压试验。试验结束后，检查包装是否有渗漏情况。如果所有试样都没有出现渗漏现象，认为包装是合格的。

液压值的计算方法有三种，即：

$$P=1.50P_{i55} \tag{6-9}$$

或

$$P=1.75P_{V50}-100 \tag{6-10}$$

或

$$P=1.50P_{V55}-100 \tag{6-11}$$

式中　P——试验时的液压值，kPa；

P_{i55}——55℃时容器内的总表压，kPa；

P_{V50}——50℃时待装液体的蒸气压，kPa；

P_{V55}——55℃时待装液体的蒸气压，kPa。

在无法查得待装液体在50℃、55℃时的蒸气压的情况下，可参考表6-22规定的液压值。当按照式(6-9)～式(6-11)计算出的液压值小于表6-22所给出的相应的液压值时，应采用表6-22规定的液压值。

表6-22　参考液压值　　单位：kPa

类别	Ⅰ类	Ⅱ类	Ⅲ类
液压值	≥250	≥100	≥100

6.4.4 堆码试验

除包装袋以外，所有的危险货物包装件都要进行堆码试验，试验方法与一般运输包装件的堆码试验方法基本相同。每组试样数量是3件。试验时所施加的堆码载荷，按照式(6-8)计算，式中的安全系数k选取1、堆码高度H选取3m。一般情况下，危险货物包装件在常温下进行24h的试验。但是，对装液体的塑料、塑料复合包装件，应在40℃条件下做28天的堆码试验。试验结束后，检查包装件，以包装件不破裂、不倒塌、无渗漏为合格。对变形的包装件，在卸掉砝码和载荷平板之后，在该变形的包装件上放置两个相同的包装件，1h后不倒塌为合格。塑料包装件在做堆码试验之前，应先冷却至室温。

6.4.5 制桶试验

该试验只适用于塞状木琵琶桶，仅用一个桶做试验。试验之前，将桶内放满水，至少放置一天。试验时，将桶内水全部倒掉，拆下空桶中腹部以上所有桶箍，再放置至少2天。若桶上半部横剖面直径的扩张不超过10%，认为塞状木琵琶桶是合格的。

6.5 军用包装件性能测试

军用包装在装卸、运输、储存作业中的环境适应性是这类产品的一个重要质量特性。在军用包装设计时，应全面考虑从包装生产到装备投入使用的全过程，充分考虑装备在包装、装卸、运输、储存、使用过程中的环境适应性。本节简要介绍军用装备在预期寿命周期内的振动试验方法和冲击试验方法。

6.5.1 军用装备的振动试验方法

军用装备实验室环境振动试验的目的是，验证装备能否承受寿命周期内的振动与其他环境因素叠加的条件并正常工作。对激励形式（稳态或瞬态）、激励量级、控制方案、持续时间和实验室条件的选择，应尽可能真实地模拟装备环境寿命周期中的振动环境。当要模拟寿命周期中实际环境的气候条件与标准大气条件有明显差别时，应在振动试验时考虑施加这些环境因素。对于需要在温度条件下进行的试验，尤其是高温条件下高能材料或爆炸物的高温试验，要考虑到极端温度下材料的老化，要求其总试验程序的气候暴露不能超过材料的寿命。

（1）选择振动试验方法

振动导致装备及其内部结构的动态位移。这些动态位移和相应的速度、加速度可能引起或加剧结构疲劳以及结构、组件和零件的机械磨损。另外，动态位移还能导致元器件的碰撞/功能的损坏。本试验方法是根据表 6-23 列出的军用装备在不同寿命周期阶段可能经历的振动环境和预期平台类别，选择环境类别和试验程序、试验量值和持续时间。同时，还应考虑试验量级选择的保守性、测量数据的保守性、预估数据的保守性。

表 6-23　振动环境和预期平台类别

寿命阶段	平台	类别	装备描述	试验程序
制造/维修	工厂设备/维修设备	制造/维修过程	装备/组件/零件	如果振动作用明显，则应在设计时考虑。如果不同批次的装备（组）经历的振动有明显差异，则应选择经历最大振动环境的装备作试件
		运输和装卸	装备/组件/零件	如果振动作用明显，则应在设计时考虑。如果不同批次的装备（组）经历的振动暴露有明显差异，则应选择经历最大振动暴露的装备做振动试验
		环境应力筛选	装备/组件/零件	采用合适的环境应力筛选程序
运输	卡车/拖车/履带车	紧固货物	装备作为紧固货物	程序Ⅰ
		散装货物	装备作为散装货物	程序Ⅱ
		大型组装件货物	大型组件，外部防护装置，货车和拖车车厢	程序Ⅲ
	飞机	喷气式	装备作为货物	程序Ⅰ
		螺旋桨式	装备作为货物	程序Ⅰ
		直升机	装备作为货物	程序Ⅰ
	舰船	水面舰船	装备作为货物	程序Ⅰ
	铁路	火车	装备作为货物	程序Ⅰ
工作	飞机	喷气式	安装的装备	程序Ⅰ
		螺旋桨式	安装的装备	程序Ⅰ
		直升机	安装的装备	程序Ⅰ
	飞机外挂	喷气式	组合外挂	程序Ⅳ
		喷气式	安装在外挂内	程序Ⅰ
		螺旋桨式	组合外挂/安装在外挂内	程序Ⅳ/Ⅰ
		直升机	组合外挂/安装在外挂内	程序Ⅳ/Ⅰ

续表

寿命阶段	平台	类别	装备描述	试验程序
工作	导弹	战术导弹	组装导弹/安装在导弹内（自由飞阶段）	程序Ⅳ/Ⅰ
	地面	地面车辆	在轮式/履带/拖车内安装	程序Ⅰ/Ⅲ
	水上运输工具	舰船	安装的装备	程序Ⅰ
	发动机	涡轮发动机	安装在发动机上的装备	程序Ⅰ
	人体	人体	由人员携带的装备	对由人员携带的装备振动暴露不做要求
其他	全部	低限完整性	安装在减振器上/寿命周期不确定	程序Ⅰ
	所有运输工具	外部悬臂	天线、机翼、桅杆等	根据实际情况分析振动机理，选择合理的试验方法、试验量级和持续时间

① 试验量级选择的保守性　振动试验条件通常包含附加的裕度，以代表在制定条件时不能涵盖的因素。这些因素通常包括未能确定的最严重工况、同其他环境应力（温度、加速度等）的叠加作用以及正交轴方向上三维振动与三个轴向分别振动的不同等，可能增大装备寿命和功能风险。试验量值和持续时间具体参考 GJB 150.16A—2009《军用装备实验室环境试验方法 第 16 部分 振动试验》中的规范性附录 A《确定振动环境的剪裁指南》。

② 测量数据的保守性　振动试验应尽可能用特定装备的测量数据作为振动条件的基础。由于受传感器数量、测量点的可及性、极端情况下数据的线性度以及其他一些原因所限，测量可能无法涵盖所有的极端工况。同时，试验还受到实施条件的限制，如利用单轴振动代替多轴振动，采用试验夹具模拟支撑平台等。当采用实测数据来确定试验条件时，应增加裕度以代表这些因素。

③ 预估数据的保守性　在无法得到测量数据时，采用包络多种工况的预估数据。这些数据对任一工况都是保守的，因而不再推荐另外附加的裕度。

(2) 选择试验顺序

利用预期寿命期事件的顺序作为通用的试验顺序，同时还应需要考虑下列因素。

① 振动应力引起的累积效应可能影响在其他环境条件（如温度、高度、湿度、泄漏或电磁干扰/兼容）下装备的性能。如果要评估振动和其他环境因素的累积效应，用一个试件进行所有环境因素的试验，通常先进行振动试验。但若预计其他环境因素（如温度循环）造成的损伤使装备对振动更敏感，则应在振动试验之前先进行这个环境因素的试验。例如，温度循环可能产生初始疲劳裂纹，裂纹在振动作用下会扩展。

② 试件一般要按寿命周期的顺序逐个进行各项振动试验。对大多数试验，为了适应试验装置的计划安排或由于其他原因，可以对试验顺序进行调整。但某些试验必须按其在寿命周期中的顺序进行。如在振动试验之前完成与制造过程有关的预处理（包括环境应力筛选），最后进行代表任务最后阶段的关键环境试验。

(3) 选择试验程序

在军用装备的试验大纲中，可以根据严酷度对代表寿命周期内某些特殊事件的振动试验进行删减，但在删减时应同时考虑重要频率段上振动幅度和潜在疲劳损伤。应根据简化的和可知的装备模型预估潜在疲劳损伤。此外，选择试验程序时还需要考虑运输振动与使用振动的对比、运输状态与使用状态的对比情况。

① 运输振动比使用振动更严酷的情况　地面装备和某些舰载装备的运输振动量级一般比使用振动量级更严酷。对这些装备，运输试验（试件不工作）和使用试验（试件工作）都要进行。

② 使用振动比运输振动更严酷的情况　如果使用振动量级比运输振动量级更严酷，则可以取消运输试验。也可以修改使用振动试验的振动谱或持续时间，使之包含运输振动试验要求。例如，在飞机振动试验中，有时用低限完整性试验来代替运输和维修振动试验。

③ 运输状态与使用状态的对比　在评估环境的相对严酷度时，应包括运输状态（包装、支撑和折叠等）与使用状态（安装在平台上的状态、工作时各部件展开布置状态等）的差别。另外，通常用对包装的输入来定义运输状态的环境，而用对装备安装结构上的输入或装备对环境的响应来描述使用状态的环境。

（4）试验程序的分类

一般情况下，装备在寿命周期内经历的每类振动环境都要进行试验。依据军用装备寿命周期可能经历的振动环境类别，主要考虑4类试验程序。

① 程序Ⅰ——一般振动　该程序适用于试件固定在振动台的情况，振动通过夹具/试件界面作用在试件上。根据试验要求，可以施加稳态振动或瞬态振动。

② 程序Ⅱ——散装货物运输　该程序适用于由卡车、拖车或履带车运输的且没有固定安装（捆绑）到运输工具上的装备。试验量值不能剪裁，代表了军用车辆通过恶劣道路时散装件所经受的运输振动。

③ 程序Ⅲ——大型组件运输　该程序适用于复现在轮式或履带车上安装或运输的大型组件经受的振动和冲击环境。它适用于大型装备或占车辆总质量比例很高的货物堆以及成为车辆内部组成部分的装备。在本程序中，用规定类型的车辆对装备施加振动激励。车辆在典型的服役情况的路面上行驶，真实地模拟振动环境和所试装备对环境的动态响应。一般不用实测数据来确定这种试验的量级，但试验中经常要采集测量数据以检验装备组件的振动和冲击试验条件是否真实。

④ 程序Ⅳ——组合式飞机外挂的挂飞和自由飞　该程序适用于飞机外挂在固定翼飞机上的挂飞和自由飞，以及地面或海上发射导弹的自由飞。对外挂寿命周期内的其他部分可采用试验程序Ⅰ、Ⅱ、Ⅲ。如果合适，可施加稳态振动或瞬态振动。试验程序Ⅰ不适用于固定翼飞机的挂飞和自由飞。

（5）试件的技术状态

试件应模拟所对应的寿命周期阶段的技术状态。在模拟运输时，要包括所有包装、支撑、填充物和其他特殊运输方式的技术状态的修改。运输技术状态可能由于运输方式的不同而有所区别。

① 散装货物　在表6-23中的运输寿命阶段的描述方法是经验和实测的综合，其条件不能剪裁。对于卡车、拖车和其他地面运输，最符合实际情况的是试验程序Ⅲ的方法。要注意，程序Ⅲ要求有运输车辆和满载货物。

② 紧固货物　试验程序Ⅰ假定车辆货箱或飞机货舱之间没有相对运动。该程序直接用于捆绑的装备或以其他形式固定的装备，这些装备在振动、冲击和加速度作用下不允许有相对位移。当货物没有固定或允许有限的相对位移时，应在试验装置和振动激励系统中留有一定间隙以考虑这种运动。对于地面运输的装备，也可以采用试验程序Ⅲ。

③ 堆放货物　对于成组堆放或捆绑在一起的装备，可能会影响传递到每个货物上的振

动。要保证试件的技术状态含有合适的数目和组数。

④ 试件工作　只要可能，应尽量保证试件在振动试验期间运行工作，检测并记录试件的性能，要尽可能多地获取数据以确定装备对振动的敏感程度。在进行振动功能试验时，试件应工作；其他情况下试件工作与否应根据实际情况决定。多数情况下，装备在运输期间不工作。但存在这样的情况，即装备的功能技术状态随任务阶段的不同而变化，或在高量级振动下不要求工作，否则可能导致装备的损坏。

6.5.2 军用装备的冲击试验方法

军用装备实验室环境冲击试验的目的是，评估装备的结构和功能承受装卸、运输和使用环境中不常发生的非重复冲击的能力；确定装备的易损性，用于包装设计，以保护装备结构和功能的完好性；测试装备固定装置的强度。本试验方法适用于评估装备在其寿命期内可能经受的机械冲击环境下的结构和功能特性。机械冲击环境的频率范围一般不超过10000Hz，持续时间不超过1.0s。多数机械冲击环境作用下，装备的主要响应频率不超过2000Hz，响应持续时间不超过0.1s，具体参考GJB 150.18A。

(1) 选择试验顺序

通常，冲击可能对整个装备的结构和功能完好性产生不利影响。不利影响的程度一般随冲击的量级和持续时间的增减而改变。当冲击持续时间与装备周期的倒数一致或者输入冲击环境波形的主要频率分量一致时，会增加对装备结构和功能完好性的不利影响。试验顺序应根据试件的特性、具体工作顺序、预期使用场合、现有条件、各个试验环境的预期综合效应等因素确定。确定寿命周期中环境影响的顺序时，需要考虑装备在使用中会重复出现的环境影响。在确定试验顺序时应考虑一般要求和特殊要求。

① 一般要求

a. 利用预期寿命期事件的顺序作为通用的试验顺序。某一试验在其他试验之前、之后或与其他试验组合进行都各有优点。当试验标准方法推荐了某种试验顺序时，一般应按其进行试验；若选用其他试验顺序，则应得到订购方的批准。除另有说明，不应为减轻试验效应而改变试验顺序。

b. 建立装备性能和耐久性的累积效应与试验顺序的相互关系，该试验顺序是装备按照其任务剖面经受相应应力的顺序。有关各方应尽早参与该试验顺序的确定，确保试验效果可靠、符合实际，并且可以追溯。

② 特殊要求　与其他试验共同使用同一试件时的试验顺序取决于试验的类型（如研制试验、鉴定试验、耐久试验等）以及试件的通用性。一般情况下，在试验程序中应尽早安排冲击试验，但应在振动试验之后。

a. 如果冲击环境特别严酷，且装备在主要结构或功能不失效的情况下，通过试验的可能性较小时，则应在试验序列中首先安排冲击试验。这样在进行其他的环境试验之前，能够对装备进行重新设计以满足冲击技术要求，并能节省费用。

b. 如果冲击环境虽然严酷，但装备在主要结构或功能不失效情况下，通过试验的可能性较大，则应在振动和温度试验之后进行冲击试验。这样可以暴露振动、温度和冲击组合环境下的故障。

c. 如果冲击试验量级没有振动试验量级严酷，可以从试验序列中删除冲击试验。

d. 在气候试验之前进行冲击试验通常是有利的（若此顺序代表了实际的使用条件）。试

验经验表明，在进行冲击试验之后，往往能更加清晰地显示出装备对气候敏感的缺陷。但是，内部或外部的热应力会永久地削弱装备耐振动和冲击的能力，如果冲击试验在气候试验之前进行，就不能检测到这些缺陷。

（2）试验程序的分类

根据试验要求，考虑装备在寿命期（包括后勤保障和工作状态）内所有预期的冲击环境，确定使用的试验程序、程序的组合以及程序的顺序。程序Ⅰ～程序Ⅶ是指装备或装备的支撑结构与其他物体之间动量交换导致的单次冲击。程序Ⅷ中的弹射起飞包含了由两个冲击组成的序列，且这两个冲击由一个持续时间相对较短的瞬态振动来分离。程序Ⅷ中的阻拦着陆可认为在一个单次冲击之后紧跟一个瞬态振动。

① 程序Ⅰ——功能性冲击　对处在工作状态下的装备（包括机械的、电气的、液压的和电子的装备）进行冲击试验，以评估在冲击作用下装备的结构完好性和功能一致性。通常，要求装备在冲击作用期间能工作，并且要求装备在实际使用期间可能遇到的典型冲击作用下不受损坏。

② 程序Ⅱ——需包装的设备　该程序适用于需要集装箱运输的装备。它将最小临界抗冲击能力规定为装卸跌落高度，为包装设计人员提供设计依据。表 6-24 是本程序推荐的装卸跌落高度。该程序不能用于极易损坏装备（如导弹制导系统、精确校准试验设备、脱落和惯性制导平台等）的试验。对特别易损的装备，其抗冲击能力的量化应考虑采用程序Ⅲ。

表 6-24　程序Ⅱ推荐的装卸跌落高度

包装毛重/kg	类型	设计跌落高度/cm	最大试件速度变化量/cm/s
0～9.1	人工装卸	76	772
9.2～18.2	人工装卸	66	719
18.3～27.3	人工装卸	61	691
27.4～36.4	人工装卸	46	600
36.5～45.5	人工装卸	38	546
45.6～68.1	机械装卸	31	488
68.2～113.5	机械装卸	26	447
≥113.6	机械装卸	20	399

③ 程序Ⅲ——易损性　该程序适用于确定装备的易损性量级，为装备包装设计或重新设计装备提供依据，以满足运输或搬运要求。该程序用于确定装备的临界冲击条件，在临界冲击条件下装备的结构和功能有可能降级。如果要获得更实际的极限能力，该程序应在极限环境温度下进行。

④ 程序Ⅳ——运输跌落　该程序适用于确定装备是否能经受住正常运输所引起的冲击，这些装备通常搬入或搬出运输箱或组合箱内外，或供外场使用（依靠人力、卡车、火车等运到战场）。表 6-25 是本程序推荐的运输跌落高度。这类冲击是偶然的，但可能削弱装备的功能。该程序不适用于正常后勤运输环境中所遇到的冲击，如集装箱内的装备经受的并在装备寿命周期剖面中确定的冲击，参考程序Ⅱ——需包装的设备。

表 6-25　程序Ⅳ推荐的运输跌落高度

试件和箱子质量/kg	最大尺寸/cm	跌落方式	跌落高度/cm	跌落次数
≤45.4，人工包装或人工搬运	<91	由快落脱钩或跌落试验机进行跌落试验。试件的取向应使撞击时撞击的角或棱边到箱子和其内装物重心的连线垂直于撞击面	122	对每个面、棱边和角跌落，总共跌落 26 次。如果可能，将 26 次跌落分配给不多于 5 个试件
	≥91		76	
45.4～90.8(含)	<91		76	对每个角跌落，总共跌落 8 次
	≥91		61	
90.8～454(含)	<91		61	
	91～152	使装有试件的运输箱或组合箱的最长尺寸边平行于地面，其一端的一角用 13cm 高的垫块支承，而在同端的另一角或棱用 30cm 高的垫块支承。提起箱子的对端使最低的未支撑角达到规定的高度并让其自由下落	61	
	>152		61	
>454	不限	在正常运输状态下，箱子和箱内物应经受的棱边跌落试验(若不知正常运输状态，则箱子的放置应使两个最大尺寸边平行地面)：箱子底面一条棱边支承在 13～15cm 高的垫块上，提起对角棱边到规定的高度并让其自由下落。对箱子底面每一棱边进行一次试验(总共跌落 4 次)	46	每个底棱边跌落，底面或垫木跌落，总共跌落 5 次

⑤ 程序Ⅴ——坠落安全　该程序适用于安装在空中及地面运载工具上的装备，在坠撞中装备可能从安装夹具、系紧装置或箱体结构上脱离，危及人员安全。该程序验证在模拟的坠撞条件下，装备的安装夹具、系紧装置或箱体结构的结构完好性。本程序也验证装备整体结构的完好性，如在冲击作用下装备的零部件不会弹出。

⑥ 程序Ⅵ——工作台操作　该程序适用于需在工作台上操作、维护或包装的装备。该程序用于确定装备是否能够承受在典型的工作台上操作、维护、包装中产生的冲击。这类冲击可能在装备维修期内遇到。本程序也可应用于有伸出部件的装备试验，由于有伸出部件，即使整个装备未受冲击，装备也极易受损。这种试验应特别注意装备伸出部件的结构在工作台上操作、维护或包装时受损的情况。本程序适用于从装在最长边大于 23cm 的运输箱中搬出的装备。而对于小于该尺寸的装备，一般按程序Ⅳ——运输跌落在较高量级上进行试验。

⑦ 程序Ⅶ——铁路撞击　该程序适用于由铁路运输的装备试验。该程序用于验证在铁路运输中常规铁路车辆撞击时装备的结构完好性，评估系紧系统和系紧程序的适用性。如果对装备的运输要求没有专门的规定，所有装备应在最大额定总重量（满负载）下试验。该程序不适用于小的、单独包装的、通常安装在货架上作为大型装备的一部分来运输（或试验）的装备试验。

⑧ 程序Ⅷ——弹射起飞和阻拦着陆　该程序适用于安装在经受弹射起飞和阻拦着陆的固定翼飞机内或上的装备。对于弹射起飞，装备首先经受一个初始冲击，紧接着经受一个具有一定持续时间的低量级的瞬态振动，该振动的频率与安装平台最低频率分量相

近，最后依据弹射程序再经受一个冲击。对于阻拦着陆，装备会经受一个初始冲击，紧接着经受一个具有一定持续时间的低量级的瞬态振动，该振动的频率与安装平台最低频率分量相近。

(3) 试件的技术状态

试件的技术状态会严重影响试验结果。采用在装备的寿命期剖面中预期的技术状态，至少应考虑以下技术状态：

① 在集装箱/储存容器或运输箱中；

② 在工作环境中。

6.6 产品易损性测试方法

冲击与振动是产品在运输过程中所经受的两个非常重要的动态载荷，也是造成包装产品破损的主要因素。本节介绍产品的冲击、振动易损性测试方法。

6.6.1 产品易损性

在运输物流过程中，力学性环境条件是包装产品必须经历的外部载荷影响，也是造成产品破损的重要因素之一。力学性环境条件主要有冲击、振动及动态、静态压力等，例如汽车、火车、船舶和飞机等运输工具因受到路面状况、路轨接缝、发动机振动、车辆防震性能、水面风浪、高空气流等影响而产生的周期性上下颠簸和左右摇晃；运输工具的结构性能不同，其振动幅值与频率范围也各不相同。运输工具的启动、变速、转向、刹车，搬运装卸作用中的抛掷等野蛮装卸，堆垛倒塌，起吊脱落，装卸机械的突然起吊和过急的升降，相邻包装产品的相互碰撞，都会对产品，特别是易碎、易损、高精度产品造成振动破损或冲击破损。气象性环境条件主要有高温、低温及湿度、水分等，易引起霉菌、锈蚀等。

在力学性环境条件中，冲击与振动是产品在运输过程中所经受的两个非常重要的动态载荷，也是造成包装产品破损的主要因素。从力学角度分析，这些破损现象是由于产品或部件在受到载荷作用时，应力、变形、加速度或位移等物理量的响应值超过了其容许极限值，从而造成了结构完整性破坏、功能性破坏或工艺性破坏等问题。结构完整性破坏包括产品零部件的强度降低、断裂破坏、疲劳和摩擦损伤等。结构功能性破坏包括结构及其元件、部件的性能失效、失灵等。产品工艺性破坏包括连接件松动、脱离，部件相互撞击、短路或磁化等，还有寿命退化，如一些机电产品、电子电工产品在一定振动环境下引起工作寿命的缩短等。

产品易损性描述包装件在流通过程中产品能够抵抗冲击和振动的特性，易损度是其定量描述。产品的易损性包括冲击易损性和振动易损性。冲击易损性的定量描述是机械冲击脆值，一般用重力加速度的倍数表示。机械冲击脆值简称冲击脆值。需要说明的是，在国家标准 GB/T 8166 中，脆值指产品不发生物理的或功能的损伤所能承受的最大加速度值，一般用重力加速度的倍数表示。该定义既包括产品的冲击易损性，也包括产品的振动易损性，但是目前还没有关于在复杂载荷环境中产品脆值的试验方法。

6.6.2 冲击易损性试验方法

(1) 不同波形的破损边界曲线

产品破损不仅依赖于产品的最大加速度，还依赖于冲击持续时间和冲击过程中的速度增量。1968 年美国学者 R. E. Newton 依据最大冲击谱理论，提出破损边界概念，发展了破损边界理论，比较全面地反映了加速度峰值、速度变化量、冲击波形和产品破损之间的关系。图 6-26 是矩形波（或梯形）、半正弦波、后峰锯齿波等三种典型冲击波形的破损边界曲线。

最大冲击响应谱是系统在给定激励下的最大响应值与系统或激励的某一参数之间的关系曲线图。最大响应值可以是系统的最大位移、最大加速度、最大应力或出现最大值的时刻等，参数可以选择系统的固有频率或激励的作用时间等。图 6-27 是矩形波（或梯形波）、半正弦波、后峰锯齿波等三种典型冲击波形的最大冲击响应谱，给出了各种冲击波的冲击放大系数（A_m）和频率比（f_1/f_2或f_1T_2）的关系曲线。显然，矩形波冲击对产品造成的危害最大、最严酷。因此，在确定产品的冲击易损性时，通常以矩形波作为试验和测试的基础，特别是在产品的流通环境条件不甚明确的情况下，更应选用矩形波冲击。这种评价结果虽然有些保守，但有利于提高缓冲包装设计的可靠性。

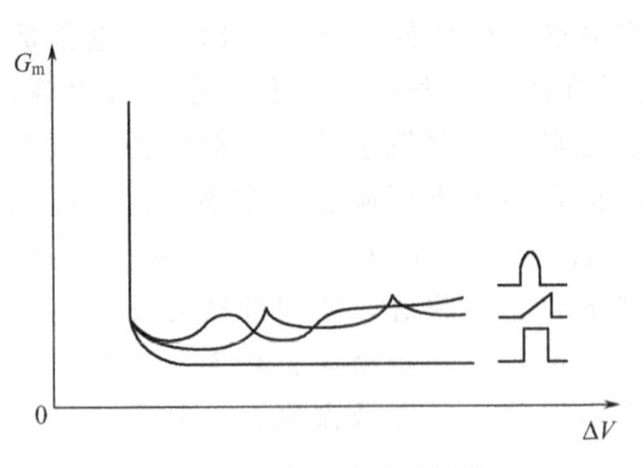

图 6-26 典型脉冲波形的破损边界曲线

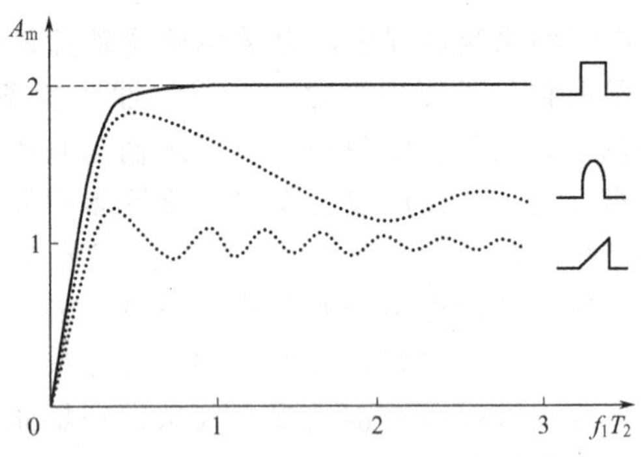

图 6-27 各种冲击波的冲击放大系数和频率比的关系曲线

(2) 破损边界曲线的测试程序

确定产品破损边界曲线的试验步骤分为确定临界速度增量、确定临界加速度和用光滑曲线连接等三个过程，现以矩形波（或梯形）冲击为例，说明确定产品破损边界曲线的试验方法。

① 确定临界速度增量（ΔV_c） 利用冲击试验机进行试验，采用时间很短的半正弦波、梯形波或后峰锯齿波，冲击作用时间一般取 2ms。选用一系列跌落高度对产品进行跌落。跌落高度从小到大，逐次提高，直到产品破损。把产品破损前一次的跌落高度所对应的速度增量作为临界速度增量（ΔV_c），并过 ΔV_c作垂线，如图 6-28 所示，圆点代表不同的试验次序和数据记录，圆圈表示产品发生破损时的试验记录。

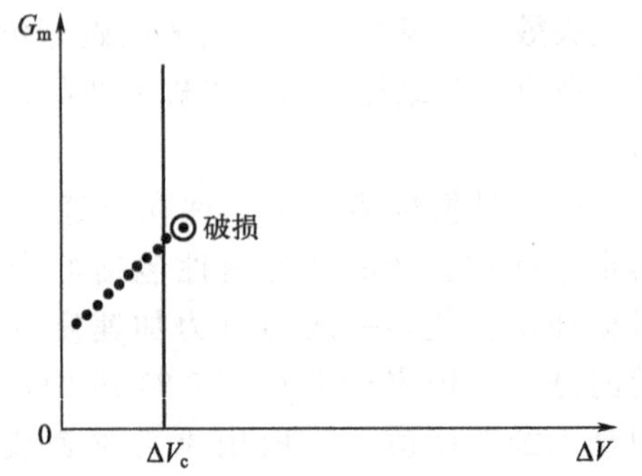

图 6-28 确定临界速度变化量

② 确定临界加速度（G_c）　确定产品的临界加速度，也就是确定产品的机械冲击脆值。GB/T 15099 适用于确定产品的机械冲击脆值，具有理论严密、技术要求高、测量精度高等特点，分为矩形波试验法、半正弦波试验法、临界速度试验法三种。GB/T 8171 也适用于确定产品的机械冲击脆值，具有理论简单、操作方便、测量精度低等特点，包括高度记录法、加速度记录法。

利用冲击试验机进行试验。采用矩形波，其冲击作用时间一般取 2ms。首先选择一个合适的跌落高度，保证速度增量离开破损边界曲线的弯曲部分，一般要求选取的跌落高度所产生的速度变化量满足 $\Delta V > \frac{\pi}{2}\Delta V_c$（或 $\Delta V > 1.57\Delta V_c$）。然后，保持速度增量恒定，逐次增大冲击加速度，直到产品破损。把产品破损前一次的冲击加速度值作为临界加速度（G_c），并过 G_c 作水平线，如图 6-29 所示，圆点代表不同的试验次序和数据记录，圆圈表示产品发生破损时的试验记录。调节冲击加速度值的方法是，冲击试验机汽缸内先用较低压力的气体，冲击时间较长，冲击加速度值较小；然后逐次增加汽缸内气体的压力，减小冲击持续时间，增大冲击加速度值。

③ 用光滑曲线连接　由前两步试验分别得到过临界速度增量的垂直线和临界加速度的水平线，从而产生了两个典型点，即点（ΔV，$2G_c$）和点$\left(\frac{\pi}{2}\Delta V_c, G_c\right)$。利用光滑曲线连接这两个典型点，最后得到图 6-30 所示的产品破损边界曲线。

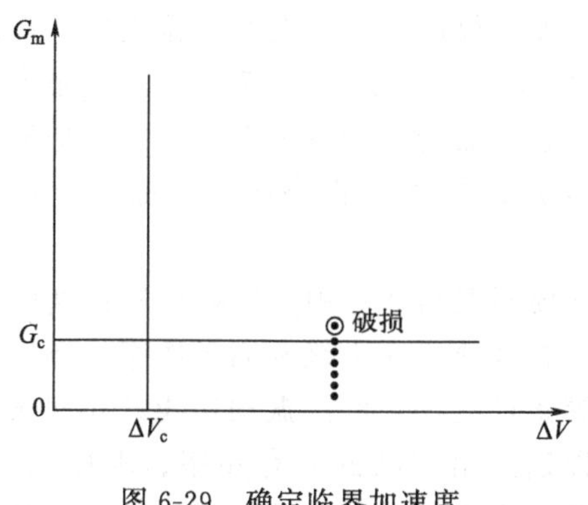

图 6-29　确定临界加速度

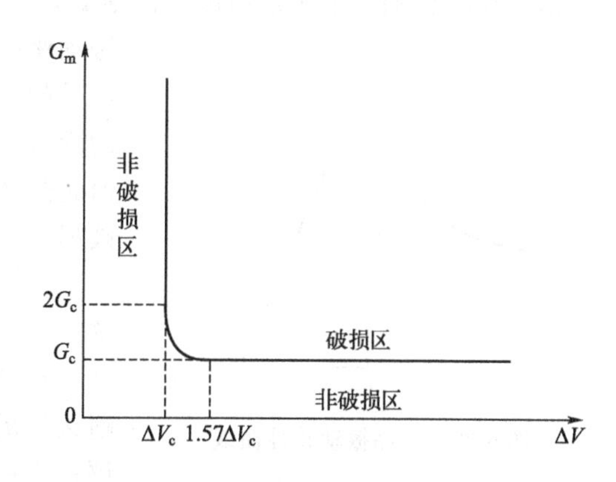

图 6-30　矩形波脉冲的破损边界曲线

由于一般产品在不同方向都有不同的冲击灵敏度，因此，通常对产品的每个方向都要重复上述冲击易损性试验步骤，从而对每个冲击方向都分别绘制一条破损边界曲线。例如，对于六面体产品的前、后、左、右、上、下六个面可以绘制出六条破损边界曲线。

（3）测试系统

按照 GB/T 15099 的要求，可选用图 6-31 所示的冲击试验机测试系统进行试验，DASP-ET 是北京东方振动和噪声技术研究所研制的数据采集与处理系统，能够实现信号的时域、频域分析。冲击试验机可选用的类型很多，表 6-26 是西北机器有限公司、苏州东菱振动试验仪器有限公司、苏州试验仪器总厂制造的垂直冲击试验机的主要技术参数。

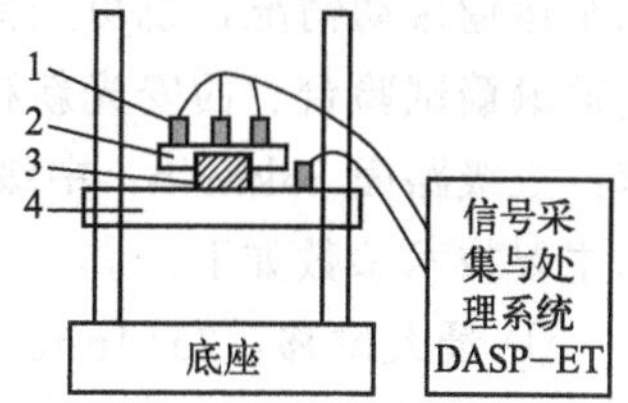

图 6-31　产品跌落冲击特性测试系统

1—传感器；2—电子枪；3—夹具；4—冲击台

表 6-26　垂直冲击试验机的主要技术参数

技术参数	Y5250-5/ZF 型	SY11-50 型	CL-100 型
最大载荷/kg	50	50	100
峰值加速度/(m/s²)	①半正弦波 50～5000 ②后峰锯齿波 150～3000	①半正弦波 100～7000 ②后峰锯齿波 150～1500 ③梯形波 300～1000	①半正弦波 150～5000 ②后峰锯齿波 150～1000 ③梯形波 150～1000
脉冲宽度/ms	①半正弦波 1～30 ②后峰锯齿波 3～18	①半正弦波 1～40 ②后峰锯齿波 3～18 ③梯形波 6～12	①半正弦波 1～30 ②后峰锯齿波 1～30 ③梯形波 1～30
台面尺寸/mm	500×400	500×500	500×500

另外，试验过程中，产品的固定方式对冲击易损性、破损形式、破损边界曲线也可能会有一定的影响，特别是对于结构不规则的产品。

6.6.3　振动易损性试验方法

在振动条件下，产品的易损性主要表现为振动峰值破损和振动疲劳破损。确定产品的振动峰值破损特性，参考国家标准 GB/T 4857.10。对于产品的振动疲劳破损特性，参考国家标准 GB/T 4857.7，具体参考 6.2.2 小节相关内容。

对于稳态振动，由于加速度幅值很低，不会引起产品的破损。当产品的固有频率与外部振动激励频率相等或很接近时，发生共振现象，产品承受的加速度达到最大值，如图 6-32 所示，f_n是产品的固有频率，T_r是产品的振动放大系数。当该加速度值超过产品结构允许的强度极限时，可能导致产品破损。

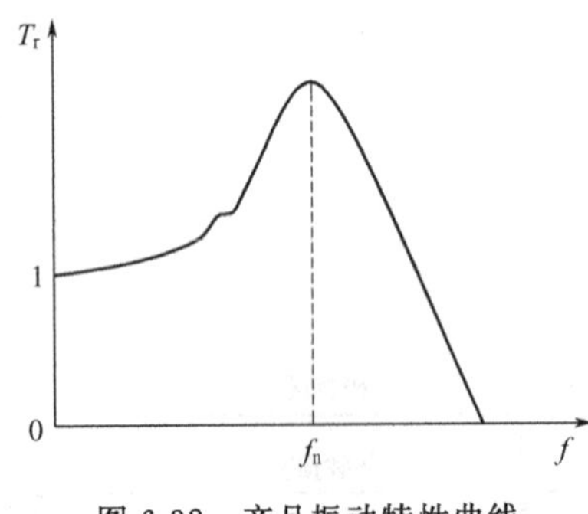

图 6-32　产品振动特性曲线

振动疲劳破损不但与产品中的工程可检长度的裂纹有关，还与材料性质、应力级及循环次序、环境温度、包装结构等条件有关。利用振动功能试验和振动耐久试验，可以确定出产品的固有频率、阻尼系数，评价产品的振动易损性。另外，试验过程中，产品的固定方式对振动易损性、破损形式也可能会有一定的影响，特别是对于结构不规则的产品。

对于产品的振动易损性测试设备，除了采用振动台之外，对于三级（或三级以上）公路汽车运输振动情况，也可选择模拟汽车运输试验台，例如苏州试验仪器总厂生产的 DBJ-60 运输颠簸试验台、西安光新科技发展有限公司生产的 GXYS 模拟汽车运输试验台（模拟车速：三级路面 35km/h；中级、次高级路面 50～60km/h）。其中，DBJ-60 运输颠簸试验台的主要技术参数如下。

① 最大位移：25.4mm。

② 转速：(285±3)r/min。

③ 运行：同步/非同步转换。

④ 台面尺寸：2000mm×900mm。

⑤ 最大负载：60kg。

6.6.4 计算机仿真分析法

试验法能够较好地评价产品脆值，但也有其局限性。首先，如需要对试样进行破坏性试验，这对批量小或价值昂贵的产品是不合适的，有时也是不允许的。其次，一般产品在不同方向上有不同的冲击灵敏度，通常要求对产品不同的面进行试验，周期长，费用太大。第三，对于贵重物品、高精度产品，这种破坏性试验费用太大，耗时较长，通常是不允许的。计算机仿真分析法是从产品结构参数、脆弱部件特征等信息出发，利用有限元法、动态子结构法、模态综合法等理论技术求解脆弱部件对任意激励下的加速度响应或应力，找到最大加速度和应力，从而判断脆弱部件的破损情况，计算产品脆值。

仿真是一种基于模型的活动，计算机仿真是将一个能够近似描述实际系统的数学模型经过二次模型化转化为仿真模型，再利用计算机进行模型运行、分析处理的过程，其实质是利用计算机仿真系统进行实际系统的“建模-试验-分析”过程，如图 6-33 所示。计算机仿真分析法能够从理论上、方法上解决破坏性试验法的缺陷，克服试验周期长、费用高的弊端，提高产品脆值的数据标准化的评价方法。

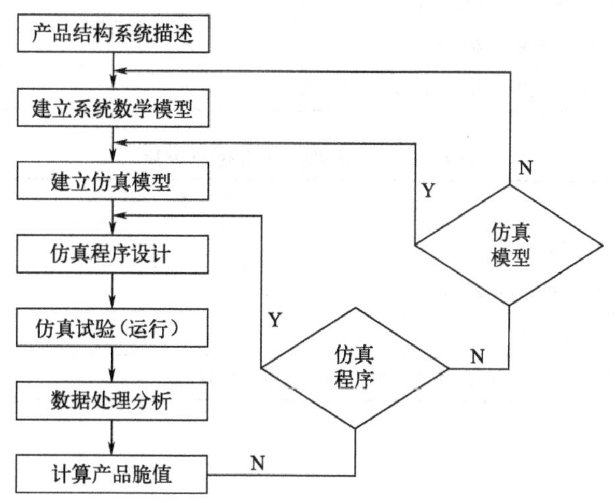

图 6-33 计算机仿真分析法的基本流程

6.6.5 典型产品的脆值

表 6-27～表 6-30 提供了美国、日本、英国、中国推荐的产品脆值，这些都是利用破坏性试验测试分析得到的。

表 6-27 美国《MIL-HDBK-304》

G_c 值	产品类型
15～24	导弹导航系统、精密校准仪器、惯性导航台、陀螺
25～39	机械测量仪表、电子仪器、真空管、雷达
40～59	航空附属仪表、电子记录装置、固体电路、精密机械、示波器
60～84	电视机、航空仪器、某些固体电路
85～110	电冰箱、普通机电设备
>110	一般机械、航空零件、液压传动装置、控制台

表 6-28　日本防卫省规范

等级	G_c 值	产　品　类　型
A	<10	大型电子计算机
	10～20	导弹导航器、高级电子仪器、晶体振荡器、精密测量仪器
	21～40	大型电子管、变频装置、普通电子仪器、一般测量仪器
B	41～60	飞机部件、小型电子计算机、自动记录仪、大型电信装置
	61～90	电视机、录音机、照相机、光学仪器、移动无线电、航空用品
C	91～120	便携式无线电、电冰箱、普通仪器
	>120	机械产品、小型真空管、一般器具

表 6-29　英国综合防护手册

G_c 值	产　品　类　型
<40	雷达及其控制系统、自动控制仪表、陀螺仪、瞄准器
40～60	制动陀螺、马赫表、精密仪器
60～80	油量计、压力计、一般电器
80～100	真空管、阴极射线器、电冰箱
100～120	热交换器、油冷却器、电取暖器、散热器

表 6-30　中国机械标准化研究所

G_c 值	产　品　类　型
25～40	冰箱压缩机
40～60	彩色电视机、显示器、鸡蛋
60～90	黑白电视机、电冰箱
90～120	光学经纬仪、荧光灯、陶瓷器皿、单放机、电动玩具

6.7　包装试验研制法

包装测试技术对优化包装设计、提高包装质量、降低包装成本都具有十分重要的意义。本节介绍两种包装试验研制法，即包装防护设计“五步法”和“六步法”。

6.7.1　包装防护设计“五步法”

1985 年美国 MTS 系统公司和美国密西根州立大学包装学院共同研制了缓冲包装设计与试验法，它包括确定流通环境条件、确定产品的易损性、选用适当的缓冲衬垫、设计制造原型包装、原型包装试验等步骤，简称“五步法”。这种方法对包装防护设计方法的科学化、程序化、规范化起到了积极的推动作用，被各个国家广泛采用，也被美国国家标准学会列入美国材料与试验学会标准。

(1) 确定流通环境条件

包装件在流通过程中，影响最大的外界因素是冲击和振动。确定包装件的流通环境条件，包括冲击环境和振动环境。

① 冲击环境的确定 选用等效跌落高度时可参考图 6-34 所示的装卸冲击概率曲线，图中的百分值表示在不同的等效跌落高度下包装件的跌落概率。产品的等效跌落高度不仅与产品重量有关，还与跌落概率有关。产品重量增加，跌落概率降低；等效跌落高度增加，跌落概率降低。

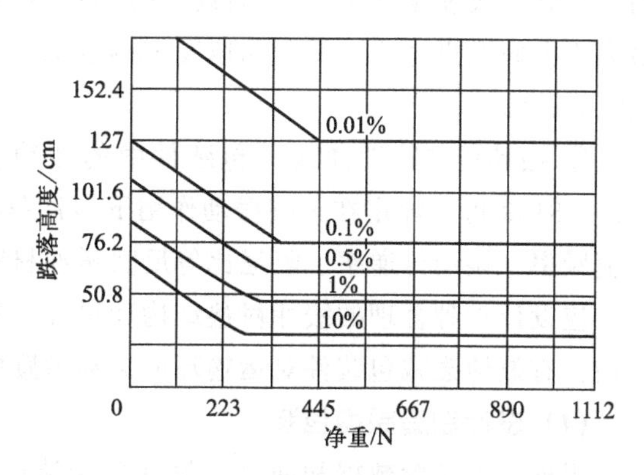

图 6-34 装卸冲击概率曲线

在选择概率时，应考虑到产品与包装成本、运输成本以及允许的破损率等因素，而不能盲目地选择破损率最小的装卸冲击概率曲线。

② 振动环境的确定 由于大量工业产品在现代物流过程中，要经过公路、水路、铁路、航空运输，必然要遇到来自外界的振动环境。这些振动环境很复杂，又具有随机性，特别是在公路运输的情况下，振动对包装件的危害最为严重。通过随车试验，或在实验室内用振动台模拟振动环境，可测出加速度-频率曲线，然后选择加速度和频率范围。

随车试验也称为运输试验，即使用计量和记录仪等测试系统，对包装件的实际运输过程做系统跟踪和监督。包装运输环境的随车试验以运输环境为对象，了解运输工具、装卸机械本身在运行操作中的外部激励对包装破损的影响情况、性质和严酷程度，为科学地评价包装件的流通环境条件提供基础的统计数据。

（2）确定产品易损性

产品易损性描述包装件在流通过程中产品能够抵抗冲击和振动的特性，易损度是其定量描述。参照国家标准 GB/T 8171 可以确定产品的破损边界曲线、脆值、临界速度变化量。通过振动试验，可以测试分析产品的振动峰值破损和振动疲劳破损情况，以及产品结构允许的强度极限。

（3）选用适当的缓冲衬垫

选用适当的缓冲衬垫也就是进行缓冲防振包装设计，即根据产品的易损性、流通环境条件、包装材料的缓冲特性曲线和振动传递特性曲线，选择最佳的缓冲包装材料，计算缓冲衬垫尺寸，设计出符合需求的缓冲衬垫，使包装件在流通过程中具有抵抗冲击和振动的性能。

缓冲防振包装设计的步骤是，首先按照缓冲要求进行缓冲衬垫的基本设计，再校核缓冲包装的防振能力。在进行缓冲衬垫的基本设计时，首先利用包装材料的缓冲特性曲线进行缓冲衬垫的初步设计，再进行产品强度校核、衬垫挠度校核、跌落姿态校核、蠕变校核、温湿度校核等性能校核，对初步设计结果作某些调整和补充。

① 缓冲特性曲线 包装件中的缓冲材料或结构具有吸收能量、缓和冲击的作用。按照 GB/T 8168 可以评定在静载荷作用下缓冲材料的缓冲性能及其在流通过程中对产品的保护能力，得到缓冲系数-最大应力曲线、缓冲系数-应变曲线和缓冲系数-变形能曲线。按照 GB/T 8167 可以评定缓冲材料在冲击作用下的缓冲性能及其在流通过程中对产品的保护能

力，得到最大加速度-静应力曲线、缓冲系数-最大应力曲线。GB/T 8166 给出了缓冲系数-最大应力曲线设计法、最大加速度-静应力曲线设计法，并建议优先选用最大加速度-静应力曲线设计法。

② 振动传递特性曲线　包装件中的缓冲材料或结构具有隔振和阻尼减振作用。按照 GB/T 8169 可以评定在正弦振动作用下缓冲材料的振动传递特性，得到振动传递率-曲线和峰值频率、振动传递率、阻尼比等反映缓冲材料防振作用的基本数据。在选用缓冲包装材料时，应设计一种合理的缓冲衬垫结构和尺寸，能够把包装件的振动传递率控制在所要求的范围内，有效地衰减包装件对运输环境振动激励的响应。

(4) 设计制造原型包装

根据以上试验数据和曲线，设计并制造原型包装。在满足冲击与振动防护性能的前提下，使材料所需量越少越好。另外，也应考虑材料成本、保护类型、特殊装运要求、包装封闭结构以及其他特殊要求等因素。原型包装应接近于最后的包装，材料、封闭、尺寸、重量等都应与最后的包装相同，以保证试验的原型是最后包装的代表样品。

(5) 原型包装试验

原型包装试验是包装试验研制法的最后一个环节，验证原型包装是否能到达所规定的防护性能要求。由于在包装设计中，未考虑某些变量对产品防护包装性能的影响，如缓冲衬垫的形状、侧面衬垫的摩擦和底垫密封对缓冲衬垫因空气流动的影响，故必须对原型包装样品进行冲击、振动、喷淋试验等，检测原型包装的性能。

6.7.2 包装防护设计“六步法”

1986 年，美国兰斯蒙特公司的工程师 Bresk 提出了“六步法”，即在“五步法”的第二步与第三步之间增加了一个重要步骤“产品改进设计”。因此，包装防护设计“六步法”的基本步骤如下。

① 确定流通环境条件。

② 确定产品的易损性。

③ 产品改进设计。

④ 缓冲衬垫设计与计算。

⑤ 设计制造原型包装。

⑥ 试验原型包装。

“六步法”有效地解决了产品自身强度与包装成本、包装动力可靠性之间的相互制约关系和技术要求，可以实现最大限度地降低包装成本。采用“五步法”和“六步法”进行缓冲包装设计与试验的基本程序被列入美国《包装工程手册》。

6.7.3 对两种方法的比较分析

(1) 相同点

比较分析“五步法”和“六步法”，它们的相同点主要体现在设计思想、设计目标、理论体系、设计程序四个方面。

① 设计思想基本相同　这两种设计方法都是按照设计、验证、修改这种思想指导包

装防护设计，即对于给定的产品的物流货运条件（或目的），选用合适的缓冲包装材料及其结构，根据具体的物流货运条件对原型包装进行试验验证，检测产品包装系统的可靠性。

② 设计目标基本相同 这两种设计方法都是针对给定的产品的物流货运条件，设计一个合理的包装系统，保护产品、方便储运、防止包装破损。

③ 理论体系相同 著名论文 *Dynamics of Package Cushioning* 和 *Fragility Assessment Theory and Test Procedure* 是缓冲包装设计“五步法”和“六步法”的理论基础。

④ 设计程序相同 这两种设计方法都具有顺序性，检查程序都具有循环性。若产品包装系统通过试验验证，则包装防护方案设计合格。否则，依次对原型包装、包装防护设计、产品改进设计、确定产品脆值、定义物流环境条件等各个设计程序进行检查分析，查找不合理设计环节，进行修改完善，再对修改后的产品包装系统进行试验验证，直至产品包装系统满足防护要求。

(2) 关键区别

除了相同点之外，这两种方法在设计思想、设计方法方面还有一些关键区别。

①“六步法”将产品改进设计融入包装防护设计，实现了产品与包装的联合设计思想，基于可接受脆值水平（AFL：Accepted Fragility Level）概念有效地解决了产品改进设计与包装成本、包装动力可靠性之间的相互制约关系和技术要求，可以实现最大限度地降低包装成本。

②“六步法”还考虑了产品脆值分析与产品改进设计的关系。如果产品脆值太小（如小于 10g），则该产品属于极易破损产品，采用缓冲包装设计不能较好地实现对产品包装防护，需要对产品的结构、工艺、材质、强度进行改进设计，提高产品自身抵抗冲击/振动破损的能力，降低产品对缓冲包装技术的要求和包装成本。

6.7.4 基于适度包装评价体系的缓冲包装设计方法

随着国际包装工业、国际包装组织对环境保护和适度包装的高度重视，缓冲包装设计“五步法”“六步法”显现出三个方面的不足：①缺乏环境保护理念的设计（或评价）目标；②缺乏适度包装理念的设计（或评价）目标；③缺乏现代优化分析方法。基于适度包装评价体系的缓冲包装设计方法是在缓冲包装设计“六步法”中融入适度包装和环境保护理念，将包装防护性能、包装费用都作为主要性能指标，并充分考虑产品包装系统对环境保护、资源节约等方面的社会效益，以提高产品包装系统的可靠性、方便性、环保性、经济性。

(1) 适度包装评价体系

适度包装是一种最佳的包装防护，即在满足特定的运输包装性能要求的条件下，以最小的包装体积、最少的包装材料、最方便的储运方式实现对产品的包装防护。缓冲（或产品）包装系统是否满足适度包装的要求，应从可靠性、方便性、环保性、经济性四个方面进行分析与评价，克服欠包装或过包装设计所造成的缺陷和不足，实现适度包装。

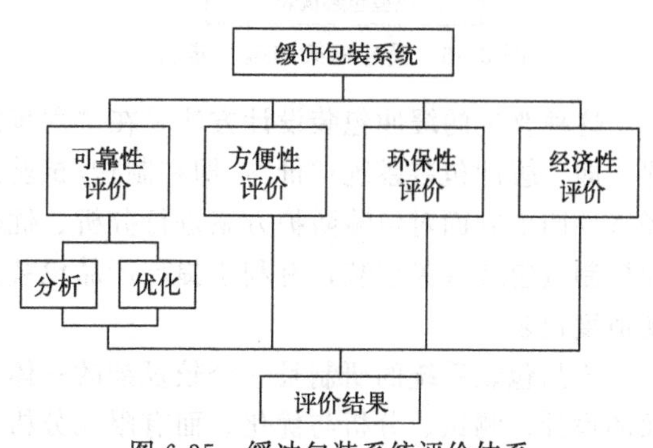

图 6-35 缓冲包装系统评价体系

图 6-35 给出了缓冲包装系统的适度包装

评价体系。可靠性反映缓冲包装设计的合理性，表现为包装件的缓冲、防振和抗压性能是否满足特定的流通环境条件要求。方便性反映缓冲包装系统是否有利于装卸、仓储和运输，涉及包装件的结构、体积、重量、运输工具、运输方式的标准化。环保性描述缓冲包装系统的包装废弃物是否回收、处理或再生利用。经济性反映包装总成本是否最小或较小。可靠性评价模块、方便性评价模块、环保性评价模块、经济性评价模块是缓冲包装系统评价的 4 个执行模块。可靠性评价模块实现对缓冲包装系统的缓冲性能、防振性能、抗压性能的分析与优化，最终获得一个最佳的包装防护方案。方便性评价模块分析包装防护方案在装卸、仓储和运输过程中的方便性。环保性评价模块对包装防护方案的资源节约、环境保护能力进行分析。经济性评价模块对包装防护方案的材料费用、人工费用、测试费用、物流费用进行测算分析。

经过这 4 个评价模块的综合分析，评价结果给出对缓冲包装系统的评估结论，即属于适度包装、过包装或欠包装。如果缓冲包装系统属于过包装或欠包装，评价结果还需给出修改建议。如果缓冲包装系统属于欠包装，需要对包装防护方案进行修改设计，提高缓冲包装系统的可靠性，再进行评价分析，以满足适度包装的要求。如果缓冲包装系统属于过包装，则表明缓冲包装系统能经得起流通过程中各种环境载荷的考验而不发生破损，但它不属于适度包装，还存在包装费用高等问题，需要对包装防护方案进一步修改和优化，降低包装和运输费用，再进行评价分析，以满足适度包装的要求。

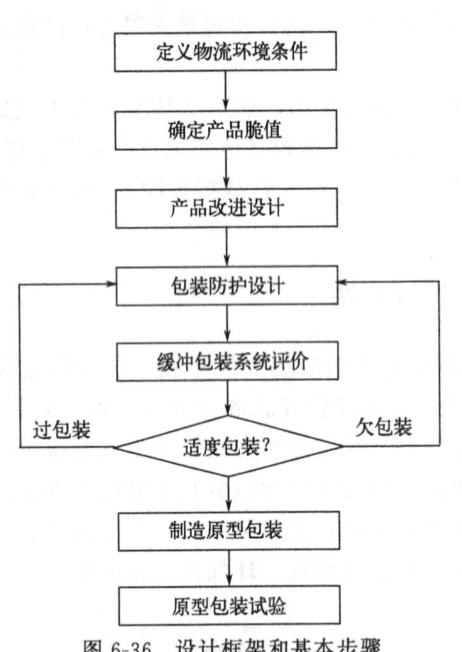

图 6-36　设计框架和基本步骤

(2) 改进的缓冲包装设计方法

基于缓冲包装系统的适度包装评价体系，对缓冲包装设计“六步法”进行改进，提出了基于适度包装评价体系的缓冲包装设计方法，如图 6-36 所示。这种设计方法包括 7 个设计框架和基本步骤，即：

① 定义物流环境条件；
② 确定产品脆值；
③ 产品改进设计；
④ 包装防护设计；
⑤ 缓冲包装系统评价；
⑥ 制造原型包装；
⑦ 原型包装试验。

这种改进的缓冲包装设计方法是在“六步法”的第四步与第五步之间增加了一个重要步骤，即“缓冲包装系统评价”，即在制造/试验原型包装之前，从可靠性、方便性、环保性、经济性四个方面对包装防护方案进行分析、优化和综合评价。因此，这种方法可以有效预测和控制过包装或欠包装，有利于提高产品包装系统的可靠性、方便性、环保性、经济性，实现适度包装。

产品包装系统的研制是一个较复杂的一体化工程设计过程，需要对产品包装系统进行全面的设计、测试、分析与优化，而有限元分析、计算机仿真技术、现代优化方法在该工程领域有着广阔的应用前景。

6.8 ISTA运输包装性能测试技术

本节简要介绍ISTA运输包装性能测试与评估技术、ISTA系列测试项目和ISTA 3A测试项目及顺序。

6.8.1 ISTA运输包装性能测试与评估技术

国际安全运输协会（ISTA：International Safe Transit Association）是一个国际性的运输包装性能测试与评估机构。20世纪40年代后期，由于美国家用电器工业产品在运输过程中的包装破损问题很严重，1948年8月9日，美国Procelain Enamel研究所成立了由制造公司、运送企业、包装企业等组成的国家安全运输委员会（NSTC：National Safe Transit Committee），Westinghouse电气公司的Ralpa Bisbee担任主席，将“预防胜于治疗（prevention rather than cure）”这种理念应用于缓冲包装件或系统，提出采用运输包装性能测试预测缓冲包装件对流通环境中各种危害因素的承受能力。1973年，NSTC更名为国家安全运输协会（NSTA：National Safe Transit Association）。1991年，NSTA考虑到流通环境的地域性问题，临时更名为国家/国际安全运输协会（N/ISTA：National/International Safe Transit Association）。1994年，NSTA正式更名为ISTA，即国际安全运输协会。

ISTA研究开发了一系列适用于缓冲包装件的运输包装性能测试与评估技术，如原型测试（non simulation）技术、一般模拟（general aimulation）技术、集中模拟（focused simulation）技术、局部模拟（partial simulation）技术、增强模拟（enhanced simulation）技术，它们之间的相互关系如图6-37所示。原型测试技术、一般模拟技术和集中模拟技术形成了三种层次的测试类型，其费用、复杂性和效果也明显不同，测试费用越高，测试就越复杂，测试效果越显著，但也不是要求所有的运输包装性能测试与评估都采用复杂的、费用高的测试技术，应考虑许多影响因素，如产品脆值、价值、运输数量、包装费用和环境形象影响，直接破损费用和无形影响，流通环境复杂性，市场需求时机、消费者满意度、竞争，责任承担，调整需求等。因此，对于特定的缓冲包装件的运输包装性能测试与评估，应选择恰当的测试技术以达到这些因素的最佳平衡。

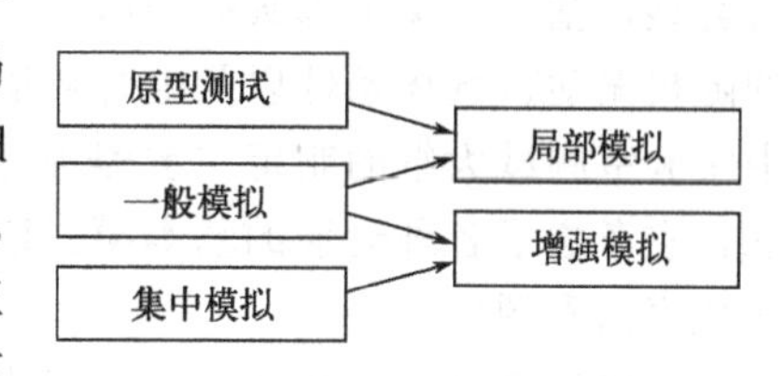

图6-37 运输性能评价技术分类

随着全球化、国际竞争、复杂变化的流通环境的紧迫要求，在许多情况下，采用原型测试技术进行缓冲包装件的运输包装性能测试与评估还存在缺陷，已不能满足缓冲包装设计与检测的要求，需要采用两种或三种测试技术的组合形式，如局部模拟（partial simulation）技术、增强模拟（enhanced simulation）技术。局部模拟技术属于ISTA 2-Series运输包装性能测试与评估技术，它是原型测试技术与一般模拟技术的组合形式。增强模拟技术属于ISTA 4-Series运输包装性能测试与评估技术，它由一般模拟技术和集中模拟技术组合而成，它是一般模拟技术的扩充模式，既包含了实际流通环境中的所有典型危害因素，又附加了集中模拟技术中的一些环境危害因素。

（1）原型测试（integrity testing）技术

原型测试技术属于 ISTA 1-Series 运输包装性能测试与评估技术，最简单、费用最低，其基本模式中的典型要求是对缓冲包装件进行自由跌落试验和振动试验，所使用的设备如跌落冲击试验机、振动试验机。一些实验室测试大纲还增补了静压力性能测试。除了缓冲包装件的重量之外，原型测试技术很少，甚至没有考虑产品或包装的结构、组成、价值、运输数量、运输方式等因素，在实验室设备环境条件下进行试验，一般情况下也不要求对缓冲包装件进行预处理。试验等级与实际的流通环境载荷没有相互关系，例如，针对每一种缓冲包装件重量，仅设定一种较高的跌落高度，但是在典型的流通过程中存在着相当多的跌落高度小的冲击和非常少的跌落高度大的冲击。缓冲包装件的振动试验实际上属于幅值小的重复性冲击，没有模拟实际运输车辆的运动，振动持续时间或冲击次数也是随意的。

缓冲包装件通过原型测试，表明缓冲包装设计为产品提供了可靠的包装保护，但可能造成过包装。当缓冲包装件没有通过原型测试时，包装破损可能是由原型测试中没有包括的危害因素造成，例如，在实验室没有对缓冲包装件进行静压力性能测试，而在流通过程中因仓储压力引起包装破损，或者是在实验室环境条件下对缓冲包装件进行了静压力性能测试，但由于流通过程中的高湿度而造成包装破损。因此，原型测试技术的固有特性决定了它的优化性能差，不能满足对缓冲包装件的包装费用、性能和环境影响的最优化要求。

（2）一般模拟（general simulation）技术

一般模拟技术属于 ISTA 3-Series 运输包装性能测试与评估技术，其目的是在实验室设备环境条件下采用试验类型、顺序、量值和其他参数等描述方法来模拟流通环境中产生包装破损的危害因素。实验室测试大纲中包含试验等级和参数，且与相关的试验标准方法、工业标准、计算结果、先验知识一致。一般模拟技术的典型要求包括变化的跌落高度，附加的冲击类型，基于广义顶部载荷的压力、堆码高度，能够广泛模拟实际运输车辆运动的波形简单的随机振动、气候条件以及组合环境危害（如压力和振动同时存在）因素等。一般模拟技术中实验室测试大纲的制定主要是基于包装类型和结构，对产品价值和运输数量也有一些考虑，它考虑了各种运输的基本模式以及多模式情况，实验室试验顺序类似于实际流通环境中的危害因素顺序。

与原型测试技术相比较，一般模拟技术费用较高，操作复杂耗时，对试验设备工具的投入显著增加，需要较多的测试系统，而且对测试系统的复杂性和先进性要求也明显提高。当产品价值和/或运输数量适中或偏高时，从一个全面的一般模拟技术所获得的经济效益和环境效益很容易得到验证。一般模拟技术要求用户具有识别特定的流通环境特性的能力，需要用户描述运送类型、车辆、流通环境、包装类型等。若实际的流通环境与所选择的试验类型、顺序、量值匹配很好，一般模拟技术可获得良好的测试与评估效果，能够实现对缓冲包装件的包装费用、性能和环境影响的最优化设计。

（3）集中模拟（focused simulation）技术

集中模拟技术属于 ISTA 5-Series 运输包装性能测试与评估技术，功能最强，在先验知识、试验准备、试验设备工具、实验时间/复杂性等方面的要求最苛刻。在实验室测试大纲中不包括试验等级和参数，实际上根本不存在实验室测试大纲，只有制订试验大纲的指南和建议。对一个特定的缓冲包装件，集中模拟技术首先研究其流通过程中的详细信息，如潜在危害因素、装卸与分拣操作、运输车辆及其载重、仓库堆码、气候条件等，由这些信息组成一个明确的流通环境描述，全面反映产生包装破损的潜在危害因素、顺序以及组合环境危害因素。其次，通过现场数据测试，定量描述这些流通环境危害因素的量值和其他条件。例如，由跌落冲击测试，分析缓冲包装件在集中模拟技术中的跌落高度、冲击速度、冲击方向、冲击频次；由车辆振动测试，根据车辆类型、装载条件和振动持续时间，分析功率谱图；由车辆装载和仓储测试，分析仓储时间和堆码条件；通过气候条件测试，分析温度/湿度的极限值、变化率以及组合模式。利用一个自包含的电子现场数据记录仪可获得这些测试数据，这些仪器尺寸比砖块还小，能够记录静态和动态信息。最后，将这些数据信息转换成一个特定的缓冲包装件的实验室测试大纲。在集中模拟技术中，应采用统计方法分析数据，试验应基于对统计结果的合理应用。如果包装、产品或系统中存在变量和偏差，必须在实验室测试大纲中指出如何组合变量和偏差或是否另有测试大纲。

对于临时观测者，很难区分集中模拟测试与一个正在实验室进行的全面的一般模拟测试。它们之间的具体区别是，跌落和冲击试验高度、速度、方向、次数不同；振动试验标准和时间不同；压缩载荷和时间不同；堆码条件和其他参数不同。一个好的一般模拟测试包含所有的危害因素，但集中模拟测试将这些危害因素与一个特定的缓冲包装件、特定的流通环境有机地组织在一起。集中模拟技术具有实现与实际的流通环境载荷处于最佳相互关系（near-perfect correlation）的实验室测试大纲的可能性，能够实现对缓冲包装件的包装费用、性能和环境影响的最优化设计。在制定流通环境描述时，所有的运输路线与模式、包装结构、环境条件都应确定，需要足够的流通环境载荷的现场测试数据，测试结果应具有良好的统计特性。

（4）ISTA 4AB 技术

ISTA 4AB 技术是一种基于计算机辅助和网络的运输包装性能测试与评估技术，它提供了一种高增强模拟（highly enhanced simulation）技术，将用户定义的流通环境模式与实验室设备环境条件紧密地联系在一起，通过计算机后台（behind the scenes）处理分析流通环境中的各种危害因素，不需要用户进行大量的现场数据测试与分析，实验室测试大纲自身就包含了这些数据。只要确定了特定的缓冲包装件和相应的流通环境，实验室测试大纲就由计算机辅助设计完成。ISTA 4AB 技术需要包含大量的有关流通环境的先验知识，但目前的实验室测试大纲只包含少量的、待定义的流通环境，还需要对不断更新的流通环境信息，通过数据仓库（data depot）增补、合并新获得的数据信息。

6.8.2 ISTA 系列测试项目

（1）ISTA 1 系列：非模拟整体性能测试（non-simulation integrity performance tests）

评价产品和包装件的强度和坚固性，是一种基准测试程序。

① 1A 质量不大于 68kg 的包装件的固定位移振动和跌落冲击测试。

② 1B 质量超过 68kg 的包装件的固定位移振动和跌落冲击测试。

③ 1C 质量不大于 68kg 的单个包装件的固定位移振动或随机振动、跌落冲击和压力测试。

④ 1D 质量超过 68kg 的单个包装件的固定位移振动或随机振动、跌落冲击、压力测试。

⑤ 1E 集合装载单元的垂直线性或随机振动和跌落冲击测试。

⑥ 1G 质量不大于 68kg 的包装件的随机振动和跌落冲击测试。

⑦ 1H 质量超过 68kg 的包装件的随机振动和跌落冲击测试。

（2）ISTA 2 系列：局部模拟性能测试（partial simulation performance tests）

试验程序具备 ISTA 3 系列一般模拟性能试验中至少一个组成部分，如环境处理或随机

振动试验，此外还包括1系列非模拟整体性能测试的基本组成部分。

① 2A 质量不大于68kg的包装件的环境处理、压力、固定位移或随机振动、跌落冲击测试。

② 2B 质量超过68kg的包装件的环境处理、压力、固定位移或随机振动、跌落冲击测试。

③ 2C 家具包装的环境处理、压力、跌落冲击测试。

④ 2D 扁平型包装件的固定位移振动、跌落冲击测试。

⑤ 2E 长条型包装件的固定位移振动、跌落冲击测试。

⑥ 2F 零担货运的环境处理、压力/振动、振动、跌落冲击测试。

(3) ISTA 3系列：一般模拟性能测试（general simulation performance tests）

在实验室内模拟造成包装件破损的各种危害因素，可应用于多种运输环境，例如不同的汽车类型和运输路线，或不同的搬运过程。

① 3A 质量不大于70kg以包裹形式运输的包装件（标准、小型、扁平或长条形包装件）的一般模拟试验，包括环境处理、带和不带顶部载荷的随机振动、跌落冲击测试。

② 3B 零担货运包装件的一般模拟试验，包括环境处理、倾翻、冲击、带顶部荷载的随机振动、集中冲击、叉车升举搬运测试。

③ 3E程序 同种产品的集合装载的一般模拟试验，包括环境处理、压力、随机振动、跌落冲击测试。

④ 3F 从配送中心运送到零售店45kg或以下的包装件的一般模拟试验，包括环境处理、压力、随机振动、跌落冲击测试。

⑤ 3H 机械搬运散装货物运输集装箱内的包装件的一般模拟试验，包括环境处理、随机振动、跌落冲击测试。

⑥ 3J Club仓储分配系统运输的包装件一般模拟试验。

6.8.3 ISTA 3A测试项目及顺序

ISTA 3A测试程序是对包裹运输的单个包装件的完全模拟测试，适合于空运和陆运的标准包装件、小件包装件、扁平包装件和超长包装件。

标准包装件（standard packaged-product）是指不符合小件包装件、扁平包装件和超长包装件的特征的包装件。

小件包装件（small packaged-product）应满足：①体积小于13000mm^3；②最长尺寸方向小于或等于350mm；③质量小于或等于4.5kg的要求。

扁平包装件（FLAT packaged-product）应满足：①包装件的最短一个方向的尺寸小于或等于200mm；②次短尺寸最少为最短尺寸的4倍；③体积大于13000mm^3 的要求。

加长包装件（elongated packaged-product）应满足：①包装件的最长尺寸不小于900mm；②包装件的另外两个尺寸在最长尺寸的20%以下。

ISTA 3A：2008测试项目包括：环境（可选）、跌落、堆码随机振动、随机振动、冲击测试，还提供了可选的振动与真空（高海拔的低气压）测试的组合试验。基本试验项目包括环境处理、带和不带顶部载荷的随机振动、跌落冲击测试。表6-31～表6-34是ISTA 3A关于标准包装件、小件包装件、扁平包装件和超长包装件的测试项目及顺序，具体测试过程及要求可查阅ISTA和ISTA-China的《GUIDELINES FOR SELECTING AND USING ISTA TEST PROCEDURES & PROJECTS》。

表 6-31 标准包装件的测试项目及顺序

顺序	类别	测试项目	说明	备注
1	环境预处理	温度、湿度	周围环境	必须
2	环境处理	可控温湿度	由运输物流环境决定	可选
3	冲击	跌落	9 次跌落，跌落高度随包装件重量变化	必须
4	振动	有顶部载荷和无载荷的随机振动	加速度均方根值为 0.53g 和 0.46g（重力加速度，取 9.8m/s^2）	必须
5	振动	真空随机振动	由运输方式决定	可选
6	冲击	跌落	9 次跌落，跌落高度随包装件重量变化，包括跌落在危险物上	必须

表 6-32 小件包装件的测试项目及顺序

顺序	类别	测试项目	说明	备注
1	环境预处理	温度、湿度	周围环境	必须
2	环境处理	可控温湿度	由运输物流环境决定	可选
3	冲击	不装在袋中跌落	9 次跌落，跌落高度随包装件重量变化	必须
4	振动	有顶部载荷和无载荷的随机振动	加速度均方根值为 0.53g 和 0.46g	必须
5	振动	真空随机振动	由运输方式决定	可选
6	冲击	装在袋中跌落	7 次跌落，跌落高度随包装件重量变化	必须

表 6-33 扁平包装件的测试项目及顺序

顺序	类别	测试项目	说明	备注
1	环境预处理	温度、湿度	周围环境	必须
2	环境处理	可控温湿度	由运输物流环境决定	可选
3	冲击	跌落	9 次跌落，跌落高度随重量变化	必须
4	振动	有顶部载荷和无载荷的随机振动	加速度均方根值为 0.53g 和 0.46g	必须
5	振动	真空随机振动	由运输方式决定	可选
6	冲击	旋转棱跌落	200mm	必须
7	冲击	旋转面跌落	随包装件的尺寸变化	必须
8	冲击	危险物冲击	危险箱跌落高度 400mm	必须

表 6-34 超长包装件的测试项目及顺序

顺序	类别	测试项目	说明	备注
1	环境预处理	温度、湿度	周围环境	必须
2	环境处理	可控温湿度	由运输物流环境决定	可选
3	冲击	跌落	9 次跌落，跌落高度随包装件重量变化	必须
4	振动	有顶部载荷和无载荷的随机振动	加速度均方根值为 0.53g 和 0.46g	必须
5	振动	真空随机振动	由运输方式决定	可选
6	冲击	旋转棱跌落	200mm	必须
7	冲击	旋转面跌落	随包装件的尺寸变化	必须
8	冲击	桥式冲击	危险箱跌落高度 400mm	必须

思考题

1. 如何对不同外形的运输包装件进行部位标示？

2. 运输包装件冲击试验有哪些类型？分别用于评价运输包装件的什么性能？

3. 如何全面测试运输包装件的振动响应？

4. 运输包装件的滚动试验有哪些测试项目？分别用于评价运输包装件的什么性能？

5. 运输包装件的耐候试验有哪些测试项目？分别用于评价运输包装件的什么性能？

6. 大型运输包装件性能试验有哪些测试项目？试验参数分别是什么？

7. 危险货物包装件性能试验有哪些测试项目？试验结果如何评定？

8. 简述军用装备的振动、冲击试验程序的分类。

9. 简述产品易损性的测试方法。

10. 简述破损边界曲线的测试过程。

11. 简述缓冲包装设计的“五步法”和“六步法”。两者有什么区别？

12. 什么是适度包装？如何对缓冲包装系统进行全面评价？

13. 简述ISTA原型测试技术、一般模拟技术、集中模拟技术、局部模拟技术、增强模拟技术之间的关系。

14. 举例说明ISTA 3A测试项目及顺序。

第7章 包装材料安全性能测试

学习指南

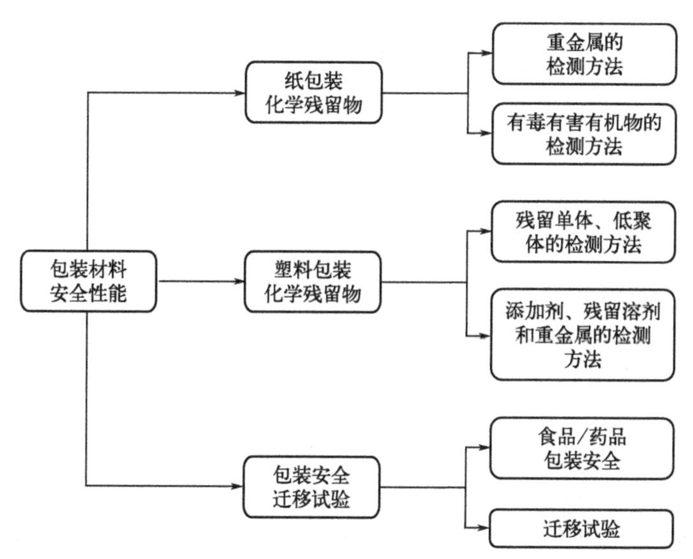

本章简要介绍纸包装化学残留物、塑料薄膜化学成分的检测方法以及包装安全迁移试验。

本章内容的重点为纸包装化学残留物、塑料薄膜化学成分的检测方法以及包装安全迁移试验。

本章内容的难点为纸包装残留重金属、有毒有害有机物的检测方法；塑料包装残留单体、低聚体、添加剂、残留溶剂、重金属的检测方法；包装安全迁移试验等。

塑料是当前我国食品包装当中的主要材料，随着社会经济的高度发展，人们对食品安全关注度不断提高，塑料包装作为影响食品安全的重要因素，也逐渐受到重视。塑料工业的快速发展和技术革新给人们的饮食消费带来了许多便利，也给人们的健康需求造成了诸多挑战。我国始终高度重视食品药品安全工作，持续强化食品药品安全监管。我们要加强对食品、药品包装塑料的检测及新型包装材料的研发，全力推进食品、药品包装科学技术水平提高，竭力拓展包装科技为人民幸福安康的保驾护航作用，全面提升人民群众的安全感和幸

福感。

随着产品种类的快速增加、消费者权益保护意识的增强以及市场竞争环境日趋激烈，市场检验检测需求呈现多元化的发展趋势，对食品、药品等产品的安全需求、生态环保、质量安全等问题的关注度逐步上升。各国政府也加大了产品安全和环境保护等方面的立法保障力度，制定了多层次的法律法规和标准体系，经济活动中各类产品生产和流通环节的检验检测需求也不断加强。保障包装材料安全需要进一步明确市场主体法律责任和政府监管责任，加快形成有利于完善包装材料安全检测的法律法规体系，建立科学、有针对性、实用的产品包装安全控制体系，加大监督和执法工作，从源头抓起，严控产品的生产、加工、包装及流通一整套流程，从而保证产品安全和环境安全。通过包装材料安全性能测试与分析，培养学生的职业素养和食品药品安全包装意识，培养综合运用测试技术开展分析、评价和解决工程问题的创新素质。

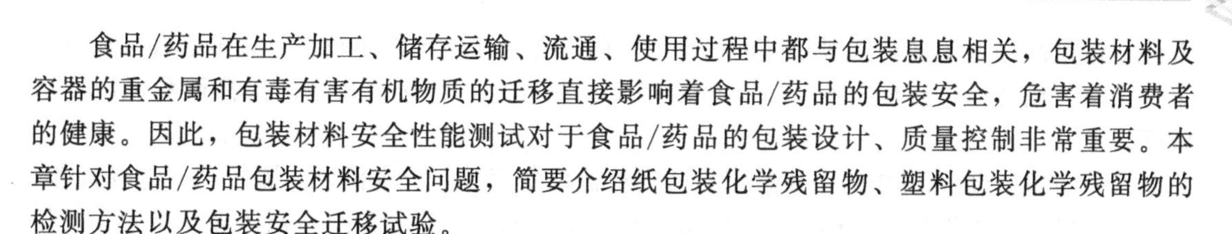

食品/药品在生产加工、储存运输、流通、使用过程中都与包装息息相关，包装材料及容器的重金属和有毒有害有机物质的迁移直接影响着食品/药品的包装安全，危害着消费者的健康。因此，包装材料安全性能测试对于食品/药品的包装设计、质量控制非常重要。本章针对食品/药品包装材料安全问题，简要介绍纸包装化学残留物、塑料包装化学残留物的检测方法以及包装安全迁移试验。

7.1　纸包装化学残留物的检测方法

纸质包装材料及容器在生产过程以及后续的加工过程中会添加一些化学物质，如在制浆过程中要加入蒸煮剂、漂白剂等，在造纸过程中加入施胶剂、防水剂、增强剂、杀菌剂等化学药品，在生产加工过程中一些有毒物质也有可能会伴随产生，如溶剂和纸容器表面的印刷油墨等。这些化学残留物（如重金属、有毒有害有机物）的迁移直接对食品/药品造成污染，危害消费者的健康。本节简要介绍纸包装化学残留物的检测方法。

7.1.1　重金属的检测方法

纸质包装材料中残留的重金属元素主要来源于包装工艺和印刷油墨，如铅、锡、汞、铬等有害重金属。纸包装材料中的重金属元素一般以化合态的形式存在，在检测时需要首先对样品进行前处理，使重金属以离子状态存在于试液以便准确分析。对纸样品的前处理方法主要包括：微波消解法、湿法消解法、干法消解法。湿法消解法是在适量的纸样品中加入硝酸、高氯酸、硫酸等氧化性强酸，结合加热来破坏有机物。但是这种方法易产生大量的有害气体，存在爆炸的潜在危险。干法消解法是在高温灼烧下使有机物氧化分解，剩余的无机物供测定。此法能降低污染，但消化周期长、耗电多、被测成分易挥发损失。微波消解法是一种新型消解方法，具有消化样品能力强、速度快、消耗化学试剂少、金属元素不易挥发损失、污染小及空白值低等优势，一次样品处理后就可同时测定几种元素，已逐渐取代湿法消解和干法消解。

重金属定量检测技术主要包括：紫外-可见分光光度法（UV）、原子吸收法（AAS）、原子荧光法（AFS）、电感耦合等离子体法（ICP）、X射线荧光光谱法（XRF）、电感耦合等离子体质谱法（ICP-MS）。

(1) 紫外-可见分光光度法

紫外-可见分光光度法是根据物质分子对波长为200～760nm范围电磁波的吸收特性所建立起来的一种定性、定量分析方法。物质的吸收光谱本质上是物质中的分子和原子吸收了入射光中的某些特定波长的光能量，相应地发生了分子振动能级跃迁和电子能级跃迁的结果。由于各种物质具有各自不同的分子、原子和不同的分子空间结构，其吸收光能量的情况也不同。因此，每种物质有其特有的、固定的吸收光谱曲线，可根据吸收光谱上的某些特征波长处的吸光度的高低判别或测定该物质的含量。

紫外-可见分光光度分析有两种情况，一种是利用物质本身对紫外及可见光的吸收进行测定；另一种是通过在被测物质中加入显色剂，即“显色”，然后测定。虽然不少重金属离子在紫外和可见光区有吸收，但一般强度较弱，直接用于定量分析的较少。加入显色剂使待测物质转化为在紫外和可见光区有吸收的化合物来进行光度测定，是目前应用最广泛的测试方法。显色剂分为无机显色剂和有机显色剂，而以有机显色剂使用较多。大多数有机显色剂本身为有色化合物，与金属离子反应生成稳定的螯合物，其显色反应的选择性和灵敏度都较高。

紫外-可见分光光度法的主要特点是所需仪器设备简单、成本低、检测限高、选择性差，一般只能检测一种组分。若样品中多组分共存，必须对样品进行组分分离等多个步骤，操作繁琐，还会引入误差，达不到快速、准确的分析要求。这些限制了紫外-可见分光光度法在重金属元素分析中的应用。

(2) 原子发射光谱法

原子发射光谱法（AES：atomic emission spectrometry）是依据各种元素的原子或离子在热激发或电激发条件下，发射特征的电磁辐射对元素的定性与定量分析的方法。

原子发射光谱仪的核心部位是原子发射光源，为试样的蒸发、解离、原子化、激发提供能量。原子发射光源主要有直流电弧光源、低压交流电弧光源、高压火花光源、电感耦合等离子体光源（ICP 光源：inductively coupled plasma)。ICP 光源是一种很好的原子化源、离子化源和激发源，用它做光谱分析具有检出限低、灵敏度高、稳定性好、精密度高、基体效应干扰小等优点，因此被广泛应用于环境科学、食品科学、生命科学等领域。

原子发射光谱法具有灵敏度高、选择性好、准确度高、能同时测定多种元素等优点。采用一般的光源，原子发射光谱的灵敏度可达 0.1～10mg/L，ICP 光源可达 10^{-4}～10^{-3} mg/L。但是，该方法一般只能用于元素分析，而不能确定元素在样品中存在的化合物状态；基体效应较大，必须采用组成与分析样品相匹配的参比试样；原子发生光谱仪较昂贵，难以普及。

例如，李婷等采用超高压微波消解-电感耦合等离子体原子发射光谱法（UHPMD-ICP)，同时测定食品复合包装材料中铅、铬、镉、汞等元素。首先利用超高压微波消解仪对复合包装材料样品进行消解，然后再用 ICP 对样液中的铅、铬、镉、汞元素的含量进行测定。在所选择的最佳仪器条件下，该方法的线性良好，在线性范围 0.500mg/L 内的相关系数达 0.999916，测试样品的准确度和精密度也符合要求。利用 UHPMD-ICP 同时测定复合包装材料中的重金属，操作简便快捷，结果准确可靠，是一种新型、快速的检测手段。

(3) 原子吸收光谱法

原子吸收光谱法（AAS：atomic absorption spectrometry）是通过测定某一具有特定波长的光通过试样原子蒸气后被吸收的多少来测定被测元素含量的一种方法。原子吸收一般遵循分光光度法的吸收定律，通过对比标准样品和待测试样的吸光度，求得待测试样中元素的含量。原子吸收光谱法是无机元素定量分析应用最广泛的一种分析方法。

原子吸收光谱法具有灵敏度高、选择性强、分析范围广、精密度好及准确性高等特点，火焰原子吸收分光光度法测定大多数金属元素的相对灵敏度为 1.0×10^{-10}～1.0×10^{-8} mg/L，非火焰原子吸收分光光度法的绝对灵敏度为 1.0×10^{-14}～1.0×10^{-12} mg/L。但是，这种方法不利于多种元素同时测定，标准工作曲线的线性范围窄，操作复杂，仪器昂贵。

例如，张琳建立了检测聚对苯二甲酸乙二醇酯（PET）材料中的铜、铅、镉、锌、铁、锰等 6 种重金属的原子吸收光谱法。选用 HNO_3/H_2O_2 体系对试样进行微波消解前处理，采用有证标准物质完成标准曲线的绘制并进行全程质量控制。这些重金属元素的标准曲线均呈现良好的线性关系。该方法可广泛用于 PET 塑料材料中重金属的快速检测，检出限在 0.009～0.125μg/g 范围内，加标回收率为 85.9%～107.3%，相对标准偏差为 2.33%～5.25%。

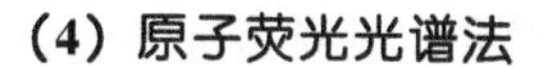

（4）原子荧光光谱法

原子荧光光谱法（AFS：atomic fluorescence spectrometry）是原子光谱法中的一个重要分支，是介于原子发射（AES）和原子吸收（AAS）之间的光谱分析技术。它的基本原理是：样品在消化液中经过高温加热，发生氧化还原、分解等反应后样品转化为清亮液态，将包含分析元素的酸性溶液在预还原剂的作用下，转化成特定价态，还原剂硼氢化钾（KBH_4）反应产生氢化物和氢气，在载气（氩气）的推动下氢化物和氢气被引入原子化器（石英炉）中并原子化。特定的基态原子（蒸气状态）吸收合适的特定频率的辐射，其中部分受激发态原子在去激发过程中以光辐射的形式发射出特征波长的荧光，检测器测定原子发出的荧光而实现对元素测定的痕量分析方法。

原子荧光光谱法兼有原子发射和原子吸收两种分析方法的优点，又克服了两种方法的不足，具有发射谱线简单、线性范围较宽、灵敏度高、干扰少等优点，且灵敏度高于原子吸收光谱法，能够进行多元素同时测定。

（5）电化学分析法

电化学分析法是依据物质电化学性质来测定物质组成及含量的分析方法，该方法直接通过测定溶液中电流、电位、电导、电量等各种物理量，确定参与反应的化学物质的量。根据过程测定的电参数的不同，电化学分析法分为电位、电导、伏安分析法等，而用于检测重金属的电化学分析法主要包括极谱法和伏安法。伏安法是从电化学分析中的极谱法发展起来的，伏安法使用的极化电极是固体电极或表面不能更新的液体电极，而极谱分析法使用表面能够周期更新的滴汞电极。伏安法一般包括阳极溶出伏安法、阴极溶出伏安法、吸附溶出伏安法等。

电化学分析法克服了传统重金属检测方法检测仪器昂贵、检测步骤烦琐、检测成本高等不足，具有设备简单、分析速度快、灵敏度高、选择性好、所需试样量较少、易于控制等特点。电化学分析法可快速检测重金属元素，若采用差分脉冲、方波或相敏交流溶出伏安法，能更好地消除充电电流，能分析 10^{-11}～10^{-10}mol/L 的微量元素。

（6）X 射线荧光光谱法

X 射线荧光光谱法（XRF：X-ray fluorescence spectrometer）的基本原理是，当物质中的原子受到适当的高能辐射的激发后，放射出该原子所具有的特性 X 射线。根据探测到该元素特征 X 射线的存在与否可以进行定性分析，而其强度的大小可做定量分析。

X 射线荧光光谱法具有分析迅速、样品前处理简单、可分析元素范围广、谱线简单、光谱干扰少、试样形态多样性及测定时的非破坏性等特点。这种方法既可分析块状样品，还可对多层镀膜的各层镀膜分别进行成分和膜厚的分析；既适用于常量元素的定性和定量分析，也能进行微量元素的测定，检出限可达 10^{-6}g/g。

（7）电感耦合等离子体质谱法

电感耦合等离子体质谱法（ICP-MS：inductively coupled plasma mass spectrometry）是一种无机元素和同位素分析测试技术，被誉为分析化学领域的突破性创举之一。测试原理是，样品通过离子化和质谱分析系统，获得样品中元素的离子通量，利用电荷质量比进行分离并检测，如图 7-1 所示。ICP-MS 分析仪器兼具电感耦合等离子体和四极杆质谱仪的优点，主要由等离子体发生器、接口部分、离子聚焦系统、真空系统、四极杆质量分析器和离子检测系统等部分组成。该检测系统通过将电感耦合等离子体电离特性与质谱技术用独特的接口连接，从而形成对金属元素的高灵敏分析和快速扫描检测。该方法是发展较快且应用广泛的检测重金属元素的技术之一，在痕量和超痕量重金属检测中表现优异，具备多元素分析快、检出限低、灵敏度高以及线性范围广等优点。

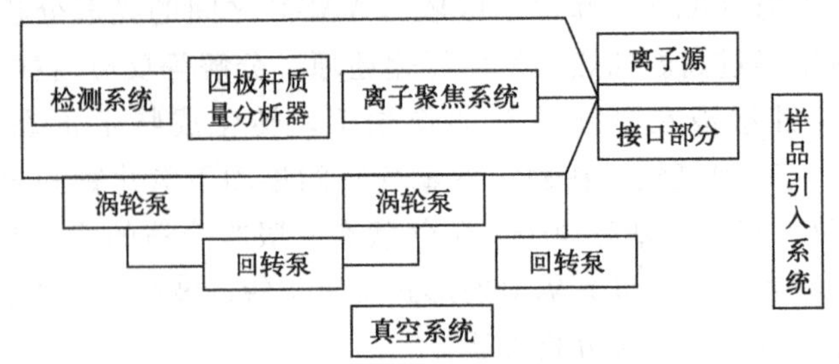

图 7-1　ICP-MS 仪器的结构组成

例如，乔兆华等对应用于食品包装的铝塑复合材料中的重金属元素进行检测。试剂空白溶液连续测定 11 次，以其结果标准偏差值的 3 倍计算检出限，以其结果标准偏差的 10 倍计算定量限。对铅、镍、镉、铬、铜、砷、锰、锌、钛等 9 种元素的线性范围均为 0～120μg/kg。各元素的线性方程、相关系数、检出限和定量限，如表 7-1 所示，x、y 分别是质量浓度和信号强度，信号值与浓度均呈现出良好的线性关系，相关系数达到 0.99 以上，检出限为 0.01～1.62μg/kg，定量限为 0.03～5.35μg/kg。

表 7-1　拟合线性方程、相关系数和检出限

元素	质量数	线性方程	相关系数	检出限/(μg/kg)	定量限/(μg/kg)
铅	208	$y=3499.4x-1319.9$	0.9998	0.01	0.03
镍	60	$y=2942.2x-309.9$	0.9999	0.01	0.03
镉	111	$y=1383.7x+1040.6$	0.9999	0.07	0.23
铬	52	$y=13189x+43674.7$	1.0000	0.03	0.10
铜	63	$y=5736.9x+13398.3$	1.0000	0.04	0.13
砷	75	$y=1748x+946.6$	0.9999	0.02	0.07
锰	55	$y=20603.6x+245.7$	1.0000	0.01	0.03
锌	66	$y=1555.8x-1134.9$	0.9972	1.62	5.35
钛	47	$y=1474.3x-244.45$	0.9998	0.02	0.07

又如，汪家胜等对玻璃和陶瓷容器中的镉、铅金属元素的迁移量进行 ICP-MS 检测，提出了一套更稳定、灵敏的重金属元素迁移量检测方法。采用 4%乙酸浸泡液和 5%硝酸超声提取进行样品前处理，并对仪器参数进行调谐与测定，线性关系的相关系数达到 0.9998 以上。该方法具有稳定、精准的特点，能够满足检测的要求。ICP-MS 能灵敏、准确地测定食品包装材料中的重金属含量，可满足食品安全国家标准中的检测要求，为食品安全管理提供强大的技术支持。同时，ICP-MS 技术与其他色谱与光谱仪器的联用技术也不断突破，实现创新发展，如毛细管电泳-ICP-MS、流动注射电热蒸发-ICP-MS、超临界流体色谱-ICP-MS 等。这些技术的出现更好地拓展了检测仪器的功能，充分发挥出不同技术的特点与优势，进一步扩大了 ICP-MS 的应用领域。

7.1.2　有毒有害有机物的检测方法

纸质包装材料中的有毒有害残留有机物的类型较多，例如烷烃、链烯烃、醛、醇、酮、

杂环类、丙烯酸类、硫化物类挥发性物质，油墨及胶黏剂中的低聚物和单体，含氟防油剂所形成的全氟辛磺酰基铵（FOSE），荧光增白剂中的双三嗪氨基二苯乙烯基磺酸（盐）及其衍生物，增塑剂中的邻苯二甲酸酯、己二酸酯、柠檬酸酯和癸二酸酯等。

有毒有害有机物分析的方法主要有气相色谱法（GC）、高效液相色谱法（HPLC）、质谱法（MS）等。在检测分析前，应采用合适的分解和溶解方法对待测组分进行提取、净化和浓缩，使被测组分转化为可以测定的形式。纸包装材料的预处理方法有超声萃取法、加速溶剂萃取法、固相微萃取法、静态顶空萃取法等。

(1) 气相色谱法

根据所用色谱柱的形式，气相色谱法可分为毛细管气相色谱法和填充气相色谱法两种类型。气相色谱法（GC：gas chromatography）是一种高效、快速的分离方法，它主要利用物质各组分的沸点、极性及吸附性质的微小差异来实现混合物的分离。样品在气化室气化后被惰性气体（即载气，流动相）带入色谱柱，柱内含有液体或固体流动相，由于样品中各组分的沸点、极性或吸附性能不同，每种组分都倾向于在流动相和固定相之间形成分配或吸附平衡。由于载气的流动，样品组分在运动中进行反复多次的分配或吸附/解吸附，在载气中浓度大的组分先流出色谱柱，而在固定相中分配浓度大的组分后流出。

在纸包装有毒有害残留有机物检测中，在气相色谱仪操作许可的温度下能直接或间接气化的有机物均可采用气相色谱法测定分析，如烷烃、链烯烃、醛、醇、酮、杂环类、丙烯酸类、硫化物类挥发性有机物等。气相色谱法具有分离能力好、灵敏度高、分析速度快、操作方便等优点，但是受技术条件的限制，沸点太高的物质或热稳定性差的物质都难于应用气相色谱法进行分析。

例如，刘爱娟等采用气相色谱法分析了药品包装材料中环氧乙烷残留的浓度。选择60℃平衡40min的顶空条件，DB-VRX毛细管色谱柱进行测定，柱温为50℃恒温，载气流速为1.5mL/min。所建立的色谱分析方法可对药包材中的干扰物乙醛进行有效分离，专属性好，在0.38～18.96μg/mL范围内线性关系良好，相关系数为0.9998。在低、中、高3个浓度水平的回收率为96.8%～109.9%，精密度为0.9%～5.1%。

(2) 高效液相色谱法

高效液相色谱法（HPLC：high performance liquid chromatography）是色谱法的一个重要分支，以液体为流动相，采用高压输液系统，将具有不同极性的单一溶剂或不同比例的混合溶剂、缓冲液等流动相泵入装有固定相的色谱柱，在柱内各成分被分离后，进入检测器进行检测，从而实现对试样的分析。该方法已成为化学、医学、工业等学科领域中重要的分离分析技术。与气相色谱法相比，高效液相色谱法只要求试样能制成溶液，而不需要气化，因此不受试样挥发性的限制。对于高沸点、热稳定性差、相对分子质量大（大于400以上）的有机物，原则上都可应用高效液相色谱法来进行分离、分析。据统计，在已知化合物中能用气相色谱分析的约占20%，而能用液相色谱分析的占70%～80%。

例如，唐吉旺等采用高效液相色谱-质谱串联技术，建立了一种适合于检测食品包装材料中双酚A和壬基酚的方法。样品以二氯甲烷为溶剂超声提取后经硅胶固相萃取柱净化，利用Venusil MPC18(2) 色谱柱（100mm×2.1mm，2.6μm）进行分离，以0.1%氨水和甲醇为流动相进行梯度洗脱，在ESI负离子扫描模式下采用多反应监测模式测定。双酚A和壬基酚在1.0～200.0μg/L范围内均具有良好的线性关系，相关系数达到0.999以上，在1.0、10.0、200.0μg/kg^3三个加标水平下的平均回收率为89.2%～101.2%，相对标准偏差为3.1%～6.2%，检测限、定量限分别是0.5μg/kg和1.0μg/kg。

(3) 质谱分析法

质谱法（MS：mass spectrometer）是通过将样品转化为运动的气态离子并按质荷比大小进行分离并记录其信息的分析方法。所得结果以图谱（质谱图）表达。根据质谱图所提供的信息，可进行多种有机物及无机物的定性和定量分析、复杂化合物的结构分析、样品中各种同位素比的测定以及固体表面的结构和组分分析等。

质谱法是一种重要的定性鉴定和结构分析方法，是一种高灵敏、高效的定性分析工具，但该方法没有分离能力，不能直接分析混合物；而色谱法是一种快速、高效的分离技术，但不能对分离出的每个组分进行鉴定。因此将两者结合起来，把质谱仪作为色谱仪的检测器将能发挥二者的优点，具有色谱的高分辨率和质谱的高灵敏度，是有机物定性定量分析的有效工具。常用的色质联用技术有气-质联用仪、液-质联用仪，其中液-质联用能更有效地测定被测物质的痕量组分，能分析纸包装材料中残留的增塑剂、多氯联苯、防油剂等。

食品包装用胶黏剂中的挥发性有机物对人体感官刺激较大。例如，周伟等通过气相色谱-质谱法，分析食品包装用胶黏剂中的乙酸及苯系物的浓度。乙酸和苯系物在0.01～2.0μg的浓度范围内线性良好，相关系数均大于0.997，检出限为0.0002～0.0010mg/m³，定量限为0.0006～0.0033mg/m³，相对标准偏差<10%，该分析方法可用于评估食品包装用胶黏剂中挥发性有机物的情况。

7.2 塑料包装化学残留物的检测方法

塑料包装材料中有毒有害化学残留物的主要来源有：树脂中残留的有毒单体和低聚体、添加剂（稳定剂、增塑剂、着色剂等）、残留溶剂（苯类、醇类、酮类等）和重金属。这些有毒有害化学物的迁移影响着食品/药品包装安全问题。本节简要介绍塑料包装化学残留物的检测方法。

7.2.1 残留单体、低聚体的检测方法

(1) 苯乙烯

苯乙烯单体具有一定的毒性，并且容易被氧化生成一种能诱导有机体突变的化合物苯基环氧乙烷。我国规定食品包装用聚苯乙烯树脂中苯乙烯的含量不能超过0.5%，美国规定接触脂肪食品的聚苯乙烯树脂中苯乙烯单体含量应不超过5000mg/kg，其他食品包装聚苯乙烯树脂中苯乙烯单体含量应不超过10000mg/kg。目前主要采用顶空气相色谱技术测定食品中苯乙烯的含量，检测仪器需要连接一套吹扫捕集进样系统来提高检测灵敏度，利用质谱法或反相液相色谱分析技术测定苯乙烯的含量。

(2) 氯乙烯

氯乙烯是一种典型致癌物质，在食品/药品的包装、储存和销售过程中，没有聚合的氯乙烯随时可能从聚氯乙烯中逸出而迁移到被包装物内。我国《食品包装用聚氯乙烯成型品卫生标准》中规定残留的氯乙烯单体不得超过1mg/kg，欧盟在指令78/142/EEC中规定聚氯乙烯包装材料及成型品中氯乙烯单体含量不得超过1mg/kg，并且不得迁移到食品中（检测限为0.01mg/kg食品）。目前主要采用填充柱气相色谱法检测氯乙烯单体，也有采用毛细管

色谱柱气相色谱质谱法检测。填充柱气相色谱柱的柱容量比毛细管气相柱高，但峰型宽，分离度较低，分离效果并不理想。而静态顶空-毛细管气相色谱法操作简单，分离良好，具有较好的准确度和精密度。

（3）双酚 A

双酚 A（二酚基丙烷）是一种“内分泌干扰化学物质”。欧盟在 2002/16/EC 指令中规定食品容器内壁环氧涂料中双酚 A 类化合物迁移到食品或者食品模拟物中的含量不能超过 1mg/kg。目前主要采用紫外分光光度法、气相色谱法、气相-质谱法、高效液相色谱法、液相色谱-质谱法、极谱法等检测双酚 A。紫外分光光度法具有准确、简便、快速、分析成本低等优点。质谱法能够检测分析 mg/kg 级浓度水平的双酚 A。

（4）异氰酸酯

异氰酸酯适用于制作聚亚胺酯包装材料和胶黏剂，对人体健康有较大的危害，如使人头昏、头痛、恶心、呼吸急促，甚至呕血、昏迷。欧盟规定塑料制品中异氰酸酯残留物的含量不得高于 1.0mg/kg [以—NCO 计，NCO 值是指 100g 试样所含的异氰酸酯（—NCO）基团的质量]。毛细管气相色谱氢火焰离子化法可检测异氰酸酯类物质。在梯度升温条件下，对标准溶液和样品中的异氰酸酯类进行分离。该方法相对简单、快速，适用于高通量快速检测，检出限是 0.05～10mg/kg。另外，反相液相色谱分离与荧光检测也可定量检测异氰酸酯类物质，萃取衍生样品中的异氰酸酯，通过 C_{18} 色谱柱梯度洗脱分离后，以荧光检测器检测，外标法定量，检出限为 30.3～42.3μg/kg。该方法准确、灵敏、重现性好，适用于异氰酸酯残留量的检测。

（5）己内酰胺

尼龙的低聚体和残留的单体——己内酰胺非常容易渗透至沸水中，易导致食品产生不协调的苦味。我国规定己内酰胺在尼龙成型品中的含量不超过 15mg/L，欧盟 2002/72/EC 指令中规定己内酰胺向食品或者食品模拟物中的迁移量不能超过 15mg/kg。测定尼龙食品包装中的低聚体和己内酰胺残留物的含量时，需先将样品溶解、沉淀，然后采用带紫外检测器的高效液相色谱在 210nm 波长处检测分析。

（6）聚对苯二甲酸乙二醇酯的低聚体

对苯二酸是 PET 包装材料及容器中的一种共聚用单体，在包装材料与食品/药品接触时，残留的对苯二酸单体就可能迁移进入食品中。欧盟 10/201 指令规定，塑料食品包装中对苯二甲酸单体迁移到食品或者食品模拟物中的量应小于 7.5mg/kg。利用高效液相色谱法检测 PET 瓶体中的低聚体含量，发现每 100g 包装材料中含有 316～412mg 的三聚体。此外，先将食品提取液中所有的低聚体转化为对苯二酸，再采用 GC-MS 选择离子检测模式分析，能检测出 PET 中的低聚体和所有其他单体，但是，这种方法不能准确测定单体和低聚体的含量。

例如，重庆市计量质量检测研究院以塑料材质食品接触材料为对象，基于液相色谱法，优化了色谱柱、流动相、升温速度、洗脱梯度等色谱条件，根据目标物质的特点，提出了食品接触材料及制品中对苯二甲酸、间苯二甲酸、邻苯二甲酸、偏苯三甲酸、间苯二酰二氯、对苯二甲酰氯、偏苯三甲酸酐等 7 种物质的分析技术。基于液相色谱-质谱联用法，建立了食品塑料材料中 FWA52、FWA367、FWA185、FWA135、FWA393、FWA368、FWA184、FWA199 和 FWA378 荧光增白剂的分离技术；优化离子源、传输线、定性定量离子等质谱条件，评估检测方法的线性范围、检出限、精密度和回收率等方法学参数。

7.2.2 添加剂的检测方法

包装材料及容器中的增塑剂、稳定剂、润滑剂、抗静电剂、着色剂等添加剂也存在不同程度向食品/药品迁移的问题，因此，添加剂残留量的检测分析对食品/药品包装安全也很重要。目前采用的检测方法有：高效液相色谱法、气相色谱-质谱法、傅立叶变换红外光谱法等。对于沸点低、易挥发的成分，用挥发性溶剂作为模拟物时，采用气相色谱法。对于沸点高、挥发性低的成分，气相色谱分析时柱温较高，易造成固定相流失，缩短色柱的使用寿命。对于不易挥发的成分，利用高效液相色谱法可得到较好的分离。

（1）增塑剂

邻苯二甲酸酯类增塑剂对人体具有生殖和发育毒性、诱变性和致癌性等，容易从塑料包装材料中迁移而对食品/药品造成污染。英国、加拿大等的调查结果表明，食品包装保鲜膜中主要含有增塑剂己二酸二（2-乙基己基）己酯（DEHA），它容易迁移到保鲜膜所包裹的肉类、鱼类和奶酪食品中，其中奶酪中 DEHA 的含量高达 310μg/g。此外，邻苯二甲酸二（2-乙基己基）酯（DEHP）、邻苯二甲酸二丁酯（DBP）、邻苯二甲酸丁基苯基酯（BBP）、邻苯二甲酸二乙基酯（DEP）在塑料包装及其包裹的食品中均有检出，其中 DEHP 在食品中的浓度平均为 0.29μg/g。

一般采用同位素稀释气相色谱-质谱法分析复杂食品基体中的邻苯二甲酸酯、己二酸酯、癸二酸酯、乙酰基三丁基柠檬酸酯等增塑剂。这种测试方法把氘代或碳-13 标记的类似物作为内标，在气相色谱-质谱法测定前，需要采用体积排阻色谱（SEC）技术分离脂肪食品中的液态基质，目标分析物和内标将以一个色谱峰的形式洗脱，但是两者质量数不同，故可采用质谱法同时测定。另外，吹扫共蒸馏提取技术是一种新型的样品前处理技术，可提取脂肪食品中的增塑剂，该技术已广泛应用于脂肪食品中农药残留物的提取。

例如，杨晓辉等采用气相色谱-质谱联用法，对餐厅和超市常用食品接触材料中的 16 种邻苯二甲酸酯类（PAEs：Phthalate Esters）增塑剂进行了检测。9 种食品接触材料中全部检出了邻苯二甲酸酯类，其中，邻苯二甲酸（2-乙基己基）酯（DEHP）含量最高，其次是邻苯二甲酸二丁酯（DBP）和邻苯二甲酸二异丁酯（DIBP），且塑料材质的食品接触材料中 DEHP、DBP、DIBP 的含量高于纸质材料。

（2）热稳定剂

环氧化的种子油或植物油（如环氧大豆油，ESBO）等被大量用作塑料食品包装材料的热稳定剂、润滑剂和增塑剂等，而聚氯乙烯、聚偏二氯乙烯、聚苯乙烯等包装材料通常含有 0.1%～27%的环氧化植物油，植物油中残留的乙烯氧化物毒性极强。

与邻苯二甲酸酯不同，环氧大豆油具有多分散性和不易挥发性，不能直接采用同位素稀释气相色谱-质谱法测定，但可以通过将甘油三酯降解为相应的脂肪酸，再进行同位素稀释气相色谱-质谱法测定，以碳-13 标识的环氧三油精作为内标。也可以通过酯交换反应，将 ESBO 转化为相应乙基酯，再采用气相色谱-氢火焰检测器（GC-FID：gas chromatography-flame ionization detector）测定。

（3）光稳定剂

按化学结构特征，光稳定剂可分为邻羚基二苯甲酮类、苯并三唑类、水杨酸酯类、三嗪类、取代丙烯腈类、草酰胺类、有机镍络合物类、受阻胺类。美国、日本、法国等国允许用于接触食品的塑料制品中常见光稳定剂的最大用量为 0.5%，意大利规定最大用量为 0.2%。

目前主要采用气相色谱串联质谱法（离子源为电子电离源）和液相色谱串联质谱法（离子源为电喷雾离子源）检测分析光稳定剂。检测聚胺类物质时，样品先经过溶解、沉淀，再用硫酸进行萃取，使含氮脂环族类和其他添加剂（如抗氧化剂、润滑剂）分离，萃取物通过裂解气相色谱质谱仪定性、定量分析，即使结构非常相似的聚胺类物质也可根据裂解产物区分。

例如，黄晓钢等基于液相色谱法，建立了聚烯烃中2种光稳定剂，即聚[[6-[(1,1,3,3-四甲基丁基)氨基]-1,3,5-三嗪-2,4-二基][(2,2,6,6-四甲基-4-哌啶基)亚氨基]-1,6-己二基[(2,2,6,6-四甲基-4-哌啶基)亚氨]]、N,N′-双(2,2,6,6-四甲基-4-哌啶基)-1,6-己二胺与2,4,6-三氯-1,3,5-三嗪吗啉的甲基化的聚合物的测定方法。粉碎后的样品用四氢呋喃超声提取，再用酸化甲醇沉淀，提取液过尼龙滤膜后待测。液相色谱采用氨水溶液-磷酸二氢铵溶液-乙腈为流动相，氨基柱为色谱柱，二极管阵列检测器为检测器，定量波长为230nm。利用四极杆飞行时间质谱、三重四极杆质谱，分析了这2种光稳定剂主要质谱峰的可能化学结构和质谱峰的裂解碎片。在优化条件下，这2种光稳定剂的定量线性方程的相关系数大于0.9996，检出限分别为0.04%和0.004%，平均回收率为84.4%～97.5%，相对标准偏差为1.7%～4.0%。

(4) 抗氧化剂

大多数抗氧化剂无毒且具有良好的稳定效果，但是一些苯基取代的亚磷酸酯有一定的毒性，而且三元取代的衍生物的毒性比一元取代和二元取代的衍生物的毒性更强。例如三苯基亚磷酸酯是毒性较强的物质之一，而一羟基、二羟基苯甲酮和苯并三唑衍生物的毒性并不强。

抗氧化剂的检测主要采用反相液体色谱法、超临界流体色谱法（SFC）。另外，SFC耦联超临界流体萃取（SFE）和质谱系统的快速分析法，也适合于测定包装材料中的抗氧化剂和光稳定剂，利用SFE-SFC快速提取和分离耐热性不高且分子量大的抗氧化剂，利用质谱仪可在较大质量范围内提供高灵敏的物质鉴别能力。

例如，梅秀明等建立了一种液相色谱-串联质谱（LC-MS/MS：liquid chromatography tandem mass spectrometry）高通量检测酸乳中多种塑料添加剂迁移量的方法。以乙酸乙酯为提取溶剂，超声提取两次，每次10min，离心分离取上清液，氮吹至近干后用甲醇复溶，过有机滤膜后进LC-MS/MS检测；使用Eclipse plus C18 RRHD色谱柱，5mmol/L乙酸铵水溶液-甲醇为流动相，梯度洗脱，串联质谱以电喷雾离子源正、负离子模式下电离，多反应监测模式下定性和定量分析33种目标物。这些目标物的工作曲线线性范围内相关系数达0.99以上，加标回收率在94.90%～103.57%，相对标准偏差在1.57%～7.43%。采用该方法对10种酸乳样品进行了检测分析，发现有5种塑料添加剂，分别是3种塑化剂和2种抗氧化剂，灵敏度高，检测结果准确稳定，前处理过程简单、高效、易操作。

7.2.3 残留溶剂的检测方法

除了塑料包装材料中的添加剂和单体残留，这些添加剂或单体残留在合适条件下的分解产物以及包装材料在制造过程中使用的化学处理剂残留物都可能扩散至包装材料表面而造成食品/药品污染。蒸发残渣是检测包装材料在使用过程中接触水、酸性物质、酒精类、油脂类等食品时可能析出的化学物质量的指标，适用于聚乙烯、聚苯乙烯、聚丙烯、过氯乙烯树脂制作的包装材料及容器在不同浸泡液中溶出量的测定分析。

国内塑料复合膜生产中的残留溶剂有十几种，如乙醇、异丙醇、丁醇、丙酮、丁酮、乙酸乙酯、乙酸异丙酯、乙酸丁酯、苯、甲苯、二甲苯（含邻二甲苯、间二甲苯、对二甲苯）等。这些残留溶剂大多有很强的毒性，尤其是苯类溶剂残留，有致癌性，毒性很大。目前苯系物主要包括苯、甲苯、二甲苯、乙苯、异丙苯和苯乙烯等。

欧盟对溶剂残留的检测方法标准有两个，一种是静态顶空气相色谱法（EN13628-1，2：2002），涵盖了17种溶剂的检测方法；另一种是动态顶空气相色谱法（EN14479：2004），涵盖了19种溶剂的检测。这两种方法的检出限都是0.5mg/m^2。我国对塑料复合食品包装材料中的溶剂残留的检测方法采用顶空气相色谱法，但是没有规定相应溶剂范围，也没有方法的检出限。

例如，毛娅等采用顶空气相色谱法对药品包装材料中可能存在的30种残留溶剂进行含量测定。这些残留溶剂能实现完全分离，线性关系良好，相关系数范围为0.9947～0.9993，检出限为0.07～0.61ng/m^2，定量限为0.22～2.03ng/m^2，加标回收率为99.18%～103.46%，相对标准偏差为0.06%～2.40%。

7.2.4 重金属的检测方法

在一定的热、光、电、磁等条件下，包装材料中的聚合物单体、添加剂、残留溶剂以及由催化剂带来的重金属元素会溶出，从而对食品/药品造成安全危害。目前采用的主要检测方法包括：分光光度法、原子吸收光谱法、原子荧光光谱法、电感耦合等离子体质谱法、微波消解-电感耦合等离子体-质谱法等。电感耦合等离子体质谱法具有灵敏度高、动态线性范围宽、多种元素可同时测定等优点。微波消解-电感耦合等离子体-质谱法。微波消解-电感耦合等离子体-质谱法可同时测定塑料包装材料中含有的砷、铬、铅、镉、锑、汞、硒、钡、镍、锡、锶、铊等有毒有害元素，方便、准确、快速，克服了化学、原子光谱法对上述元素检测的灵敏度不够高、分析时间长等缺点。

例如，高羽等对比了原子吸收光谱法（AAS）和电感耦合等离子体质谱法（ICP-MS），测定中药材中铅、镉等元素含量的准确度和精密度。将淡竹叶经微波消解法消解定容后，分别利用原子吸收光谱仪和电感耦合等离子体质谱仪测定样品中铅、镉元素含量。这两种检测方法测定的样品中重金属含量的相对标准偏差<5%，加标回收率范围为80%～100%。原子吸收光谱法的测定结果略高于电感耦合等离子体质谱法。而且，电感耦合等离子体质谱技术具有元素覆盖范围宽、准确度高、分析速度快、灵敏度高、线性动态范围宽等优点。

7.3 包装安全迁移试验

当包装材料接触食品/药品时，包装材料本身含有的有毒有害化学物质迁移到食品/药品中，从而成为内装食品/药品的“特殊添加剂”或“隐形添加剂”。本节简要介绍食品/药品包装安全的迁移试验。

7.3.1 食品/药品包装安全

食品/药品在生产加工、储存运输、流通、使用过程中都与包装息息相关，包装的核心任务是确保食品/药品的品质，保护消费者的安全健康。图7-2是食品/药品包装系统的传质过程示意图，包装材料及容器把包装物流环境和食品/药品从结构形态上隔离。包装材料及容器对食品/药品的安全有着很大影响，一方面是包装材料及容器中的有毒有害化学残留物问题，即包装材料及容器含有超标的有毒重金属元素（如铅、汞、铬、镉、锡、锑、砷等）、有毒有害有机物等；另一方面是包装材料及容器中的有毒有害化学物质的迁移问题，即有毒有害化学残留物在包装及使用环境中从包装材料向食品/药品中迁移，从而危害消费者的健康。

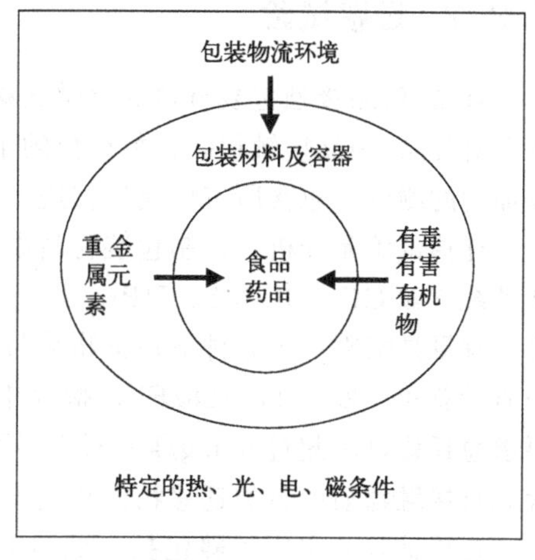

图7-2 食品/药品包装系统的传质过程

迁移是指食品/药品接触包装材料中的残留物或用以改善包装材料加工性能的添加剂，从包装材料向与食品/药品接触的内表面扩散，从而被溶剂化或溶解。它是一个扩散和平衡的过程，是低分子量化学物从包装材料中向内容物（如食品、药品）的传质过程，迁移成分通过包装材料的无定形区或通道向包装-内容物系统界面扩散，直到包装材料和接触物这两相的化学位势相等而达到平衡。

在包装材料及容器与食品/药品接触时，这些接触包装材料中化学残留物的类型及数量、有毒有害物质向食品与药品的迁移量直接影响着食品/药品的安全问题。图7-3是食品安全图解，它也适合于药品包装安全的定性分析。食品/药品包装的安全问题主要包括三个层面的分析评价：①包装材料本身的安全性；②包装后食品/药品的安全性；③包装废弃物对环境的安全性。

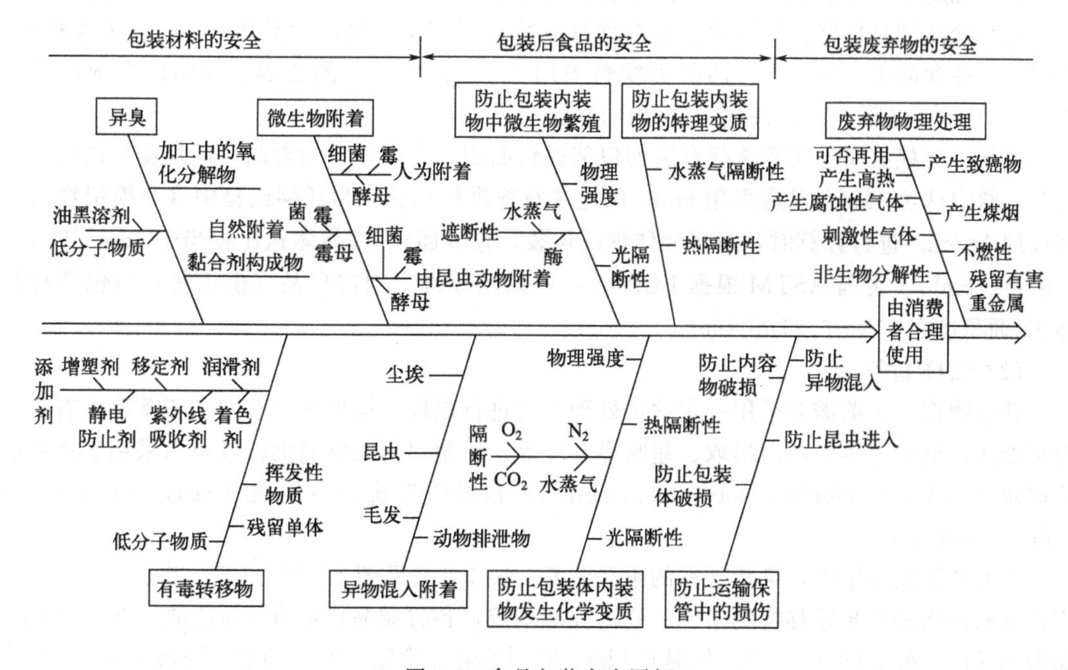

图7-3 食品包装安全图解

7.3.2 迁移试验

食品/药品接触包装材料的化学迁移试验有两种不同的方法：一种是特定迁移测试，即基于对食品/药品接触包装材料组分的了解，对迁移物进行有目标的分析；另一种是非有意添加物的测试，包含所有可能迁移进入食品中的化学物质。

迁移试验是分析、控制包装材料中化学物迁移的重要手段之一，需要利用合适的检测仪器系统（如 GC、GC-MS、HPLC 等）分析由包装材料迁移入食品/药品的有害化学物量。总迁移量是指在一定条件下污染物从与食品接触的包装材料或容器向食品或其模拟物中迁移的质量总和。欧盟 90/128/EEC 指令中规定了总迁移极限 OML(overall migration limit)，要求总迁移量不超过 60mg/kg(对容器可换算为 $10mg/dm^2$)，即每千克食品或其模拟物内所含源自接触物质的各类迁移物的总量不超过 60mg。

迁移试验的主要步骤包括：试验准备（包括模拟物的选择）、试样制备（浸泡、萃取、提纯）、分析鉴定。试验分析的目的是：鉴别包装材料中哪些物质可能是迁移物或污染物质；确定包装材料中残留单体及添加剂的量；确定包装材料中污染物迁移的影响因素；评估摄入污染物的最大可能量。

(1) 模拟物的选择

由于食品本身和食品-包装系统的复杂性，通常选用适当的食品模拟物来代替食品进行迁移试验。根据干固的、中性液体的、酸性的、醇或脂肪类的食品类型，将食品模拟物划分为蒸馏水、稀酸溶液、乙醇/水溶液、脂肪模拟物。

一般情况下，蒸馏水用于模拟 pH≥5 以上的食品，在某些情况下因海生类物质含有更高浓度的氨，包装材料用碳酸氢钠测试。酸性食品如醋、果汁、腌制食品等常用乙酸作模拟物，浓度推荐量为 2%～5%；橄榄油用于模拟脂肪类物质。

欧盟规定了四种溶剂作为食品模拟物：蒸馏水、3%乙酸、15%乙醇、精制橄榄油。英国《接触食品的材料器具》规定：水溶性食品采用蒸馏水，酸性食品用 3%（质量体积比）乙酸，油性食品采用橄榄油，乙醇类饮料采用 15%(体积比）的乙醇。我国标准选用蒸馏水、4%乙酸、乙醇、正己烷作为食品模拟物。

另外，应根据实际需要选择合适的包装材料面积、合适体积的食品（模拟物）进行迁移试验。欧盟认为 1kg 食品应采用 $6dm^2$ 的包装材料进行包装，当迁移试验中食品模拟物的密度按照 $1g/cm^3$ 进行计算时，对于液体食品包装，包装面积/食品体积比相当于 $6dm^2/L$（或 $1.67mL/cm^2$)。美国 ASTM 根据 FDA 颁布的试验标准，规定食品（模拟物）与包装材料体积/面积比在 155～$0.31mL/cm^2$。

(2) 试样制备

迁移物在分析前需要采用一定的预处理方法进行提取，提取方法有双水相萃取、有机溶剂萃取法、液膜分离、超声提取、超临界萃取等，对塑料薄膜材料的提取可以采用快速溶剂萃取法（ASE：accelerated solvent extraction）和超临界流体萃取法（SFE：supercritical fluid extraction)。

时间和温度是影响污染物迁移的重要因素。表 7-2 是欧盟 82/711/EEC 指令中规定了使用食品模拟物的常规迁移检测条件。我国标准规定，各种制品样品在 4%乙酸 [(60±2)℃，保温 0.5h]、水 [(60±2)℃，保温 0.5h]、65%乙醇 [常温 (20±5)℃，浸泡 1h]、正己烷 [(20±5)℃，浸泡 1h] 条件下浸泡，浸泡液混合后加热浓缩，定容后待测。

表 7-2　使用食品模拟物的常规迁移检测条件

可预见的最差接触条件		检测条件	
接触时间	接触温度/℃	检测时间	检测温度/℃
5min<t≤0.5h 0.5h<t≤1h 1h<t≤2h 2h<t≤4h 4h<t≤24h t>24h	T≤5 5<T≤20 20<T≤40 40<T≤70 70<T≤100	0.5h 1h 2h 4h 24h 10d	5 20 40 70 100或回流温度

（3）迁移物的分析方法

鉴定潜在迁移物的分析技术主要包括：①GC-MS，气相色谱-质谱联用法；②GC-FTIR，气相色谱仪-傅立叶变换红外光谱仪联用法；③HT-GC/FID，气相色谱-氢火焰离子化检测器联用法；④HPLC，高效液相色谱法；⑤H-NMR，氢谱法。

思考题

1. 纸包装化学残留物有哪些？
2. 简述重金属的检测方法。
3. 简要分析气相色谱法、液相色谱法、质谱法的主要区别。
4. 简述塑料包装中残留单体、低聚体的检测方法。
5. 塑料包装中有哪些添加剂？检测方法有哪些？
6. 如何定性分析食品包装安全？
7. 迁移试验的主要步骤和目的是什么？
8. 食品模拟物有哪些？

附 录

附录1 我国包装试验标准目录（部分）

运输包装件试验方法

GB/T 4857.1 包装 运输包装件基本试验 第1部分：试验时各部位的标示方法

GB/T 4857.2 包装 运输包装件基本试验 第2部分：温湿度调节处理

GB/T 4857.3 包装 运输包装件基本试验 第3部分：静载荷堆码试验方法

GB/T 4857.4 包装 运输包装件基本试验 第4部分：采用压力试验机进行的抗压和堆码试验方法

GB/T 4857.5 包装 运输包装件 跌落试验方法

GB/T 4857.6 包装 运输包装件 滚动试验方法

GB/T 4857.7 包装 运输包装件基本试验 第7部分：正弦定频振动试验方法

GB/T 4857.9 包装 运输包装件基本试验 第9部分：喷淋试验方法

GB/T 4857.10 包装 运输包装件基本试验 第10部分：正弦变频振动试验方法

GB/T 4857.11 包装 运输包装件基本试验 第11部分：水平冲击试验方法

GB/T 4857.12 包装 运输包装件 浸水试验方法

GB/T 4857.13 包装 运输包装件基本试验 第13部分：低气压试验方法

GB/T 4857.14 包装 运输包装件 倾翻试验方法

GB/T 4857.15 包装 运输包装件基本试验 第15部分：可控水平冲击试验方法

GB/T 4857.17 包装 运输包装件基本试验 第17部分：编制性能试验大纲的通用规则

GB/T 4857.19 包装 运输包装件 流通试验信息记录

GB/T 4857.20 包装 运输包装件 碰撞试验方法

GB/T 4857.22 包装 运输包装件 单元货物稳定性试验方法

GB/T 4857.23 包装 运输包装件基本试验 第23部分：垂直随机振动试验方法

GB/T 5398 大型运输包装件基本试验方法

GJB 4239 装备环境工程通用要求

GJB 150.1A 军用装备实验室环境试验方法 第1部分：通用要求

GJB 150.16A 军用装备实验室环境试验方法 第16部分：振动试验

GJB 150.18A　军用装备实验室环境试验方法　第18部分：冲击试验

包装材料试验方法

纸与纸板：

GB/T 450　纸和纸板试样的采取及试样纵横向、正反面的测定

GB/T 451.1　纸和纸板尺寸及偏斜度的测定

GB/T 451.2　纸和纸板定量的测定

GB/T 451.3　纸和纸板厚度的测定

GB/T 12914　纸和纸板抗张强度的测定

GB/T 454　纸 耐破度的测定

GB/T 455　纸与纸板撕裂度的测定

GB/T 456　纸和纸板平滑度测定（别克法）

GB/T 457　纸和纸板耐折度的测定

GB/T 458　纸和纸板透气度测定

GB/T 459　纸和纸板伸缩性的测定

GB/T 460　纸施胶度测定

GB/T 461.1　纸和纸板毛细吸液高度的测定（克列姆法）

GB/T 461.3　纸和纸板 吸水性的测定（浸水法）

GB/T 462　纸、纸板和纸浆 分析试样水分的测定

GB/T 464　纸和纸板的干热加速老化

GB/T 465.1　纸和纸板 浸水后耐破度的测定

GB/T 465.2　纸和纸板 浸水后抗张强度的测定

GB/T 1539　纸板耐破度的测定

GB/T 1540　纸和纸板吸水性的测定（可勃法）

GB/T 1541　纸和纸板 尘埃度的测定法

GB/T 1543　纸和纸板 不透明度（纸背衬）的测定（漫反射法）

GB/T 1545　纸、纸板和纸浆 水抽提液酸度或碱度的测定

GB/T 2679.1　纸透 明度的测定 漫反射法

GB/T 2679.6　瓦楞原纸平压强度的测定

GB/T 2679.7　纸板 戳穿强度的测定法

GB/T 2679.8　纸和纸板 环压强度的测定

GB/T 2679.10　纸和纸板短矩压缩强度的测定法

GB/T 2679.11　纸和纸板中无机填料和无机涂料的定性分析　电子显微镜/X射线能谱法

GB/T 2679.12　纸和纸板 无机填料和无机涂料的定性分析 化学法

GB/T 2679.17　瓦楞纸板边压强度的测定（边缘补强法）

GB/T 22364　纸和纸板 弯曲挺度的测定

GB/T 22365　纸和纸板印刷表面强度的测定

GB/T 6545　瓦楞纸板耐破强度的测定法

GB/T 6546　瓦楞纸板 边压强度的测定

GB/T 6547　瓦楞纸板厚度的测定法

GB/T 6548 瓦楞纸板粘合强度的测定

GB/T 7973 纸浆、纸与纸板漫反射因数测定（漫射/垂直法）

GB/T 7974 纸、纸板和纸浆 蓝光漫反射因数 D65 亮度的测定（漫射/垂直法，室外日光条件）

GB/T 7975 纸与纸板 颜色的测定（漫反射法）

GB/T 8941 纸和纸板 镜面光泽度的测定

GB/T 10739 纸、纸板和纸浆试样处理和试验的标准大气条件

GB/T 12911 纸和纸板油墨吸收性的测定法

GB/T 12914 纸和纸板 抗张强度的测定 恒速拉伸法（20mm/min）

GB/T 13528 纸和纸板 表面 pH 值的测定

塑料：

GB/T 7141 塑料热老化试验方法

GB/T 1036 塑料 －30℃～30℃线膨胀系数的测定 石英膨胀计法

GB/T 1037 塑料薄膜与薄片水蒸气透过性能测定 杯式增重与减重法

GB/T 1038.1 塑料制品 薄膜和薄片 气体透过性试验方法 第 1 部分：差压法

GB/T 1038.2 塑料制品 薄膜和薄片 气体透过性试验方法 第 2 部分：等压法

GB/T 1040.1 塑料 拉伸性能的测定 第 1 部分：总则

GB/T 1040.2 塑料 拉伸性能的测定 第 2 部分：模塑和挤塑塑料的试验条件

GB/T 1040.3 塑料 拉伸性能的测定 第 3 部分：薄膜和薄片的试验条件

GB/T 1040.4 塑料 拉伸性能的测定 第 4 部分：各向同性和正交各向异性纤维增强复合材料的试验条件

GB/T 1040.5 塑料 拉伸性能的测定 第 5 部分：单向纤维增强复合材料的试验条件

GB/T 1041 塑料压缩性能的测定

GB/T 1447 纤维增强塑料拉伸性能试验方法

GB/T 2918 塑料试样状态调节和试验的标准环境

GB/T 6672 塑料薄膜和薄片 厚度的测定 机械测量法

GB/T 6673 塑料薄膜和片材长度和宽度的测定

GB 8808 软质复合塑料材料剥离试验方法

GB/T 8809 塑料薄膜抗摆锤冲击试验方法

GB/T 9639.1 塑料薄膜和薄片 抗冲击性能试验方法 自由落镖法 第 1 部分：梯级法

GB/T 10003 普通用途双向拉伸聚丙烯（BOPP）薄膜

GB/T 10006 塑料 薄膜和薄片 摩擦系数的测定

GB/T 11546.1 塑料 蠕变性能的测定 第 1 部分：拉伸蠕变

GB/T 11546.2 塑料 蠕变性能的测定 第 2 部分：三点弯曲蠕变

GB/T 16578.1 塑料 薄膜和薄片 耐撕裂性能的测定 第 1 部分：裤形撕裂法

GB/T 16578.2 塑料 薄膜和薄片 耐撕裂性能的测定 第 2 部分：埃莱门多夫（Elmendor）法

GB/T 12000 塑料 暴露于湿热、水喷雾和盐雾中影响的测定

GB/T 12027 塑料 薄膜和薄片 加热尺寸变化率试验方法

GB/T 13525 塑料拉伸冲击性能试验方法

缓冲包装材料：
GB/T 8167　包装用缓冲材料动态压缩试验方法
GB/T 8168　包装用缓冲材料静态压缩试验方法
GB/T 8169　包装用缓冲材料振动传递特性试验方法
GB/T 8171　使用缓冲包装材料进行的产品机械冲击脆值试验方法
GB/T 14745　包装用缓冲材料蠕变特性试验方法
其他：
GB/T 9846　普通胶合板
GB/T 13123　竹编胶合板
GB/T 2792　胶粘带剥离强度的试验方法
GB/T 4850　压敏胶粘带低速解卷强度的测定
GB/T 4851　胶粘带持粘性的试验方法
GB/T 4852　压敏胶粘带初粘性试验方法（滚球法）
GB/T 7122　高强度胶粘剂剥离强度的测定 浮辊法
GB/T 7123.1　多组分胶粘剂可操作时间的测定
GB/T 7123.2　胶粘剂适用期和贮存期的测定
GB/T 7125　胶粘带厚度的试验方法
GB/T 16265　包装材料试验方法　相容性
GB/T 16266　包装材料试验方法　接触腐蚀
GB/T 16267　包装材料试验方法　气相缓蚀能力
GB/T 16928　包装材料试验方法　透湿率
GB/T 16929　包装材料试验方法　透油性

包装容器试验方法

GB/T 4545　玻璃瓶罐内应力检验方法
GB/T 4546　玻璃容器 耐内压力试验方法
GB/T 4547　玻璃容器 抗热震性和热震耐久性试验方法
GB/T 4548　玻璃容器内表面耐水侵蚀性能测试方法及分级
GB/T 4771　药用玻璃及玻璃瓶容器碱渗出量试验方法
GB/T 6552　玻璃容器 抗机械冲击试验方法
GB/T 6981　硬包装容器透湿度试验方法
GB/T 6982　软包装容器透湿度试验方法
GB/T 8452　玻璃瓶罐垂直轴偏差试验方法
GB/T 12415　药用玻璃容器内应力检验方法
GB/T 15171　软包装件密封性能试验方法
GB/T 9774　水泥包装袋
GB/T 5737　食品塑料周转箱
GB/T 5738　瓶装酒、饮料塑料周转箱
GB/T 40569　物流周转箱标识与管理要求
GB/T 39907　果蔬类周转箱尺寸系列及技术要求
GB/T 40065　果蔬类周转箱循环共用管理规范

GB/T 31150　汽车零部件物流 塑料周转箱尺寸系列及技术要求
JB/T 14036　仓储塑料周转箱
BB/T 0043　塑料物流周转箱

危险货物包装试验方法

GB 19269　公路运输危险货物包装检验安全规范
GB 19270　水路运输危险货物包装检验安全规范
GB 19359　铁路运输危险货物包装检验安全规范
GB 19432　危险货物大包装检验安全规范
GB 19433　空运危险货物包装检验安全规范
GB/T 19459　危险货物及危险货物包装检验标准基本规定

集装箱、托盘、集装袋包装试验方法

GB/T 4996　联运通用平托盘 试验方法
GB/T 5338.1　系列 1 集装箱 技术要求和试验方法 第 1 部分：通用集装箱
GB/T 5338.2　系列 1 集装箱 技术要求和试验方法 第 2 部分：保温集装箱
GB/T 6382.1　平板玻璃集装器具 架式集装器具及其试验方法
GB/T 6382.2　平板玻璃集装器具 箱式集装器具及其试验方法
GB/T 10454　集装袋
GB/T 17448　集装袋运输包装尺寸系列
SN/T 5160　集装袋 接地电阻试验方法
SN/T 4788　集装袋 顶吊试验方法
SN/T 3733　集装袋 循环顶吊试验方法
SN/T 4789　集装袋 击穿电压试验方法
YZ/T 0167　快件集装容器 第 2 部分：集装袋
TB/T 2689.3　铁路货物集装化运输 第 3 部分：一次性固体集装袋
TB/T 2689.4　铁路货物集装化运输 第 4 部分：一次性集装箱液体集装袋
SN/T 0893　海运出口危险货物塑编集装袋性能检验规程
SN/T 0264　出口商品运输包装　柔性集装袋检验规程
SN/T 0183　出口商品运输包装　提把式集装袋检验规程
SN/T 1259　出口柔性集装袋检验规程

产品包装试验方法

GB/T 8210　柑桔鲜果检验方法
GB/T 8993　核仪器环境条件与试验方法
GB 9229　放射性物质包装的内容物和辐射的泄漏检验
GB/T 10263　核辐射探测器环境条件与试验方法
GB/T 19453　危险货物电石包装检验安全规范
GB/T 19457　危险货物涂料包装检验安全规范
JB/T 14302　照相机械包装、运输、贮存条件及试验方法
SJ/T 10920　电视广播接收机运输包装件试验方法

包装行业标准

BB/T 0023　纸护角
QB/T 4320　鲜花包装纸
QB/T 1014　食品包装纸
QB/T 1313　中性包装纸
QB/T 5297　干燥剂包装袋用纸
QB/T 4522　手表包装盒
QB/T 2461　包装用降解聚乙烯薄膜
QB/T 2358　塑料薄膜包装袋热合强度试验方法
QB/T 2666　双向拉伸聚丙烯包装标签
QB/T 5302　生活用干纸巾流延聚乙烯（CPE）包装膜
QB/T 2818　聚烯烃注塑包装桶
QB/T 1877　包装装潢镀锡（铬）薄钢板印刷品
QB/T 1878　包装装潢镀锡（铬）薄钢板制罐产品
QB/T 4510　食盐小包装制作技术规范
QB/T 1685　化妆品产品包装外观要求
QB/T 2952　洗涤用品标识和包装要求
QB/T 4465　家具包装通用技术要求
QB/T 5725　食糖包装防伪追溯体系规范
QB/T 5540　高阻隔软包装罐藏食品技术规范
QB/T 4631　罐头食品包装、标志、运输和贮存
QB/T 1262　毛皮 验收、标志、包装、运输和贮存
QB/T 2801　皮革 验收、标志、包装、运输和贮存
QB/T 1187　鞋类 检验规则及标志、包装、运输、贮存

附录 2　我国食品包装材料及容器卫生标准分析方法目录（部分）

GB/T 5009.58　食品包装用聚乙烯树脂卫生标准的分析方法
GB/T 5009.59　食品包装用聚苯乙烯树脂卫生标准的分析方法
GB/T 5009.60　食品包装用聚乙烯、聚苯乙烯、聚丙烯成型品卫生标准的分析方法
GB/T 5009.61　食品包装用三聚氰胺成型品卫生标准的分析方法
GB/T 5009.62　陶瓷制食具容器卫生标准的分析方法
GB/T 5009.63　搪瓷制食具容器卫生标准的分析方法
GB/T 5009.64　食品用橡胶垫片（圈）卫生标准的分析方法
GB/T 5009.65　食品用高压锅密封圈卫生标准的分析方法
GB/T 5009.67　食品包装用聚氯乙烯成型品卫生标准的分析方法
GB/T 5009.68　食品容器内壁过氯乙烯涂料卫生标准的分析方法

GB/T 5009.69 食品罐头内壁环氧酚醛树脂涂料卫生标准的分析方法
GB/T 5009.70 食品容器内壁聚酰胺环氧树脂涂料卫生标准的分析方法
GB/T 5009.71 食品包装用聚丙烯树脂卫生标准的分析方法
GB/T 5009.72 铝制食具容器卫生标准的分析方法
GB/T 5009.78 食品包装用原纸卫生标准的分析方法
GB/T 5009.80 食品容器内壁聚四氟乙烯涂料卫生标准的分析方法
GB/T 5009.81 不锈钢食具容器卫生标准的分析方法
GB/T 5009.98 食品容器及包装材料用不饱和聚酯树脂及其玻璃钢制品卫生标准分析方法
GB/T 5009.99 食品容器及包装材料用聚碳酸酯树脂卫生标准的分析方法
GB/T 5009.100 食品包装用发泡聚苯乙烯成型品卫生标准的分析方法
GB/T 5009.101 食品容器及包装材料用聚酯树脂及其成型品中锑的测定
GB/T 5009.119 复合食品包装袋中二氨基甲苯的测定
GB/T 5009.122 食品容器、包装材料用聚氯乙烯树脂及成型品中残留 1，1-二氯乙烷的测定
GB/T 5009.125 尼龙 6 树脂及成型品中已内酰胺的测定
GB/T 5009.127 食品包装用聚酯树脂及其成型品中锗的测定
GB/T 5009.152 食品包装用苯乙烯-丙烯腈共聚物和橡胶改性的丙烯腈-丁二烯-苯乙烯树脂及其成型品中残留丙烯腈单体的测定
GB/T 5009.156 食品用包装材料及其制品的浸泡试验方法通则
GB/T 5009.166 食品包装用树脂及其制品的预试验
GB/T 5009.178 食品包装材料中甲醛的测定
GB/T 5009.203 植物纤维类食品容器卫生标准中蒸发残渣的分析方法
GB/T 20499 食品包装用聚氯乙烯膜中已二酸二（2-乙基）乙酯迁移量的测定

附录 3 我国药品包装材料试验标准目录（部分）

YBB00142002 药品包装材料与药物相容性试验指导原则
YBB00082003 气体透过量测定法
YBB00092003 水蒸气透过量测定法
YBB00102003 剥离强度测定法
YBB00112003 拉伸性能测定法
YBB00122003 热合强度测定法
YBB00142003 氯乙烯单体测定法
YBB00152003 偏二氯乙烯单体测定法
YBB00162003 内应力测定法
YBB00172003 耐内压力测定法
YBB00182003 热冲击和热冲击强度测定法
YBB00222003 砷、锑、铅浸出量的测定法

YBB00232003　三氧化二硼测定法

YBB00242003　121℃内表面耐水性测定法和分级

YBB00342003　药用玻璃成份分类及其试验方法

YBB00262004　包装材料红外光谱测定法

YBB00272004　包装材料不溶性微粒测定法

YBB00282004　乙醛测定法

YBB00292004　加热伸缩率测定法

YBB00302004　挥发性硫化物测定法

YBB00312004　包装材料溶剂残留量测定法

YBB00322004　注射剂用胶塞、垫片穿刺力测定法

YBB00332004　注射剂用胶塞、垫片穿刺落屑测定法

YBB00342004　玻璃耐沸腾盐酸浸蚀性的测定法和分级

YBB00352004　玻璃耐沸腾混合碱水溶液浸蚀性的测定法和分级

YBB00362004　玻璃颗粒在98℃耐水性测定法和分级

YBB00372004　砷、锑、铅、镉浸出量测定法

YBB00382004　抗机械冲击测定法

YBB00402004　药用陶瓷吸水率测定法

YBB00192005　药用陶瓷容器铅、镉浸出量测定法

YBB00242005　环氧乙烷残留量测定法

YBB00262005　橡胶灰分的测定法

附录4　ISO包装试验标准目录（部分）

<table>
<tr><td>ISO 186：2002　Paper and board-Sampling to determine average quality</td><td>GB/T 450　纸和纸板 试样的采取及试样纵横向、正反面的测定</td></tr>
<tr><td>ISO 536：1995　Paper and board-Determination of grammage</td><td>GB/T 451.2　纸和纸板定量的测定</td></tr>
<tr><td rowspan="2">ISO 534：2005　Paper and board-Determination of thickness, density and specific volume</td><td>GB/T 451.3　纸和纸板厚度的测定</td></tr>
<tr><td>GB/T 450　纸和纸板 试样的采取及试样纵横向、正反面的测定</td></tr>
<tr><td>ISO 1924-1：1992　Paper and board-Determination of tensile properties-Part 1：Constant rate of loading method</td><td>GB/T 12914　纸和纸板 抗张强度的测定　恒速拉伸法</td></tr>
<tr><td>ISO 2758：2001　Paper-Determination of bursting strength</td><td>GB/T 1539　纸板耐破度的测定</td></tr>
<tr><td>ISO 1974：1990　Paper-Determination of tearing resistance (Elmendorf method)</td><td>GB/T 455　纸与纸板撕裂度的测定</td></tr>
<tr><td>ISO 5627：1995　Paper and board-Determination of smoothness (Bekk method)</td><td>GB/T 456　纸和纸板平滑度测定（别克法）</td></tr>
<tr><td>ISO 5626：1993　Paper-Determination of folding endurance</td><td rowspan="2">GB/T 457　纸和纸板耐折度的测定</td></tr>
<tr><td>ISO 5636-1：1984　Paper and board-Determination of air permeance (medium range)-Part 1：General method</td></tr>
</table>

续表

ISO 5636-2:1984 Paper and board-Determination of air permeance (medium range)-Part 2:Schopper method	GB/T 458 纸和纸板透气度的测定
ISO 5636-3:1992 Paper and board-Determination of air permeance (medium range)-Part 3:Bendtsen method	GB/T 458 纸和纸板透气度的测定
ISO 5636-4:2005 Paper and board-Determination of air permeance (medium range)-Part 4:Sheffield method	
ISO 5636-5:2003 Paper and board-Determination of air permeance and air resistance (medium range)-Part 5:Gurley method	GB/T 458 纸和纸板透气度的测定
ISO 5635:1978 Paper-Measurement of dimensional change after immersion in water	GB/T 459 纸和纸板伸缩性的测定
	GB/T 460 纸施胶度测定
ISO 8787:1986 Paper and board-Determination of capillary rise-Klemm method	GB/T 461.1 纸和纸板毛细吸液高度的测定(克列姆法)
	QB/T 2805 纸和纸板表面吸收速度的测定
ISO 5637:1989 Paper and board-Determination of water absorption after immersion in water	GB/T 461.3 纸和纸板吸水性的测定(浸水法)
ISO 287:1985 Paper and board-Determination of moisture content-Oven-drying method	GB/T 462 纸、纸板和纸浆 分析试样水分的测定
ISO 2144:1997 Paper,board and pulps-Determination of residue (ash) on ignition at 900 degrees C	GB/T 742 纸、纸板和纸浆残余物(灰分)的测定(900℃)
ISO 5630-1:1991 Paper and board-Accelerated ageing-Part 1:Dry heat treatment at 105 degrees C	
ISO 5630-3:1996 Paper and board-Accelerated ageing-Part 3:Moist heat treatment at 80 degrees C and 65 % relative humidity	GB/T 464 纸和纸板的干热加速老化
ISO 5630-4:1986 Paper and board-Accelerated ageing-Part 4:Dry heat treatment at 120 or 150 degrees C	
ISO 3689:1983 Paper and board-Determination of bursting strength after immersion in water	GB/T 465.1 纸和纸板 浸水后耐破度的测定
ISO 3781:1983 Paper and board-Determination of tensile strength after immersion in water	GB/T 465.2 纸和纸板 浸水后抗张强度的测定
	GB/T 457 纸和纸板耐折度的测定
ISO 2759:2001 Board-Determination of bursting strength	GB/T 1539 纸板耐破度的测定
ISO 535:1991 Paper and board-Determination of water absorptiveness-Cobb method	GB/T 1540 纸和纸板吸水性的测定(可勃法)
	GB/T 1541 纸和纸板尘埃度的测定
ISO 2471:1998 Paper and board-Determination of opacity (paper backing)-Diffuse reflectance method	GB/T 1543 纸和纸板不透明度(纸背衬)的测定(漫反射法)
ISO 6588-1:2005 Paper,board and pulps-Determination of pH of aqueous extracts-Part 1:Cold extraction	GB/T 1545 纸、纸板和纸浆 水抽提液酸度或碱度的测定
ISO 6588-1:2005 Paper,board and pulps-Determination of pH of aqueous extracts-Part 2:Hot extraction	GB/T 2679.1 纸 透明度的测定 漫反射法
ISO 2528:1995 Sheet materials-Determination of water vapour transmission rate-Gravimetric (dish) method	GB/T 2679.2 薄页材料 透湿度的测定 重量(透湿杯)法
ISO 2493:1992 Paper and board-Determination of resistance to bending	GB/T 22364 纸和纸板弯曲挺度的测定

续表

<table>
<tr><td>ISO 8791-2:1990 Paper and board-Determination of roughness/smoothness (air leak methods)-Part 2:Bendtsen method</td><td>GB/T 22363 纸和纸板粗糙度的测定(空气泄漏法)本特生法和印刷表面法</td></tr>
<tr><td>ISO 5626:1993 Paper-Determination of folding endurance</td><td>GB/T 457 纸与纸板耐折度的测定</td></tr>
<tr><td>ISO 7263:1994 Corrugating medium-Determination of the flat crush resistance after laboratory fluting</td><td>GB/T 2679.6 瓦楞原纸平压强度的测定</td></tr>
<tr><td>ISO 3036:1975 Board-Determination of puncture resistance</td><td>GB/T 2679.7 纸板 戳穿强度的测定</td></tr>
<tr><td rowspan="2">ISO 12192:2002 Paper and board-Compressive strength-Ring crush method</td><td>GB/T 2679.8 纸和纸板 环压强度的测定</td></tr>
<tr><td>GB/T 22363 纸和纸板粗糙度的测定(空气泄漏法)本特生法和印刷表面法</td></tr>
<tr><td rowspan="3">ISO 9895:1989 Paper and board-Compressive strength-Short span test</td><td>GB/T 2679.10 纸和纸板短距压缩强度的测定法</td></tr>
<tr><td>GB/T 2679.11 纸和纸板中无机填料和无机涂料的定性分析 电子显微镜/X射线能谱法</td></tr>
<tr><td>GB/T 2679.12 纸和纸板 无机填料和无机涂料的定性分析化学法</td></tr>
<tr><td rowspan="2">ISO 5636-3:1992 Paper and board-Determination of air permeance (medium range)-Part 3:Bendtsen method</td><td>GB/T 458 纸和纸板透气度的测定</td></tr>
<tr><td>GB/T 2679.14 过滤纸和纸板最大孔径的测定</td></tr>
<tr><td>ISO 3783:2006 Paper and board-Determination of resistance to picking-Accelerated speed method using the IGT-type tester (electric model)</td><td>GB/T 22365 纸和纸板印刷表面强度的测定</td></tr>
<tr><td>ISO 3782:1980 Paper and board-Determination of resistance to picking-Accelerating speed method using the IGT tester (Pendulum or spring model)</td><td>GB/T 22365 纸和纸板印刷表面强度的测定</td></tr>
<tr><td rowspan="2">ISO 13821:2002 Corrugated fibreboard-Determination of edgewise crush resistance-Waxed edge method</td><td>GB/T 2679.17 瓦楞纸板边压强度的测定(边缘补强法)</td></tr>
<tr><td>GB/T 22365 纸和纸板印刷表面强度的测定</td></tr>
<tr><td>ISO 5636-5:2003 Paper and board-Determination of air permeance and air resistance (medium range)-Part 5:Gurley method</td><td>GB/T 458 纸和纸板透气度的测定</td></tr>
<tr><td>ISO 2759:2001 Board-Determination of bursting strength</td><td>GB/T 6545 瓦楞纸板耐破强度的测定法</td></tr>
<tr><td>ISO 13821:2002 Corrugated fibreboard-Determination of edgewise crush resistance-Waxed edge method</td><td>GB/T 6546 瓦楞纸板边压强度的测定</td></tr>
<tr><td rowspan="2">ISO 3034:1975 Corrugated fibreboard-Determination of thickness</td><td>GB/T 6547 瓦楞纸板厚度的测定法</td></tr>
<tr><td>GB/T 6548 瓦楞纸板粘合强度的测定</td></tr>
<tr><td>ISO 2469:2007 Paper, board and pulps-Measurement of diffuse radiance factor</td><td>GB/T 7973 纸、纸板和纸浆漫反射因数测定法(漫射/垂直法)</td></tr>
<tr><td>ISO 2470-1:2009 Paper, board and pulps-Measurement of diffuse blue reflectance factor-Part 1:Indoor daylight conditions (ISO brightness)</td><td rowspan="2">GB/T 7974 纸、纸板和纸浆蓝光漫反射因数D65亮度的测定(漫射/垂直法,室外日光条件)</td></tr>
<tr><td>ISO 2470-2:2008 Paper, board and pulps-Measurement of diffuse blue reflectance factor-Part 2:Outdoor daylight conditions (D65 brightness)</td></tr>
</table>

续表

ISO 5631:2000 Paper and board-Determination of colour (C/2 degrees)-Diffuse reflectance method	GB/T 7975 纸和纸板 颜色的测定(漫反射法)
	QB/T 2804 纸和纸板白度测定法 45/0 定向反射法
ISO 3688:1999 Pulps-Preparation of laboratory sheets for the measurement of diffuse blue reflectance factor (ISO brightness)	GB/T 8940.2 纸浆亮度(白度)试样的制备
	GB/T 8941 纸和纸板 镜面光泽度的测定
ISO 9416:1998 Paper-Determination of light scattering and absorption coefficients (using Kubelka-Munk theory)	GB/T 10339 纸、纸板和纸浆 光散射和光吸收系数的测定(Kubelka-Munk 法)
	GB/T 22365 纸和纸板印刷表面强度的测定
ISO 187:1990 Paper, board and pulps-Standard atmosphere for conditioning and testing and procedure for monitoring the atmosphere and conditioning of samples	GB/T 10739 纸、纸板和纸浆试样处理和试验的标准大气条件
	GB/T 12658 纸、纸板和纸浆中钠含量的测定
ISO 8784-1:2005 Pulp, paper and board-Microbiological examination-Part 1:Total count of bacteria, yeast and mould based on disintegration	GB/T 12661 纸和纸板 菌落总数的测定
ISO 5629:1994 Paper and board-Determination of bending stiffness-Resonance method	GB/T 22364 纸和纸板弯曲挺度的测定
ISO 5647:1990 Paper and board-Determination of titanium dioxide content	GB/T 12910 纸和纸板二氧化钛含量的测定法
	GB/T 12911 纸和纸板油墨吸收性的测定法
ISO 1924-2:1994 Paper and board-Determination of tensile properties-Part 2:Constant rate of elongation method	GB/T 12914 纸和纸板 抗张强度的测定恒速拉伸法(20mm/min)
ISO 8791-1:1986 Paper and board-Determination of roughness/smoothness (air leak methods)-Part 1:General method	
ISO 8791-2:1990 Paper and board-Determination of roughness/smoothness (air leak methods)-Part 2:Bendtsen method	GB/T 22363 纸和纸板粗糙度的测定(空气泄漏法)本特生法和印刷表面法
ISO 8791-3:2005 Paper and board-Determination of roughness/smoothness (air leak methods)-Part 3:Sheffield method	
ISO 8791-4:1992 Paper and board-Determination of roughness/smoothness (air leak methods)-Part 4:Print-surf method	GB/T 22363 纸和纸板粗糙度的测定(空气泄漏法)本特生法和印刷表面法
ISO 2493-1 Paper and board-Determination of bending resistance-Part 1:Constant rate of deflection	GB/T 22364 纸和纸板 弯曲挺度的测定
ISO 2493-2: Paper and board-Determination of resistance to bending-Part 2:Taber-type tester	
ISO 3783:2006 Paper and board-Determination of resistance to picking-Accelerated speed method using the IGT-type tester (electric model)	GB/T 22365 纸和纸板印刷表面强度的测定
ISO 3039:1975 Corrugated fibreboard-Determination of the grammage of the component papers after separation	GB/T 22811 瓦楞纸板 分离后组成原纸定量的测定
ISO 3038:1975 Corrugated fibreboard-Determination of the water resistance of the glue bond by immersion	GB/T 22873 瓦楞纸板 胶粘抗水性的测定(浸水法)
ISO 3035:1982 Single-faced and single-wall corrugated fibreboard-Determination of flat crush resistance	GB/T 22874 单面和单瓦楞纸板 平压强度的测定

续表

ISO 15359:1999　Paper and board-Determination of the static and kinetic coefficients of friction-Horizontal plane method	GB/T 22895　纸和纸板　静态和动态摩擦系数的测定 平面法
ISO 5633:1983　Paper and board-Determination of resistance to water penetration	GB/T 22897　纸和纸板　抗透水性的测定
ISO 1924-3:2005　Paper and board-Determination of tensile properties-Part 3:Constant rate of elongation method (100 mm/min)	GB/T 22898　纸和纸板　抗张强度的测定　恒速拉伸　恒速拉伸法(100mm/min)
ISO 9932: 1990　Paper and board-Determination of water vapour transmission rate of sheet materials-Dynamic sweep and static gas methods	GB/T 22921　纸和纸板　薄页材料水蒸气透过率的测定　动态气流法和静态气体法
ISO 2206—1987　Packaging-Complete,filled transport packages-Identification of parts when testing	GB/T 4857.1　包装　运输包装件基本试验　第1部分:试验时各部位的标示方法
ISO 2233—2000　Packaging-Complete, filled transport packages and unit loads- Conditioning for testing	GB/T 4857.2　包装　运输包装件基本试验　第2部分:温湿度调节处理
ISO 2234—2000　Packaging-Complete, filled transport packages and unit loads-Stacking tests using a static load	GB/T 4857.3　包装　运输包装件基本试验　第3部分:静载荷堆码试验方法
ISO 2872—1985　Packaging-Complete,filled transport packages-Compression test	GB/T 4857.4　包装　运输包装件基本试验　第4部分:采用压力试验机进行的抗压和堆码试验方法
ISO 2248—1985　Packaging-Complete,filled transport packages-Vertical impact test by dropping	GB/T 4857.5　包装　运输包装件　跌落试验方法
ISO 2876—1985　Packaging-Complete,filled transport packages-Rolling test	GB/T 4857.6　包装　运输包装件　滚动试验方法
ISO 2247—2000　Packaging-Complete,filled transport packages and unit loads-Vibration tests at fixed low frequency	GB/T 4857.7　包装　运输包装件基本试验　第7部分:正弦定频振动试验方法
ISO 2875—2000　Packaging-Complete,filled transport packages and unit loads-Water-spray test	GB/T 4857.9　包装　运输包装件基本试验　第9部分:喷淋试验方法
ISO 8318—2000　Packaging-Complete,filled transport packages and unit loads-Sinusoidal vibration tests using a variable frequency	GB/T 4857.10　包装　运输包装件基本试验　第10部分:正弦变频振动试验方法
ISO 2244—2000　Packaging-Complete, filled transport packages and unit loads-Horizontal impact tests	GB/T 4857.11　包装　运输包装件基本试验　第11部分:水平冲击试验方法
ISO 8474—1986　Packaging-Complete,filled transport packages-Water immersion test	GB/T 4857.12　包装　运输包装件　浸水试验方法
ISO 2873—2000　Packaging-Complete, filled transport packages and unit loads-Low pressure test	GB/T 4857.13　包装　运输包装件基本试验　第13部分:低气压试验方法
ISO 8768—1987　Packaging-Complete,filled transport packages-Toppling test	GB/T 4857.14　包装　运输包装件　倾翻试验方法
	GB/T 4857.15　包装　运输包装件基本试验　第15部分:可控水平冲击试验方法
ISO 2874—1985　Packaging-Complete,filled transport packages-Stacking test using compression tester	GB/T 4857.16　包装　运输包装件基本试验　第4部分:采用压力试验机进行的抗压和堆码试验方法
ISO 4180—2009　Packaging-Complete, filled transport packages-General rules for the compilation of performance test schedules	GB/T 4857.17　包装　运输包装件基本试验　第17部分:编制性能试验大纲的通用规则

续表

ISO 4178—1980 Packaging-complete, filled transport packages; distribution trials; information to be recorded	GB/T 4857.19 包装 运输包装件 流通试验信息记录
	GB/T 4857.20 包装 运输包装件 碰撞试验方法
	GB/T 4768 防霉包装
ISO 10531:1992 Packaging-Complete, filled transport packages-Stability testing of unit loads	GB/T 4857.22 包装 运输包装件 单元货物稳定性试验方法
ISO 13355: 2001 Packaging-Complete, filled transport packages and unit loads-Vertical random vibration test	GB/T 4857.23 包装 运输包装件基本试验 第23部分:垂直随机振动试验方法
	GB/T 5389 大型运输包装件试验方法
ISO 2556: 1974 Plastics-Determination of the gas transmission rate of films and thin sheets under atmospheric pressure-Manometric method	GB/T 1038.1 塑料制品 薄膜和薄片 气体透过性试验方法 第1部分:差压法
	GB/T 1040 塑料 拉伸性能的测定
ISO 604:2002 Plastics-Determination of compressive properties	GB/T 1041 塑料 压缩性能的测定
ISO 527-4:1997 Plastics-Determination of tensile properties-Part 4: Test conditions for isotropic and orthotropic fibre-reinforced plastic composites	GB/T 1447 纤维增强塑料拉伸性能试验方法
ISO 291:2005 Plastics-Standard atmospheres for conditioning and testing	GB/T 2918 塑料 试样状态调节和试验的标准环境
ISO 4593:1993 Plastics-Film and sheeting-Determination of thickness by mechanical scanning	GB/T 6672 塑料薄膜和薄片 厚度测定 机械测量法
ISO 4592:1992 Plastics-Film and sheeting-Determination of length and width	GB/T 6673 塑料薄膜和薄片长度和宽度的测定
	GB 8808 软质复合塑料材料剥离试验方法
	GB/T 8809 塑料薄膜抗摆锤冲击试验方法
ISO 7765-1:1988 Plastics film and sheeting- Determination of impact resistance by the free-falling dart method-Part 1: Staircase methods	GB/T 9639.1 塑料薄膜和薄片 抗冲击性能试验方法 自由落镖法 第1部分:梯级法
ISO 7765-2:1994 Plastics film and sheeting- Determination of impact resistance by the free-falling dart method-Part 2: Instrumented puncture test	
	GB/T 10003 普通用途双向拉伸聚丙烯(BOPP)薄膜
ISO 8295:2004 Plastics Film and sheeting-Determination of the coefficients of friction	GB/T 10006 塑料 薄膜和薄片 摩擦系数的测定
ISO 899-1:2003 Plastics-Determination of creep behaviour-Part 1: Tensile creep	GB/T 11546.1 塑料 蠕变性能的测定 第1部分:拉伸蠕变
ISO 6383-2:1983 Plastics-Film and sheeting-Determination of tear resistance-Part 2: Elmendorf method	GB/T 16578.2 塑料 薄膜和薄片 耐撕裂性能的测定 第2部分:埃莱门多夫(Elmendor)法
ISO 4611:2010 Plastics-Determination of the effects of exposure to damp heat, water spray and salt mist	GB/T 12000 塑料 暴露于湿热、水喷雾和盐雾中影响的测定
ISO 11501:1995 Plastics-Film and sheeting-Determination of dimensional change on heating	GB/T 12027 塑料-薄膜和薄片-加热尺寸变化率试验方法
	GB/T 13525 塑料拉伸冲击性能试验方法

附录 5　ASTM 包装试验标准目录（部分）

ASTM	GB/T
ASTM D 646—1996　Standard Test Method for Grammage of Paper and Paperboard (Mass per Unit Area)	GB/T 451.2　纸和纸板定量的测定
ASTM D 645/D 645M—97(2002)　Standard Test Method for Thickness of Paper and Paperboard	GB/T 451.3　纸和纸板厚度的测定
ASTM D 528—97(2002)　Standard Test Method for Machine Direction of Paper and Paperboard	GB/T 450　纸和纸板　试样的采取及试样纵横向、正反面的测定
ASTM D 725—64(1971)　Methods of Test for Identification of Wire Sides of Paper	GB/T 450　纸和纸板　试样的采取及试样纵横向、正反面的测定
ASTM D 774/D 774M—97(2002)　Standard Test Method for Bursting Strength of Paper	GB/T 454　纸　耐破度的测定
ASTM D 689—03　Standard Test Method for Internal Tearing Resistance of Paper	GB/T 455　纸与纸板撕裂度的测定
ASTM D 726—94(2003)　Standard Test Method for Resistance of Nonporous Paper to Passage of Air	GB/T 458　纸和纸板透气度的测定
ASTM D 644—99(2007)　Standard Test Method for Moisture Content of Paper and Paperboard by Oven Drying	GB/T 462　纸、纸板和纸浆　分析试样水分的测定
ASTM D 586—97(2002)　Standard Test Method for Ash in Pulp, Paper, and Paper Products	GB/T 742　纸、纸板和纸浆残余物(灰分)的测定(900℃)
ASTM D 829—97(2002)　Standard Test Methods for Wet Tensile Breaking Strength of Paper and Paper Products	GB/T 465.2　纸和纸板　浸水后抗张强度的测定
ASTM D 3285—93(2005)　Standard Test Method for Water Absorptiveness of Non-bibulous Paper and Paperboard (Cobb Test)	GB/T 1540　纸和纸板吸水性的测定(可勃法)
ASTM D 589—97(2007)　Standard Test Method for Opacity of Paper (15° Diffuse Illuminant *A*, 89% Reflectance Backing and Paper Backing)	GB/T 2679.1　纸　透明度的测定　漫反射法
ASTM D 2176—1997　Standard Test Method for Folding Endurance of Paper by the M. I. T. Tester	GB/T 457　纸与纸板耐折度的测定
ASTM D 2806—69　Method of Test for Flat Crush of Corrugating Medium	GB/T 2679.6　瓦楞原纸平压强度的测定法
ASTM D 781—68(1973)　Method of Test for Puncture and Stiffness of Paperboard, Corrugated and Solid Fiberboard	GB/T 2679.7　纸板　戳穿强度的测定
ASTM D 1164—60(1973) Method of Test for Ring Crush of Paperboard	GB/T 2679.8　纸和纸板　环压强度的测定
ASTM D 2808—69(1990) Test Method for Compressive Strength of Corrugated Fiberboard (Short Column Test)	GB/T 6546　瓦楞纸板　边压强度的测定
ASTM D 1029—95　Standard Test Method for Peeling Resistance of Paper and Paperboard	GB/T 6548　瓦楞纸板粘合强度的测定
ASTM D 685—93(1998)　Standard Practice for Conditioning Paper and Paper Products for Testing	GB/T 10739　纸、纸板和纸浆　试样处理和试验的标准大气条件

续表

ASTM D 828—1997 Standard Test Method for Tensile Properties of Paper and Paperboard Using Constant-Rate-of-Elongation Apparatus	GB/T 12914 纸和纸板 抗张强度的测定 恒速拉伸法(20 mm/min)
ASTM D 548—97(2002) Standard Test Method for Water Soluble Acidity or Alkalinity of Paper	GB/T 13528 纸和纸板 表面pH的测定
ASTM D 4332—01(2006) Standard Practice for Conditioning Containers, Packages, or Packaging Components for Testing	GB/T 4857.2 包装 运输包装件基本试验 第2部分:温湿度调节处理
ASTM D 4577—05 Standard Test Method for Compression Resistance of a Container Under Constant Load	GB/T 4857.3 包装 运输包装件基本试验 第3部分:静载荷堆码试验方法
ASTM D 642—00(2005) Standard Test Method for Determining Compressive Resistance of Shipping Containers, Components, and Unit Loads	GB/T 4857.4 包装 运输包装件基本试验 第4部分:采用压力试验机进行的抗压和堆码试验方法
ASTM D 5276—98(2009) Standard Test Method for Drop Test of Loaded Containers by Free Fall	GB/T 4857.5 包装 运输包装件 跌落试验方法
ASTM D 999—08 Standard Test Methods for Vibration Testing of Shipping Containers	GB/T 4857.7 包装 运输包装件基本试验 第7部分:正弦定频振动试验方法 GB/T 4857.10 包装 运输包装件基本试验 第10部分:正弦变频振动试验方法
ASTM D 782—82(1993) Standard Test Methods for Shipping Containers in Revolving Hexagonal Drum	
ASTM D 951—99(2004) Standard Test Method for Water Resistance of Shipping Containers by Spray Method	GB/T 4857.9 包装 运输包装件基本试验 第9部分:喷淋试验方法
ASTM D 5277—92(2008) Standard Test Method for Performing Programmed Horizontal Impacts Using an Inclined Impact Tester	GB/T 4857.11 包装 运输包装件基本试验 第11部分:水平冲击试验方法
ASTM D 6179—07 Standard Test Methods for Rough Handling of Unitized Loads and Large Shipping Cases and Crates	GB/T 4857.14 包装 运输包装件 倾翻试验方法
ASTM D 4003—98(2009) Standard Test Methods for Programmable Horizontal Impact Test for Shipping Containers and Systems	GB/T 4857.15 包装 运输包装件基本试验 第15部分:可控水平冲击试验方法
ASTM D 4169—08 Standard Practice for Performance Testing of Shipping Containers and Systems	GB/T 4857.17 包装 运输包装件基本试验 第17部分:编制性能试验大纲的通用规则
ASTM D 880—92(2008) Standard Test Method for Impact Testing for Shipping Containers and Systems	GB/T 4857.20 包装 运输包装件 碰撞试验方法
ASTM D4728—06 Standard Test Method for Random Vibration Testing of Shipping Containers	GB/T 4857.23 包装 运输包装件基本试验 第23部分:垂直随机振动试验方法
ASTM D6055—96(2007) Standard Test Methods for Mechanical Handling of Unitized Loads and Large Shipping Cases and Crates	GB/T 5398 大型运输包装件试验方法
ASTM D 1596—97(2003) Standard Test Method for Dynamic Shock Cushioning Characteristics of Packaging Material	GB/T 8167 包装用缓冲材料动态压缩试验方法
ASTM D 5112—98(2009) Standard Test Method for Vibration (Horizontal Linear Sinusoidal Motion) Test of Products	GB/T 8169 包装用缓冲材料振动传递特性试验方法
ASTM D 3331—77 Method of Test for Assessment of Mechanical-Shock Fragility Using Package Cushioning Materials	GB/T 8171 使用缓冲包装材料进行的产品机械冲击脆值试验方法

续表

ASTM D 2221—01 Standard Test Method for Creep Properties of Package Cushioning Materials	GB/T 14745 包装用缓冲材料蠕变特性试验方法
ASTM D 3332—99（2004） Standard Test Methods for Mechanical-Shock Fragility of Products, Using Shock Machines	
ASTM D 6198—07 Standard Guide for Transport Packaging Design	GB/T 12123 包装设计通用要求 GB/T 8166 缓冲包装设计
ASTM D 696—2003 Standard test method for coefficient of linear thermal expansion of plastics between-30°C and 30°C with a vitreous silica dilatometer	GB/T 1036 塑料−30℃～30℃线膨胀系数的测定 石英膨胀计法
ASTM D 5510—1994(2001) Standard Practice for Heat Aging of Oxidatively Degradable Plastics	GB/T 7141 塑料热空气暴露试验方法
ASTM D 1709—09 Standard Test Methods for Impact Resistance of Plastic Film by the Free-Falling Dart Method	GB/T 9639.1 塑料薄膜和薄片 抗冲击性能试验方法 自由落镖法 第1部分:梯级法 GB/T 8809 塑料薄膜抗摆锤冲击试验方法
ASTM D 3811/D 3811M—96(2006) Standard Test Method for Unwind Force of Pressure-Sensitive Tapes	GB/T 4850 压敏胶粘带低速解卷强度的测定
ASTM D 3654/D 3654M—06 Standard Test Methods for Shear Adhesion of Pressure-Sensitive Tapes	GB/T 4851 胶粘带持粘性的试验方法
ASTM D 3330/D 3330M—04 Standard Test Method for Peel Adhesion of Pressure-Sensitive Tape	GB/T 2792 胶粘带剥离强度的试验方法
ASTM D 3652/D 3652M—01(2006) Standard Test Method for Thickness of Pressure-Sensitive Tapes	GB/T 7125 胶粘带厚度的试验方法
ASTM D 3759/D 3759M—05 Standard Test Method for Tensile Strength and Elongation of Pressure-Sensitive Tapes	GB/T 30776 胶粘带拉伸强度与断裂伸长率的试验方法

附录6 DIN包装试验标准目录（部分）

DIN EN ISO 536—1996 Papier und Pappe Bestimmung der flächenbezogenen Masse	GB/T 451.2 纸和纸板定量的测定
DIN EN ISO 1924-2—2009 Papier und Pappe, Bestimmung von Eigenschaften bei zugförmiger Belastung, Teil 2: Verfahren mir konstanter Dehngeschwindigkeit	GB/T 12914 纸和纸板抗张强度的测定
DIN EN ISO 287—2009 Papier und Pappe; Bestimmung des Feuchtig-keitsgehaltes nach dem Wärmeschrankverfahren	GB/T 462 纸、纸板和纸浆 分析试样水分的测定
DIN ISO 3689—1994 Papier und Pappe; Bestimmung der Berstfestigkeit nach Eintauchen in Wasser	GB/T 465.1 纸和纸板 浸水后耐破度的测定
DIN ISO 3781—1994 Zugversuch, Bestimmung der breitenbezogenen Bruchkraft nach dem Eintauchen in Wasser	GB/T 465.2 纸和纸板 浸水后抗张强度的测定
DIN EN ISO 2759—2003 Pappe Bestimmung der Berstfestigkeit	GB/T 1539 纸板耐破度的测定

续表

DIN EN 20535—1994 Papier und Pappe, Bestimmung des Wasserabsorptions-Vermögens, Cobb-Verfahren	GB/T 1540 纸和纸板吸水性的测定(可勃法)
DIN 55468-1—2004 Packstoffe, Wellpappe, Teil 1: Anforderungen, Prüfung	GB/T 6544 瓦楞纸板
DIN 55468-2—2004 Packstoffe, Wellpappe, Teil 2: Nassfest, Anforderungen, Prüfung	
DIN EN ISO 3037—2007 Wellpappe-Bestimmung des Kantenstauchwiderstands (Verfahren für ungewachste Kanten)	GB/T 6546 瓦楞纸板 边压强度的测定
DIN EN 20187—1993 Papier, Pappe und Zellstoff Normalklima für die Vorbehandlung und Prüfung und Verfahren zur Überwachung des Klimas und der Probenvorbehandlung	GB/T 10739 纸、纸板和纸浆 试样处理和试验的标准大气条件
DIN 53121—1996 Prüfung von Papier, Karton und Pappe Bestimmung der Biegesteifigkeit nach der Balkenmethode	GB/T 22364 纸和纸板弯曲挺度的测定
DIN EN ISO 1924-2—2007 Papier und Pappe — Bestimmung von Eingenschaften bei ZuGB/Teanspruchung— Teil 2: Verfahren mit konstanter Dehngeschwindigkeit (20mm/min)	GB/T 12914 纸和纸板 抗张强度的测定 恒速拉伸法(20mm/min)
DIN EN ISO 1924-3—2007 Papier und Pappe — Bestimmung von Eingenschaften bei Zugfoemiger Belastung — Teil 3: Verfahren mit konstanter Dehngeschwindigkeit (100mm/min)	
DIN 53133—2006 Prüfung von Pappe; Bestimmung der Wasserbestä-ndigkeit der Verklebung von Wellpappe	GB/T 22873 瓦楞纸板 胶粘抗水性的测定(浸水法)
DIN EN 23035—1994 Einseitige und einwellige Wellpappe Besti-mmung des Flachstauchwiderstandes	GB/T 22874 单面和单瓦楞纸板平压强度的测定
DIN ISO 3039—1993 Wellpappe Bestimmung der flächenbezogenen Masse der Lagen nach Trennung	GB/T 22811 瓦楞纸板 分离后组成原纸定量的测定
DIN EN 22206—1993 Verpackung; Versandfertige Packstücke; Bezeichnung von Flächen, Kanten und Ecken für die Prüfung	GB/T 4857.1 包装 运输包装件基本试验 第1部分:试验时各部位的标示方法
DIN EN ISO 2233—2001 Verpackung: Versandfertige Packstücke; Klimatische Vorbehandlung für die Prüfung	GB/T 4857.2 包装 运输包装件基本试验 第2部分:温湿度调节处理
DIN EN ISO 2234—2002 Verpackung-Versandfertige Packstücke und Ladeeinheiten-Stapelprüfungen unter statischer Last	GB/T 4857.3 包装 运输包装件基本试验 第3部分:静载荷堆码试验方法
DIN EN 22248—1993 Verpackung, Versandfertige Packstücke, Vertikale Stoßprüfung (freier Fall)	GB/T 4857.5 包装 运输包装件 跌落试验方法
DIN EN ISO 2247—2002 Verpackung-Versandfertige Packstücke und Ladeeinheiten-Schwingprüfung mit niedriger Festfrequenz	GB/T 4857.7 包装 运输包装件基本试验 第7部分:正弦定频振动试验方法
DIN EN ISO 2875—2003 Verpackung Versandfertige Packstücke und Ladeeinheiten Sprühwasserprüfung	GB/T 4857.9 包装 运输包装件基本试验 第9部分:喷淋试验方法
DIN EN ISO 8318—2002 Verpackung Versandfertige Packstücke und Ladeeinheiten Schwingprüfung mit variabler sinusförmiger Frequenz	GB/T 4857.10 包装 运输包装件基本试验 第10部分:正弦变频振动试验方法
DIN EN ISO 2244—2002 Verpackung Versandfertige Packstücke und Ladeeinheiten Horizontale Stoßprüfung	GB/T 4857.11 包装 运输包装件基本试验 第11部分:水平冲击试验方法

续表

DIN EN 28474—1993 Verpackung Versandfertige Packstücke Tauchprüfung	GB/T 4857.12 包装 运输包装件 浸水试验方法
DIN EN ISO 2873—2002 Verpackung Versandfertige Packstücke und Ladeeinheiten Unterdruckprüfung	GB/T 4857.13 包装 运输包装件基本试验 第13部分:低气压试验方法
DIN EN 28768—1993 Verpackung Versandfertige Packstücke Umstürzprüfung	GB/T 4857.14 包装 运输包装件 倾翻试验方法
DIN EN ISO 12048—2001 Verpackung-Versandfertige Packstücke-Stauch- und Stapelprüfung mit Druckprüfmaschine	GB/T 4857.16 包装 运输包装件基本试验 第4部分:采用压力试验机进行的抗压和堆码试验方法
DIN EN 24180-1—1993 Verpackung-Versandfertige Packstücke-Allgemeine Regeln für die Erstellung von Prüfplänen-Teil 1:Allgemeine Grundsätze	GB/T 4857.17 包装 运输包装件基本试验 第17部分:编制性能试验大纲的通用规则
DIN EN 24180-2—1993 Verpackung-Versandfertige Packstücke-Allgemeine Regeln für die Erstellung von Prüfplänen-Teil 2:Beanspruchungsparameter	
DIN EN 24178—1993 Versandfertige Packstücke; Probeversand; Aufzuzeichnende Angaben	GB/T 4857.19 包装 运输包装件 流通试验信息记录
DIN ISO 10531—2000 Verpackung Versandfertige Packstücke Festigkeitsprüfung von Ladeeinheiten	GB/T 4857.22 包装 运输包装件 单元货物稳定性试验方法
DIN EN ISO 13355—2003 Verpackung-Versandfertige Packstücke und Ladeeinheiten-Schwingprüfung mit vertikaler rauschförmiger Anregung	GB/T 4857.23 包装 运输包装件基本试验 第23部分:垂直随机振动试验方法
DIN 55446—1991 Verpackung,Packmittel,Packungen und versandfertige Packstücke Probennahme für die Prüfung	
DIN EN ISO 15106-3—2005 Kunststoffe,Folien und Flächengebilde,Bestimmung der Wasserdampfdurchlässigkeit,Teil 3:Elektrolytnachweis-Sensorverfahren	GB/T 1037 塑料薄膜与薄片水蒸气透过性能测定 杯式增重与减重法
DIN EN ISO 527-3—2003 Kunststoffe-Bestimmung der Zugeigenschaften,Teil 3:Prüfbedingungen für Folien und Tafeln	GB/T 1040 塑料 拉伸性能的测定
DIN 55543-1—1986 Verpackungsprüfung,Prüfverfahren für Kunststoffsäcke,Bestimmung der Foliendicke	GB/T 6672 塑料薄膜和薄片 厚度测定 机械测量法
DIN 55543-2—1984 Verpackungsprüfung; Prüfverfahren für Kunststoffsäcke; Bestimmung des Schälwiderstandes von Klebenähten	GB 8808 软质复合塑料材料剥离试验方法
DIN 55543-2—2009 Verpackungsprüfung-Prüfverfahren für Verpackungsfolien-Teil 2: Bestimmung des Schälwiderstandes von Klebenähten an Säcken	
DIN 55543-3—2010 Verpackungsprüfung-Prüfverfahren für Verpackungsfolien-Teil 3: Bestimmung der Festigkeit von Längsnähten an Säcken und Beuteln	
DIN 55543-4—2010 Verpackungsprüfung-Prüfverfahren für Verpackungsfolien-Teil 4:Bestimmung der Schrumpfung von Folien aus Polyethylen	
DIN 53363—2003 Prüfung von Kunststoff-Folien-Weiterreißversuch an trapez-förmigen Proben mit Einschnitt	GB/T 16578.2 塑料 薄膜和薄片 耐撕裂性能的测定 第2部分:埃莱门多夫(Elmendor)法

续表

DIN EN 60068-2-1—2008 Umweltprüfungen; Teil 2: Prüfungen; Prüfgruppe A: Kälte	GB/T 2423.1 电工电子产品环境试验 第2部分:试验方法 试验A:低温
DIN EN 60068-2-2/A2—1995 Umweltprüfungen; Teil 2: Prüfungen; Prüfgruppe B: Trockene Wärme	GB/T 2423.2 电工电子产品环境试验 第2部分:试验方法 试验B:高温
DIN EN 60721-1—1997 Klassifizierung von Umweltbedingungen-Teil 1: Vorzugswerte für Einflussgrößen	GB/T 4796 环境条件分类 第1部分:环境参数及其严酷程度
DIN EN 60721-3-3/A2—1997 Klassifizierung von Umweltbedingungen-Teil 3: Klassen von Umwelteinflußgrößen und deren Grenzwerte; Hauptabschnitt 3: Ortsfester Einsatz, wettergeschützt	GB/T 4798.3 环境条件分类 环境参数组分类及其严酷程度分级 第3部分:有气候防护场所固定使用
K DIN EN 60721-3-4—1995 Klassifizierung von Umweltbedingungen-Teil 3: Klassen von Umwelteinflussgrößen und deren Grenzwerte-Hauptabschnitt 4: Ortsfester Einsatz, nicht wettergeschützt	GB/T 4798.4 环境条件分类 环境参数组分类及其严酷程度分级 第4部分:无气候防护场所固定使用
DIN EN 60068-1—1995 Umweltprüfungen; Teil 1: Allgemeines und Leitfaden	GB/T 2421 环境试验 概述和指南
DIN EN 60068-2-30—2006 Umgebungseinflüsse-Teil 2-30: Prüfverfahren-Prüfung Db: Feuchte Wärme, zyklisch (12 + 12 Stunden)	GB/T 2423.4 电工电子产品环境试验 第2部分:试验方法 试验Db交变湿热(12h+12h循环)
DIN EN 60068-2-32—1995 Umweltprüfungen; Teil 2: Prüfungen; Prüfung Ed: Frei Fallen	GB/T 2423.8 环境试验 第2部分:试验方法 试验Ec:粗率操作造成的冲击(主要用于设备型样品)
DIN EN 60068-2-6—2008 Umweltprüfungen; Teil 2: Prüfungen; Prüfung Fc: Schwingungen, sinusförmig	GB/T 2423.10 环境试验 第2部分:试验方法 试验Fc:振动(正弦)
DIN EN 60068-2-64—2009 Umweltprüfungen; Teil 2: Prüfverfahren; Prüfung Fh: Schwingen, Breitbandrauschen (digital geregelt) und Leitfaden	
DIN EN 60068-2-7—1995 Umweltprüfverfahren-Teil 2: Prüfungen; Prüfung Ga und Leitfaden: Gleichförmiges Beschleunigen	GB/T 2423.15 电工电子产品环境试验 第2部分:试验方法 试验Ga和导则:稳态加速度
DIN EN 60068-2-10—2006 Umgebungseinflüsse-Teil 2-10: Prüfverfahren-Prüfung J und Leitfaden: Schimmelwachstum	GB/T 2423.16 环境试验 第2部分:试验方法 试验J和导则:长霉
DIN EN 60068-2-11—2000 Umweltprüfungen-Teil 2: Prüfungen; Prüfung Ka: Salznebel	GB/T 2423.17 电工电子产品环境试验 第2部分:试验方法 试验Ka:盐雾
DIN EN 60068-2-52—1996 Umweltprüfungen; Teil 2: Prüfverfahren; Prüfung Kb: Salznebel, zyklisch (Natriumchloridlösung)	GB/T 2423.18 环境试验 第2部分:试验方法 试验Kb:盐雾,交变(氯化钠溶液)
DIN EN 60068-2-13—2000 Umweltprüfungen-Teil 2: Prüfungen; Prüfgruppe M: Niedriger Luftdruck	GB/T 2423.21 电工电子产品环境试验 第2部分:试验方法 试验M:低气压
DIN EN 60068-2-14—2000 Umweltprüfungen-Teil 2: Prüfungen; Prüfung N: Temperaturwechsel	GB/T 2423.22 环境试验 第2部分:试验方法 试验N:温度变化
DIN EN 60068-2-17—1995 Umweltprüfungen; Teil 2: Prüfungen; Prüfung Q: Dichtheit	GB/T 2423.23 环境试验 第2部分:试验方法 试验Q:密封
DIN EN 60068-2-68—1997 Umweltprüfungen-Teil 2: Prüfungen; Prüfung L: Staub und Sand	GB/T 2423.37 电工电子产品环境试验 第2部分:试验方法 试验L:沙尘试验

续表

DIN EN 60068-2-18—2001 Umweltprüfungen-Teil 2-18: Prüfungen, Prüfung R und Leitfaden: Wasser	GB/T 2423.38 环境试验 第2部分:试验方法 试验R:水试验方法和导则
DIN EN 60068-2-47—2006 Umgebungseinflüsse-Teil 2-47: Prüfver-fahren-Befestigung von Prüflingen für Schwing-, Stoβund ähnliche dynamische Prüfungen	GB/T 2423.43 电工电子产品环境试验 第2部分:试验方法 振动、冲击和类似动力学试验样品的安装
DIN EN 60068-2-75—1998 Umweltprüfungen-Teil 2: Prüfungen; Prüfung Eh: Hammerprüfungen	

参考文献

[1] 张学金，王一临，刘汉亭．实用包装技术．北京：国防工业出版社，1993.

[2] 许文才，王振飞，应红．包装测试技术．北京：印刷工业出版社，1994.

[3] 山静民，吴功平，张丽芳，等．包装测试技术．北京：印刷工业出版社，1999.

[4] 彭国勋，宋宝丰，金国斌，等．物流运输包装设计．北京：印刷工业出版社，2006.

[5] 彭国勋，潘松年，金国斌，等．运输包装．北京：印刷工业出版社，1999.

[6] 彭国勋，王瑞栋，郭延洪．缓冲包装动力学．长沙：湖南大学出版社，1989.

[7] 潘松年，郭彦峰，卢立新，等．包装工艺学．第3版．北京：印刷工业出版社，2007.

[8] 刘世昌，邹毓俊．印刷品质量检测与控制．北京：印刷工业出版社，2000.

[9] 陈永常，韩卿．纸张、油墨的性能与印刷适性．北京：化学工业出版社，2004.

[10] 刘乘，陈绍德，宋海燕．缓冲包装材料动态压缩试验的数据采集及其处理系统．包装工程，22（5）：4-6，2001.

[11] 振动与冲击手册编写委员会．振动与冲击手册．北京：国防工业出版社，1993.

[12] 宋宝丰．产品脆值理论与应用．长沙：国防科技大学出版社，2002.

[13] 唐志祥，王强，陈祖云，等．包装材料与实用包装技术．北京：化学工业出版社，1996.

[14] 章建浩，戴有谋，孙蓉芳，等．食品包装大全．北京：中国轻工业出版社，2000.

[15] 中国印刷及设备器材工业协会．印刷科技实用手册．北京：印刷工业出版社，1992.

[16] Eschke R，Langpaap F，Mielke P H，et al. Verpackungsreduzierung durch Systemanalyse der Transportkette. Boeblingen：Expert Verlag，1993.

[17] Kraemer E. Verpackungstechnik. Heidelberg：Huethig Verlag，2004.

[18] Five-Step Packaging Development. MTS System Corporation，1985.

[19] Root D. Lansmont Six-Step method for cushioned package development（Revised Edition）. Lansmont Corp.，1992.

[20] Goodwin D L，Singh S P. The need to define pre-set instrumentation（requirements）for the measurement of various parameters of the distribution environment. Proceedings of 14th IAPRI World Conference on Packaging，Stockholm，Sweden，2004，June 13-16.

[21] 王志伟．现代包装力学．包装工程，2002，23（1）：1-5.

[22] 胡世俊，孙永中．基于缓冲包装的系统分析．包装工程，1997，18（1）：13-16.

[23] 杨明朗，蔡克中．基于模糊数学综合评判法的缓冲包装设计水平的评价．包装工程，2001，22（5）：26-28.

[24] 黄道敏，杨仲林．缓冲包装产品的动态特性及其仿真方法．包装工程，1999，20（4）：46-48.

[25] 郭彦峰，潘松年，许文才．缓冲包装系统计算机仿真的应用研究．包装工程，2002，23（4）：123-126.

[26] 孙德强．基于有限元法的收音机计算机辅助脆值试验．包装工程，2004，25（1）：20-22.

[27] 郭彦峰，付云岗，许文才，潘松年．缓冲包装件的运输包装性能测试与评估技术．包装工程，2006，27（4）：26-28.

[28] 郭彦峰，王宏涛，付云岗，等．基于适度包装评价体系的缓冲包装设计方法研究．包装工程，2008，29（10）：

174-176.

[29] 中国包装网 www. pack. cn.

[30] 国际安全运输协会 ista. org.

[31] 王志伟，孙彬青，刘志刚．包装材料中化学物迁移研究．包装工程，2004，25（5）：1-4.

[32] 杨福磬，吴龙奇，金国斌，等．食品包装学．北京：印刷工业出版社，2012.

[33] 沈聪文，张胡松，刘家滔，等．顶空气相色谱-质谱法测定食品用纸包装材料中的溶剂残留．中国包装，2014，（7）：45-48.

[34] 付善良，丁利，焦艳娜，等．纸质食品包装材料中26种有机残留物的检测．包装工程，2014，35（3）：16-21.

[35] 余丽，匡华，徐丽广，等．食品包装用纸中残留污染物分析．包装工程，2015，36（1）：6-11.

[36] 彭湘莲，李忠海，王利兵，等．湿法消解-火焰原子吸收法测定食品纸塑包装材料中铅镉含量．中国食品学报，2013，13（7）：195-199.

[37] 王继才，郑艳明，郭长虹，等．ICP-AES法测定食品用纸包装容器及材料中可迁移性重金属镉．河北化工，2009，32（1）：47-48.

[38] 薛美贵，王双飞，黄崇杏．印刷纸质食品包装材料中Pb、Cd、Cr及Hg含量的测定及其来源分析．化工学报，2010，61（12）：3258-3265.

[39] 黄崇杏，王志伟，王双飞．纸质食品包装材料中的残留污染物．包装工程，2007，28（7）：12-15.

[40] 刘峻，秦紫明，左莹，等．荧光分光光度法检测食品包装用纸中荧光物质迁移．纸和造纸，2011，30（3）：57-60.

[41] 熊中强，王利兵，李宁涛，等．高效液相色谱/荧光检测法同时测定高分子材料中6种异氰酸酯．分析测试学报，2012，31（1）：104-108.

[42] 邱静，郑平，韩芳，等．微波消解-电感耦合等离子体质谱（ICP-MS）同时测定塑料包装材料中有毒有害元素．包装工程，2011，32（3）：9-11.

[43] 陈志锋，潘健伟，储晓刚，等．塑料食品包装材料中有毒有害化学残留物及分析方法．食品与机械，2006，22（2）：3-7.

[44] 王翠青，张雅莉，孙奇，等．影响塑料食品包装溶剂残留量的因素．包装工程，2013，34（23）：38-40.

[45] 咸洋，周宇艳，程欲晓．静态顶空/顶空固相微萃取-气相色谱-质谱法检测食品用塑料包装材料中挥发性有机化合物残留量的适用性研究．理化检验（化学分册），2014，56（6）：725-729.

[46] 任霁晴，贾大兵，壮亚峰．紫外分光光度法测定塑料制品中双酚A. 吉林化工学院学报，2007，24（4）：40-42.

[47] 李婷，侯晓东，王璇．超高压微波消解-电感耦合等离子体原子发射光谱法同时测定食品复合包装材料中的部分有毒有害物质．轻工科技，2014，30（9）：110-111+127.

[48] 张琳．原子吸收光谱法测定食品包装用PET材料中重金属．化学工程师，2023，37（3）：35-38.

[49] 乔兆华，林勤保，郭捷，等．ICP-MS法测定铝塑复合食品包装中的9种重金属．食品科学，2015，36（18）：186-189.

[50] 汪家胜，程凡，张温情，等．ICP-MS测定白酒生产原辅料中重金属元素方法的研究．酿酒科技，2016，（9）：116-118.

[51] 刘爱娟，孟凯，陈蕾，等．气相色谱法分析药品包装材料中环氧乙烷残留量．药物分析杂志，2022，42（7）：1216-1222.

[52] 唐吉旺，袁列江，肖泳，等．高效液相色谱-串联质谱法测定食品塑料包装材料中双酚A和壬基酚．食品与机械，2023，39（1）：37-41.

[53] 周伟，冯妙．气相色谱-质谱法测定食品包装用胶粘剂中乙酸的含量．技术与市场，2023，30（3）：53-56.

[54] 重庆市计量质量检测研究院，塑料食品接触材料中有害单体及添加剂检测技术研究．2020.01.

[55] 杨晓辉，朱家姝，张鹏举．食品接触材料中邻苯二甲酸酯类增塑剂的检测及其迁移规律研究．陕西科技大学学报，2022，40（6）：49-54.

[56] 黄晓钢，熊小婷，李泽荣，等．高效液相色谱法测定聚烯烃中两种光稳定剂．塑料工业，2023，51（2）：112-117.

[57] 梅秀明，吴肖肖，蒋迪尧，等．液相色谱-串联质谱高通量检测酸乳中多种塑料添加剂的迁移量．食品科技，2022，47（1）：304-311.

[58] 毛娅，付蒙，江燕，等．顶空-气相色谱法同时测定药品包装材料中30种溶剂残留量．中国药师，2022，25（12）：2280-2285.

[59] 高羽，周丹，任静雯，等．两种不同原理检测方法测定竹叶青酒用中药材重金属的结果比对评估．酿酒，2023，50（2）：106-108.